ABITUR-TRAINING

Biologie 1

Zellbiologie · Genetik
Informationsverarbeitung · Ökologie

Rolf Brixius · Werner Bils

STARK

Autoren

Rolf Brixius ist seit 1989 als Lehrer am Gymnasium der Benediktiner im sauerländischen Meschede tätig. Seine Freude an der Wissensvermittlung und seine fachliche Kompetenz bringt Herr Brixius seit 1991 auch in seine Arbeit für den Stark Verlag ein. Als Autor und Co-Autor hat er an diversen gymnasialen Biologie- und Geschichts-Unterrichtswerken mitgewirkt. Darüber hinaus ist er Mitherausgeber mehrerer Lehrerhandbücher.

Dr. Werner Bils hat seine didaktische Erfahrung vor allem durch die Tätigkeit als Lehrer an Gymnasien, als Fachberater für das Fach Biologie und als Fachleiter in der Ausbildung von Referendaren erworben. Zurzeit ist er als Lehrbeauftragter für die Didaktik der Biologie an der Universität Tübingen sowie als Schulbuchautor tätig. Schwerpunkte seiner Arbeit sind die erklärende Darstellung biologischer Sachverhalte sowie die Erstellung von Aufgaben für die Kontrolle des Lernerfolgs.

www.stark-verlag.de

Inhalt

Autoren: Rolf Brixius, Dr. Werner Bils

Vorwort

Liebe Schülerin, lieber Schüler,

das **Zentralabitur** und die **kompetenzorientierten Lehrpläne** in Nordrhein-Westfalen bringt es mit sich, dass Sie sich – auch im Unterrichtsfach Biologie – in der Qualifikationsphase der gymnasialen Oberstufe einen **verbindlichen Kanon von Unterrichtsinhalten** aneignen müssen. Hierbei wird von Ihnen insgesamt viel **Eigenverantwortung** erwartet. Sie sind daher verstärkt angehalten, sich auf den Unterricht und die Abiturprüfungen selbstständig vorzubereiten. Die beiden Abitur-Trainingsbände **Biologie 1** und **Biologie 2** (Verlags-Nr. 54707 und 54708) helfen Ihnen dabei.

Der vorliegende Band 1 sowie der Band 2 folgen vom Aufbau her den obligatorischen Inhalten der zentralen Themenbereiche der Abiturprüfung. Sie stellen das in der Abiturprüfung verlangte Grundwissen sowohl für den Grund- als auch für den Leistungskurs **vollständig, anschaulich und leicht verständlich** dar.

Exkurse helfen Ihnen dabei, grundlegende Themen der Biologie zu wiederholen. Die **über die Anforderungen des Grundkurses hinausgehenden Inhalte** sind in den erläuternden Textpassagen und den Übungsaufgaben am Seitenrand durch **farbige Balken** gekennzeichnet.

Prägnante Zusammenfassungen stellen die zentralen Punkte übersichtlich dar.

Die **Übungsaufgaben** decken alle Inhalte des erklärenden Teils ab. Mithilfe der Aufgaben können Sie nicht nur überprüfen, ob Sie in der Lage sind, die erforderlichen Kenntnisse darzustellen, sondern auch, ob Sie Ihr Wissen anwenden, also einen **Transfer** leisten können. Häufig werden Sie in den **Aufgaben** und den **ausführlichen Lösungen** daher auch eine andere Betrachtungsweise, andere Beispiele und andere Formulierungen finden als im erklärenden Text.

Zur Vorbereitung auf die schriftliche Abiturprüfung oder auf Klausuren empfehlen wir Ihnen, mithilfe des erklärenden Textes Ihre Kenntnisse aufzufrischen und sie dann anhand der Aufgaben zu prüfen. Alternativ können Sie aber auch zunächst versuchen, die Aufgaben zu lösen, und dabei auftauchende Lücken gezielt durch Nachschlagen im erklärenden Text schließen.

Für Ihre Prüfungen wünschen wir Ihnen viel Erfolg. Mit den beiden Trainingsbänden für das Fach Biologie sind Sie hierfür gut gerüstet.

Rolf Brixius

Dr. Werner Bils

Zellbiologische Grundlagen

Die begehbare Zelle im Deutschen Museum: In der 350 000-fach vergrößerten Zelle kann der Besucher einen Überblick über die Bestandteile und Vorgänge in der Zelle gewinnen. Die begehbare Zelle zeigt dabei detailgenau den inneren Aufbau einer Zelle, ihre Unterteilung in verschiedene Zellorganellen und deren Aufgaben bei Prozessen wie Speicherung und Weitergabe der genetischen Information, Energiebereitstellung und Produktion von Proteinen.

Alle bekannten Lebewesen haben einen zellulären Aufbau. Der kleinste Organismus besteht aus einer Einzelzelle, so bei einzelligen Pflanzen, Tieren, Pilzen und Bakterien. Bei allen anderen Lebewesen (den echten Mehr- oder Vielzellern) sind die Zellen innerhalb des Organismus differenziert und in Verbänden von Zellen mit jeweils unterschiedlichen Aufgaben zusammengefasst. Von ihrem Bauplan her lassen sich alle Zellen zwei unterschiedlichen Bauprinzipien zuordnen – dem prokaryotischen oder dem eukaryotischen Zelltyp.

1 Prokaryotische und eukaryotische Zellen

Prokaryotische und eukaryotische Zellen können folgendermaßen voneinander abgegrenzt werden:

	Prokaryoten	Eukaryoten
Zelltyp	Protozyte (Prozyte)	Euzyte
Kennzeichen	• kein Zellkern • keine Kompartimentierung • kein Zytoskelett	• Zellkern • Kompartimentierung durch innere Membranen • Zytoskelett aus tubulären und filamentären Strukturen
Vorkommen	Bakterien, Cyanobakterien (Blaualgen)	Pflanzen, Tiere, Pilze

Tab. 1: Vergleich zwischen Prokaryoten- und Eukaryotenzellen

1.1 Die prokaryotische Zelle

Die innere Struktur und Organisation der Protozyten ist deutlich einfacher als diejenige der höher entwickelten Zellen, der Euzyten (siehe auch Abb. 2, S. 7). Prokaryotische Zellen sind nicht funktionsspezifisch differenziert und mit einer durchschnittlichen Größe von 0,1–1 µm weitaus kleiner als eukaryotische Zellen. Ihr Inneres wird von einer **Zellmembran** (Biomembran, siehe S. 97) umhüllt und weist keine Kompartimentierung durch Membranen in einzelne Reaktionsräume auf. Das Genom der Bakterien- und der Cyanobakterienzellen, ihr Erbgut, liegt frei im **Zytoplasma** vor und ist vielfach aufgeknäuelt und verdreht. Es besteht aus einem geschlossenen, ringförmigen **DNA-Doppelstrang**, hat keine angelagerten Proteinanteile und wird als Kernäquivalent (Nukleoid) bezeichnet. Außerdem können zusätzlich kleinere DNA-Ringe vorliegen, die **Plasmide**, die in der Gentechnik eine wichtige Rolle spielen (siehe Band 2). Ebenfalls im Zytoplasma befinden sich freie **Ribosomen**, die aus RNA und Proteinen zusammengesetzt sind. An ihnen findet die Proteinbiosynthese statt. Die Zellmembran der Protozyte weist in verschiedenen Bereichen Einfaltungen auf, an denen Prozesse der Energiegewinnung und des Stoffwechsels ablaufen. Die meisten Prokaryotenzellen besitzen eine der Zellmembran aufgelagerte **Zellwand** aus vernetzten Aminosäuren und Zucker-Resten, den **Mureinsacculus**. Bei einigen Bakterienarten liegt dem Mureinsacculus noch eine Lipid-Doppelschicht auf. Außerdem können Protozyten von einer Schleimkapsel umgeben sein, die sie beispielsweise vor Angriffen des Immunsystems schützt. Darüber hinaus sind verschiedene Bakterien durch den Besitz einer oder mehrerer **Geißeln** zu aktiver Bewegung fähig.

Protozyten sind weitaus kleiner als eukaryotische Zellen. Sie weisen **keine innere Kompartimentierung** auf und werden durch eine **Zellmembran** und eine **Zellwand**, den Mureinsacculus, umhüllt. Der ringförmige **DNA-Doppelstrang** liegt frei im Zytoplasma.

1.2 Die eukaryotische Zelle

Mit wenigen Ausnahmen beträgt die Durchschnittsgröße eukaryotischer Zellen 10–50 μm. Dieser Zelltypus weist im Vergleich zu den Protozyten eine deutlich **höhere Organisationsform** auf. Der lebende Zellinhalt (Protoplast) wird von einer Zellmembran umhüllt. Dabei handelt es sich wie bei derjenigen der Protozyten um eine Lipid-Doppelschicht, in die frei bewegliche, globuläre Proteine eingelagert sind (siehe S. 97 ff.). Charakteristisch für pflanzliche Zellen ist die dreischichtige Zellwand aus Mittellamelle, Primär- und Sekundärwand, welche der Zellmembran aufgelagert ist. Als feste äußere Begrenzung bestimmt die Zellwand die äußere Form der Pflanzenzelle. Das Zytoplasma (Zytosol) eukaryotischer Zellen enthält ca. 70 % Wasser und bis zu 20 % Proteine. Der hohe Anteil an Proteinen vergrößert seine Viskosität und macht es zähflüssig. Das Grundplasma ist durch eine **Kompartimentierung** in unterschiedliche Zellräume aufgeteilt, die abgegrenzte, funktionsspezifisch differenzierte Zellbereiche darstellen und als **Zellorganellen** bezeichnet werden. Je nach Abgrenzung gegenüber dem Zytoplasma unterscheidet man drei Gruppen von Zellorganellen: solche mit einer Doppelmembran, solche mit einer einfachen Membran und Organellen ohne Membran.

Die eukaryotische Zelle ist von einer **Zellmembran** und bei Pflanzen noch mit einer zusätzlichen Zellwand umhüllt. Das Zytoplasma ist durch eine **Kompartimentierung** in unterschiedliche voneinander abgegrenzte Zellräume aufgeteilt, die als **Zellorganellen** bezeichnet werden.

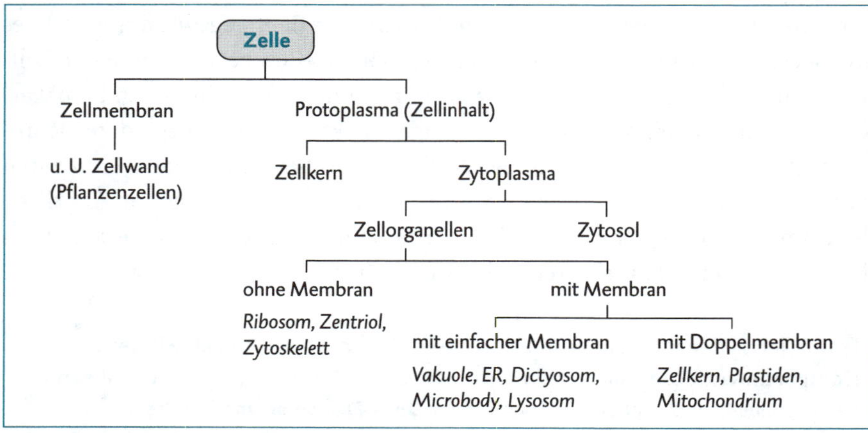

Abb. 1: Organisation der eukaryotischen Zelle

Organellen mit Doppelmembran

Der **Zellkern** (Nukleus) stellt in der Regel das größte Organell dar. Er ist die „Steuerzentrale der Zelle“, die alle Zellfunktionen dirigiert. Die Kernhülle besteht aus einer Doppelmembran, welche von zahlreichen Kernporen durchbrochen ist, die einen Stoffaustausch zwischen Kerninnerem und Zytoplasma gewährleisten (siehe Transkription, S. 34 ff.). Im Zellkern liegen, eingebettet in eine spezielle Kernflüssigkeit (Karyoplasma), die Chromosomen (siehe S. 19 ff.) und ein oder mehrere Kernkörperchen. In diesen Nukleoli, die aus DNA und RNA sowie Proteinen bestehen, erfolgt die Synthese der Ribosomen-Vorstufen.

In den meist stäbchenförmigen **Mitochondrien**, den „Kraftwerken der Zelle“, läuft die Zellatmung ab. Sie liefert die Energie für die Zelle in Form von ATP (Adenosintriphosphat). Die innere der beiden Mitochondrien-Membranen, die die Mitochondrien-Matrix (den Organellinhalt) umschließt, ist zur Oberflächenvergrößerung stark in den Innenraum hinein aufgefaltet. In ihrer Matrix weisen die Mitochondrien sowohl organellspezifische Ribosomen als auch eigene ringförmige DNA-Moleküle auf. Mitochondrien können sich nur durch Zweiteilung bereits vorhandener Mitochondrien vermehren.

Pflanzen besitzen zusätzliche Organellen mit einer Doppelmembran: die **Plastiden**. Diese können in einer Pflanzenzelle in mehreren, funktionsspezifi-

schen Formen vorkommen. Sie entwickeln sich aus Vorformen, den Proplastiden, die ihrerseits durch Abschnürung (Teilung) aus bereits vorhandenen Plastiden entstehen. Je nach Entwicklungszustand der Zelle und je nach Lichteinwirkung können die einzelnen Plastidentypen ineinander umgewandelt werden. Man unterscheidet die formenreichen fotosynthetisch aktiven Chloroplasten von den chlorophyllfreien Chromoplasten (Blattfärbung) und den Leukoplasten (Speicherplastiden), zu denen auch die Amyloplasten (Stärkespeicher) zählen.
In den Chloroplasten läuft die Fotosynthese ab, die zur Produktion von Zucker- und Stärkemolekülen führt (siehe S. 189 ff.). Eine innere Membran umschließt die Grundsubstanz, die Stroma-Matrix. Die Membran ist in den Matrixbereich hinein lamellenförmig-flächig eingestülpt (Oberflächenvergrößerung) und bildet dort Membransysteme, die Thylakoide. Sind diese geldrollenartig übereinandergestapelt, spricht man von Granathylakoiden (Granum). Liegen die Membranen einzeln im Matrixbereich, werden sie Stromathylakoide genannt. Im Stroma verteilt befinden sich Ribosomen. Chloroplasten besitzen darüber hinaus wie die Mitochondrien eigene DNA (siehe Abb. 103, S. 196).

Der **Zellkern** steuert die Zellfunktionen, **Mitochondrien** versorgen die Zelle mit Energie und die nur in den pflanzlichen Zellen vorkommenden **Plastiden** erfüllen Aufgaben der Fotosynthese (Chloroplasten), dienen der Zellfärbung (Chromoplasten) oder besitzen Speicherfunktion (Leukoplasten). Alle drei Organellen sind von einer **Doppelmembran** umgeben.

Organellen mit einer Membran

Das **Endoplasmatische Retikulum** (ER, lat. *reticulum*: Netzchen) stellt ein Membransystem dar, welches mit der äußeren Membran des Zellkerns in direkter Verbindung steht. Als ein nicht-plasmatisches Netzwerk durchziehen die Kanäle des ER das Zytoplasma. Das Membransystem kann sich aber auch zu Vesikeln (auch Zisternen oder Membranbläschen genannt) erweitern. Je nachdem, ob an seiner Oberfläche Ribosomen angeheftet sind, unterscheidet man ein raues ER (rER, eng. *rough*: rau) vom ribosomenlosen glatten ER (sER, eng. *smooth*: glatt). Das Endoplasmatische Retikulum ist ein wichtiger Syntheseort (z. B. für Proteine oder Membranlipide bei Tierzellen) und ein Transportsystem, das durch seine Ausbreitung innerhalb der Zelle auch als „Autobahn der Zelle" bezeichnet werden könnte. Die meisten vom ER sezernierten Stoffe gelangen direkt zu den Dictyosomen.
Dictyosomen sind Stapel von abgeflachten membranumhüllten Hohlräumen (Zisternen), an deren Rändern Vesikel abgeschnürt werden. Alle Dictyosomen

einer Zelle werden als **Golgi-Apparat** zusammengefasst. Der Golgi-Apparat stellt vor allem einen Lagerort für Proteine dar. In ihm werden Stoffe aus der ganzen Zelle (speziell dem ER) angeliefert, verarbeitet und in Transportvesikeln weiter verteilt.

Die ebenfalls von einer Membran umgebenen bläschenförmigen **Lysosomen** stehen im Dienste des Stoffabbaus innerhalb der Zelle. Die vom Golgi-Apparat gebildeten Organellen variieren in ihrer Größe und beinhalten vor allem Verdauungsenzyme.

Microbodies sind kleine, äußerst kurzlebige, membranumhüllte Vesikel. Am ER gebildet speichern sie spezifische Enzyme (z. B. Katalase) und dienen vornehmlich dem Abbau von Stoffwechselendprodukten (z. B. Fettsäuren).

Das **ER** dient als Transportsystem der Zelle und steht mit dem **Golgi-Apparat** in Verbindung. Dieser dient als Endbearbeitungs-, Lagerungs-, Sortier- und Verpackungszentrum.

Pflanzenzellen besitzen im ausgewachsenen Zustand meist eine sehr große, zentral in der Zelle gelegene **Vakuole**. Sie ist durch eine Biomembran mit spezifischen Permeabilitätseigenschaften, den Tonoplast, gegen das Zytoplasma abgegrenzt. In ihrem Inneren enthält sie zum weitaus größten Teil Wasser. Je nach Typ der Pflanzenzelle können innerhalb der Vakuole zusätzlich verschiedene Stoffe, wie sekundäre Pflanzenstoffe (z. B. Farbstoffe) oder Reservestoffe, gespeichert werden. Darüber hinaus kann die Pflanzenzelle hier auch Endprodukte aus ihrem Stoffwechsel lagern, wodurch die Vakuole in diesem Fall zum „Abfalleimer der Zelle“ wird.

Organellen ohne Membran

Die **Ribosomen**, zusammengesetzt aus RNA und Proteinen, gehören zu den wichtigsten Organellen der Zelle. Sie sind die Orte der Proteinbiosynthese (siehe S. 32 ff.).

Zentriolen sind zylinderförmige Zellorganellen, die im rechten Winkel senkrecht aufeinander stehen und die Bildung des Spindelapparats während der Zellteilung (Mitose) unterstützen.

Auch am Aufbau des **Zytoskeletts**, eines intrazellulären Stützsystems, sind Mikrotubuli maßgeblich beteiligt. Das vielschichtige Proteinnetzwerk aus tubulären Formen (kleinste Röhren) und filamentären Strukturen (dünnste Fäden) verleiht der Zelle Stabilität und Beweglichkeit zugleich. Seine unterschiedlichen Bauelemente geben der äußeren Form einer Zelle Beständigkeit. Darüber hinaus stellt das Zytoskelett das Gerüst für die intrazelluläre Bewegung von Zellorganellen dar.

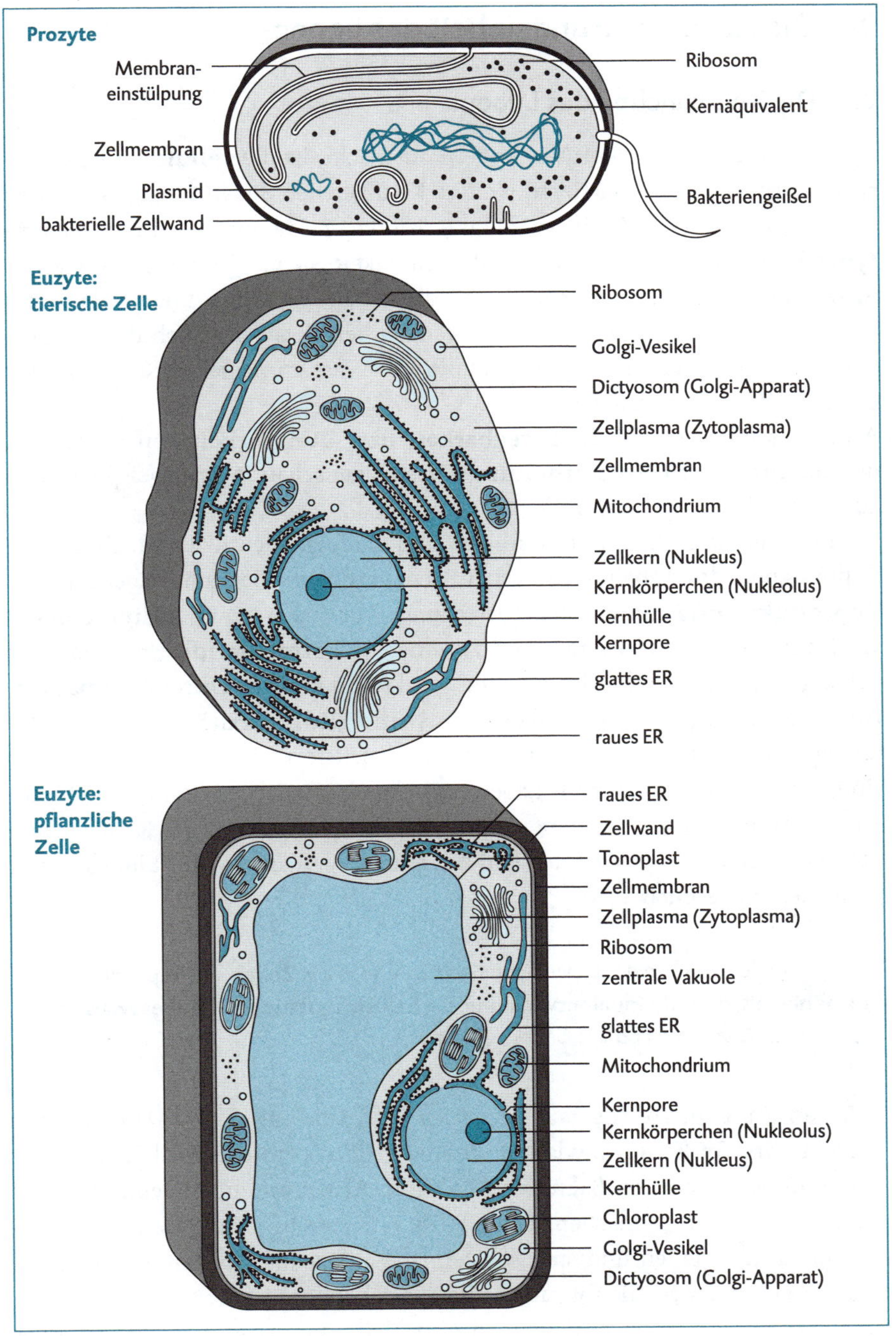

Abb. 2: Aufbau der Prozyte sowie der tierischen und der pflanzlichen Euzyte

2 Die Zelle als Grundeinheit des Lebens

2.1 Die Kennzeichen des Lebens

Ein Charakteristikum, welches „Leben" ausmacht, ist die **zelluläre Organisation**. Darüber hinaus existieren weitere Kennzeichen des Lebendigen, die den Hauptgegenstand der Biologie charakterisieren. Zu nennen sind hier die **arttypische Gestalt** von Lebewesen, ihre Fähigkeit, sich zu **bewegen**, sowie der **Stoff- und Energiewechsel**. Diese drei Charakteristika findet man aber ebenso in der unbelebten Natur: So besitzen beispielsweise auch Bergkristalle eine typische Gestalt, bewegen sich Luft und Wasser und selbst Kerzen zeigen einen Stoff- und Energiewechsel.
Ähnliches gilt auch für die **Erregbarkeit bzw. Reizbarkeit** von Lebewesen und die **Informationsverarbeitung**. Diese Eigenschaften zeigt beispielsweise auch ein Belichtungsmesser.
Über die zelluläre Organisation hinaus sind die folgenden Kriterien eindeutige Kennzeichen des Lebendigen: Lebewesen verfügen über eine eigenständige **Reproduktionsfähigkeit** (Fortpflanzung), besitzen eine **Individualentwicklung** (Ontogenese) und sind zu einer **Selbstregulation** (Homöostase) befähigt. Zudem können sich lebende Strukturen **an ihre Umwelt anpassen**. Allen Lebewesen kommt darüber hinaus eine **„Komplexität"** zu, die in der unbelebten Natur nicht anzutreffen ist. Ausdrucksformen dieses Kennzeichens sind beispielsweise die für alle Lebewesen charakteristischen komplexen Molekülstrukturen z. B. von Proteinen. Ein weiteres charakteristisches Kennzeichen für vielzellige Lebewesen ist der **Tod** des Einzelorganismus – nur Einzeller sind potenziell unsterblich.

Eindeutige Kennzeichen des Lebendigen sind der Aufbau aus **Zellen**, die **Reproduktionsfähigkeit**, die **Individualentwicklung**, die **Selbstregulation**, ein **hohes Maß an Komplexität** und der **Tod** des Einzelorganismus.

Beispiel

Viren (Sing. **das** Virus, von lat. *virus*: Gift) sind mit 25–300 nm äußerst klein. Ihre Größe liegt zwischen der der größten Proteinmoleküle (20 nm) und der der kleinsten Bakterien (300 nm). Als Parasiten auf zellulärem Niveau können sie Menschen, Tiere, Pilze, Pflanzen und Bakterien (als Bakteriophagen) befallen und sind sehr einfach aufgebaut. Am Bau eines Viruspartikels sind stets die folgenden Elemente beteiligt (siehe auch Band 2): In einem aus Proteinen bestehenden Capsid ist die Erbsubstanz (DNA oder RNA) verpackt. Das Capsid wird häufig noch von einer Lipoproteinhülle,

dem Envelope, umschlossen. Über diese prinzipiellen Bauelemente hinaus können am Viruspartikel noch Anhänge vorhanden sein, die ein Anheften an die Wirtszelle ermöglichen (wie z. B. bei T-Bakteriophagen).
Die meisten der Eigenschaften, die auf Lebewesen zutreffen, fehlen den Viren. Obwohl sie beispielsweise eine spezifische, arttypische Gestalt aufweisen und auch einzelne komplexe Moleküle besitzen, fehlt ihnen vor allem die zelluläre Organisation. Da Viren darüber hinaus z. B. auch keinen eigenen Stoffwechsel besitzen und deshalb auf die Reproduktionsmechanismen ihrer Wirtszellen angewiesen sind, ist bis heute strittig, ob sie als Lebewesen angesehen werden können.

2.2 Der Zellzyklus

Der Begriff **Zellzyklus** bezeichnet die **Aufeinanderfolge von Mitose** (Zellteilung) **und Interphase** (Zellaktivitäten zwischen zwei Teilungen).
Eine Zelle, die sich gerade geteilt hat, kann dies nicht sofort wieder tun. Vor einer erneuten Teilung sind diverse **Vorbereitungen** notwendig, die **phasenweise** erfolgen. Bei diesen Vorbereitungen handelt es sich hauptsächlich um die Bereitstellung von **Energie und Material**. Erst danach kann eine erneute Teilung der Zelle in zwei Tochterzellen erfolgen. Vor allem muss die **Erbsubstanz**, die DNA, für eine Weitergabe an die neuen Tochterzellen **verdoppelt** werden. Der Zellkern wird während des Zeitraums der Interphase auch als Ruhekern bezeichnet. Dies ist ein irreführender Begriff, da gerade jetzt alle wesentlichen stoffwechselphysiologischen Prozesse in der Zelle ablaufen, die eine erneute Teilung erst möglich machen.

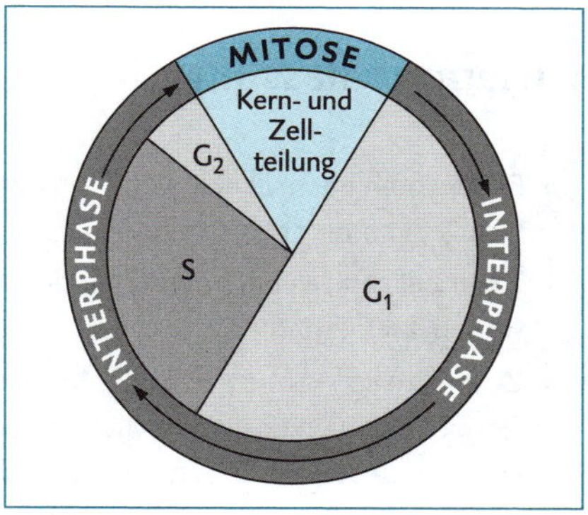

Abb. 3: Schematische Darstellung des Zellzyklus

Nach der Mitose durchläuft die Zelle mehrere, unterschiedlich lange Phasen. Die erste und längste dieser Phasen ist die **G_1-Phase** (engl. *Gap*: Zwischenraum). Dabei handelt es sich um die eigentliche Wachstumsphase der Zelle, in der vermehrt Proteinbiosynthese (siehe S. 32 ff.) betrieben wird. Auf die G_1-Phase folgt die **S-Phase** (Synthese), in der die Verdoppelung der DNA stattfindet (siehe S. 17 f.). Die anschließende **G_2-Phase** ist meist recht kurz. In ihr werden die Vorbereitungen auf die nächste Teilung der Zelle zum Abschluss gebracht. Hier erfolgt auch eine Endkontrolle, ob die Zelle insgesamt funkti-

onstüchtig ist und ob die Erbsubstanz Schäden aufweist (siehe auch S. 91). Werden irreparable Schäden an der DNA festgestellt, erfolgt die Einleitung der Apoptose, des „Selbstmordprogramms" der Zelle. Zu Beginn und zum Ende der G_1-Phase unterziehen spezifische Zellkomponenten die Zelle ebenfalls einer genauen Kontrolle und leiten gegebenenfalls Reparaturen ein.
Einzelne Zellen können überdies in einen **Dauerzustand** wechseln und dabei ihre Teilungsaktivität einstellen. In diesem **Ruhezustand**, der auch längere Zeit andauern kann, verbleiben die Zellen in der G_1-Phase, die dann als **G_0-Phase** bezeichnet wird. Zellen in der G_0-Phase sind aber in der Regel weiter regenerations- und zum Teil auch noch teilungsfähig. Alle Zellen, die sich nicht mehr teilen, weil sie sich als **ausdifferenzierte** Zellen zu **Dauerzellen** entwickelt haben, existieren ebenfalls in der G_0-Phase.

Zusammenfassung

- Prokaryoten unterscheiden sich von Eukaryoten unter anderem dadurch, dass sie weniger komplex gebaut sind.
- Einen Zellkern, eine Kompartimentierung durch Membranen und ein Zytoskelett weisen nur Euzyten auf.
- Zellorganellen können von einer Membran (z. B. ER und Dictyosomen) oder einer Doppelmembran (Zellkern, Mitochondrien, Plastiden) umschlossen sein oder keine umhüllende Membran aufweisen (z. B. Ribosomen).
- Eine Zelle entsteht – als Grundbaustein des Lebens – immer aus einer Zelle.
- Die Fähigkeit, sich zu reproduzieren, sich individuell zu entwickeln und sich selbst zu regulieren, sind charakteristische Kennzeichen des Lebendigen.
- Mit dem Begriff Zellzyklus bezeichnet man die Abfolge von Mitose (Kern- und Zellteilung) und Interphase (Vorbereitung der Zelle auf die nächste Mitose).

Aufgaben

1 Erläutern Sie, warum der Satz *„omnis cellula ex cellula“* (Jede Zelle entstammt einer Zelle) des deutschen Mediziners Rudolf VIRCHOW von 1855 auch als „Hauptsatz der Biologie“ bezeichnet wird.

2 Nennen Sie die Organellen der Zelle, die …
   a von einer Doppelmembran,
   b von einer einfachen Hüllmembran,
   c von keiner Membran umgeben sind.

Rudolf VIRCHOW

3 Kerzen zeigen einen Stoff- und Energiewechsel, indem sie den Ausgangsstoff Paraffin in einem Verbrennungsvorgang unter Verwendung von Sauerstoff in CO_2, Wasser und Wärme umwandeln.
Begründen Sie, warum eine Kerze trotzdem kein Lebewesen ist.

4 Beschreiben Sie den Aufbau eines Virus.

5 Erläutern Sie, warum man Viren als „Parasiten auf zellulärem Niveau“ bezeichnet.

6 Der Zellzyklus wird auch als „mitotischer Zellzyklus“ bezeichnet. Erläutern Sie, warum diese Bezeichnung sinnvoll ist.

Vom Gen zum Merkmal

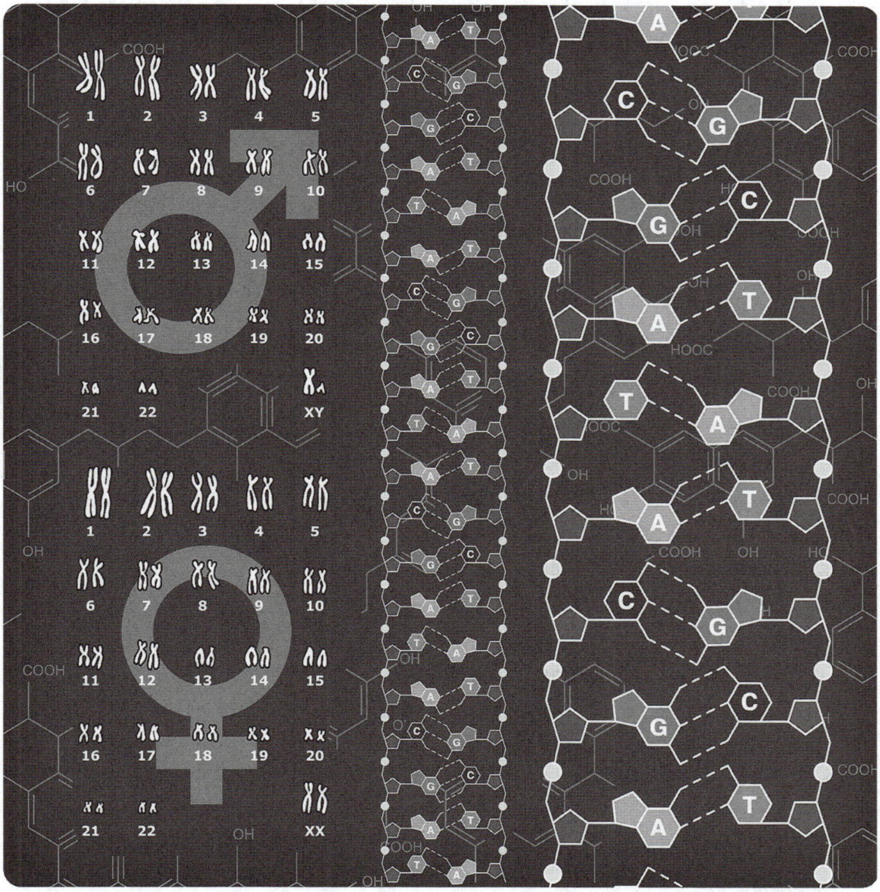

Schematische Darstellung des weiblichen und des männlichen Chromosomensatzes, auch Karyogramme genannt. Jedes Chromosom besteht aus langen DNA-Fäden, die während spezifischer Zellphasen stark kondensieren und durch mehrere Verpackungsebenen die typischen Formen der verschiedenen Chromosomen bilden.

In den Zellen aller Organismen findet man zwei Arten von Nukleinsäuren: Die **Desoxyribonukleinsäure** (DNA), die die Erbinformation einer Zelle in Form von Genen trägt, und die **Ribonukleinsäure** (RNA), die in verschiedenen Formen an der Realisierung der genetischen Information in der Zelle – vor allem an der Proteinbiosynthese – beteiligt ist. Einige Viren, die sogenannten Retroviren, speichern ihre Erbinformation nicht in DNA-, sondern in RNA-Molekülen. Zu ihnen gehört auch das AIDS-Virus.

1 Die Erbsubstanz und ihre Replikation

1.1 Die Bausteine der Nukleinsäuren

Alle Nukleinsäuren bestehen aus langen Ketten einander ähnlicher Bausteine, den **Nukleotiden**. Man bezeichnet die Nukleinsäuren daher auch als **Polynukleotide**. Jedes Nukleotid enthält …

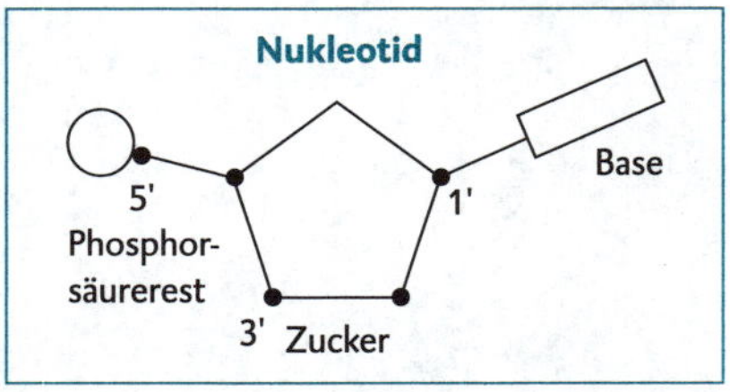

Abb. 4: Struktur eines DNA-Nukleotids

- eine **Pentose** (Zuckermolekül mit 5 C-Atomen; Fünffachzucker). Bei DNA-Nukleotiden ist dies die **Desoxyribose**, bei RNA-Nukleotiden ist es die **Ribose**.
- einen **Phosphorsäurerest**, der an das fünfte C-Atom der Pentose gebunden ist.
- eine stickstoffhaltige **organische Base**, die jeweils am ersten C-Atom der Pentose gebunden ist. Insgesamt gibt es fünf verschiedene dieser Basen. Die Purine **Adenin** (A) und **Guanin** (G) sowie die Pyrimidine **Thymin** (T) und **Cytosin** (C). Anstelle des Thymin befindet sich in der RNA **Uracil** (U).

> Ein **Nukleotid** besteht aus einem Phosphorsäurerest, einem Fünffachzucker und einer organischen Base.

1.2 Die Struktur der Polynukleotide

Ein **Polynukleotidstrang** bildet sich durch die kovalente Verknüpfung jeweils eines Nukleotids mit dem Phosphorsäurerest eines weiteren Nukleotids. So entsteht ein fadenförmiges Riesenmolekül aus einer sich wiederholenden Folge von Zuckern und Phosphorsäureresten, von dem die Basen seitlich „abstehen“.

Die beiden Enden eines Polynukleotidstrangs sind unterschiedlich. Daher besitzt jeder Polynukleotidstrang eine **Polarität**.

Ein **Polynukleotidstrang** besitzt am einen Ende einen Phosphorsäurerest, der am C_5-Atom des Zuckers gebunden ist. Dieses Ende wird daher als **5'-Ende** bezeichnet. Am anderen Ende des Strangs befindet sich ein Zuckermolekül, dessen C_3-Atom für die Bindung eines weiteren Nukleotids eingesetzt werden kann. Daher spricht man hier vom **3'-Ende**. Eine Verlängerung des Moleküls durch Anlagerung weiterer Nukleotide ist nur an seinem 3'-Ende möglich. Die Zucker- und Phosphorsäurereste sind über Elektronenpaarbindungen (Atombindungen) verknüpft. Die in den Polynukleotidmolekülen enthaltenen **genetischen Informationen** sind in der Abfolge (Sequenz) der vier verschiedenen Basen C, G, A, T (DNA) bzw. C, G, A, U (RNA) gespeichert. Nukleinsäuren mit verschiedenen genetischen Informationen unterscheiden sich daher nur in ihrer **Basensequenz**.

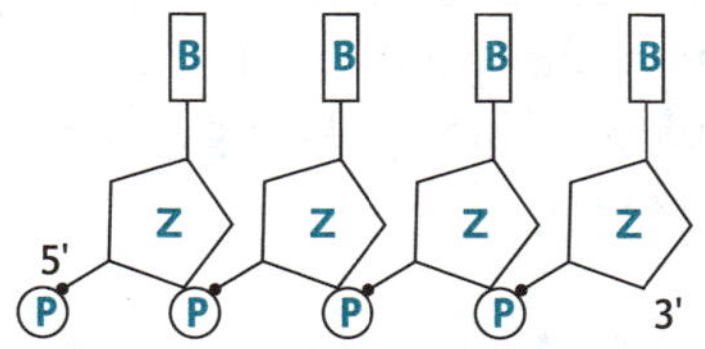

P = Phosphorsäurerest
Z = Zucker (Pentose)
B = organische Base

Abb. 5: Strukturausschnitt eines Polynukleotids

DNA- und **RNA-Polynukleotide** unterscheiden sich in zweifacher Weise: Die DNA enthält Desoxyribose und Adenin-Moleküle, die RNA Ribose und Cytosin-Moleküle. Die genetische Information der Polynukleotide ist in der Abfolge ihrer jeweiligen Basen verschlüsselt.

Wie bei den Wörtern der Buchstabenschrift ist die **Leserichtung** der Basenfolge für den Inhalt von entscheidender Bedeutung. Eine Basenfolge, die vom 3'- zum 5'-Ende gelesen wird, ergibt eine andere Information als eine, die in 5' → 3'-Richtung gelesen wird.

Baumerkmale von DNA-Molekülen

Die DNA besteht aus **zwei** in gegenläufiger Richtung verlaufenden, spiralig umeinander gewundenen Polynukleotidsträngen, die die **DNA-Doppelhelix** bilden. Dem 3'-Ende des einen Strangs liegt das 5'-Ende des anderen gegenüber, man spricht von der **Antiparallelität** der Einzelstränge. Die Basen beider Stränge stehen sich genau gegenüber und sind über Wasserstoffbrücken miteinander verbunden. Wegen der unterschiedlichen Zahl möglicher Wasserstoffbrücken können sich dabei nur **Adenin mit Thymin** und **Guanin mit**

Cytosin „paaren". Man spricht von **komplementären Basen**. Durch die komplementäre Basenpaarung entsteht der Doppelstrang, ein leiterartiges Gebilde, dessen „Sprossen" aus je zwei gepaarten Basen bestehen und dessen „Holme" aus den Zucker-Phosphorsäurerest-Ketten gebildet werden.
Durch die spezifische Basenpaarung ist die **Sequenz der Basen** des einen Polynukleotidstrangs **komplementär**, aber nicht identisch mit der des zweiten Stranges.

> Die **DNA** besteht aus zwei in entgegengesetzter Richtung verlaufenden **Polynukleotidsträngen**, die umeinander gewunden sind. Diese besitzen eine **komplementäre Basenfolge**.

Immer nur ein Einzelstrang trägt die Basenfolge, die ein **Gen** ausmacht. Der zu einem Gen komplementäre Bereich auf dem jeweils anderen Einzelstrang trägt keine Information. Da zur Festlegung der Informationen nur **vier verschiedene Zeichen**, die vier Basen C, G, A und T, zur Verfügung stehen, sind DNA-Abschnitte, die Gene darstellen, häufig sehr lang. Im Vergleich dazu sind z. B. in unserer Buchstabenschrift mit ihren 26 Zeichen kurze Informationseinheiten (Wörter) möglich. DNA-Moleküle werden zusätzlich noch dadurch verlängert, dass nur **ein kleiner Teil** der Basensequenzen sinnvolle Informationen enthält. Weite Strecken bestehen aus Basenfolgen, deren Funktion derzeit nur unzureichend geklärt ist.

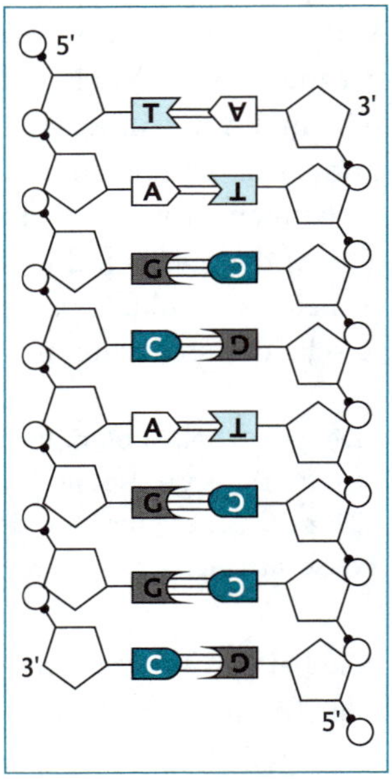

Abb. 6: Ausschnitt aus einem Polynukleotid-Doppelstrang der DNA. Die Windungen sind nicht dargestellt.

Baumerkmale von RNA-Molekülen

In der Zelle sind mehrere Arten von RNA-Molekülen mit unterschiedlichen Funktionen zu finden. Allen gemeinsam ist aber dasselbe Aufbauprinzip. Im Gegensatz zur DNA bestehen RNA-Moleküle aus nur **einem** Polynukleotidstrang. Allerdings kann sich ein RNA-Einzelstrang stellenweise paaren (siehe tRNA, S. 38 ff). Statt Desoxyribose enthält die RNA wie bereits angesprochen **Ribose** als Fünffachzucker und statt der Base Thymin die Base **Uracil**.

Replikation – die Verdopplung der DNA

Genetische Informationen können weitergegeben werden. Dies geschieht bei der Bildung neuer Zellen durch die **Mitose** und durch die **Meiose**, also bei der Bildung von Eizellen und Spermien- bzw. Pollenzellen. In einem **Kopiervorgang (Replikation)** verdoppelt die Zelle ihre DNA, bevor Mitose oder Meiose beginnen.

Vorgänge bei der Replikation

Die Replikation der DNA läuft in folgenden Schritten ab:

- Der DNA-Doppelstrang wird durch das Enzym Helicase **entspiralisiert** und unter ATP-Entwertung reißverschlussartig **geöffnet**. Dazu werden die Wasserstoffbrückenbindungen zwischen den komplementären Basen gelöst. Angelagerte Proteine verhindern an der Replikationsgabel, dass sich die beiden Einzelstränge wieder miteinander verbinden.

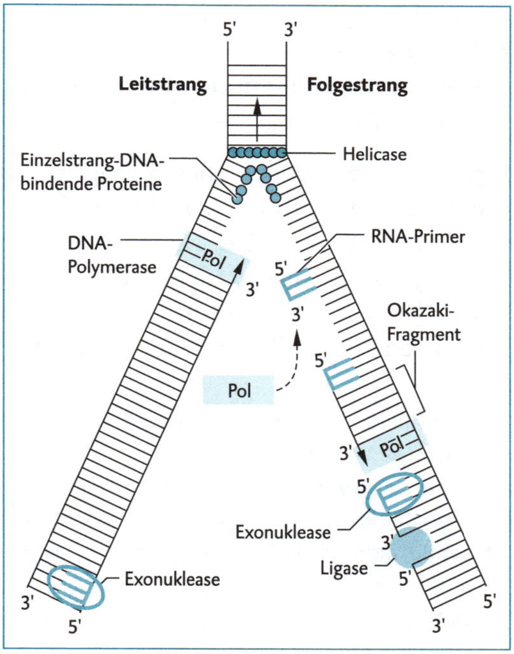

Abb. 7: Darstellung des Replikationsvorgangs

- An die nach der Öffnung frei zugänglichen Basen lagern sich **freie Nukleotide** an. Dabei paaren sich die komplementären Basen A und T sowie G und C, das heißt, sie binden sich über neue Wasserstoffbrücken aneinander. Da eine Anlagerung neuer Nukleotide ausschließlich am 3'-Ende erfolgen kann, wird der Leitstrang in 5' → 3'-Richtung kontinuierlich neu synthetisiert. Die DNA-Polymerase benötigt dafür einen Ansatzpunkt, den **Primer** (engl. Zünder), der vom Enzym Primase geschaffen wird. An diesem Primer aus RNA-Molekülen kann die DNA-Polymerase andocken und mit ihrer kontinuierlichen Synthesearbeit beginnen. Beim Folgestrang ist eine fortlaufende Synthese in 5' → 3'-Richtung nicht möglich, da das 5'-Ende immer in der „Reißverschluss-Öffnung" liegt. Die Neusynthese erfolgt in diesem Fall deshalb diskontinuierlich, das heißt stückweise. Auch hier werden Primer gesetzt, um der DNA-

Polymerase einen Ansatzpunkt für die Neusynthese in 5' → 3'-Richtung zu liefern. Der neu synthetisierte Strang besteht folglich aus Einzelstücken, den **Okazaki-Fragmenten**. Nachdem eine Exonuklease die RNA-Primer entfernt und durch DNA-Nukleotide ersetzt hat, verbindet das Enzym Ligase die Einzelstücke miteinander zu einem vollständigen Strang. Die Replikation der beiden Einzelstränge erfolgt damit **semidiskontinuierlich**: Der Leitstrang wird kontinuierlich synthetisiert, der Folgestrang diskontinuierlich in einer Folge von Okazaki-Fragmenten. Beide werden aber **simultan** (gleichzeitig) synthetisiert.

- Die angelagerten Nukleotide werden über Elektronenpaarbindungen zu einem **neuen Polynukleotidstrang** verbunden. Für diese Verknüpfung der Nukleotide benötigt die DNA-Polymerase ATP.

Ergebnis dieses Verdopplungsvorgangs sind **zwei** DNA-Moleküle, die in ihrer genetischen Information sowohl untereinander als auch mit den Informationen des ursprünglichen DNA-Moleküls **identisch** sind. Je eine Hälfte des Ausgangs-DNA-Moleküls bildet einen Einzelstrang der neuen DNA-Moleküle. Die Hälften des ehemaligen DNA-Strangs bleiben also erhalten, man spricht von der **semikonservativen Replikation** der DNA.

Die **Replikation** ist der Kopiervorgang, durch den DNA-Moleküle **identisch** verdoppelt werden. Der Vorgang ist …
- **semikonservativ**, da die neu entstandenen Molekülstränge je zur Hälfte aus dem zugrunde liegenden DNA-Doppelstrang bestehen.
- **semidiskontinuierlich**, da der eine Strang durchgängig und der andere stückweise (Okazaki-Fragmente) synthetisiert wird.
- **simultan**, da in beiden Strängen die Neusynthese gleichzeitig erfolgt.

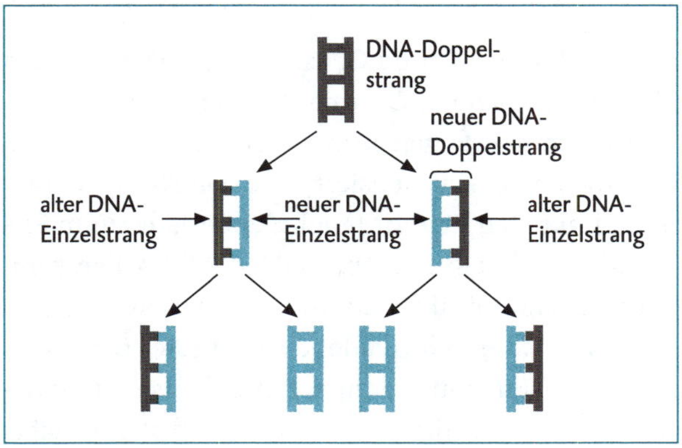

Abb. 8: Ursprüngliche (grau) und neu gebildete Polynukleotidstränge (farbig) nach zwei aufeinanderfolgenden Replikationsschritten

1.3 Die Chromosomen

Die **Chromosomen** der Eukaryoten sind die **„Verpackungsform"** der genetischen Informationen. Sie bestehen aus DNA und Proteinen, wobei Letztere dazu dienen, die DNA zu stützen und zu schützen. Zu diesen Proteinen gehören die **Histone**, bei denen es sich um Proteinspulen handelt, um die sich Abschnitte der DNA-Doppelhelix winden. Nukleinsäuren und Proteine werden zusammen als **Chromatin** bezeichnet.

Arbeitsform der Chromosomen

In der Zeit zwischen zwei Mitosen sowie zu Beginn der Meiose (Keimzellenbildung) liegen die Chromosomen in der **„Arbeitsform"** vor. Merkmale dieses Zustands sind:

- Die DNA ist **langgestreckt** und nur wenig spiralisiert.
- Das Erbgut verteilt sich auf so großem Raum, dass ein Chromosom nur im elektronenmikroskopischen Bild sichtbar ist.
- Die genetische Information, die in der Basensequenz gespeichert ist, wird **zugänglich**, das heißt, sie kann vom Lese- und Syntheseapparat der Zelle abgelesen und genutzt werden (siehe Proteinbiosynthese, S. 32 ff.). Außerdem ist die Replikation der DNA möglich.

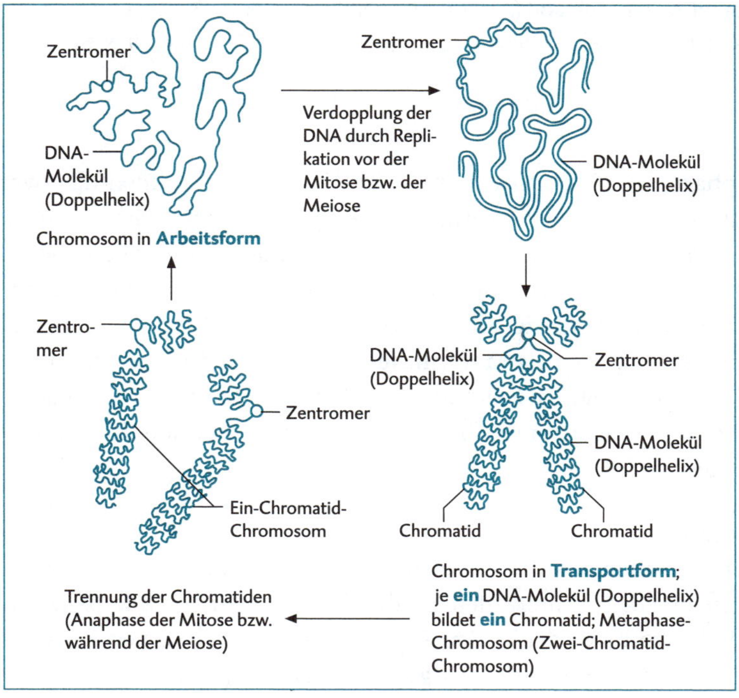

Abb. 9: Arbeits- und Transportform der Chromosomen. Eine Linie = ein DNA-Doppelstrang (Doppelhelix).

Transportform der Chromosomen

Während der Mitose und der Meiose liegen die Chromosomen in ihrer „**Transportform**" vor. Merkmale dieser Form sind:

- Jedes Chromosom besteht aus zwei DNA-Doppelsträngen, da in der Zeit vor der Mitose bzw. der Meiose eine Replikation, das heißt die Verdopplung des DNA-Moleküls, stattgefunden hat. Wenn diese beiden DNA-Moleküle im lichtmikroskopischen Bild sichtbar werden, bezeichnet man sie als **Chromatiden**.
- Der aus einer DNA-Doppelhelix bestehende Faden ist mehrfach spiralig aufgewickelt. Dadurch **verkürzen und verdicken** sich die Chromosomen. Sie lassen sich anfärben und sind im Lichtmikroskop erkennbar.
- Die genetischen Informationen können **nicht abgelesen** werden und die DNA lässt sich **nicht replizieren**.

Die Transportform ist erforderlich, um die langen DNA-Moleküle in der Mitose bzw. der Meiose **bewegen** und auf die Tochterzellen **verteilen** zu können. In der Transportform ist das DNA-Molekül **sehr kompakt** in Spiralen gewickelt, sodass die Moleküle, die zum Ablesen der genetischen Information erforderlich sind, nicht an die Basen der DNA herankommen können.

Nur im **entspiralisierten Zustand** (Arbeitsform) der Chromosomen ist die genetische Information für den Syntheseapparat nutzbar und kann durch Replikation verdoppelt werden.

Chromatiden

In der **Metaphase** der Mitose sowie im Verlauf der Meiose werden die zwei „Äste" der Chromosomen, die **Chromatiden**, sichtbar. In dieser Phase sind sie an einer Stelle, dem **Zentromer (Kinetochor)**, noch miteinander verbunden. Fast alle Darstellungen von Chromosomen stammen aus der Metaphase der Mitose. Aus diesem Grund bezeichnet man die aus zwei Chromatiden bestehenden Chromosomen auch als **Metaphase-Chromosomen**. Die Chromatiden werden wie besprochen im Zeitraum zwischen zwei Mitosen (Interphase), wenn die Chromosomen sich noch in der „Arbeitsform" befinden, durch Replikation gebildet.

Ergebnis der Mitose

Die beiden Chromatiden jedes Chromosoms trennen sich in der Mitose und je eines gelangt in eine der Tochterzellen. Da die Chromatiden durch Replikation entstanden sind, erhält jede der beiden Tochterzellen Chromosomen, die ehemaligen Chromatiden, mit **identischer genetischer Information**.

Die Aufgabe der **Mitose** ist die **Vermehrung der Zellen**. Ihr Ergebnis sind **zwei erbgleiche Tochterzellen**.

Chromosomen des Menschen

Die Gesamtzahl der Chromosomen einer Körperzelle des Menschen beträgt 46. Die Zahl kommt durch einen **diploiden** Chromosomensatz zustande. Dieser besteht aus zwei einfachen (haploiden) Sätzen mit je 23 Chromosomen. Ein Chromsomensatz stammt aus der Eizelle der Mutter, der andere aus dem Spermium des Vaters. Man spricht daher auch von mütterlichen und väterlichen Chromosomen.

In jeder normalen Körperzelle haben je 22 Chromosomen immer einen „Partner“, der die gleichen Gene trägt. bei den Partnern spricht man von den **homologen Chromosomen**. Diese 44 Chromosomen werden als **Autosomen** bezeichnet. Eine Ausnahme kann das 23. Chromosomenpaar bilden: In den Zellen des Mannes besteht dieses Paar aus einem **X-Chromosom** und einem anders geformten, sehr kleinen und fast genleeren Chromosom, dem **Y-Chromosom**. Das X-Chromosom hat somit weder einen gleichartigen noch gleichwertigen Partner. Man bezeichnet diesen Zustand mit dem Begriff **Hemizygotie**. X- und Y-Chromosom der männlichen Zelle sind nicht homolog – im Gegensatz zu den beiden homologen X-Chromosomen der weiblichen Zelle. X- und Y-Chromosom werden als **Heterosomen** (auch **Gonosomen**; Geschlechtschromosomen) den Autosomen gegenübergestellt.

Zusammenfassung

- Nukleinsäuren speichern und übertragen die genetischen Informationen einer Zelle. Sie bestehen aus einer oder zwei Ketten von Nukleotiden.
- Ein Nukleotid ist aus einer Pentose, einem Phosphorsäurerest und einer von vier verschiedenen organischen Basen aufgebaut.
- Ein DNA-Molekül setzt sich aus zwei komplementären, gegenläufig orientierten und umeinander gewundenen Polynukleotidsträngen zusammen, die über Wasserstoffbrücken miteinander verbunden sind.
- Die genetische Information ist in der Basenfolge gespeichert.
- RNA-Moleküle sind einsträngig, sie enthalten eine andere Pentose und eine andere Base (U statt T) als die DNA.
- Bei der Replikation wird die DNA identisch verdoppelt. Dabei entsteht an den beiden Polynukleotidsträngen eines DNA-Moleküls semikonservativ, semidiskontinuierlich und simultan jeweils ein neuer Strang.

- Chromosomen sind in der Arbeitsform langgestreckt und dünn. Ihre genetischen Informationen lassen sich vom Syntheseapparat der Zelle ablesen.
- In der Transportform sind die Chromosomen kurz und verdickt. Ihre genetischen Informationen sind für die Zelle nicht lesbar.
- Während der Mitose wird das Erbgut der Zelle verdoppelt und die genetische Information der Ursprungszelle wird identisch an die beiden neu entstandenen Tochterzellen weitergegeben.
- Der menschliche Chromosomensatz enthält 46 Chromosomen; darin enthalten sind 22 Autosomenpaare homologer Chromosomen.
- Bei den Geschlechtschromosomen des Menschen, den Heterosomen (Gonosomen, 23. Paar) sind nur die beiden X-Chromosomen der Frau homolog. Das X- und das Y-Chromosom des Mannes sind nicht homolog.

Aufgaben

7 Entscheiden Sie, welche der folgenden Begriffe für die Beschreibung des Baus von DNA verwendet werden und welche für die Beschreibung des Baus von RNA.

a Aminosäuren
b Wasserstoffbrücken
c Peptidbindung
d Ribose
e Desoxyribose
f Antiparallelität
g komplementäre Basen
h Cytosin
i Guanin
k Adenin
l Thymin
m Uracil
n Doppelhelix
o Faltblattstruktur
p Basensequenz
q Polynukleotidstrang
r Disulfidbrücken
s Phosphorsäurerest
t 3'-Ende/5'-Ende

8 Vergleichen Sie tabellarisch den Bau von RNA- und DNA-Molekülen.

9 Innerhalb der DNA stehen die Basen Adenin und Thymin bei allen Organismen im Mengenverhältnis 1:1. Auch die Basen Guanin und Cytosin sind in der DNA aller Organismen in gleicher Menge vorhanden. Dagegen ist das Mengenverhältnis von A und G bzw. das von T und C für die DNA jeder Organismenart spezifisch.
Erklären Sie diese Tatsachen.

10 Welche der folgenden Ergebnisse erhält man vermutlich, wenn man die Menge der Basen miteinander vergleicht, die in der DNA einer bestimmten Organismenart vorhanden sind?
Kreuzen Sie an und begründen Sie Ihre Antwort.

- ☐ A = T
- ☐ G = T
- ☐ A + G = C + T
- ☐ A + T = G + C
- ☐ C = A

11 Nennen Sie die molekularen Strukturen, die ein Gen bilden.

12 Bei Wägungen und Berechnungen zur DNA ergibt sich folgendes Bild: Auf eine Pentose kommt eine organische Base und ein Phosphorsäurerest. Das Zahlenverhältnis der drei Molekülbestandteile der DNA beträgt bei pflanzlichen, tierischen und menschlichen Organismen immer 1:1:1.
Erläutern Sie, wofür dieser ermittelte Befund spricht.

13 Beschreiben Sie den Vorgang der Replikation in Stichworten.

14 Erklären Sie, warum man die Replikation als semikonservativ bezeichnet.

15 In einem Versuch wird die DNA in lebenden Zellen radioaktiv markiert. Danach laufen mehrere Mitosen ab. Für den Aufbau der neuen Zellen stehen nur Nukleotide zur Verfügung, die nicht radioaktiv markiert sind.
Geben Sie an, nach der wievielten Mitose das erste Mal DNA-Moleküle ohne radioaktive Markierung auftreten.

16 In den Experimenten, die zur Aufklärung der Replikation führten, setzte man radioaktiv markierte Thymin-Nukleotide ein.
Erklären Sie, warum man Thymin und nicht die anderen Basen (Adenin, Cytosin, Guanin) verwendete.

17 Die Molekülmasse der DNA einer *Escherichia-coli*-Zelle beträgt 2 783 532 600 u (u = atomare Masseneinheit). Die Masse eines Nukleotids hat einen Wert von 300 u. In der Längsrichtung misst ein Nukleotid 0,34 nm.
Berechnen Sie, wie lang die in einer DNA in einer *Escherichia coli*-Zelle ist.

18 Kreuzen Sie die zutreffende(n) Aussage(n) an.
Die genetische Information einer bestimmten Person …

- ☐ ist trotz der Verschiedenheit der Zellen in allen Zellen dieses Menschen gleich.
- ☐ muss wegen der Verschiedenheit der Zellen unterschiedlich sein.
- ☐ ist nur in den Gehirnzellen und den Keimzellen gespeichert.
- ☐ ist nur während der Zellteilung (Mitose) ablesbar.
- ☐ ist nur in der Zeit zwischen den Zellteilungen ablesbar.
- ☐ wird durch das Blut zu allen Zellen des Körpers transportiert.
- ☐ ist in Chromosomen verpackt.
- ☐ wird durch die Mitose identisch an neu entstehende Zellen weitergegeben.

19 Geben Sie an, welche der folgenden Aussagen Merkmale der Transportform der Chromosomen und welche Merkmale der Arbeitsform der Chromosomen beschreiben.

- **a** Die DNA ist langgestreckt und wenig spiralisiert.
- **b** Das Chromosom ist kurz und dick.
- **c** Das Chromosom besteht aus zwei DNA-Molekülen.
- **d** Das Chromosom besteht aus einem DNA-Molekül.
- **e** Das Chromosom ist im Lichtmikroskop sichtbar.
- **f** Das Chromosom ist im Lichtmikroskop nicht sichtbar.
- **g** Die genetische Information der DNA kann vom Lese- und Syntheseapparat der Zelle genutzt werden (ist ablesbar).
- **h** Die genetische Information der DNA ist für die Zelle nicht nutzbar (nicht ablesbar).
- **i** Replikation ist möglich.
- **k** Replikation ist nicht möglich.

20 Geben Sie die Gesamtzahl der DNA-Moleküle (DNA-Doppelstränge) aller Chromosomen des Menschen für die unten angegebenen Fälle an.
Begründen Sie Ihre Antworten in Stichworten.

a Körperzelle während der Mitose
b Körperzelle direkt nach der Mitose
c Leberzelle direkt nach der Mitose
Hinweis: Leberzellen haben einen oktoploiden Chromosomensatz.

21 Die folgende Abbildung zeigt den Ablauf der Mitose und den Zellzustand in der Interphase. Nennen und beschreiben Sie anhand der Abbildung die Vorgänge, die in den vier Phasen der Mitose (Prophase bis Telophase) ablaufen.

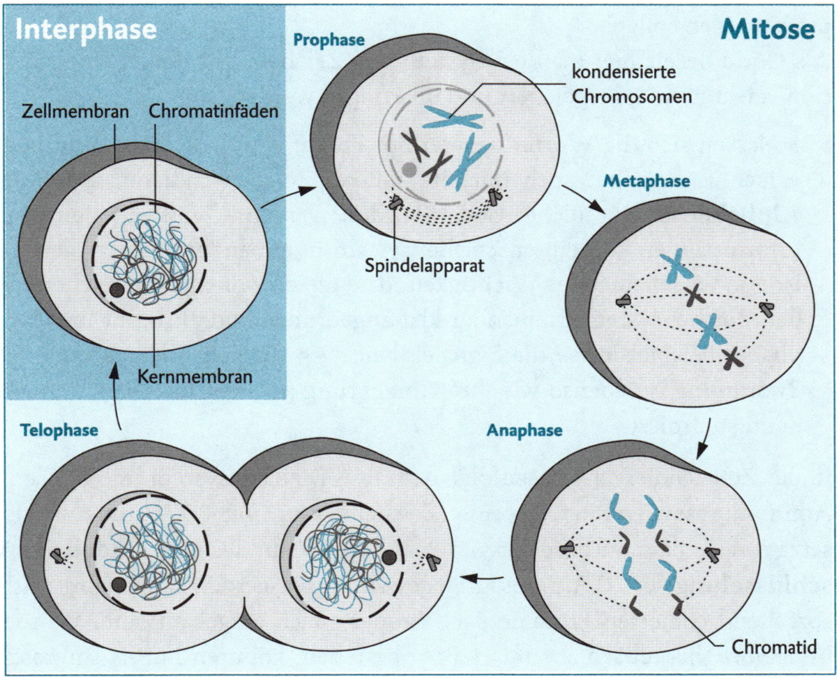

2 Der genetische Code

In den **Genen** trägt die DNA die Erbinformationen eines Lebewesens. Der überwiegende Teil der Gene enthält Informationen für **Proteine**, die meisten davon sind **Enzyme**. Alle Merkmale der Organismen entstehen durch Stoffwechselprozesse, die von Enzymen vermittelt werden (siehe S. 54 ff.). Daher kann die DNA durch die **gesteuerte Bildung** von Enzymen festlegen, welche Vorgänge wann und wie stark in der Zelle ablaufen sollen, welche momentanen Zustände verändert und welche dauerhaften Merkmale („Phäne“) ausgeprägt werden sollen.
Als **Code** bezeichnet man ein System von Zeichen, mit denen eine Information verschlüsselt, gespeichert und übertragen werden kann.

Beispiel

So lassen sich die Wörter unserer Sprache in einer Folge von **Buchstaben** verschlüsseln, aber auch mithilfe anderer Zeichen codieren. Das **Morse-Alphabet** ist ein solcher Code. Bei ihm werden – wie bei jedem Code – Informationen von einem Zeichensystem in ein anderes übertragen. Dabei ist von entscheidender Wichtigkeit, dass die einzelnen Codezeichen in beiden Zeichensystemen einander klar zugeordnet sind. So steht im Morsealphabet beispielsweise die Signaleinheit – • • für den Buchstaben D. Diese Zuordnung ist, ebenso wie ihre Umkehrung (D steht für – • •), immer eindeutig definiert.

In der Zelle codiert die Basenfolge der DNA (Zeichensystem mit 4 Basen) die Aminosäuresequenz der Proteine (Zeichensystem mit 20 Aminosäuren). Das setzt voraus, dass mithilfe der vier Basen A, T, G und C eine **eindeutige Verschlüsselung** der 20 Aminosäuren gewährleistet werden kann, damit alle entsprechend codierten Proteine auch immer gleich aufgebaut sind. Würde ein Codewort theoretisch aus nur 1 Base bestehen, könnten nur 4 Aminosäuren codiert werden, da ja nur 4 verschiedene Basen zur Verfügung stehen (mathematisch ausgedrückt: $4^1 = 4$). Das Problem einer eindeutigen Zuordnung kann offensichtlich nur durch eine **Kombination von Basen** gelöst werden. Durch die Kombination von 2 Basen (z. B. AA, AC oder GT) könnten maximal 16 Aminosäuren (4^2) eindeutig zugeordnet werden. Werden 3 Basen kombiniert, so sind rein rechnerisch 64 (4^3) unterschiedliche Kombinationsmöglichkeiten gegeben. Diese Anzahl reicht aus, um alle 20 in Proteinen existierenden Aminosäuren eindeutig zuzuordnen. Eine solche Verschlüsselung, bei der immer 3 Basen eine Aminosäure codieren, ist im genetischen Code tatsächlich verwirklicht. Die Signaleinheiten **(Informationseinheiten)** für die einzelnen Aminosäuren bestehen immer aus **Dreiergruppen von Basen**, den **Tripletts**.

Die Informationseinheit der DNA für **eine Aminosäure** besteht aus einer Folge von **3 Basen**, einem sogenannten **Basentriplett**.

Die Entschlüsselung des genetischen Codes

Die Wissenschaftler, die sich in den 60-er Jahren des vorigen Jahrhunderts mit der Entschlüsselung des genetischen Codes befassten, gingen vor allem folgenden Fragestellungen nach:

- Handelt es sich beim genetischen Code tatsächlich um einen Triplettcode?
- Wenn ja, sind alle 64 Kombinationsmöglichkeiten der Tripletts in Verwendung und codieren alle 64 Triplettkombinationen eine Aminosäure?

Die Erkenntnis, dass es sich beim genetischen Code mit hoher Wahrscheinlichkeit um einen Triplettcode handelt, erlangten die Wissenschaftler auf mathematischem Wege (siehe vorheriger Abschnitt). In ausgeklügelten Experimenten gelang es Forschergruppen, unter anderem um Heinrich MATTHAEI und Marshall NIRENBERG, mithilfe von künstlich hergestellten Polynukleotiden, die Fragestellungen abschließend zu klären.
Die Biochemiker MATTHAEI und NIRENBERG verwendeten dafür im Jahr 1961 ein zellfreies System, das heißt ein System, das nur aus isolierten Komponenten der Zelle bestand. Sie bedienten sich dazu nicht der DNA des Zellkerns, sondern einer Kopie der genetischen Information in Form der RNA (siehe S. 35 ff.). In ihren Experimenten gingen sie dabei zunächst von der einfachsten Kombinationsmöglichkeit aus, nämlich derjenigen, bei der das Triplett immer aus derselben Base gebildet wird. Ihre **Ausgangshypothese** bei der Arbeit mit den basenidentischen Polynukleotiden (Poly-A, Poly-U, Poly-G und Poly-C) war, dass bei der Umsetzung der verwendeten Polynukleotide jeweils Polypeptide (Aminosäureketten) gebildet werden, die ausschließlich aus einem einzigen Aminosäuretyp bestehen. Um diese Hypothese zu testen, wurden in den Versuchsansätzen jeweils nur eine Art von Polynukleotiden (z. B. Poly-A) und alle 20 Aminosäuren in das zellfreie System gegeben. Das Polypeptid, das bei der Ausgangslage „Poly-U" aus dem Versuchsansatz isoliert werden konnte, enthielt ausschließlich die Aminosäure Phenylalanin. Im Fall von „Poly-A" enthielt das Polypeptid nur die Aminosäure Lysin, bei „Poly-G" nur Glycin und bei „Poly-C" nur Prolin. Damit konnten die Forscher ihre Ausgangshypothese verifizieren.

Dies war aber noch nicht der Beweis dafür, dass es sich beim genetischen Code um einen Triplett-Code handelt. Die Bestätigung hierfür erbrachte unter anderem der folgende Versuchsansatz, der mit variierenden Basenkombinationen vielfach wiederholt wurde: Als Ausgangspunkt der Experimente dienten jeweils zwei Basen, die in alternierender (wechselnder) Reihenfolge in die Polynukleotidkette eingebaut waren. Die **Hypothesen**, von der die Forschergruppen ausgingen, waren die folgenden:

- Bei einem Polynukleotid der Form „XYXYXYXYXYXY ...“ können immer nur zwei Aminosäuren codiert werden und
- die beiden Aminosäuren müssen im gebildeten Polypeptid stets alternieren.

Diese Annahmen konnten in diversen Experimenten verifiziert werden. Für den Beispiel-Polynukleotidstrang „...UGUGUGUG ...“ bedeutete dies, dass das jeweils erste Triplett entweder UGU oder GUG war. Das zweite Triplett war dementsprechend GUG oder UGU usw. Im gebildeten Polypeptid alternierten folglich dabei stets die beiden gleichen Aminosäuren: „Cystein-Valin-Cystein-Valin ...“ oder „Valin-Cystein-Valin-Cystein ...“.
Damit war der genetische Code als ein **Triplett-Code verifiziert** worden. Weitere Experimente, bei denen drei unterschiedliche Basen in festgelegten Reihenfolgen im Polynukleotidstrang eingebaut waren, erbrachten die Entschlüsselung aller 64 Möglichkeiten für die Belegung der Tripletts. Dabei stellte sich heraus, dass alle 64 Variationsmöglichkeiten codiert sind, aber nur 61 Tripletts Aminosäuren verschlüsseln. Die drei restlichen Codetripletts, „UAA“, „UAC“ und „UGA“, spielen als **Stopp-Signale** bei der Proteinbiosynthese eine entscheidende Rolle.
Die Basenfolge „AUG“ codiert nicht nur die Aminosäure Methionin, sie ist auch gleichzeitig immer das erste Triplett, mit dem die Synthese eines Polypeptids beginnt, das sogenannte **Start-Codon** (siehe S. 39).
Bei 61 Möglichkeiten 20 Aminosäuren zu codieren, ist klar, dass viele Aminosäuren durch mehr als ein Triplett verschlüsselt werden. In der Tat sind nur die Aminosäuren Methionin (AUG) und Tryptophan (UGG) durch jeweils ein einziges Triplett repräsentiert. Bei den Basengruppen „CUU“, „CUC“, „CUA“ und „CUG“ beispielsweise wird immer die Aminosäure Leucin in das Protein eingebaut.

Bei der Entschlüsselung des genetischen Codes wurden Polynukleotidstränge mit unterschiedlichen, wechselnden Basenabfolgen eingesetzt. Dabei zeigte sich, dass alle 64 möglichen Basentripletts eine Information codieren (Aminosäure, Start-Codon, Stopp-Codon).

Die Codierung in Form von Tripletts ermöglicht eine eindeutige Zuordnung aller 20 Aminosäuren zu mindestens einer Basendreiergruppe. Da bei 64 Belegungsmöglichkeiten aber viele Aminosäuren durch mehr als ein Triplett verschlüsselt werden, kann – ausgehend von der Aminosäure im Polypeptid – nicht auf das jeweils codierende Triplett in der Erbsubstanz geschlossen werden. Der genetische Code ist also **nicht umkehrbar eindeutig** (nicht ein-eindeutig).

Eigenschaften des genetischen Codes

Der genetische Code weist eine Reihe von Eigenschaften auf, die in engem Zusammenhang mit seiner Funktion stehen.

- Der genetische Code ist ein **Triplettcode**.
- Er ist **kommafrei**, das heißt, es gibt keine Zeichen, die das Ende oder den Beginn eines Tripletts anzeigen, die Basensequenz wird durchgehend abgelesen.
- Der Code zeigt außerdem **keine Überlappungen**, das heißt, eine Base gehört nie zwei Tripletts an.
- Da mehr Basentripletts ($4^3 = 64$) vorhanden sind, als es Aminosäuren gibt, bezeichnet man den genetischen Code als **degeneriert** (redundant). Die meisten Aminosäuren werden entsprechend von mehr als einem Basentriplett codiert, so z. B. die Aminosäure Phenylalanin durch „AAA“ und „AAG“. Vergleichbar ist dies mit der Schrift, in der ein Laut durch verschiedene Buchstaben(-Kombinationen) codiert werden kann, wie beispielsweise in Del<u>f</u>in und Del<u>ph</u>in, oder in <u>F</u>otosynthese und <u>Ph</u>otosynthese.
- Ein weiteres Merkmal des genetischen Codes ist seine **Universalität**. Fast alle Organismen besitzen prinzipiell den gleichen genetischen Code; in fast allen Organismen werden also die gleichen Tripletts für die gleichen Aminosäuren benutzt. In der Gentechnik (siehe Band 2) macht man sich dies zunutze. Die Universalität des genetischen Codes spricht dafür, dass alle heute lebenden Organismen aus einer einzigen, gemeinsamen Ausgangsform entstanden sind (siehe Band 2, Evolution).
- Der genetische Code ist **eindeutig**, da immer eine bestimmte Nukleotidsequenz eine entsprechende Aminosäuresequenz festlegt. Umkehrbar eindeutig ist der genetische Code allerdings wie angesprochen nicht.
- Des Weiteren gehört zu den Eigenschaften des genetischen Codes, dass er **kollinear** ist, das heißt, dass sich die Reihenfolge der Codewörter in der DNA und die Abfolge der entsprechend zugeordneten Aminosäuren im Protein entsprechen.

Der genetische Code wird häufig als Code-Sonne für die mRNA (messenger RNA; siehe S. 35 ff.) angegeben. Die erste Base eines mRNA-Tripletts (5'-Ende) steht im Inneren der „Sonne“, die letzte Base (3'-Ende) im äußeren Kreis.

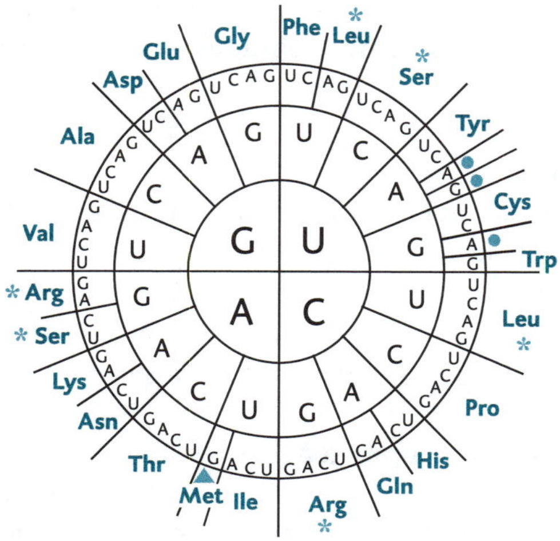

Ala	Alanin	Arg	Arginin
Asn	Asparagin	Asp	Asparaginsäure
Cys	Cystein	Gln	Glutamin
Glu	Glutaminsäure	Gly	Glycin
His	Histidin	Ile	Isoleucin
Leu	Leucin	Lys	Lysin
Met	Methionin	Phe	Phenylalanin
Pro	Prolin	Ser	Serin
Thr	Threonin	Trp	Tryptophan
Tyr	Tyrosin	Val	Valin

▲ Start-Codon
● Stopp-Codon
* zweimal auftretende Aminosäure

Abb. 10: Die Code-Sonne, angegeben für die mRNA

Zusammenfassung

- Die DNA enthält vor allem die genetische Information für Proteine. Zum größten Teil handelt es sich bei diesen um Enzyme.
- Je nach Zeitpunkt und Häufigkeit des Ablesens der genetischen Information von der DNA lässt sich die Menge der in der Zelle vorhandenen Enzyme verändern. Die gezielte Veränderung der Enzymmenge ermöglicht eine Steuerung des Stoffwechsels der Zelle.
- Die Informationseinheit (Codezeichen) für eine Aminosäure besteht aus einer bestimmten Abfolge von drei Basen. Die Aminosäuresequenz der Proteine ist in der Abfolge der Basentripletts der DNA verschlüsselt (Triplettcode).
- Künstlich erzeugte Polynukleotidstränge mit wechselnden Basenreihenfolgen führten zur Entschlüsselung des genetischen Codes.
- Für die gleiche Aminosäure codiert meist mehr als ein Basentriplett (Degeneration des genetischen Codes).
- Der Proteinsyntheseapparat liest die Basenfolge der DNA ohne Pausenzeichen (kommafrei) und ohne Überlappung.
- Darüber hinaus ist der genetische Code universell, eindeutig (Nukleotidsequenz entspricht Aminosäuresequenz) und kollinear.

Aufgaben

22 Nennen Sie in wenigen Worten die Eigenschaften des genetischen Codes.

23 Begründen Sie, woran es liegt, dass man zwar eindeutig von der Basensequenz der DNA auf die Aminosäuresequenz des entsprechenden Genprodukts (Protein) schließen kann, aber in der Regel nicht umgekehrt.

24 Bei der Entschlüsselung des genetischen Codes wurden auch Polynukleotidsequenzen mit drei alternierenden Basen verwendet. Ein Strang hatte die Zusammensetzung

CGACGACGACGACGA …

Im entsprechenden Experiment konnten damit drei Aminosäuren eindeutig einem Triplett zugeordnet werden.

a Beschreiben Sie die Vorgehensweise, wie die jeweiligen Tripletts ermittelt werden konnten.

b Benennen Sie die drei Aminosäuren mithilfe der Code-Sonne (siehe Abb. 10, S. 30).

25 Erklären Sie, welche Eigenschaften des genetischen Codes sich aus der Beobachtung schließen lassen, dass bei Ersatz einer Base eines Gens durch eine andere …

a manchmal keine Änderung der Aminosäuresequenz auftritt.

b sich höchstens eine Aminosäure im entsprechenden Protein ändert.

3 Die Proteinbiosynthese

Entsprechend der Basensequenz der DNA bildet die Zelle im Zuge der **Proteinbiosynthese** Ketten von Aminosäuren, aus denen dann funktionsfähige Proteine entstehen.

Versuche zur Aufklärung der Proteinbiosynthese

Um die Abläufe bei der Eiweißsynthese und die daran beteiligten Komponenten zu identifizieren, wurde unter anderem folgendes Experiment durchgeführt: Geleitet von der **Hypothese**, dass die **Ribosomen an der Proteinbiosynthese beteiligt** sind, wurden Bakterienzellen mechanisch aufgebrochen. Das so entstandene Zellhomogenat wurde in ein Zentrifugenröhrchen gegeben und zentrifugiert (siehe Abb. 11).

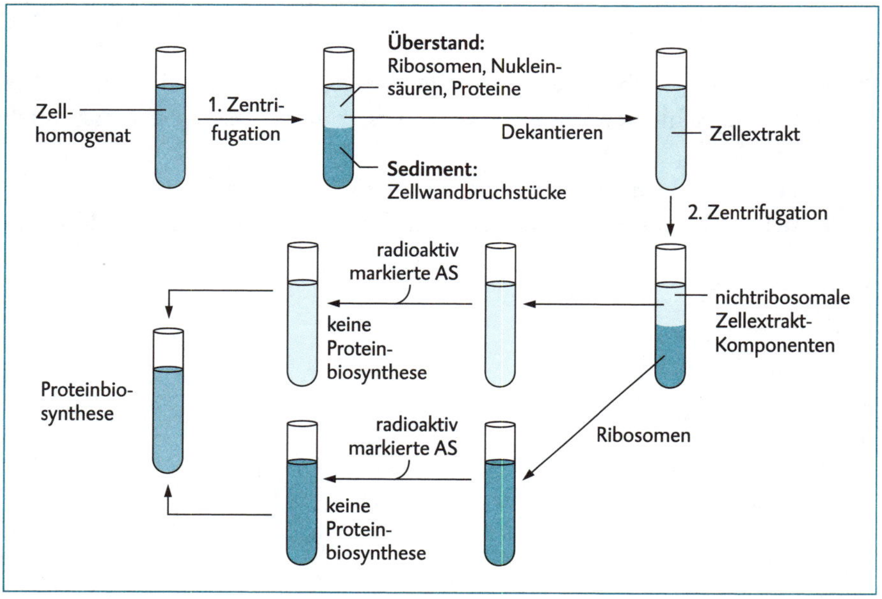

Abb. 11: Experiment zur Aufklärung der Proteinbiosynthese

Nach dem Zentrifugieren erfolgte ein Dekantieren (Abschütten) des Überstands (Zellextrakt), in dem Ribosomen, Nukleinsäuren und Proteine enthalten waren, in ein weiteres Zentrifugenröhrchen. Das Sediment aus Zellwandbruchstücken wurde verworfen. Die Wissenschaftler zentrifugierten den dekantierten Zellextrakt ein weiteres Mal. Am Ende des Vorgangs befanden sich im unteren Teil des Röhrchens die schweren Ribosomen. Im oberen Teil des

Zentrifugenröhrchens hatten sich alle leichten nichtribosomalen Zellextraktkomponenten angesammelt. Beide Fraktionen wurden getrennt in Reagenzgläser gefüllt und mit radioaktiv markierten Aminosäuren angereichert. In beiden Ansätzen konnten nach einer gewissen Wartezeit keine radioaktiv markierten Polypeptidketten gefunden werden. Das bedeutet, dass keine Proteinbiosynthese abgelaufen war. Wurde der Inhalt beider Reagenzgläser aber zusammengegeben, so war Proteinbiosynthese zu beobachten.
Die **Ausgangshypothese** konnte damit **verifiziert** werden: Die **Ribosomen** sind für die Proteinbiosynthese essenziell notwendig. Ribosomen für sich alleine können aber keine Proteinbiosynthese betreiben. Erst bei Kombination beider Fraktionen konnte die Eiweißsynthese ablaufen.

Für die Proteinbiosynthese sind **nichtribosomale Zellextraktkomponenten** (Nukleinsäuren und Proteine), **Ribosomen** und **Aminosäuren** erforderlich.

Von dieser Erkenntnis ausgehend, konzipierten die Wissenschaftler nun **Folgeexperimente**, um weitere an der Proteinbiosynthese beteiligte Komponenten identifizieren zu können. Unter den Nukleinsäuren, die sich im Zellextrakt befanden, waren auch zwei Formen der Ribonukleinsäure, die mRNA und die tRNA. Die Forscher vermuteten, dass beide Formen der RNA bei der Synthese von Proteinen erforderlich sind und formulierten dies als **Ausgangshypothese**. Um ihre Überlegungen verifizieren bzw. falsifizieren zu können, teilten die Wissenschaftler einen mRNA- und tRNA-freien Zellextrakt auf drei Reagenzgläser auf. Dem ersten Ansatz gaben sie mRNA, dem zweiten tRNA und dem dritten beide RNA-Sorten hinzu. Dabei stellte sich heraus, dass nur im dritten Ansatz Proteinbiosynthese betrieben wurde. Damit konnten die Forscher ihre Ausgangshypothese **verifizieren**: Beide RNA-Formen, **mRNA** und **tRNA**, werden zusammen für die Proteinbiosynthese **benötigt**.

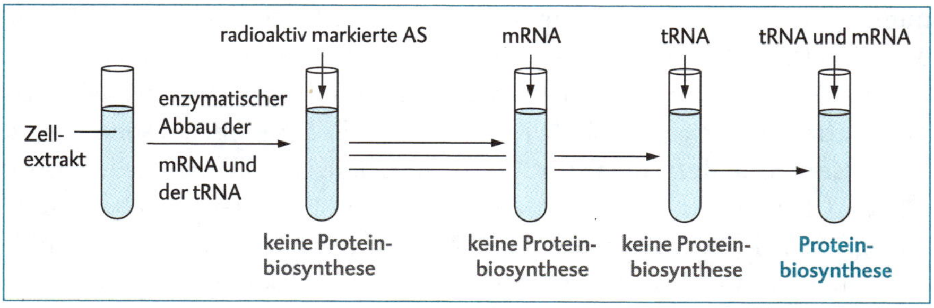

Abb. 12: Experiment zur Aufklärung der Proteinbiosynthese

Durch diese und weitere Experimentreihen gelang es Biologen und Biochemikern in den 60-er Jahren des vorigen Jahrhunderts, den komplexen Reaktionsablauf der Proteinbiosynthese aufzuklären.

Für die Proteinbiosynthese sind von den nichtribosomalen Zellextraktkomponenten die Nukleinsäuren **mRNA** und **tRNA** erforderlich.

Die Biosynthese der Proteine ist ein mehrstufiger Prozess, der in zwei Teilschritten abläuft:

- Im ersten Schritt, der **Transkription**, wird die Basensequenz eines DNA-Abschnitts (Gen) in die Basensequenz einer RNA (mRNA) umgeschrieben.
- Im zweiten Schritt, der **Translation**, erfolgt die Übersetzung der Basensequenz der mRNA in die Aminosäuresequenz des Proteins.

Gen (DNA-Abschnitt) --- **Transkription** ---> mRNA --- **Translation** ---> Protein

Abb. 13: Vereinfachte Darstellung der Umsetzung genetischer Informationen vom Gen zum Produkt

3.1 Die Transkription

Bei eukaryotischen Zellen ist die genetische Information im **Zellkern** gespeichert (siehe S. 4). Die Orte der Proteinbiosynthese, die Ribosomen, liegen aber im **Zytoplasma**. Daher muss die genetische Information zunächst aus dem Zellkern zu den Ribosomen gelangen. Dies geschieht durch die **Transkription** von Informationseinheiten, den **Genen**.

Beginn der Transkription

Das **Gen**, das transkribiert werden soll, ist eingegrenzt durch eine **Startsequenz** (5'-Ende), den **Promotor**, und eine terminale Stoppsequenz (3'-Ende). Bevor die RNA-Polymerase, das Enzym, das die Transkription durchführt, mit seiner Arbeit beginnen kann, werden am **Promotor** sogenannte **Transkriptionsfaktoren** benötigt. Das sind Proteine, die an die DNA binden können, und an der **Kontrolle der Transkription** beteiligt sind. Die Faktoren helfen dabei, die RNA-Polymerase korrekt am Promotor zu positionieren. Darüber hinaus ermöglichen sie es dem Enzym, den DNA-Doppelstrang „auseinanderzudrücken". Im Normalfall wirken mehrere Transkriptionsfaktoren zusammen, unter anderem auch solche, die an weiteren Stellen – den sogenannten **regulatorischen DNA-Sequenzen** – andocken. Dabei handelt es sich um DNA-Be-

reiche, die oft deutlich vor dem zu transkribierenden Gen liegen und eine die Transkription verstärkende **(Enhancer)** oder hemmende **(Silencer)** Wirkung ausüben.
Damit sich die einzelnen, räumlich auf der DNA voneinander getrennten, Abschnitte zusammenschließen können, muss sich die Erbsubstanz meist in Schlaufen legen (siehe Abb. 14).

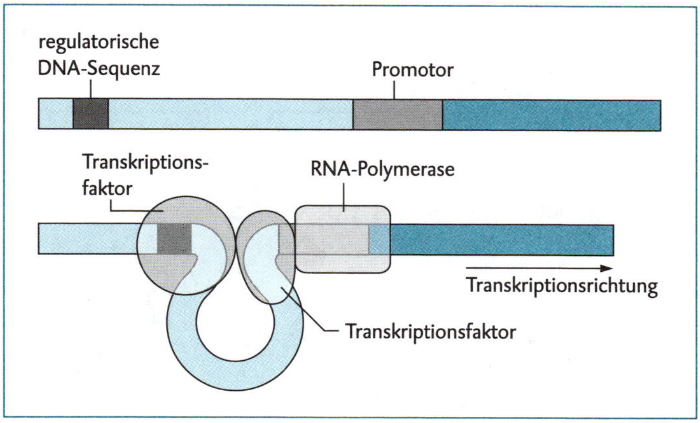

Abb. 14: Start der Transkription

Im Zellstoffwechsel und bei der Entwicklung eines Organismus spielen Enhancer und Silencer zusammen mit den Transkriptionsfaktoren eine entscheidende Rolle.

Zu Beginn der Transkription bilden **Transkriptionsfaktoren** mit dem **Promotor** und **regulatorischen DNA-Sequenzen** eine **Einheit**.

Ablauf der Transkription

Zu Beginn der Transkription lagert sich das Enzym RNA-Polymerase an der **Promotor-Region** vor dem zu transkribierenden Teilstück der DNA (dem Gen) an. Die Polymerase entwindet und öffnet den DNA-Doppelstrang – für diesen Schritt ist ATP nötig – und freie RNA-Nukleotide lagern sich an die komplementären Basen eines der beiden DNA-Einzelstränge an (siehe Abb. 15). Dieser wird **codogener Strang** oder **Matrize** genannt, da nur dieser eine der beiden DNA-Einzelstränge die Information des Gens trägt. Die angelagerten RNA-Nukleotide verbinden sich unter Entwertung von Stoffwechselenergie zu einem RNA-Strang, der als Boten- oder **messenger-RNA (mRNA)** bezeichnet wird. Die mRNA löst sich nach ihrer Fertigstellung vom Matrizenstrang der DNA und verlässt den Zellkern durch die Kernporen.

Während der **Transkription** stellt die Zelle eine Kopie des abzulesenden Gens her. Die mRNA gelangt durch die Kernporen zu den Ribosomen ins Zytoplasma.

Die Wanderung der RNA durch die engen Poren wird dadurch erleichtert, dass sie nur einsträngig ist und daher dünner als DNA-Moleküle.
Nach Beendigung der Transkription ist die genetische Information eines Gens also auf einen RNA-Strang „umgeschrieben“. Die Basenfolge der entstandenen mRNA ist **komplementär** zu der des entsprechenden Abschnitts des **codogenen** Strangs der DNA, nicht aber identisch mit diesem.

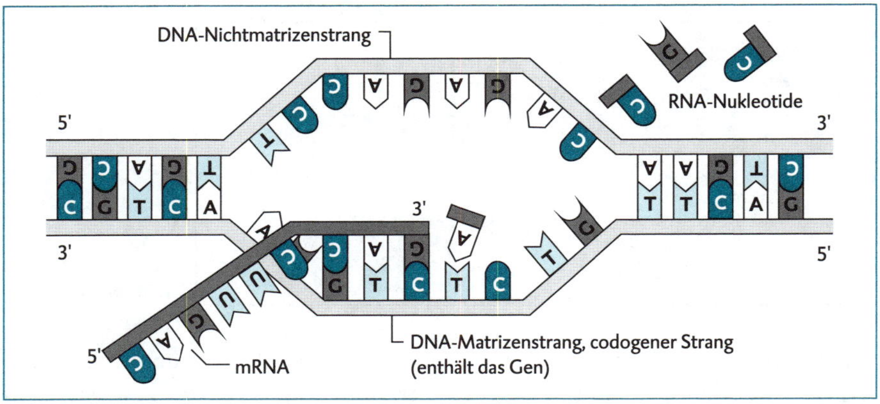

Abb. 15: Schematischer Ablauf der Transkription

Spleißen der mRNA

Die im Zellkern gebildete mRNA, die **prä-mRNA**, wird nicht sofort durch die Kernporen in das Zytoplasma entlassen. Nach Abschluss der Transkription erfolgt noch eine mehrfache Veränderung des Polynukleotidstrangs im Zellkern (siehe Abb. 16).
Zunächst werden der prä-mRNA an ihrem 3'-Ende bis zu 200 Adeninmoleküle angehängt **(Poly-A-Schwanz)** und an ihrem 5'-Ende wird ihr eine „Kappe“ aus methyliertem Guanin aufgesetzt. Der Poly-A-Schwanz verhindert einen frühzeitigen enzymatischen Abbau der mRNA im Zytoplasma, die „Kappe“ ist von Bedeutung für die Translation. In einem weiteren Schritt entfernen spezifische Enzyme einzelne Nukleotidbereiche, die sogenannten **Introns**, aus der prä-mRNA. Diesen Vorgang nennt man **Spleißen**. Die nicht entfernten Nukleotidbereiche werden als **Exons** bezeichnet. Nur sie enthalten die genetische Information für den Aufbau des benötigten Proteins. Die Funktion der Introns ist noch nicht eindeutig geklärt. Erst in diesem veränderten Zustand wandert die nun „reife“ mRNA ins Zytoplasma.

Genauere Untersuchungen der Spleißing-Maschinerie haben ergeben, dass im Zellkern eine weitere Form des Zuschneidens vorkommt, das **alternative Spleißen**. Hierbei können die Exons in unterschiedlicher Reihenfolge miteinander verbunden werden. Darüber hinaus ist es auch möglich, dass einzelne Exons entfernt, dafür aber Introns in der reifen mRNA belassen werden. Auf diese Art und Weise ist es möglich, dass einzelne Gene für unterschiedliche Arten von Eiweißkörpern codieren. Durch diesen zellbiologischen Regulationsmechanismus wird die **Proteinvielfalt**, die ein Organismus produzieren kann, deutlich **erhöht**. Der menschliche Körper ist somit in der Lage, mit nur gut 30 000 Genen mehrere Hunderttausend unterschiedliche Eiweißkörper hervorzubringen. Das alternative Spleißen ist gewebespezifisch und scheint die Regel, nicht die Ausnahme zu sein.

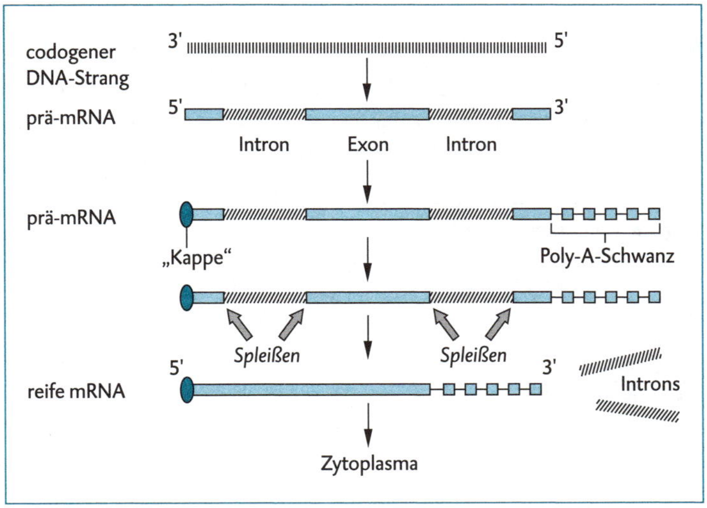

Abb. 16: Schematische Darstellung der Umwandlung der prä-mRNA in „reife“ mRNA

Charakteristika und Folgen der Transkription

Durch die Transkription können **zahlreiche Kopien** eines Gens entstehen, sodass an vielen Stellen im Zytoplasma an den Ribosomen die Synthese desselben Proteins **gleichzeitig** ablaufen kann. So können große Mengen eines Eiweißes in kurzer Zeit synthetisiert werden.

Die Transkription erlaubt es der Zelle außerdem, zu steuern, **welcher Teil** der genetischen Informationen zu einem bestimmten Zeitpunkt realisiert werden soll, das heißt welches der vielen möglichen Proteine gebildet werden soll.

Ohne vorherige Transkription müsste die **Proteinbiosynthese** darüber hinaus im Zellkern ablaufen, so kann sie **im Zytoplasma**, in der Nähe der Orte stattfinden, an denen die gebildeten Proteine benötigt werden. Gleichzeitig verbleiben die genetischen Informationen als DNA-„Original“ **gut geschützt** im Zellkern. Dies ist wichtig, da jeder Transport der DNA aus dem Kern in das Zytoplasma mit einer erhöhten Gefahr der Veränderung der genetischen Informationen verbunden wäre.

3.2 Die Translation

Bei der **Translation** wird die Abfolge der Basentripletts der mRNA in eine **Abfolge von Aminosäuren** übersetzt. Erforderlich dafür sind, neben der mRNA, verschiedene Enzyme, transfer-RNAs (tRNA), die Aminosäuren, Ribosomen sowie ATP oder ein ähnlicher Energieüberträger.

Bau der tRNA

Die **transfer-RNA** ist ein kleines RNA-Molekül. Es besteht aus einer kurzen Kette von nur wenigen RNA-Nukleotiden. Der RNA-Einzelstrang paart sich in Bereichen mit komplementären Basen, sodass das Molekül bei zweidimensionaler Darstellung eine spezifische, **kleeblattähnliche** Form erhält.

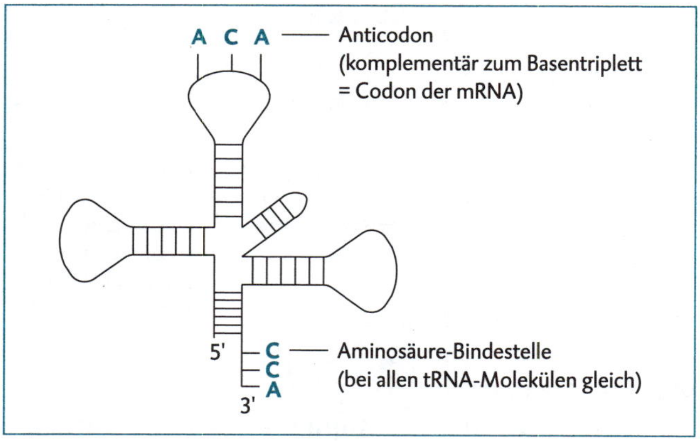

Abb. 17: Bau der tRNA

Die mittlere der drei Schleifen des tRNA-Moleküls enthält ein Basentriplett, das **Anticodon**, das sich an ein komplementäres Triplett der mRNA, das **Codon**, binden kann. Ein Ende des tRNA-Strangs kann darüber hinaus eine **Aminosäure** binden. Welche das ist, hängt von der Art des Anticodons ab. Zur Bindung der Aminosäure an das tRNA-Molekül sind ein Enzym und Stoffwechselenergie erforderlich. Insgesamt gibt es, den 61 unterschiedlichen Basentripletts entsprechend, die für Aminosäuren codieren, auch 61 verschiedene t-RNA-Moleküle, die sich in ihrem Anticodon unterscheiden. Wegen der

Degeneration des genetischen Codes können die meisten der Aminosäuren an mehr als eine Art von tRNA binden.

Bau und Lage der Ribosomen

Ein Ribosom besteht aus Proteinen, darunter verschiedene Enzyme, und einer speziellen RNA, der sogenannten **ribosomalen RNA** (rRNA). Ribosomen fügen sich zu Beginn der Translation am Start-Triplett (Start-Codon) der mRNA aus zwei verschiedenen, getrennt im Zytoplasma vorhandenen Untereinheiten zum funktionsfähigen Organell zusammen. Ein komplettes Ribosom kann in zwei „Vertiefungen“, sogenannten Bindungsstellen, zwei tRNA-Moleküle gleichzeitig binden. Ribosomen können entweder frei im Zytoplasma vorliegen oder sie sind mit der Membran des rauen endoplasmatischen Retikulums (siehe S. 5) verbunden. Im elektronenmikroskopischen Bild können sie über das Zytoplasma verteilt oder in Reihen zu sogenannten **Polysomen** angeordnet sein (siehe S. 41).

Ablauf der Translation

Die Translation kann in drei Phasen eingeteilt werden: die **Initiation** (Startphase), die **Elongation** (Verlängerung der Polypeptidkette) und die **Termination** (Beendigung der Translation).

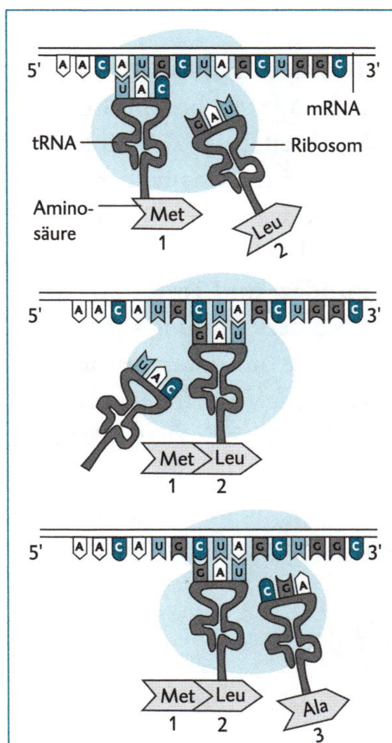

Abb. 18: Vorgänge bei der Translation

- **Initiation:** Zu Beginn der Translation fügen sich die kleinere und die größere Untereinheit zu einem funktionstüchtigen Ribosom zusammen. Nun lagert sich das mRNA-Molekül (unter Vermittlung der „Kappe“ am 5'-Ende) mit seinem Start-Codon (immer: AUG = Methionin) an der kleineren Untereinheit an.
- **Elongation:** Nach der Anlagerung der mRNA liegt ein Abschnitt aus **zwei mRNA-Basentripletts** im Bereich des Ribosoms. An diesen beiden Tripletts binden sich – nach dem Prinzip der komplementären Basenpaarung – **zwei tRNA-Moleküle** mit ihren Antico-

dons. Die an diese beiden tRNA-Moleküle gebundenen Aminosäuren werden durch die Bildung einer **Peptidbindung** zwischen der NH_2-Gruppe der ersten und der COOH-Gruppe der zweiten Aminosäure miteinander verknüpft (siehe S. 48 f.). Dazu ist ein spezifisches Enzym und Stoffwechselenergie erforderlich. Die tRNA-Moleküle bringen also Aminosäuren zum Ribosom, sie arbeiten als „Adapter", die zwischen der mRNA und der Aminosäurekette vermitteln.
Nach der Bildung der Peptidbindung rückt das Ribosom ein mRNA-Triplett weiter, es bewegt sich also in **Triplett-Schritten** über die mRNA. Das erste tRNA-Molekül löst seine Paarung mit der mRNA und seine Bindung zur Aminosäure. Die gesamte, bis dahin entstandene Polypeptidkette wird auf das nachrückende tRNA-Molekül übertragen, sodass dieses die um **eine Aminosäure verlängerte Kette** trägt. Die wachsende Polypeptidkette ist dabei nie direkt mit dem Ribosom oder der mRNA verbunden, sondern immer nur über das vermittelnde tRNA-Molekül.
Das frei werdende tRNA-Molekül gelangt wieder ins Zytoplasma und kann dort erneut eine Aminosäure binden. An das neu ins Ribosom gerückte Triplett der mRNA lagert sich ein passendes tRNA-Molekül an.

- **Termination:** Der Vorgang der Polypeptid-Kettenverlängerung wiederholt sich so lange, bis ein **Stopp-Codon** in das Ribosom rückt. Hier kann sich kein weiteres tRNA-Molekül anlagern; das Ribosom zerfällt in seine beiden Untereinheiten und der Translationsvorgang ist beendet.
  Schon während seiner Entstehung am Ribosom nimmt die Polypeptidkette ihre durch die Primärstruktur (Abfolge der Aminosäuren) festgelegte **Sekundär- und Tertiärstruktur** an (siehe S. 49 ff.).
  Nach der Ablösung vom letzten tRNA-Molekül kann die gebildete Polypeptidkette auf unterschiedliche Weise in der Zelle transportiert werden. Sie kann entweder frei ins Zytoplasma abgegeben oder aber in den Hohlräumen und Kanälen des endoplasmatischen Retikulums transportiert werden. Dies geschieht z. B. bei Proteinen, die am rauen ER entstehen. Vom ER aus können sie in abgeschnürten Vesikeln in die Zisternen des Golgi-Apparats gelangen und dort weiterverarbeitet und/oder gespeichert werden.

Polysomen

Ein **Polysom** bildet sich, wenn mehrere Ribosomen gleichzeitig am gleichen mRNA-Strang tätig sind. Dabei reihen sich die Ribosomen an der mRNA auf wie die Perlen einer Kette. Dasselbe mRNA-Molekül lässt sich dadurch mehrmals in kurzen Abständen nacheinander ablesen. Während im hinteren Bereich einer mRNA die Translation **noch** läuft, beginnt sie im vorderen **schon** wieder. Dadurch kann die Zelle die Proteinbiosyntheserate stark erhöhen.

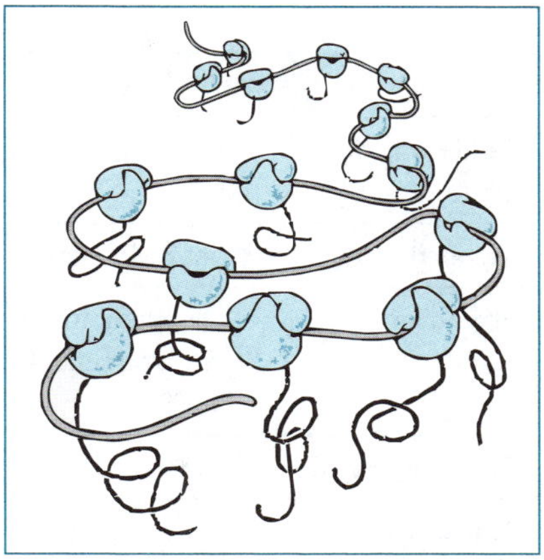

Abb. 19: Ein Polysom

3.3 Die Proteinbiosynthese bei Prokaryoten

Die Proteinbiosynthese in prokaryotischen Zellen verläuft in den Grundzügen ähnlich wie bei Eukaryoten. Einige Aspekte in der Herstellung der Polypeptidketten sind jedoch unterschiedlich:

- Da es in der prokaryotischen DNA **keine Introns** gibt, ist ein Spleißen der mRNA nicht notwendig.
- Des Weiteren **fehlen** der mRNA sowohl die „Kappe“ am 5'- als auch der Poly-A-Schwanz am 3'-Ende. Die Lebensdauer von mRNA-Molekülen ist bei Prokaryoten daher auch deutlich kürzer als diejenige bei Eukaryoten.
- Da die DNA in Prokaryotenzellen frei im Zytoplasma vorliegt, kann hier außerdem bereits mit der Translation von mRNA-Strängen begonnen werden, bevor diese vollständig transkribiert sind. Schon **während der mRNA-Synthese** lagern sich Ribosomen dabei an das frei vorliegende 5'-Ende an und setzen so die Translation in Gang.

Auch bei Prokaryoten kommt es zur Bildung von **Polysomen**. Die Geschwindigkeit, mit der die Proteinsynthese abläuft, ist beachtlich. Bei *E. coli* dauert die Translation eines durchschnittlich langen Proteins von 300 Aminosäuren gerade einmal 17 Sekunden. Eukaryoten sind aber noch schneller (siehe Tab. 2, S. 42).

3.4 Vergleich der Proteinbiosynthese bei Pro- und Eukaryoten

	Prokaryoten	Eukaryoten
Codierung der DNA	Es gibt nur codogene Bereiche.	Es existieren nicht-codogene Bereiche.
Transkription	im Zellplasma	im Zellkern
Promotor	ein Promotor für mehrere Strukturgene (Operon; siehe S. 79)	ein Promotor für jedes Gen
RNA-Polymerase	eine	drei verschiedene
Translation	im Zytoplasma	im Zytoplasma
Ablauf der beiden Teilschritte	am gleichen Ort, Beginn der Translation bereits von Abschluss der Transkription	räumlich getrennt, zeitlich nacheinander
Bearbeitung der mRNA („Reifung")	keine	Anfügen von Kappe und Poly-A-Schwanz, Spleißen
Existenzdauer der mRNA	kurzlebig, meist kürzer als 2 Minuten	langlebig
Anlagerung der mRNA an das Ribosom	spezielle Ribosomen-Bindungsstelle aus wenigen Basen vor dem Start-Codon	mRNA-Kappe vermittelt die Anlagerung an das Ribosom
Ribosomen	70 S-Ribosomen (50 S- und 30 S-Untereinheit); $10^4 - 2 \cdot 10^4$ pro Zelle	80 S Ribosomen (60 S- und 40 S-Untereinheit); 10^5–10^7 pro Zelle (Zytoplasma)
Geschwindigkeit der Proteinbiosynthese	Faktor 1	Faktor 10 (das heißt 10-mal schneller)

Tab. 2: Gemeinsamkeiten und Unterschiede der Proteinsynthese und der daran beteiligten Zellstrukturen von Prokaryoten und Eukaryoten

Zusammenfassung

- Die Proteinbiosynthese beginnt mit der Transkription. Dabei bildet sich aus freien RNA-Nukleotiden an einem Abschnitt der DNA (Gen) ein komplementärer prä-mRNA-Strang.
- Transkriptionsfaktoren, die sich an den DNA-Doppelstrang heften (Promotor-Region, regulatorische DNA-Sequenzen), können Ablauf und Ergebnis der Transkription beeinflussen.
- Aus der prä-mRNA werden die unnötige Informationen tragenden Introns entfernt. Dadurch entsteht die „reife" mRNA, die ins Zytoplasma wandert.
- Im zweiten Abschnitt der Proteinbiosynthese, der Translation, verketten sich Aminosäuren zu Polypeptiden. Dazu wandert die mRNA aus dem Zellkern und lagert sich an ein Ribosom an. Dort wird mithilfe von tRNA-Molekülen die Basensequenz der mRNA in die Aminosäuresequenz eines Proteins übersetzt.
- Ein tRNA-Molekül trägt in einer seiner Schleifen ein spezifisches Basentriplett, das Anticodon. Diese drei Basen legen fest, welche Aminosäure das tRNA-Molekül bindet.
- Durch die komplementäre Paarung der tRNA-Anticodons mit den Codons der mRNA im Bereich eines Ribosoms ergibt sich die Aminosäuresequenz der Polypeptidkette.
- Eine Steigerung der Proteinbiosyntheserate lässt sich sowohl durch die mehrfache Transkription desselben DNA-Abschnitts als auch durch die Bildung von Polysomen bei der Translation erreichen.
- Die Proteinbiosynthese bei Prokaryoten wird durch das Fehlen von Introns und die noch während der mRNA-Synthese erfolgende Translation erleichtert und beschleunigt.

Aufgaben

26 Kreuzen Sie die richtigen Aussagen an.
Bei der Transkription …

- ☐ lagert sich die mRNA an einen Abschnitt der DNA an.
- ☐ lagern sich RNA-Nukleotide an einen Abschnitt der DNA an.
- ☐ lagern sich tRNA-Moleküle an einen Abschnitt der DNA an.
- ☐ entsteht mRNA.
- ☐ öffnet sich der Doppelstrang der DNA in einem Abschnitt.
- ☐ bilden sich Proteine.
- ☐ wird Stoffwechselenergie benötigt.

27 Vergleichen Sie die Vorgänge der Transkription mit denen der Replikation.

28 Erklären Sie, welche Nachteile es hätte, wenn die genetische Information nicht zunächst in Form von mRNA umgeschrieben, sondern die DNA direkt an den Ribosomen abgelesen würde.

29 Welche Aussagen sind richtig? Kreuzen Sie an.

- ☐ Translationsprozesse laufen sowohl im Zellkern als auch im Zytoplasma ab.
- ☐ An der Translation sind drei verschiedene Arten von RNA beteiligt.
- ☐ Zur Translation ist Stoffwechselenergie (ATP) erforderlich.
- ☐ Die Translation läuft nur kurz vor Beginn der Mitose ab.
- ☐ Durch die Translation entstehen Proteine.
- ☐ Die Translation kann an Polysomen ablaufen.
- ☐ Bei der Translation entsteht mRNA.

30 Stellen Sie dar, welche Folgen es hat, wenn während der Translation das Ribosom um ein Triplett weiterrückt.

31 Verschiedene Arten von tRNA-Molekülen binden die gleiche Aminosäure. Begründen Sie, warum in einer Zelle 61 verschiedene tRNA-Moleküle erforderlich sind, obwohl nur zwanzig verschiedene Arten von Aminosäuren vorhanden sind.

32 Die roten Blutkörperchen des Menschen werden im Knochenmark gebildet. In einem Experiment wurde reife mRNA aus dem Knochenmark eines Menschen in Eizellen des Krallenfroschs injiziert. Die Eizellen begannen daraufhin, menschliches Hämoglobin zu bilden.
Erklären Sie dieses Phänomen.

33 Versuche einer Arbeitsgruppe um den amerikanischen Biologen Paul Charles ZAMECNIK (1912–2009) erbrachten Ende der 1950-er Jahre genaueren Aufschluss über den Orte der Proteinbiosynthese. Die vier entscheidenden Teilversuche, die unter Verwendung radioaktiv markierter ^{14}C-Proteine durchgeführt wurden, sind im Folgenden wiedergegeben:

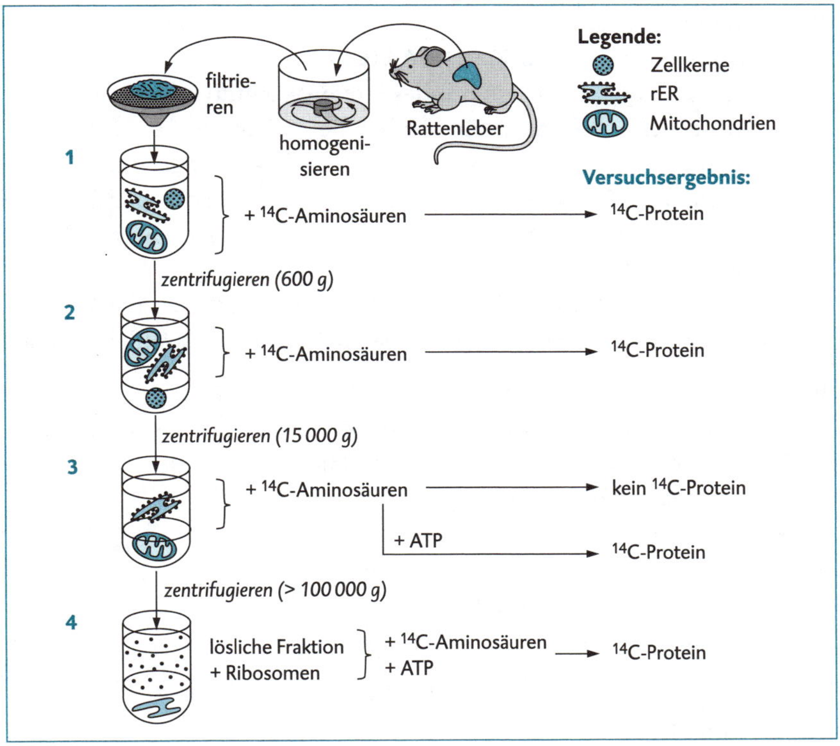

- a Beschreiben Sie die Vorgehensweise und das Versuchsergebnis. Erklären Sie, warum radioaktiv markierte Aminosäuren verwendet wurden.
- b Nennen Sie die Schlussfolgerungen, die aus den Ergebnissen der Teilversuche 1 bis 4 gezogen werden können. Überlegen Sie zusätzlich, was sich hinter dem Begriff „lösliche Fraktion“ verbirgt.

34 Beschriften Sie die folgende Abbildung, indem Sie …

- a die Strukturen (1–5) und den Vorgang (6) benennen.
- b mithilfe der Code-Sonne (siehe Abb. 10, S. 30) die mit Fragezeichen (???) markierten Basenfolgen in den beiden Tripletts ermitteln.

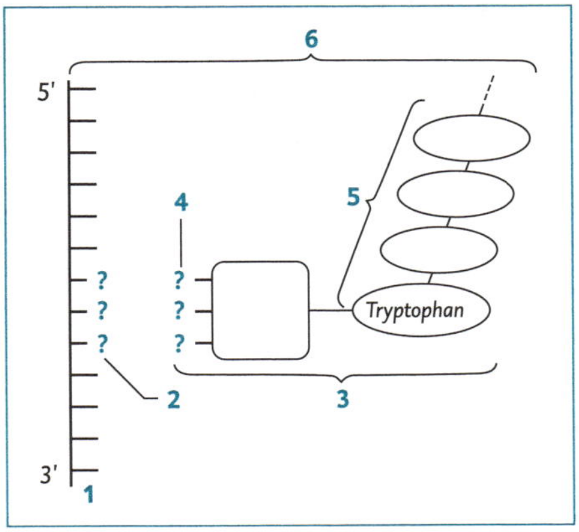

35 Angenommen, ein Abschnitt eines DNA-Einzelstrangs hat die folgende Basensequenz: **3'-CGGCGCTCAAAATCG-5'**

- **a** Leiten Sie die Primärstruktur des Proteinabschnitts ab, der dieser Nukleotidsequenz entspricht. Verwenden Sie zur Lösung der Aufgabe die Code-Sonne (Abb. 10, S. 30). Skizzieren Sie den Lösungsweg.
- **b** Beschreiben Sie, wie sich die Primärstruktur der Polypeptidkette verändert, wenn in der DNA an der 4. Stelle vom 3'-Ende aus gezählt statt der Base C die Base T steht.
- **c** Nennen Sie die Veränderungen der Polypeptidkette, die zu erwarten sind, wenn das vierte Nukleotid der DNA durch Bestrahlung ausfällt.

36 In verschiedenen Versuchsansätzen stellt man *E. coli*-Bakterien ausschließlich Aminosäuren zur Verfügung, die mit ^{14}C radioaktiv markiert sind. Welche der unten aufgeführten Zellbestandteile und Moleküle werden als erste radioaktiv, welche als letzte?

- tRNA-Moleküle
- Proteine
- Ribosomen mit angelagerter mRNA

Begründen Sie Ihre Antwort in Stichworten.

37 Die mRNA einer Zelle hat eine begrenzte Lebensdauer, zuweilen nur einige Minuten.
Stellen Sie eine Vermutung darüber auf, welcher Vorteil damit verbunden sein könnte.

38 Beschreiben Sie kurz zwei Vorgänge, durch die die Zelle eine hohe Proteinbiosyntheserate erreichen kann.

39 Da der genetische Code universell ist, kann Humaninsulin prinzipiell von Bakterienzellen hergestellt werden.
Erläutern Sie, was passiert, wenn man das menschliche Gen für Insulin in ein Bakterium einschleust.

Exkurs
Proteine – Moleküle des Lebens

Proteine (Eiweiße) werden auch „Moleküle des Lebens" genannt. Ohne ihre gestaltende (Struktur-Proteine) oder vermittelnde (Enzym-Proteine) Funktion wäre Leben, so wie wir es kennen, nicht möglich. Eiweiße sind meist Makromoleküle, die aus Ketten von **Aminosäuren** bestehen und im Laufe der Proteinbiosynthese (siehe S. 32 ff.) gebildet werden. Lediglich 20 verschiedene Aminosäuren stehen dem Körper für den Aufbau sämtlicher Proteine zur Verfügung. Acht davon kann der menschliche Organismus nicht selbst herstellen. Er muss sie mit der Nahrung zu sich nehmen, weshalb man sie als **essenzielle Aminosäuren** bezeichnet. An Proteine können zusätzlich weitere Moleküle gebunden sein. Bei **Glykoproteinen** sind dies Kohlenhydratgruppen, **Lipoproteine** enthalten Lipide (siehe S. 97 f.).

Strukturelle Merkmale von Aminosäuren

Alle natürlich vorkommenden Aminosäuren stimmen in einem Bereich ihrer Struktur überein. Dieser Bereich besteht aus einem Kohlenstoffatom, an das **vier verschiedene Atome bzw. Atomgruppen** gebunden sind.

Dies sind:

- ein Wasserstoffatom,
- eine Carboxylgruppe (Carbonsäuregruppe, – COOH),
- eine Aminogruppe (– NH_2) und
- ein variabler Rest, auch Seitenkette genannt. Dieser kann auch nur ein zweites Wasserstoffatom sein.

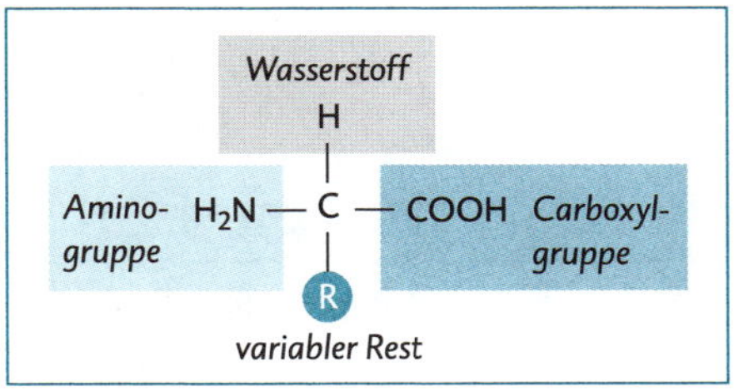

Abb. 20: Gruppierung der natürlichen Aminosäuren

Die 20 verschiedenen Reste der natürlichen Aminosäuren lassen sich nach ihren **funktionellen Gruppen**, also denjenigen Atomgruppen, die die Reaktionsmöglichkeiten wesentlich bestimmen, in **vier Gruppen** einteilen:

- Aminosäuren mit **unpolarem Rest:** Die unpolaren Gruppen zeichnen sich durch Bindungen mit annähernd gleichmäßiger Ladungsverteilung aus. Sie sind lipophil, das heißt fettlöslich. Beispiele hierfür sind Glycin und Alanin (siehe Abb. 21).
- Aminosäuren mit **polarem Rest:** Die polaren Gruppen zeichnen sich durch Bindungen mit ungleicher Ladungsverteilung aus. Sie sind hydrophil, das heißt wasserlöslich. Zu dieser Gruppe von Aminosäuren zählen beispielsweise Serin und Asparagin (siehe Abb. 21).

- **Saure** Aminosäuren: Ihre Reste geben leicht Protonen ab. In der Regel sind diese Aminosäuren negativ geladen, liegen also als **Anionen** vor (siehe Abb. 21).
- **Basische** Aminosäuren: Ihre Reste nehmen leicht Protonen auf. Normalerweise sind sie positiv geladen, liegen also als **Kationen** vor (siehe Abb. 21).

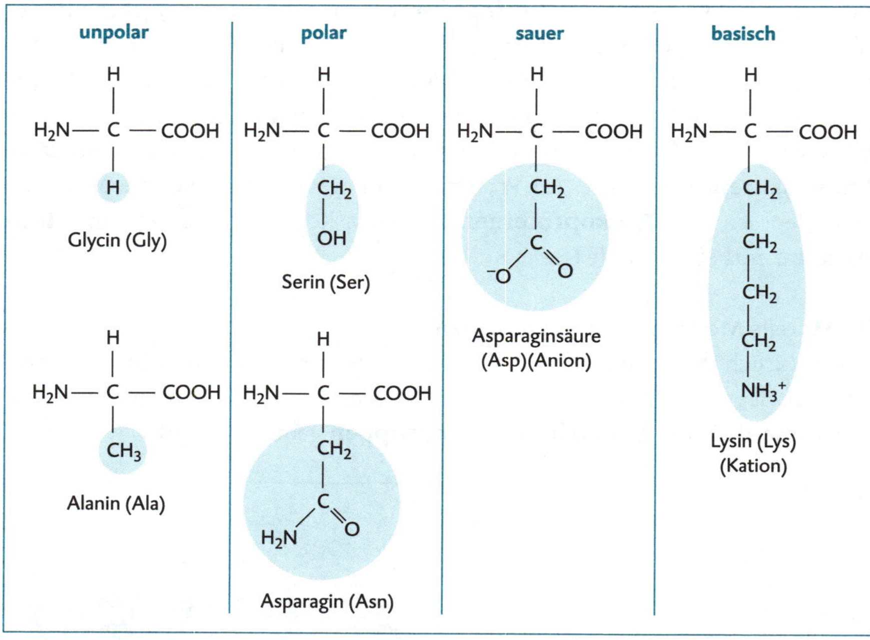

Abb. 21: Beispiele aus den vier Gruppen der Aminosäuren

Der besseren Übersicht wegen werden alle Aminosäuren mit drei Buchstaben abgekürzt, z. B. **Gly** für Glycin, **Phe** für Phenylalanin, **Gln** für Glutamin oder **Trp** für Tryptophan (siehe auch Abb. 10, S. 30).

Eigenschaften der Peptidbindung

Aminosäuren verketten sich miteinander in immer gleicher Art und Weise. Die Carboxylgruppe (–COOH) einer Aminosäure verbindet sich mit der Aminogruppe (–NH_2) einer anderen Aminosäure, dabei wird Wasser freigesetzt. Es handelt sich also um eine **intermolekulare Kondensationsreaktion**.

> Die Reaktion zwischen der **Carboxylgruppe** der einen und der **Aminogruppe** einer anderen Aminosäure führt zur Bildung einer sogenannten **Peptidbindung**.

In einem **Protein** bildet sich durch die Peptidbindungen (siehe Abb. 22) eine Achse aus sich wiederholenden gleichen Atomgruppen, von der die verschiedenen Reste der Aminosäuren seitlich abstehen.

Proteine bestehen aus Ketten von Aminosäuren, die in immer gleicher Weise über Peptidbindungen miteinander verbunden sind.

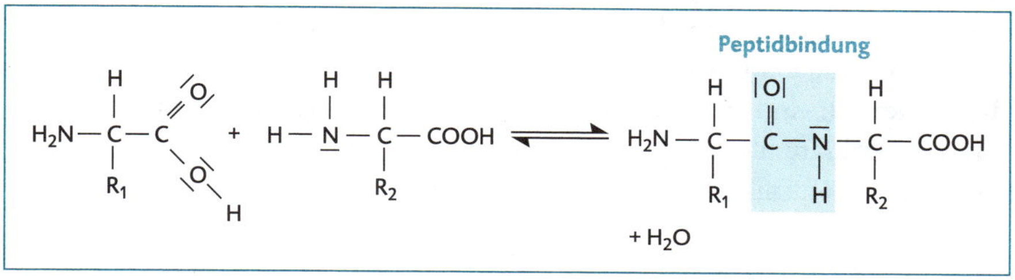

Abb. 22: Die Bildung der Peptidbindung

Je nach Zahl der miteinander verbundenen Aminosäuren entsteht ein …

- **Dipeptid** aus 2 Aminosäuren,
- **Tripeptid** aus 3 Aminosäuren,
- **Oligopeptid** aus bis zu 10 Aminosäuren,
- **Polypeptid** aus bis zu 100 Aminosäuren oder ein
- **Protein** aus mehr als 100 Aminosäuren.

Struktur von Proteinen

Die 20 zur Verfügung stehenden Aminosäuren können sich in **beliebiger Reihenfolge** miteinander verknüpfen. Wenn die Abfolge **(Sequenz)** der Aminosäuren nur dem Zufall unterläge, ergäbe sich eine unvorstellbar große Anzahl möglicher Proteine.

Beispiel

Das Enzym Lysozym ist eine Hydrolase, die Spaltungsreaktionen unter Freisetzung von Wasser durchführt. Das Lysozym besteht aus 129 Aminosäuren. Bei zufälliger Reihenfolge der 20 Aminosäuren wären in diesem Fall $\mathbf{20^{129}}$ verschiedene Proteine möglich. Zum Vergleich: Die Anzahl der Atome im Universum wird auf „nur" etwa 10^{71} geschätzt.

Die genetische Information jeder Zelle bestimmt in Form der **Basensequenz der DNA**, in welcher Reihenfolge die Aminosäuren der Proteine angeordnet werden sollen.

Die **genetisch festgelegte Abfolge** (Sequenz) der Aminosäuren eines Proteins wird als seine **Primärstruktur** bezeichnet.

Wechselwirkungen zwischen den Resten der Aminosäuren führen dazu, dass die Aminosäurekette spiralisiert, gefaltet, geknäuelt oder aber auch gestreckt vorliegt. So zieht z. B. ein Rest, der negativ geladen ist, einen in seiner Nähe liegenden, positiv geladenen Rest an. Dadurch nähern sich die beiden Bereiche der Kette an, neigen sich zueinander und erzeugen eine Krümmung der Kette. Durch die Primärstruktur ist daher auch die **räumliche** Anordnung der Aminosäurekette schon festgelegt. Die verschiedenen räumlichen Formen, die ein Proteinfaden einnehmen kann, lassen sich weiter nach der Sekundär-, der Tertiär- und der Quartärstruktur kategorisieren. Auf der Ebene der **Sekundärstruktur** kann ein Proteinbereich in Form einer **Spirale** (Helix) vorliegen oder als **Faltblatt** ausgebildet sein. Dabei sind die parallel liegenden Aminosäureketten oder einzelne Abschnitte zickzackartig gefaltet:

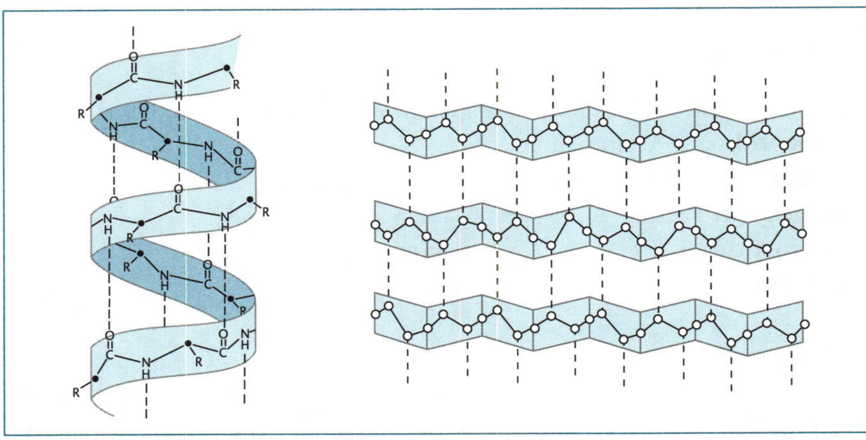

Abb. 23: Helix- (links) und Faltblattstruktur (rechts); Wasserstoffbrückenbindungen sind gestrichelt dargestellt.

Die Helix- und die Faltblattstruktur werden durch **Wasserstoffbrückenbindungen** stabilisiert. Diese bilden sich durch die elektrostatischen Anziehungskräfte zwischen einem Wasserstoffatom, das stark **positiv polarisiert** ist, etwa durch die Bindung an ein Atom, das stark elektronegativ ist (z. B. N oder O), und einem benachbarten Atom, das stark **negativ polarisiert** ist:

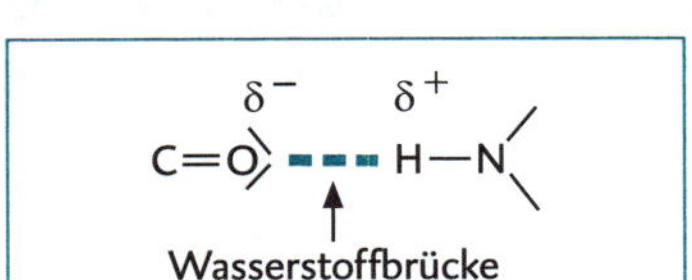

Abb. 24: Ausbildung einer Wasserstoffbrückenbindung

Wasserstoffbrückenbindungen sind nur **schwach bindende** Wechselwirkungen, sie lassen sich meist schon durch Erwärmung lösen. Trotzdem sind sie stabil genug, um z. B auch die Erbsubstanz – den DNA-Doppelstrang – zusammenzuhalten (siehe S. 15 ff.).
Die Sekundärstruktur eines Proteins muss **nicht vollständig** in Helix- oder Faltblattstruktur ausgebildet sein. Zwischen den Helix- und Faltblattbereichen können gestreckte Bereiche, also Abschnitte in reiner Primärstruktur vorliegen.

Beispiele

- **Keratin**, das Strukturprotein der **Haare**, ist überwiegend als Helix geformt.
- **Lysozym**, ein einkettiges Protein aus 129 Aminosäuren, liegt zu 40 % in der Helix- und zu 12 % in der Faltblattstruktur vor.

Wenn die Aminosäurekette noch weiter in verschiedenartigen Schleifen dreidimensional gewunden oder geknäuelt ist, spricht man von der **Tertiärstruktur** eines Proteins. Häufig entstehen Gebilde von annähernd kugeliger Gestalt, die man als **globuläre Proteine** bezeichnet.
Die Tertiärstruktur wird stabilisiert durch …

- **Van-der-Waals-Kräfte**, schwache Anziehungskräfte zwischen unpolaren Seitenketten der Reste,
- **Wasserstoffbrückenbindungen** zwischen polaren Seitenketten,
- **Ionenbindungen** zwischen verschieden geladenen Gruppen der Reste, z. B. NH_3^+ und COO^-,
- **Disulfid-Brücken**, also Elektronenpaarbindungen zwischen zwei Schwefel-Atomen.

> Die **Tertiärstruktur** eines Polypeptids bildet sich durch die **räumliche Anordnung** eines in Sekundärstruktur vorliegenden Proteinfadens.

Die **Quartärstruktur** schließlich entsteht, wenn sich mehrere Aminosäureketten in der Tertiärstruktur zu einem funktionsfähigen Proteinmolekül zusammenlagern.

> Die **Quartärstruktur** beschreibt die **charakteristische Anordnung** von Peptidketten der Tertiärstruktur in komplexen Proteineinheiten.

Beispiele

- Der Eiweißanteil des roten Blutfarbstoffs **Hämoglobin** besteht aus **vier** Aminosäureketten.
- **Kollagen**, ein Faserprotein, das das Grundgerüst des Bindegewebes, aber auch der Sehnen und Bänder bildet, besteht aus miteinander verwobenen Proteinketten in Helix-Struktur.

Zusammenfassung

- Proteine erfüllen eine Vielzahl wichtiger Aufgaben in den Zellen und im Organismus.
- Proteine sind Ketten von Aminosäuren, die unterschiedliche räumliche Strukturen bilden können. Für den Aufbau der Proteine der Organismen werden 20 verschiedene Aminosäuren verwendet.
- Die Zahl möglicher Proteine ist durch die unterschiedlichen Kombinationsmöglichkeiten der Aminosäuren außerordentlich hoch.
- Die Funktionalität der Proteine beruht auf ihrer spezifischen Faltung, welche durch die Abfolge der Aminosäuren in der Polypeptidkette festgelegt ist.

Aufgaben

40 Vervollständigen Sie folgende Sätze:

a Proteine bestehen aus Ketten von …

b Proteinähnliche Verbindungen mit weniger als 100 Einzelbausteinen bezeichnet man als …

c Die Zahl der verschiedenen Einzelbausteine, die für den Bau von Proteinen fast aller lebenden Organismen zur Verfügung stehen, beträgt …

d Die Einzelbausteine der Proteine, die der menschliche Organismus nicht selbst herstellen kann, nennt man …

e Bei der Verkettung der Einzelbausteine von Proteinen bindet sich jeweils …

41 Verbinden Sie die im Folgenden dargestellten Aminosäuren so miteinander, dass ein Tripeptid entsteht.

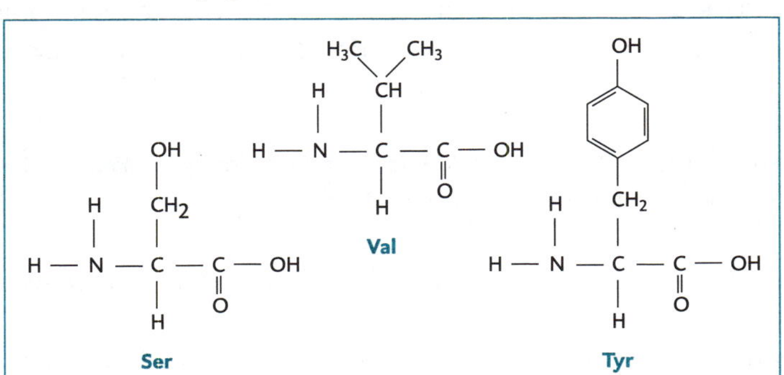

Die Strukturen der Aminosäuren Serin, Valin und Tyrosin

42 a Ordnen Sie zu: Welche der folgenden Verbindungen sind …
- Aminosäuren mit unpolarem Rest,
- Aminosäuren mit polarem Rest,
- saure Aminosäuren,
- basische Aminosäuren?

b Bezeichnen Sie die in der Strukturformel des Serins mit Ziffern gekennzeichneten Gruppen.

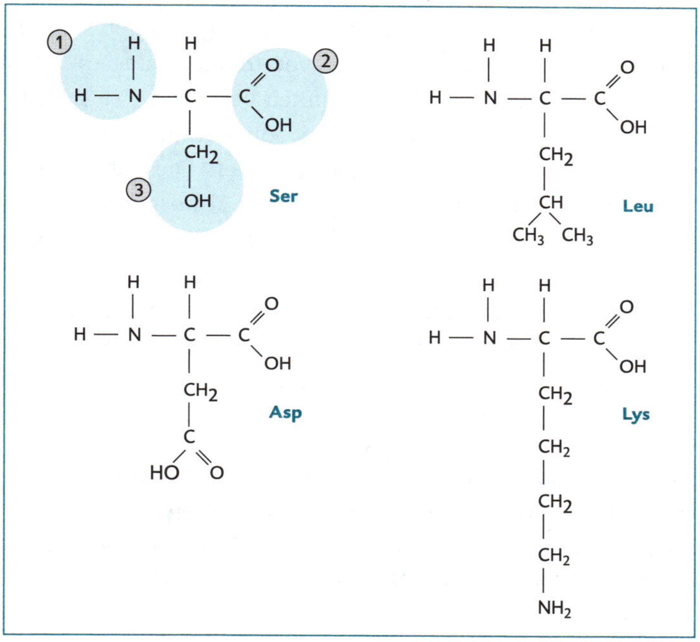

Die Strukturen der Aminosäuren Serin, Leucin, Asparaginsäure und Lysin

43 Geben Sie an: Wo in Proteinen finden sich zwischen Aminosäuren …

a starke chemische Bindungen?

b schwache chemische Bindungen?

Exkurs

Enzyme – Werkzeuge der Zelle

Enzyme sind Eiweißmoleküle, die als **biochemische Katalysatoren Stoffwechselreaktionen** im tierischen und pflanzlichen Organismus **steuern**.
In Lebewesen ablaufende chemische Reaktionen benötigen meist einen „Anschub“, die sogenannte **Aktivierungsenergie**. Enzyme haben die Eigenschaft, die jeweils benötigte Aktivierungsenergie so weit **herabzusetzen**, dass die Reaktion unter zellulären Bedingungen ausreichend schnell ablaufen kann. Enzyme **beschleunigen** den **Reaktionsablauf** der von ihnen katalysierten Reaktionen dabei um den Faktor 10^3 bis 10^6. So können beispielsweise stickstofffixierende Bakterien, die in Symbiose mit der Sojabohne in deren Wurzelknöllchen leben, aus Luftstickstoff Ammoniak (NH_3) bilden. Diese Reaktion kann mithilfe des Enzyms Nitorgenase bei 20 °C und dem atmosphärischen Druck von 1 bar ablaufen. Die technische Variante (Haber-Bosch-Verfahren) benötigt dafür eine Temperatur von ca. 500 °C und einen Druck von ca. 300 bar.
Reaktionsabläufe in Organismen setzen sich zumeist aus vielen, hintereinandergeschalteten einzelnen Reaktionen zusammen. Jeder dieser einzelnen Schritte wird dabei von einem Enzym katalysiert. Aus dieser Tatsache heraus wird verständlich, dass Enzyme im Stoffwechsel eine zentrale Rolle spielen.

Enzyme erhöhen als **Biokatalysatoren** die Geschwindigkeit einer biochemischen Reaktion, indem sie die hierfür notwendige **Aktivierungsenergie verringern**.
Als **Aktivierungsenergie** bezeichnet man diejenige Energie, die einem Reaktionssystem (Organismus) zugeführt werden muss, **damit** die **Reaktion ablaufen kann**.

Der Ablauf einer enzymatischen Reaktion

Enzymatische Reaktionen können als **Kreisprozesse** dargestellt werden:

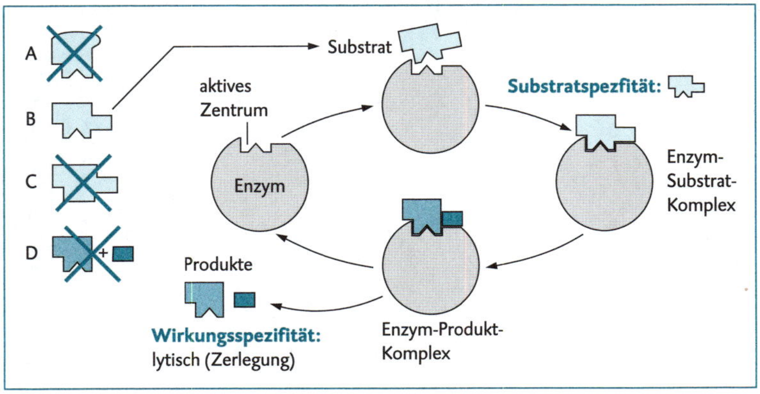

Abb. 25: Schematische Darstellung einer Enzymreaktion

In einem ersten Schritt **verbindet sich** die Substanz, die verarbeitet werden soll – sie wird als **Substrat** bezeichnet –, mit dem **Enzym**, das diese Reaktion katalysiert. Die Anlagerung des Substrats an das Enzym erfolgt nach dem **„Schlüssel-Schloss-Prinzip"** an einer spezifischen Stelle des Enzyms, dem **aktiven Zentrum**. Somit kann nicht jedes beliebige Molekül als Substrat dienen (siehe A und C in Abb. 25). Nur das spezifisch passende Substrat (B) kann „andocken" – man spricht von der **Substratspezifität** des Enzyms. Durch die Anlagerung des Substrats entsteht der **Enzym-Substrat-Komplex**. Aus dem Enzym-Substrat-Komplex wird der **Enzym-Produkt-Komplex**, wenn das Enzym seiner katalytischen Tätigkeit nachgekommen ist. Das **Produkt** verlässt das aktive Zentrum. Die Reaktion ist damit abgeschlossen und das aus der Reaktion **unverändert hervorgegangene** Enzym ist bereit, ein neues Substrat aufzunehmen und umzusetzen.
Im in der Abbildung dargestellten Beispiel sind aus einem Substrat zwei Produkte entstanden. Das Enzym hat ein Substrat zerlegt, das heißt eine lytische Reaktion durchgeführt. Umgekehrt kann das Enzym aber aus den beiden Produkten nicht wieder das ursprüngliche Substrat herstellen (D). Enzyme besitzen eine **Wirkungsspezifität:** Sie können immer nur eine bestimmte Reaktion katalysieren.
Die **Wirkungsmöglichkeiten** der Enzyme sind sehr **groß**. Als Biokatalysatoren können sie nicht nur Stoffe spalten oder zusammenfügen, sondern auch Atome oder Atomgruppen übertragen und Moleküle umbauen oder aktivieren. Als Beispiel kann die Glucokinase dienen, die bei der Zellatmung eine zentrale Rolle spielt.

Beispiele

Eine **Aktivierung der Ausgangsmoleküle** gehört zu den wichtigsten Aufgaben am Beginn vieler Reaktionsketten im Stoffwechsel. Dies gilt auch für die Glykolyse, den ersten Schritt in der Biologischen Oxidation. Glukose wird dabei durch die Übertragung eines Phosphorsäurerests aktiviert. Die folgende Abbildung verdeutlicht das konkrete Beispiel.

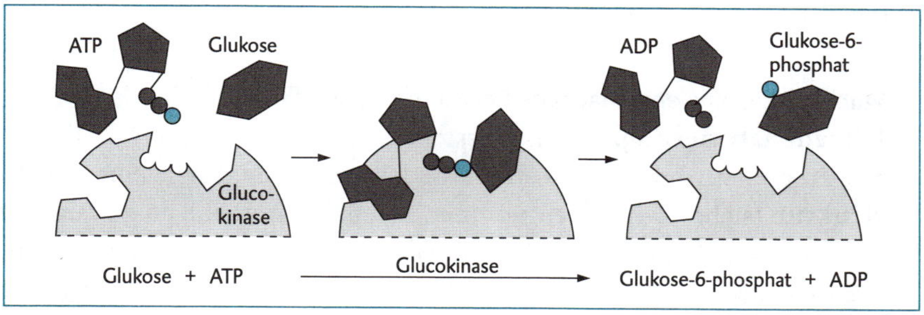

Abb. 26: Wirkungsweise des Enzyms Glucokinase

Glukose und das Energiespeicher-Molekül ATP lagern sich am aktiven Zentrum der Glucokinase an. Während des katalytischen Vorgangs spaltet das Enzym den terminalen Phosphorsäurerest (farbig markiert) vom ATP-Molekül ab, überträgt ihn auf das Zuckermolekül und aktiviert damit die Glukose. Das **Enzym** wirkt lediglich als „Vermittler", der selber **nicht aktiv an der Reaktion teilnimmt**.

> Der Ablauf einer enzymatischen Reaktion kann wie folgt zusammengefasst werden:
> Enzym + **Substrat** ⟶ Enzym-Substrat-Komplex ⟶ Enzym-Produkt-Komplex ⟶ Enzym + **Produkt**
> **Enzyme** nehmen an der von ihnen katalysierten Reaktion **nicht aktiv teil**. Sie liegen am Ende der Reaktion **wieder unverändert** vor.

Coenzym/prosthetische Gruppe

Die meisten Enzyme sind reine Eiweißkörper. Aber nicht alle Enzyme bestehen ausschließlich aus Protein. Manche der Biokatalysatoren enthalten zusätzlich einen Nicht-Proteinanteil – **prosthetische Gruppe** oder **Coenzym** genannt. Diese können entweder fest mit dem Proteinkörper verbunden (prosthetische Gruppe) oder lediglich locker gebunden sein. In jedem Fall sind sie aber für die Funktionsweise dieser Enzyme unbedingt notwendig. Beispiele für Coenzyme findet man unter anderem in der Gruppe der Vitamine (z. B. Vitamin B_{12} und Vitamin B_6). Weitere wichtige Coenzyme sind $NAD(P)^+$ und NAD(P)H, die an zahlreichen Redoxreaktionen des Zellstoffwechsels beteiligt sind. Auch Metall-Ionen können ein funktionaler Bestandteil eines Enzyms sein. So weist z. B. das Enzym Katalase, das das Zellgift H_2O_2 zersetzt, einen Eisenanteil auf. In all diesen Fällen bezeichnet man den Proteinanteil des Enzyms mit dem Begriff **Apoenzym**, den Nicht-Eiweißanteil als **Coenzym** und den Zusammenschluss beider als **Holoenzym**.

> **Coenzyme/prosthetische Gruppen** sind **Nicht-Proteinanteile**, die für die Wirkungsweise einzelner Enzyme unerlässlich sind.

Möglichkeiten, eine enzymatische Reaktion zu beeinflussen

- **Hitzedenaturierung:** Enzyme bestehen komplett oder zum größten Teil aus Proteinen. Ihre Aminosäuren sind räumlich in Form einer **Tertiärstruktur** (siehe S. 49 ff.) angeordnet. Ihren Zusammenhalt gewährleisten unter anderem Wasserstoffbrückenbindungen und Disulfid-Brücken. Durch die Ausbildung dieser und anderer Bindungen erhalten die Enzyme ihre endgültige Form und damit ihre Funktionalität (Bildung des aktiven Zentrums). Werden die Enzyme einer hohen, nicht-physiologischen Temperatur ausgesetzt (meist > 40 °C), so lösen sich die Bindungen innerhalb der Tertiärstruktur auf (siehe Abb. 27).

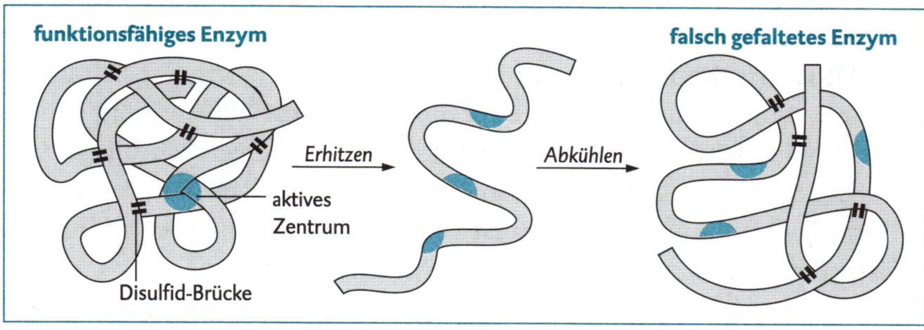

Abb. 27: Schematische Darstellung der Auswirkung einer starken Erhitzung auf ein Enzym

Während des Abkühlvorgangs faltet sich die Aminosäurekette neu. Weil dies unter nicht-physiologischen Bedingungen geschieht, werden Bindungen ausgebildet, die nicht mehr zur ursprünglichen Struktur führen. Dadurch liegen die Aminosäuren, die ursprünglich das aktive Zentrum gebildet haben, mit großer Wahrscheinlichkeit an anderen Stellen im Proteinkörper. Das neu gefaltete Protein enthält zwar noch die gleichen Aminosäuren, hat aber durch seine „falsche" Tertiärstruktur seine **katalytische Wirkung verloren**. Man spricht von der **Hitzedenaturierung** des Enzyms.

- Ähnliche **Denaturierungseffekte** können auch dann eintreten, wenn Enzyme einem ungünstigen **chemischen Milieu** ausgesetzt sind, z. B. einem unphysiologischen **pH-Wert**.
- **Enzymhemmung:** Enzymatische Abläufe können durch Hemmstoffe, sogenannte **Inhibitoren**, derart beeinflusst werden, dass die Reaktionsgeschwindigkeit der Katalysereaktion deutlich herabgesetzt wird. Dabei gibt es grundsätzlich drei Möglichkeiten:

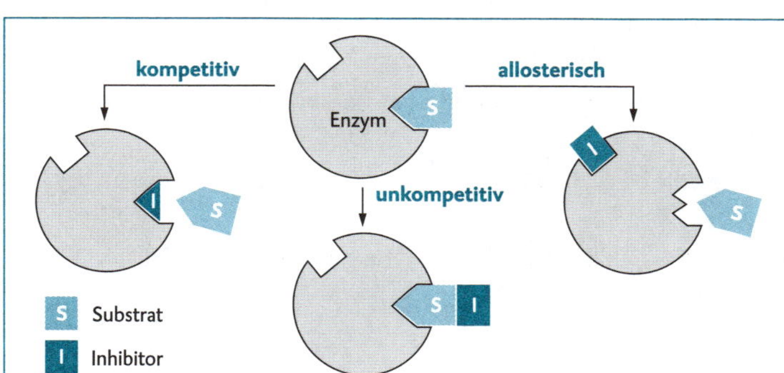

Abb. 28: Möglichkeiten der Enzymhemmung

- **Kompetitive Enzymhemmung:** Der Inhibitor lagert sich in das aktive Zentrum des Enzyms ein, sodass das Substrat nicht mehr binden kann.
- **Unkompetitive Enzymhemmung:** Der Inhibitor verbindet sich mit dem Substratmolekül, das sich im aktiven Zentrum befindet, und verhindert dadurch dessen Umsetzung zum Produkt.
- **Allosterische Enzymhemmung:** Der Inhibitor verbindet sich mit dem Enzym über eine zusätzliche Bindungsstelle, das allosterische Zentrum. Sobald der Inhibitor angedockt hat, wird das aktive Zentrum so verändert, dass das zugehörige Substrat nicht mehr binden kann.

Derartige Hemmungen sind **meist reversibel**, das heißt, der Inhibitor verlässt seinen Bindungsort nach einer gewissen Zeit wieder.

Diese Formen der Enzymhemmung spielen bei der **Regulation der Genaktivität** eine entscheidende Rolle. Hierbei binden sog. **Effektoren** an Enzyme, die an der Proteinbiosynthese beteiligt sind (siehe S. 79 ff.).

Auch eine **Vergiftung** mit **Schwermetallen** (z. B. Quecksilber oder Blei) kann zu einer Enzymhemmung führen, wenn sich diese an das aktive Zentrum binden. Dies hat meist eine **irreversible Inaktivierung** der betroffenen Enzyme zur Folge.

Enzymreaktionen können dadurch beeinflusst werden, dass die **Enzyme** durch **Hitze** oder **Säuren/Basen denaturiert** werden.
Inhibitoren ermöglichen **spezifische Hemmmechanismen** bei Enzymen. Sie können am aktiven Zentrum **(kompetitiv)**, am gebundenen Substrat **(unkompetitiv)** oder an einer spezifischen weiteren Bindungsstelle des Enzyms **(allosterisch)** ansetzen.

Zusammenfassung

- Enzyme sind biologische Katalysatoren, die bei Stoffwechselreaktionen die benötigte Aktivierungsenergie herabsetzen können.
- Während der enzymatischen Reaktion wird ein Substrat über die Zwischenstufen Enzym-Substrat- und Enzym-Produkt-Komplex zum Produkt umgewandelt.
- Das Enzym nimmt an der katalysierten Reaktion nicht aktiv teil und liegt an deren Ende wieder unverändert vor.
- Als Nicht-Proteinanteile bilden Coenzyme mit dem Proteinanteil (Apoenzym) das Holoenzym.
- Enzymreaktionen lassen sich durch die Denaturierung der Proteine und durch Inhibitoren beeinflussen.

Aufgaben

44 Welche der folgenden Aussagen sind richtig? Kreuzen Sie an.

- ☐ Ein Enzym kann aus einer Aminosäurekette bestehen, die teilweise als Helix (Sekundärstruktur) vorliegt.
- ☐ Die Primärstruktur eines Enzyms bedingt die Sekundär- und die Tertiärstruktur.
- ☐ Die Festlegung der Tertiärstruktur eines Enzyms geschieht unter anderem durch Wechselwirkungen zwischen den Resten der Aminosäuren.
- ☐ Bei der Denaturierung von Enzymen verändert sich deren Primärstruktur.
- ☐ Bei der Denaturierung von Enzymen wird die Tertiärstruktur durch Disulfidbrücken stabilisiert.
- ☐ In der Primärstruktur eines Enzyms sind die Aminosäuren untereinander durch Disulfidbrücken verbunden.
- ☐ Disulfidbrücken stabilisieren nur die Tertiärstruktur eines Enzyms.

45 Kreuzen Sie die richtigen Antwortmöglichkeiten an.
Enzyme sind …

☐ Lipide, ☐ Proteine,

die durch eine Bindung an …

☐ das Substrat ☐ das Coenzym

die Aktivierungsenergie, die für die Umsetzung des Substratmoleküls benötigt wird, so weit verringern, dass die Umsetzung unter physiologischen Bedingungen ausreichend schnell erfolgen kann.
Sie beschleunigen …

☐ physikalische und chemische ☐ chemische

Reaktionen, indem die umzusetzenden Moleküle mit dem aktiven Zentrum …

☐ einen Enzym-Produkt-Komplex ☐ einen Enzym-Substrat-Komplex

bilden.

46 Erläutern Sie anhand von Abb. 25 (S. 54), warum die Substanzen A, C und D nicht als Substrat für das dort dargestellte Enzym infrage kommen.

4 Mutationen

Mutationen sind **Erbgutveränderungen**. Sie können **spontan**, das heißt zufällig, auftreten oder durch Mutagene (siehe 4.1) **induziert** sein. Sie sind **ungerichtet**, da nicht vorhergesagt werden kann, welcher Bereich der Erbinformation mutieren wird. Mutationen des genetischen Materials können an die nächste Generation **weitervererbt** werden, wenn diese die Keimzellen betreffen.

Durch die Vorgänge während der Evolution (sieh Band 2) liegen fast alle Gene der heute lebenden Organismen in einer Zustandsform vor (die Zustandsformen eines Gens werden als **Allele** bezeichnet), die sich als die unter den aktuell herrschenden Bedingungen **Vorteilhafteste** erwiesen hat. Mutationen verändern diesen Zustand und führen in der Regel dazu, dass sich die Wirkung eines Gens verschlechtert. So kann es durch eine Veränderung beispielsweise dazu kommen, dass ein Genprodukt gar nicht mehr hergestellt werden kann. In vielen Fällen ist eine Mutation für den Organismus daher sogar tödlich (siehe Genwirkketten S. 70 ff.).

Mutationen sind **spontane, ungerichtete Veränderungen des genetischen Materials.** Sie können zu veränderten Merkmalen führen und in manchen Fällen sogar tödlich sein. Mutationen, die die Keimzellen betreffen, sind erblich.

In seltenen Fällen erweisen sich die Veränderungen des Erbguts durch Mutationen aber als vorteilhaft und führen zu einem **Selektionsvorteil** (siehe Evolution, Band 2).

4.1 Mutagene und Mutationsrate

Mutationen können durch Chemikalien, sogenannte **mutagene Substanzen**, oder durch **energiereiche Strahlung** ausgelöst werden. Aber auch Temperaturschocks und manche Viren können Mutationen verursachen.

Mutagene Substanzen

Zu den mutagenen Substanzen zählen unter anderem eine ganze Reihe aus dem Alltag bekannter Verbindungen:

- Teerstoffe im Tabakrauch: Pro Zigarette sind in den Zellen der Lunge etwa 30 000, allerdings nicht dauerhafte Veränderungen der DNA zu erwarten (siehe DNA-Reparatur, S. 61 f.).
- Nitrosamine: Diese Stoffe sind etwa in gepökeltem Fleisch enthalten.

- Mycotoxine: Von Schimmelpilzen gebildete Giftstoffe.
- Colchizin: Das Alkaloid der Herbstzeitlosen.
- Salpetrige Säure (HNO_2)
- Schwermetallsalze wie z. B. $ZnCl_2$, $CdCl_2$ und $CoCl_2$

Energiereiche Strahlung

Mutagen wirkender kurzwelliger („harter") Strahlung begegnet man ebenfalls im Alltag:

- Ultraviolette Strahlung (UV-Strahlung) der Sonne
- Röntgenstrahlung
- Radioaktive Strahlung: Sie ist besonders gefährlich, wenn die strahlenden Partikel mit der Nahrung oder der Atemluft in den Körper eindringen, wie z. B. radioaktives Iod oder Cäsium nach dem Reaktorunfall im russischen Tschernobyl 1986 oder im japanischen Fukushima 2011.
- Höhenstrahlung: Dabei handelt es sich um ein Gemisch aus verschiedenen Strahlen in den oberen Atmosphärenschichten.

Die Mutationsrate

Bei eukaryotischen Lebewesen, also auch beim Menschen, rechnet man mit einer **Mutationsrate** von **10^{-5} bis 10^{-6}** Mutationen pro Gen und Generation. Wenn man annimmt, dass der Mensch etwa 23 000 bis 25 000 Gene besitzt (die genaue Zahl der Gene des Menschen ist noch umstritten), muss man bei einer Rate von 10^{-5} mit durchschnittlich etwa einer Mutation pro vier Zellen rechnen.

Die **Belastung** durch mutagene Substanzen und Strahlung ist mit der fortschreitenden Industrialisierung rapide angestiegen.

Beispiel

Große Bereiche der Ozonschicht sind vor allem auf der Südhalbkugel durch FCKWs und Abgase, etwa aus hoch fliegenden Flugzeugen, immer noch zerstört, sodass die ultraviolette Strahlung der Sonne nur noch ungenügend abgeschirmt wird. Die Mutationsrate und damit auch das Risiko, an (Haut-)Krebs zu erkranken, ist dadurch in den letzten Jahren und Jahrzehnten stark gestiegen.

Reparatur der DNA

Der Organismus ist in der Lage, Veränderungen der DNA aufzuspüren und zu **reparieren**. Dazu wandern spezielle Enzyme ständig an der DNA entlang, erkennen fehlerhafte Basenpaarungen und korrigieren sie. Allerdings ist die Leistungsfähigkeit dieses Reparaturmechanismus begrenzt. Er erfasst nicht alle

Genmutationen und kann bei **sehr hohen** Mutationsraten, etwa nach starker Strahlenbelastung als Folge eines radioaktiven Unfalls, überfordert sein.

Bestimmte Umwelteinflüsse **(Mutagene)** können Mutationen auslösen.
Zellen besitzen die Fähigkeit, Mutationen rückgängig zu machen, allerdings erfasst der Reparaturmechanismus nicht alle auftretenden Mutationen.

4.2 Formen und Folgen von Mutationen

Über die Proteinbiosynthese wirken sich Veränderungen im genetischen Code auf die Ausbildung der jeweiligen Eiweißkörper aus. Je „großflächiger" Mutationen ausfallen, desto umfangreicher sind ihre Folgen für die hiervon betroffenen Lebewesen: Wird die Anzahl ganzer Chromosomensätze vermehrt oder vermindert (Genommutationen), so sind die Auswirkungen auf den genetischen Code gravierender, als wenn nur einzelne Chromosomen (Chromosomenmutationen) oder einzelne Gene (Genmutationen) von Veränderungen betroffen sind. In den allermeisten Fällen führt ein durch Mutation **veränderter genetischer Code** zu **veränderten Proteinen**.

Genommutationen

Mutationen können das genetische Material sowohl **quantitativ** als auch **qualitativ** verändern. Zu den quantitativen Mutationen gehören die Genom- und die meisten Chromosomenmutationen (zusammengefasst als Chromosomenaberrationen), wohingegen die Genmutationen zu den qualitativen Mutationen gerechnet werden.
Bei **Genommutationen** ist die Chromosomenzahl verändert. Diese Veränderung in der Anzahl der Chromosomen kann in zwei Formen auftreten:

- Bei der **Euploidie** ist die Anzahl der in der Zelle vorhandenen Chromosomensätze entweder vermindert **(Haploidie)** oder vermehrt **(Polyploidie)**. Lebewesen mit einer reduzierten Anzahl an Chromosomensätzen sind meist nicht lebensfähig. Polyploidie tritt vor allem bei Pflanzen auf. Sie führt bei diesen in der Regel zu einer erhöhten Leistungsfähigkeit, z. B. zu mehr und größeren Blüten, Samen oder Früchten.
- Als **Aneuploidie** bezeichnet man die Verminderung oder Vermehrung der artspezifischen Chromosomenzahl um ein Chromosom oder um mehrere Chromosomen. Von dieser zahlenmäßigen Veränderung können sowohl die Autosomen als auch die Heterosomen (Gonosomen, siehe S. 21) betroffen sein.

Beispiele

In der Medizin sind bei den **heterosomalen Aneuploidien** vor allem das Turner- und das Klinefelter-Syndrom von Bedeutung. Den Körperzellen der am **Turner-Syndrom** leidenden Frauen fehlt eines der beiden X-Chromosomen (Typ X0-Monosomie). Die Betroffenen sind meist kleinwüchsig, besitzen weder sekundäre Geschlechtsmerkmale noch Eierstöcke und sind daher unfruchtbar. Männer mit **Klinefelter-Syndrom** (Typ XXY-Trisomie) sind meist hochgewachsen und besitzen häufig unterentwickelte sekundäre Geschlechtsmerkmale.

Alle medizinisch relevanten **autosomalen Aneuploidien** sind Trisomien. Die Bekannteste ist die **Trisomie 21**, die statistisch bei 0,15 % aller Geburten auftritt. Bei dieser auch als Down-Syndrom bezeichneten Erkrankung (früher auch „Mongolismus“) ist das Chromosom Nr. 21 in den Körperzellen betroffener Personen dreimal vorhanden. Menschen mit Trisomie 21 zeigen mehr oder weniger ausgeprägte Entwicklungsstörungen. Kennzeichnend sind unter anderem auch die veränderten körperlichen Merkmale vor allem im Kopf- und Gesichtsbereich (z. B. schräg gestellte Augen, Lidfalte) und eine erhöhte Infektionsanfälligkeit.

Als **Genommutationen** bezeichnet man Veränderung in der Anzahl der Chromosomen. Man unterscheidet die **Euploidie**, das heißt die Veränderung der Anzahl der Chromosomensätze (Haploidie und Polyploidie), von der **Aneuploidie**, die die Veränderung der Anzahl einzelner Heterosomen (Gonosomen) oder Autosomen beschreibt.

Chromosomenmutationen

Die oft schon im Lichtmikroskop sichtbare Veränderung der **Chromosomenstruktur** nennt man **Chromosomenmutation**. Die Folgen solcher Veränderungen sind häufig tödlich.

Anomalien in der Chromosomenstruktur können in fünf Kategorien eingeteilt werden:

- **Deletionen** (Abb. 29, 1 a und b): Mit diesem Begriff bezeichnet man Chromosomenstückverluste. Diese können terminal, also am Ende eines Chromosoms (Endstückverlust), oder interkalar, also inmitten des Chromosoms, erfolgen.
- **Ringchromosom-Bildung** (Abb. 29, 2): Bei der Ringchromosom-Bildung formt das Chromosom eine Schlaufe und bricht an der Überlagerungsstelle auseinander. Dabei gehen die rechts und links der Schlaufe liegenden Teile des Chromosoms verloren (entspricht zwei terminalen Deletionen) und das Restchromosom verwächst zu einem Ring.

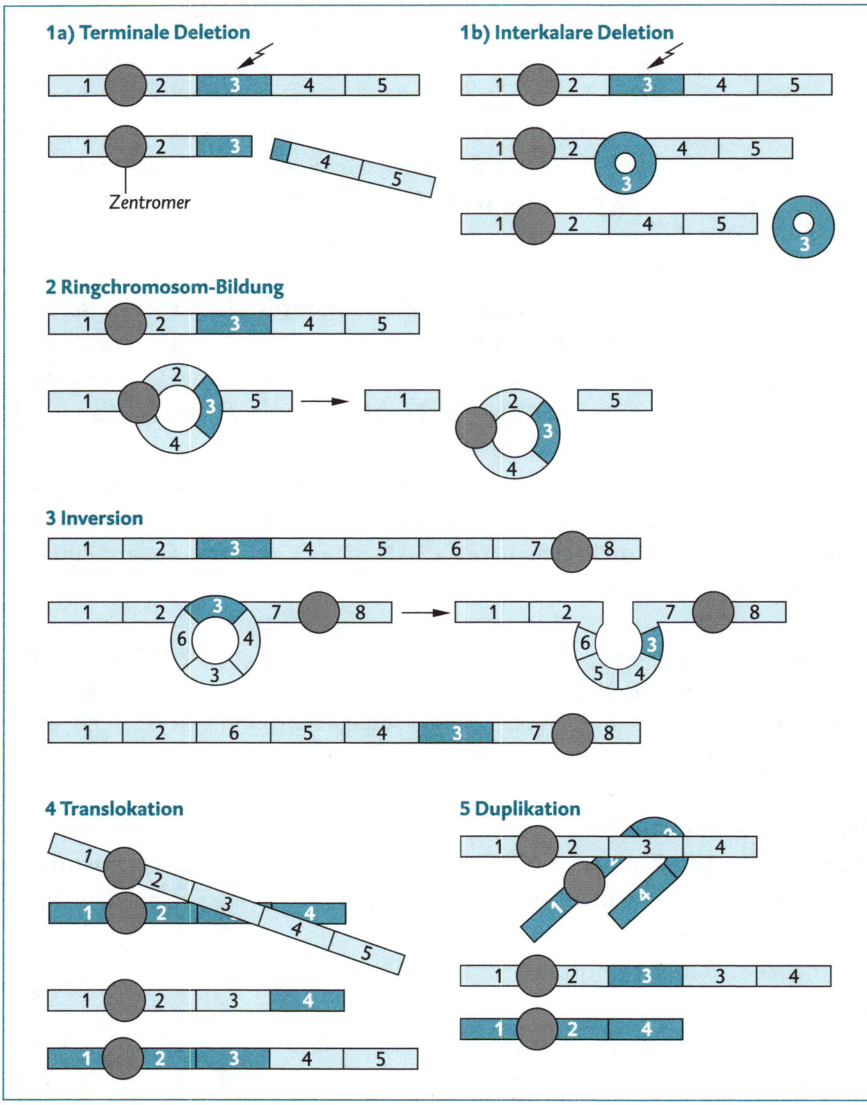

Abb. 29: Schematische Darstellung von Chromosomenmutationen

- **Inversion** (Abb. 29, 3): Hierbei handelt es sich um die Umkehr eines Chromosomenteilstücks innerhalb des Chromosoms um 180°. Auch hier ist eine Schlaufenbildung die Ursache.
- **Translokation** (Abb. 29, 4): Bei der Translokation lagern sich nicht-homologe Chromosomen überkreuz an, brechen auseinander und wachsen unter Austausch eines Chromosomenteilstücks wieder zusammen.

- **Duplikation** (Abb. 29, 5): Von Duplikationen spricht man, wenn Chromosomenregionen verdoppelt werden. Dabei lagern sich homologe Chromosomen übereinander, zerbrechen und wachsen so wieder zusammen, dass an der Überlappungsstelle ein Teil des einen Chromosoms auf das andere Chromosom übergeht. Als Ergebnis dieses Vorgangs entsteht bei dem zweiten Chromosom eine Deletion.

Als **Chromosomenmutationen** bezeichnet man Veränderungen in der Struktur von Chromosomen. Hierbei können Chromosomenteilstücke verloren gehen **(Deletion)**, verdoppelt **(Duplikation)** oder innerhalb des Chromosoms gedreht werden **(Inversion)**. Auch **Ringchromosombildungen** und die Übertragung von Teilstücken eines Chromosoms auf ein anderes, nicht-homologes Chromosom **(Translokation)** sind möglich.

Genmutationen

Bei **Genmutationen** liegen Veränderungen, Einschübe oder Verluste **einzelner** weniger **Basen** der DNA innerhalb eines Gens vor. Viele Erbkrankheiten wie Albinismus, Phenylketonurie usw. beruhen auf Genmutationen. Genmutationen sind die häufigsten Arten von Mutationen. In Körperzellen können sie Veränderungen hervorrufen, die Krebszellen entstehen lassen (siehe S. 89 ff.). Wird eine Base eines Gens durch eine andere **ersetzt**, so spricht man von einer **Punktmutation**. In der Folge kann an einer Stelle des Proteins eine falsche Aminosäure eingebaut werden.

Beispiel

Die **Sichelzellenanämie** beruht auf dem Austausch einer einzigen Base in einem Gen, das für ein Protein des Hämoglobins codiert. Diese Punktmutation führt zum Austausch einer Aminosäure im betroffenen Protein, wodurch sich dessen Primärstruktur verändert (siehe S. 49 ff.). Dadurch ergeben sich auch Veränderungen in den Tertiär- und Quartärstrukturen des Moleküls. Unter dem Lichtmikroskop lässt sich leicht erkennen, dass in Folge dieser Veränderungen die roten Blutkörperchen mit dem mutierten Hämoglobin bei O_2-Mangel eine **sichelförmige** Gestalt annehmen. Bei **homozygoten** Trägern des Sichelzellengens, also bei zwei mutierten Allelen, werden die roten Blutkörperchen von Leukozyten angegriffen und vernichtet. Die Folge ist eine schwere Blutarmut (Anämie), die in der Regel zum Tod führt. Bei **heterozygoten** Trägern des Sichelzellengens, also bei nur einem mutierten Allel, sind die Auswirkungen weniger bedrohlich, die Leistungsfähigkeit des Körpers ist aber herabgesetzt. Heterozygote Träger des Sichelzellengens sind aber resistent gegen die **Malaria** (siehe Band 2).

Wegen der Degeneration des genetischen Codes kommt es vor, dass der Austausch einer Base der DNA **keine Auswirkung** auf die Sequenz der Aminosäuren im codierten Polypeptid hat. Dies ist der Fall, wenn das neu entstehende, veränderte Triplett zufällig für die gleiche Aminosäure codiert wie das ursprüngliche.
Auch wenn durch eine Punktmutation an einer Stelle des Proteins eine andere Aminosäure eingebaut wird, muss das nicht unbedingt Folgen für den Stoffwechsel der Zelle haben. Die ausgetauschte Aminosäure kann z. B. an einer **wenig entscheidenden Stelle** des Proteins liegen, sodass es nur zu einer unwesentlichen Veränderung der Tertiärstruktur kommt.

Werden in ein Gen ein, zwei oder mehr Basen **zusätzlich eingefügt** oder **entfernt**, so spricht man von **Rastermutationen**. Da der genetische Code keine „Pausenzeichen" kennt, verschiebt sich durch den Verlust oder den Einschub von Basen das **gesamte Triplett-Raster**, das auf die mutierte Stelle in der DNA folgt. Alle Tripletts nach der Einschub- bzw. der Verluststelle ändern sich. Wenn die Mutation im Anfangsabschnitt eines Gens liegt, kommt es im entstehenden Protein zur Veränderung sehr vieler Aminosäuren. Bei weiter hinten auftretenden Mutationen sind weniger Aminosäuren betroffen. Die **Lage** der Rastermutation im Gen entscheidet also darüber, wie schwerwiegend ihre Auswirkung ist. Die folgenden Abbildungen fassen die verschiedenen Formen der **Genmutationen** und ihre Auswirkungen nochmals zusammen:

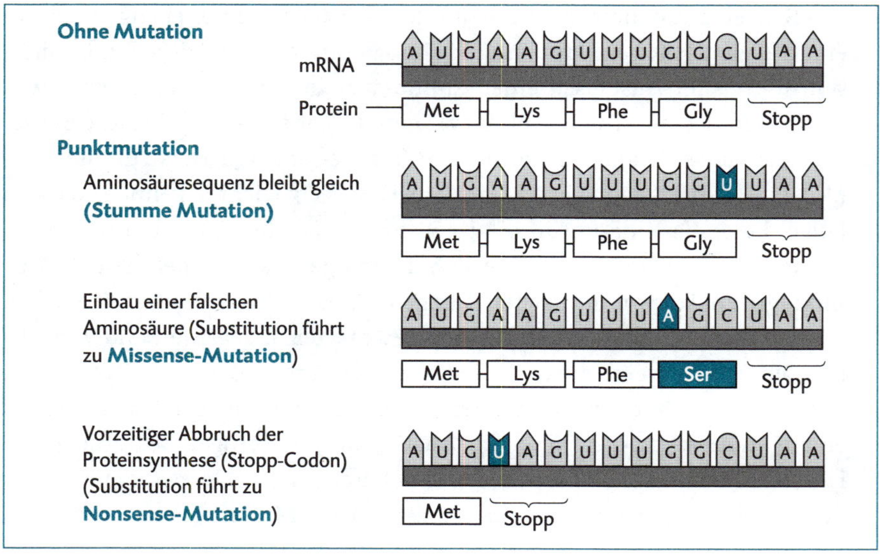

Abb. 30 a: Punktmutationen und ihre Folgen

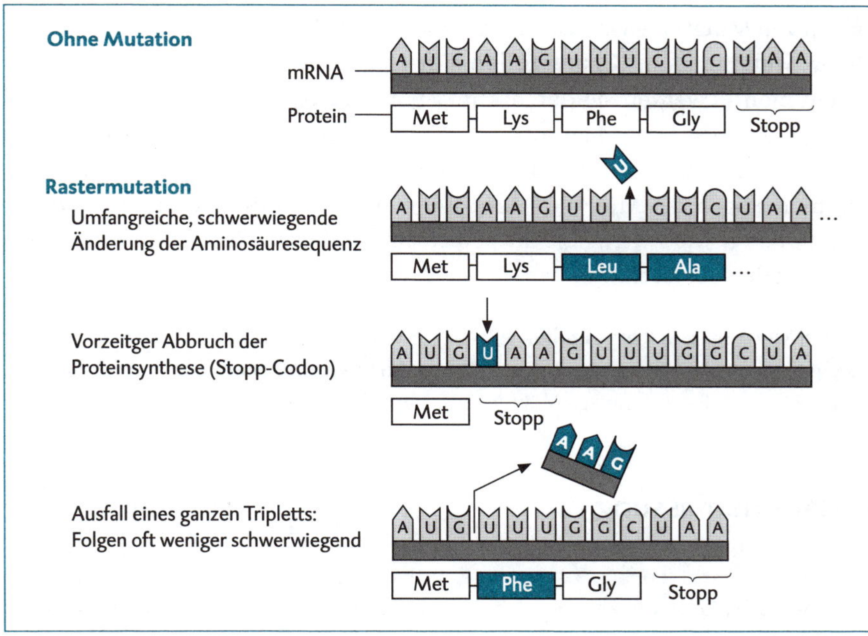

Abb. 30 b: Rastermutationen und ihre Folgen

Beispiel

Die Auswirkungen von **Punkt- und Rastermutationen** lassen sich auch mithilfe der Buchstabenschrift anschaulich zeigen:

• normales Gen: ursprüngliche Information:	TIMHATNURBEITAGMUT tim/hat/nur/bei/tag/mut
• Punktmutation – Änderung einer Base: veränderte Information:	T**O**MHATNURBEITAGMUT t**o**m/hat/nur/bei/tag/mut
• Rastermutation – Basenverlust: veränderte Information:	TIMHATNUR...EITAGMUT tim/hat/nur/eit/agm/ut
• Rastermutation – Baseneinbau: veränderte Information:	TIMHAT**W**NURBEITAGMUT tim/hat/**w**nu/rbe/ita/gmu/t
• Rastermutation –Triplettverlust: veränderte Information:	TIMHAT...BEITAGMUT tim/hat/bei/tag/mut

Als **Genmutationen** bezeichnet man Veränderungen innerhalb der Basensequenz eines Gens. Dabei kann es zur **Punktmutation** und zur **Rastermutation** kommen. In beiden Fällen führt dies oftmals – aber nicht zwingend – zum Einbau einer falschen Aminosäure in das betroffene Protein. Auch ein Abbruch der Proteinbiosynthese ist möglich.

Folgen von Mutationen in den Körper- und Keimzellen

Wenn Mutationen in **Körperzellen** auftreten – man spricht von somatischen Mutationen –, werden sie durch Mitosen an die aus ihnen neu entstehenden Zellen weitergegeben. Mutationen in **Keimzellen**, also in Ei- und Spermienzellen bzw. in Pollenzellen, gehen auf die nächste Generation über. Die Nachkommen tragen die Mutation dann in jeder Zelle ihres Körpers. Somatische Mutationen in der Elterngeneration bleiben für die genetischen Informationen in den Zellen der Nachkommen ohne Auswirkung.

Wenn Mutationen in **Körperzellen** auftreten, bleiben sie auf die betroffenen Bereiche des jeweiligen Individuums beschränkt. Aus **mutierten Keimzellen** dagegen entstehen Nachkommen, die die jeweilige Mutation in allen Zellen tragen.

Zusammenfassung

- Mutationen sind spontane, ungerichtete und teilweise vererbbare Veränderungen im genetischen Code. Über die Proteinbiosynthese entstehen dadurch veränderte Proteine (Ausnahme: stumme Mutationen).
- Die unterschiedlichen Formen, in denen ein Gen auftreten kann, bezeichnet man als Allele. Ein bestimmtes Allel kann für den jeweiligen Organismus vorteilhaft sein oder sich negativ auswirken.
- Mutationen führen in der Regel zu ungünstigen Allelen, häufig sind sie tödlich.
- Mutationen können durch mutagene Substanzen oder energiereiche Strahlung ausgelöst werden. Durch die Industrialisierung ist die Mutagenbelastung stark gestiegen.
- Genmutationen lassen sich durch besondere Enzyme, die kontrollierend an der DNA entlangwandern, rückgängig machen (DNA-Reparatur).
- Durch Mutationen kann sich die Anzahl der Chromsomen (Genommutation) oder deren Form (Chromosomenmutationen) oder die DNA-Basenfolge eines Gens (Genmutationen) ändern.
- Bei einer Punktmutation wird eine einzelne Base eines Gens ausgetauscht. Infolgedessen kann es bei der Proteinbiosynthese zum Einbau einer falschen Aminosäure in den Polypeptidstrang kommen.
- Rastermutationen treten auf, wenn eine oder mehrere Basen eines Gens verloren gehen oder zusätzlich eingefügt werden. Dadurch verschiebt sich das gesamte Ableseraster, sodass ein Polypeptid entsteht, das ab der mutierten Stelle eine veränderte Aminosäuresequenz aufweist.
- Mutationen in Keimzellen führen zu Nachkommen, die die jeweilige Mutation in allen Zellen tragen. Somatische Mutationen bleiben auf Körperzellen beschränkt, das heißt, sie werden nicht auf die Nachkommen vererbt.

Aufgaben

47 Beschreiben Sie verschiedene Mutationen in Stichworten und geben Sie an, ob die Veränderungen im Lichtmikroskop sichtbar sind oder nicht.

48 Nennen Sie je ein Beispiel für eine Auswirkung …
- a der verschiedenen Formen der Genommutationen.
- b einer Genmutation.
- c einer Punktmutation.

49 Bei welcher der unten genannten Mutationen besteht die größte Chance, dass es nur zu geringen, unbedeutenden Auswirkungen für die Zelle und den Organismus kommt?
- Verlust einer Base eines Gens.
- Verlust von drei aufeinanderfolgenden Basen eines Gens.

Begründen Sie Ihre Antwort.

50 Vergleichen Sie die Folgen, die eine Mutation bei Tieren oder dem Menschen haben kann, wenn sie auftritt in …
- a einer Körperzelle.
- b einer Keimzelle (Ei- oder Spermienzelle).
- c einer Zelle der Keimdrüsen (Eierstock oder Hoden), aus denen die Keimzellen entstehen.

51 Begründen Sie, warum somatische Mutationen bei Embryonen umso schwerwiegender sind, je früher in der Entwicklung sie auftreten.

52 Begründen Sie, warum beim Menschen bis heute keine heterosomale Monosomie vom Typ Y0 gefunden wurde.

53 a Erläutern Sie, warum die Abnahme der Ozonschicht in der Atmosphäre eine Zunahme der Hautkrebsfälle zur Folge hat.
b Erklären Sie, warum sich durch die Zerstörung der Ozonschicht auch in anderen Körperbereichen vermehrt Tumore bilden.

54 Einer der vielen Gründe für die steigende Mutationsrate beim Menschen könnte auch die Zunahme von langen Flügen in großen Höhen sein.
Erläutern Sie diese Vermutung näher. Zwei Erklärungen werden erwartet.

55 Nennen Sie Mutagene, mit denen Sie bei normalem Lebenswandel regelmäßig oder häufiger in Kontakt kommen. Nennen Sie weitere Mutagene.

56 Grenzen Sie die verschiedenen Formen der Punktmutation in ihren Auswirkungen auf die Proteinbiosynthese voneinander ab.

57 Analysieren Sie, ob die Inversion und die Translokation zu den qualitativen oder zu den quantitativen Mutationen gerechnet werden sollten.

5 Biologische Syntheseketten

Viele Stoffwechselprozesse bestehen aus mehreren aufeinanderfolgenden Reaktionen bzw. Stoffwechselvorgängen, von denen jeder einzelne durch ein spezifisches Enzym katalysiert wird. Jedem Enzym wiederum liegt ein entsprechendes Gen in einem bestimmten Abschnitt der DNA zugrunde.
Die Tatsache, dass Merkmale eines Organismus meist als Folge der Wirkung verschiedener zusammenhängender Stoffwechselvorgänge ausgebildet werden, macht diese Merkmale letztendlich zum Resultat der Wirkung vieler Gene.

An der **Ausbildung der Merkmale** eines Lebewesens sind meist **mehrere Gene** beteiligt.

5.1 Genwirkketten

Alle Gene, die über die von ihnen gebildeten Enzyme eine Synthesekette steuern, bilden eine **Genwirkkette**.
Die folgende Genwirkkette besteht aus drei Genen. Nach diesem Schema läuft die **Arginin-Synthese** in den Leberzellen des Menschen ab, genauso wie auch in den Zellen eines Schimmelpilzes:

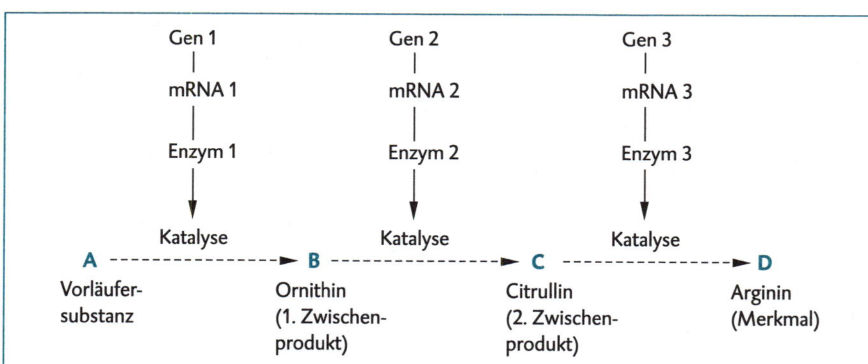

Abb. 31: Schema einer Genwirkkette

Die Erforschung von Genwirkketten war durch Untersuchungen an **Mangelmutanten** eines Schimmelpilzes möglich.

Mangelmutanten sind Organismen, die durch **Mutation** die Fähigkeit zur Synthese einer oder mehrerer zum Wachstum benötigter Verbindungen verloren haben. Je nachdem, welches Gen mutiert ist, fehlen entsprechende Enzyme in den Syntheseketten.

Da Arginin eine für das Überleben des untersuchten Schimmelpilzes notwendige Verbindung ist, können die verschiedenen Mangelmutanten im Experiment nur auf solchen **Nährböden** überleben, die genau das Substrat enthalten, das aufgrund des fehlenden Enzyms vom Pilz nicht synthetisiert werden kann:

- Bei einer Mangelmutante, deren **Gen 1** mutiert ist, fällt das Enzym 1 aus. Der mutierte Pilz wächst nur auf einem Nährboden, der das **erste Zwischenprodukt**, das Ornithin, enthält.
- Wenn **Gen 2** mutiert ist, muss der Nährboden das **zweite** Zwischenprodukt, das Citrullin, enthalten, damit der Schimmelpilz wachsen kann.
- Mutanten, deren **Gen 3** funktionsuntüchtig ist, wachsen nur auf einem Nährboden, in dem das **Endprodukt** Arginin vorhanden ist.

5.2 Genwirkketten im Phenylalanin-Stoffwechsel des Menschen

Der Körper des Menschen kann die Aminosäure **Phenylalanin** nicht selbst herstellen, das heißt, er muss sie mit der Nahrung aufnehmen. Deshalb bezeichnet man sie als **essenzielle** Aminosäure. **Genwirkketten** steuern den Phenylalanin-Stoffwechsel. Sie bewirken den **Abbau** des Phenylalanins bis zu CO_2 und H_2O sowie den **Umbau** zu Thyroxin oder Melanin. Im ersten Schritt der Stoffwechselkette entsteht durch Umbau aus Phenylalanin die Aminosäure Tyrosin: Ein Gen kann also an der Ausbildung **mehrerer Merkmale** beteiligt sein, wenn es zu **mehreren Genwirkketten** gehört. Im Phenylalanin-Stoffwechsel trifft dies für das „Gen A“ zu.

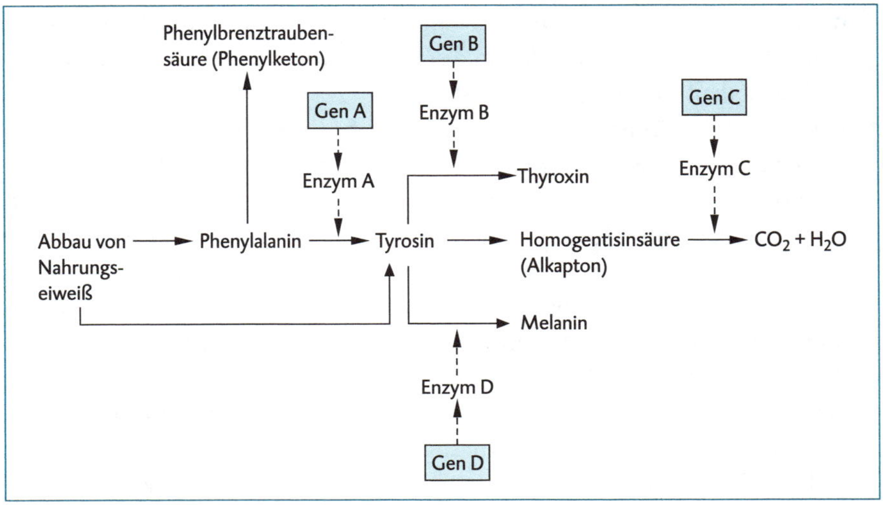

Abb. 32: Genwirkketten im Phenylalanin-Tyrosin-Stoffwechsel des Menschen

Durch **Mutationen** (siehe S. 60 ff.) können bestimmte Gene, die den Ab- und Umbau von Phenylalanin steuern, ausfallen. Sind von den Mutationen auch die Keimzellen betroffen, so sind Krankheiten die Folge, die an die Nachkommen vererbt werden können. Daher bezeichnet man diese Erkrankungen als **Erbkrankheiten**. Je nachdem, welches der am Phenylalanin-Tyrosin-Stoffwechsel beteiligten Gene von einer Mutation betroffen ist, treten Erbkrankheiten mit unterschiedlich schwerwiegenden Auswirkungen auf:

- Bei **Ausfall des Gens A**, und damit auch des Enzyms A (siehe Abb. 32), kann Phenylalanin nicht mehr abgebaut werden. In der Folge reichern sich das Phenylalanin und die teilweise daraus entstehende Phenylbrenztraubensäure (Phenylketon) in den Zellen an. Die daraus resultierende Krankheit, die **Phenylketonurie**, äußert sich, wenn nicht frühzeitig Therapiemaßnahmen ergriffen werden, unter anderem in einer schweren **geistigen Behinderung** der Betroffenen. Ursache hierfür ist die durch die Phenylbrenztraubensäure gestörte Bildung von Myelinscheiden bei der Entwicklung der Nervenzellen des Gehirns (siehe Bau der Nervenzellen, S. 94 ff.). **Therapieren** lässt sich die Phenylketonurie nur durch eine lebenslange, phenylalaninarme und tyrosinreiche Diät. Eine komplett **phenylalaninfreie** Kost ist nicht ratsam, da eine gewisse Menge dieser Aminosäure zum Aufbau körpereigener Eiweiße erforderlich ist. Tyrosinreiche Kost ist erforderlich, um den Mangel auszugleichen, der durch den nicht stattfindenden Umbau aus Phenylalanin entsteht.
- Bei Ausfall des **Gens B** (siehe Abb. 32) kann Thyroxin nicht hergestellt werden. Bei nicht erfolgender Therapie sind geistige Behinderung **(„Kretinismus“)** und Zwergwuchs die Folge, da das Schilddrüsenhormon Thyroxin maßgeblich an der Regulation des Energiestoffwechsels und der Kindes- und Jugendentwicklung beteiligt ist.
- Bei Ausfall des **Gens C** (siehe Abb. 32) läuft die Stoffwechselkette nur bis zur Homogentisinsäure (Alkapton) ab. Die Homogentisinsäure kann nicht abgebaut werden und wird daher mit dem Urin ausgeschieden. Man spricht von der **Alkaptonurie** oder dem „Schwarzharnen“, da Homogentisinsäure den Urin bei Kontakt mit dem Luftsauerstoff schwarz färbt. Eine Therapie dieser Stoffwechselstörung, durch die es unter anderem zu Nierensteinen und Gelenkentzündungen kommen kann, gibt es bisher nicht.
- Bei Ausfall von **Gen D** (siehe Abb. 32) kann das Pigment Melanin nicht hergestellt werden. Die resultierende Krankheit wird **Albinismus** genannt. Symptome sind die fehlende Färbung der Haut, der Haare, der Iris etc., da Melanin das Pigment ist, das diese Gewebe normalerweise dunkel färbt.

5.3 Der Genbegriff im Wandel

In den letzten 150 Jahren war der Begriff des „Gens“ einem ständigen Wandel unterworfen. Die unterschiedlichen Aussagen zum Gen-Begriff und der Versuch einer inhaltlichen Begriffsbestimmung spiegeln den wissenschaftlichen Kenntnisstand der jeweiligen Zeit wider.

- **1865:** Das nachweislich erste Mal, dass in wissenschaftlicher Form von **konkreten** Erbanlagen gesprochen wurde, war in der Publikation „Versuche über Pflanzenhybriden“ von Johann Gregor MENDEL. Darin beschrieb der Augustinerpater das Vorkommen von „Genen“, die er als **Elemente** bezeichnete: *„Die unterschiedlichen Merkmale zweier Pflanzen könne zuletzt doch nur auf Differenzen in der Beschaffenheit und Gruppierung der Elemente beruhen, welche in den Grundzellen derselben in lebendiger Wechselwirkung stehen.“*
- **1903:** Theodor BOVERI und Walter SUTTON fanden heraus, dass die **Chromosomen** die **Träger der Erbinformation** sind.
- **1909:** Nachdem William BATESON drei Jahre zuvor den Begriff „Genetik“ (griech. *genetikos:* das Hervorgebrachte) für die neue Wissenschaft der Vererbung geprägt hatte, schlug Wilhelm JOHANNSEN die Bezeichnung **„Gen“** (griech. *genos:* Geschlecht) für die Objekte vor, mit denen sich diese Wissenschaft beschäftigen sollte: *„Das Wort ‚Gen‘ [...] drückt nur die sichergestellte Tatsache aus, dass [...] viele Eigenschaften des Organismus durch besondere, trennbare und somit selbstständige Zustände, Grundlagen, Anlagen – kurz, was wir eben Gene nennen wollen – bedingt ist.“*
  Der Forscher wollte den Begriff nur als eine Art Recheneinheit für statistische Auswertung bei Vererbungsexperimenten verwenden. Niemand habe – so JOHANNSEN – *„das Recht, das Gen als morphologisches Gebilde zu bezeichnen“.*
- **1911:** Durch seine Kreuzungsexperimente mit **Mutanten** der Taufliege (Drosophila) ermittelte Thomas Hunt MORGAN erste Genorte und entwickelte die **Gentheorie**. Sie *„sagt aus, dass die Eigenschaften des Individuums in Beziehung stehen zu Paaren von Elementen (Genen) im Keimmaterial, die in einer bestimmten Zahl von Koppelungsgruppen zusammengehalten werden. [...] Die Gene sind auf Chromosomen aufgereiht, wie Perlen auf einer Schnur“.*
- **1913:** In seinem Lehrbuch „Vererbungslehre“ definierte der Jenaer Zoologe Ludwig PLATE den Begriff „Vererbungslehre“ so: *„Die Vererbungslehre behandelt die naturgesetzlichen Beziehungen der Erbeinheiten (Gene) zueinander.“*

Zum Gen selber schreibt er: *„Die* MENDEL*'schen Spaltungen lassen zurzeit nur die Erklärung zu, dass aus einer Paarung Keimzellen mit ganz verschiedenen Kombinationen von Zuständen oder Fähigkeiten entstehen. Die stofflichen Grundlagen derselben nennen wir die Erbeinheiten und enthalten uns jeglicher Äußerung über ihre chemische Natur und ihre physikalische oder morphologische Beschaffenheit, weil sich darüber zurzeit nichts aussagen lässt. [...] Über die Wirkung der Gene im einzelnen Fall ist nichts bekannt und es ist daher überflüssig, darüber zu philosophieren."*

Bis zum Beginn der 40er-Jahre des 20. Jahrhunderts wurde der Begriff Gen wie folgt definiert: *Ein Gen ist ein Abschnitt eines Chromosoms, das für die Ausbildung eines bestimmten, sichtbaren Merkmals verantwortlich ist. Es wird erst durch Mutation erkennbar.*

- **1940/41:** Den beiden Forschern George BEADLE und Edward SUTTON gelang es, den Begriff des Gens zu konkretisieren. Durch die Ergebnisse ihrer Experimente zu genkontrollierten Stoffwechselketten bei einem Schimmelpilz kamen sie zu der **„Ein-Gen-ein-Enzym-Hypothese"**. Sie beschrieb das **Gen** als eine **Funktionseinheit:** *„Ein Gen steuert als Teil der Erbinformation die Synthese eines bestimmten Enzyms."*
- **1948:** Weitere Untersuchungen führten BEADLE und SUTTON dazu, ihre Hypothese zu modifizieren. Sie hatten erkannt, dass Gene nicht nur Enzyme codieren, sondern auch solche Proteine, die andere Funktionen als katalytische Aufgaben haben. Aus der Ein-Gen-ein-Enzym-Hypothese wurde die **„Ein-Gen-ein-Protein-Hypothese"**: *„Ein Gen steuert als Teil der Erbinformation die Synthese eines bestimmten Proteins."*
- **1957:** Ein Jahrzehnt später musste auch diese Begriffsbestimmung modifiziert und weiterentwickelt werden. Vernon INGRAM fand am Beispiel des Hämoglobins heraus, dass Proteine aus mehreren, unterschiedlichen Polypeptidketten bestehen können. Die Ein-Gen-ein-Protein-Hypothese wurde zur **„Ein-Gen-ein-Polypeptid-Hypothese"**. Da inzwischen nachgewiesen war, dass es sich bei der Erbinformation um DNA handelt, lautete die Definition für ein Gen nun: *„Ein Gen steuert als Teil der DNA die Synthese eines bestimmten Polypeptids."*
  Von 1940/41 bis 1957 musste damit der „Genbegriff" immer weiter gefasst werden (Enzym → Protein → Polypeptid).
- **Ab 1977:** Vor dem Hintergrund neuer Erkenntnisse auf dem Gebiet der Gentechnologie wurde es notwendig, die Definition des Begriffs „Gen" weiter anzupassen. Zum einen konnten Richard ROBERTS und Philip SHARP nachweisen, dass Gene bei Eukaryoten nicht „in einem Stück" auf der DNA

vorliegen, sondern aus Exons und Introns bestehen (siehe S. 36 f.). Zum anderen war inzwischen bekannt, dass einzelne mRNA-Kopien der DNA nicht als Vorlagen für Polypeptide dienen, sondern als spezifische RNA-Moleküle z. B. bei der Translation (tRNA und rRNA) von Bedeutung sind (siehe S. 38 ff.). Vereinfachend könnte man heute die Gendefinition von 1957 wie folgt modifizieren: *„Ein Gen steuert als Teil der DNA die Synthese eines bestimmten Polypeptids oder eines RNA-Moleküls."*

Dies wird den Gegebenheiten aber nur unzureichend gerecht, vor allem, nachdem der Vorgang des „alternativen Spleißens" (siehe S. 37) entdeckt wurde. Nach heutigem Kenntnisstand lässt sich der Begriff „Gen" am besten mit folgender Aussage bestimmen:

Ein **Gen** ist der Abschnitt einer genetischen Struktur, die eine Funktionseinheit aus zugehörigen Promotor-Bereichen sowie einer Reihe von hintereinander liegenden Exons und Introns bildet. Exons und Introns werden gemeinsam in Form einer prä-mRNA transkribiert und dann spezifisch zu einer reifen mRNA gespleißt. Das Gen enthält und gibt die Anweisung dafür, in welchen Zellen, zu welchem Zeitpunkt im Zellzyklus und unter welchen Umständen die Herstellung eines bestimmten Polypeptids bzw. einer bestimmten RNA erfolgt.

Zusammenfassung

- Den meisten Merkmalen eines Organismus liegen Genwirkketten zugrunde. Sie enthalten Informationen für Enzyme, die in Syntheseketten angeordnete Reaktionen katalysieren.
- Eine Mangelmutante ist ein Organismus, dem infolge einer Mutation ein bestimmtes Enzym fehlt und der daher die entsprechende Stoffwechselreaktion nicht mehr durchführen kann.
  Mangelmutanten eignen sich wegen der mit den Mutationen verbundenen Ausfallerscheinungen für die experimentelle Untersuchung von Genwirkketten.
- Dem Phenylalanin-Stoffwechsel des Menschen, in dem u. a. das Schilddrüsenhormon Thyroxin und das Pigment Melanin entstehen, liegen Genwirkketten zugrunde.
- Nach der erweiterten „Ein-Gen-ein-Polypeptid-Hypothese" ist ein Gen der DNA-Abschnitt, der als Funktionseinheit aus Promotor sowie Exons und Introns die Anweisung für die Herstellung eines Polypeptids bzw. einer RNA enthält.

Aufgaben

58 Der Rote Brotschimmel *Neurospora*, ein einfach gebauter Pilz, stellt die Aminosäure Tryptophan aus Vorstufen her. Tryptophan ist für seinen Stoffwechsel lebensnotwendig. Einige Schritte der Synthese sind im folgenden Schema dargestellt:

Chorrisminsäure --- I ---► Anthranilsäure --- II ---► Indol --- III ---► Tryptophan

Tryptophan-Synthese bei Neurospora

Durch Experimente konnte man feststellen, dass bei *Neurospora* unterschiedliche Mutationen auftreten, die die Tryptophan-Synthese betreffen.

- **Mutante A** wächst nur auf einem Nährboden, der Tryptophan enthält, nicht aber auf Nährböden mit Anthranilsäure und/oder Indol.
- **Mutante B** wächst auf einem Nährboden, der nur Anthranilsäure enthält. Indol und Tryptophan sind nicht erforderlich.
- **Mutante C** wächst auf einem Nährboden, der nur Indol enthält, nicht aber auf einem, der nur mit Anthranilsäure angereichert ist. Tryptophan ist nicht erforderlich.

Kreuzen Sie an, welche der folgenden Schlüsse man aus den dargestellten Experimenten ziehen kann.

☐ Der genetische Code ist degeneriert.

☐ Bei den Mutanten liegen zwar Veränderungen der genetischen Information vor, diese führen aber nicht zu Enzymdefekten.

☐ Die Mutante B hat ein defektes Enzym für die Reaktion I.

☐ Bei der Mutante C ist das Enzym, das die Reaktion II katalysiert, defekt.

☐ Bei Mutante A ist das Enzym defekt, das die Reaktion III katalysiert.

☐ Der Code der DNA ist ein Triplett-Code.

☐ Für die Bildung eines Endprodukts kann mehr als ein Gen verantwortlich sein.

☐ Ein einziges Gen steuert die gesamte Synthesekette, die zum Tryptophan führt.

☐ Jede Mutation hat die Veränderung einer spezifischen Aminosäure zur Folge.

59 Erklären Sie, warum an Phenylketonurie erkrankte Personen eine ungewöhnlich blasse Haut und helle Haare haben.

60 Begründen Sie, warum die Diät, mit der die Phenylketonurie behandelt wird, nicht vollständig frei von Phenylalanin sein darf.

61 Lesen Sie das Etikett eines aspartamhaltigen „*light*"-Getränks und erklären Sie, warum Menschen, die an Phenylketonurie leiden, solche Getränke nicht zu sich nehmen sollten.

62 Setzen Sie die Äußerungen von PLATE (siehe S. 73 f.) in Beziehung zu den 1913 bereits bekannten Forschungsergebnissen von BOVERI, SUTTON und MORGAN.

63 Erläutern Sie den Wandel des Genbegriffs von 1940/41 bis 1957.

64 Begründen Sie, warum die Aussage einer älteren Gen-Definition „*Ein Gen wird erst durch Mutation erkennbar*" durchaus sinnvoll ist.

65 Erläutern Sie, warum der Anfang der Gen-Definition (farbiger Kasten auf Seite 75) „*Ein Gen ist der Abschnitt einer genetischen Struktur*" nicht konkreter gefasst werden kann.

6 Regulation von Stoffwechselvorgängen – Genregulation bei Bakterien

Nicht immer werden in Organismen alle Enzyme gebraucht, die prinzipiell gebildet werden könnten. Sind beispielsweise bestimmte Stoffe nicht vorhanden, besteht für die Lebewesen keine Notwendigkeit, die für deren Abbau erforderlichen Enzyme ständig zu produzieren. Um diese Thematik zu untersuchen, experimentierten zu Beginn der 60er-Jahre des 20. Jahrhunderts Francois JACOB und Jacques MONOD mit dem Bakterium *Escherichia coli (E. coli)*. Sie wollten herausfinden, ob und – wenn ja – wie bei diesen Prokaryoten die **Enzymsynthese reguliert** wird.

E. coli benötigt als Energielieferanten für sein Wachstum den Einfachzucker Glucose. Die Forscher stellten eine Lösung aus Glucose und Lactose (Milchzucker), einem Zweifachzucker aus Galactose und Glucose, her. Lactose kann durch das Enzym Galactosidase in seine beiden Einzelbausteine gespalten werden. Zur Zuckerlösung gaben sie *E.-coli*-Zellen.

Der Versuchsverlauf ist in der folgenden Grafik wiedergegeben:

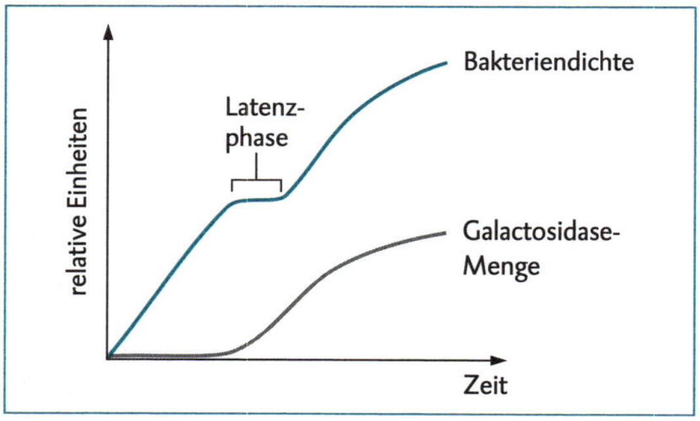

Abb. 33: Bakterienwachstum bei Zugabe von Glucose und Lactose

Wie die Grafik zeigt, begann das **Bakterienwachstum sofort**. Nach einiger Zeit trat ein Stillstand ein. Während dieser **Latenzphase** nahm die Bakteriendichte nicht mehr zu. Zu Beginn der Latenzphase war keine Glucose mehr im Versuchsansatz vorhanden. Gleichzeitig war ab diesem Zeitpunkt ein **Ansteigen** des **Galactosidasespiegels** in den Bakterienzellen festzustellen, der zu Beginn des Versuchs nahe null war. Nach der Latenzphase vermehrten sich die *E. coli*-Zellen weiter und auch die Menge an Galactosidase nahm weiter zu.

Aus den Ergebnissen dieses Versuchs lassen sich erste **Überlegungen** zu einer **Modellvorstellung** für die **Genregulation** bei **Prokaryoten** ableiten: Sofern Glucose im Medium vorhanden ist, können sich die Bakterienzellen vermehren. Ist der Einfachzucker aufgebraucht, kommt es zu einer Stagnation der Bakteriendichte. Um wieder an Glucose zu gelangen, können die *E.-coli*-Zellen Lactose durch das Enzym Galactosidase abbauen. Zu Beginn des Versuchs ist so gut wie keine Galactosidase in den Bakterienzellen vorhanden. Deren Synthese startet erst, wenn ein Mangel an Glucose festgestellt wird. Durch diesen Versuch konnte also bestätigt werden, dass *E.-coli*-Zellen ein Enzym aus Effizienzgründen erst dann herstellen, wenn sie es auch tatsächlich für einen Stoffwechselvorgang benötigen.

Die Frage der **Effizienz** stellt sich bei allen Lebewesen, da sie ihren Stoffwechsel möglichst energiesparend betreiben müssen. Im Fall mancher Enzyme und Strukturproteine ist es unbedingt notwendig, dass sie in nahezu allen Zellen **ständig** gebildet werden (z. B. für die Zellatmung benötigte Enzyme und Membranproteine). Andere Eiweiße dagegen sind nur in **besonderen Situationen** bzw. nur in **bestimmten Zellen** erforderlich, z. B. nur während der Mitose oder der Embryonalentwicklung oder beispielsweise nur in Zellen der Bauchspeicheldrüse, wenn Insulin gebildet wird. Eine Zelle muss daher in der Lage sein, **Gene** gegebenenfalls **zu aktivieren und zu deaktivieren**, das heißt „an- und abzuschalten". Dafür muss sie bestimmen können, wann bei der Transkription bestimmte Gene exprimiert werden, das heißt abgelesen werden, und wann nicht.

JACOB und MONOD entwickelten aus den Ergebnissen ihrer Experimente das sogenannte **Jacob-Monod-Modell** (siehe Abb. 34, S. 80 und Abb. 35, S. 81). Es erklärt, wie bei **Bakterien** Gene an- oder abgeschaltet werden: Vereinfacht betrachtet, sind an der Steuerung nach diesem Modell ein oder mehrere **Strukturgene** beteiligt, die Enzyme oder Strukturproteine bilden. Vor diesen Strukturgenen enthält der DNA-Abschnitt den **Operator** (Operatorgen), eine Schaltsequenz, an die sich spezifische Proteine, die **Repressoren**, anlagern können. Diese werden von einem **Regulatorgen** gebildet. „Stromaufwärts", das heißt vor dem Operatorgen, liegt der **Promotor**. Dieser kann mit Transkriptionsfaktoren (siehe S. 34) in Wechselwirkung treten, wodurch es der RNA-Polymerase ermöglicht wird, an ihn zu binden und die Strukturgene zu transkribieren. Lagert sich jedoch ein Repressor an den Operator an, so wird die Bindung der RNA-Polymerase an den Promotor verhindert. Damit ist die Transkription der Strukturgene des entsprechenden DNA-Abschnitts blockiert. Spezifische **Effektoren** (Steuerungssubstanzen) aktivieren bzw. inaktivieren die Repressoren. Die Einheit aus Promotor, Operator und Strukturgenen wird als **Operon** bezeichnet.

6.1 Genregulation durch Substrat-Induktion

Am Beispiel der Bildung der lactoseabbauenden Enzyme im Stoffwechsel von *E. coli* wird im Folgenden die **Genregulation durch Substrat-Induktion**, das heißt durch einen auslösenden Faktor, gezeigt.

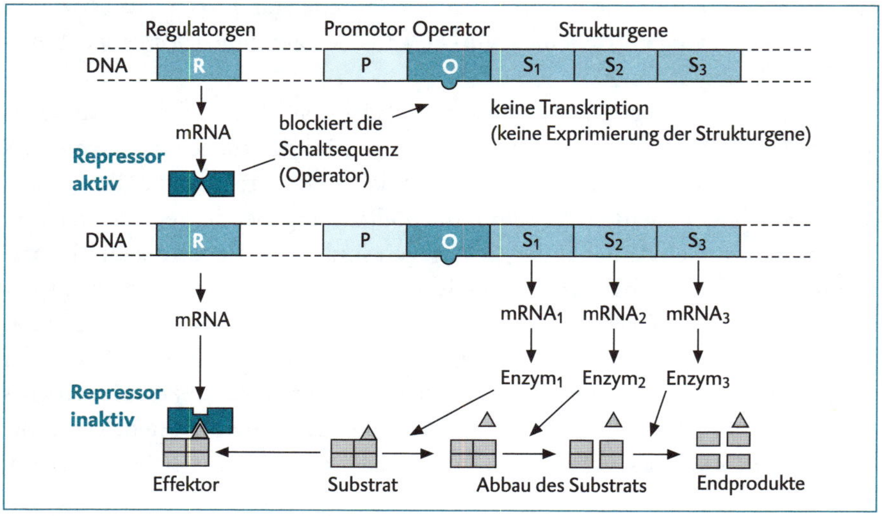

Abb. 34: Übersicht zur Genregulation durch Induktion am Beispiel der Substrat-Induktion

Beispiel

An der Regulation des Abbaus des Zweifachzuckers Lactose (aus Glucose und Galactose) sind Strukturgene beteiligt, die die Informationen für die am Lactoseabbau beteiligten Enzyme enthalten. Ein Regulatorgen bildet ein **aktives Repressorprotein**, das am Operator, der den zugehörigen Strukturgenen vorgeschaltet ist, binden kann. Die Vorgänge bei An- bzw. Abwesenheit von Lactose lassen sich vereinfacht folgendermaßen verstehen:
Wenn **keine Lactose** vorhanden ist, bindet der Repressor an den Operator und verhindert so, dass die Transkription der Strukturgene stattfindet. In der Folge werden keine entsprechenden Enzyme gebildet.
Nach **Zugabe von Lactose** binden die Lactosemoleküle an das Repressor-Protein und verändern dadurch seine Tertiärstruktur. Der veränderte Repressor kann nicht mehr an der Schaltsequenz der Strukturgene binden, er ist **inaktiviert**. Durch die Inaktivierung des Repressors wird die Blockade der Transkription der Strukturgene aufgehoben. Infolgedessen beginnt die Zelle, die am Lactoseabbau beteiligten Enzyme zu synthetisieren, sodass sich die Konzentration der Lactose in der Zelle verringert. Wenn keine Lactose mehr vorhanden ist, nimmt der Repressor wieder seine ursprüngliche

Tertiärstruktur ein. Er ist folglich wieder **aktiviert** und bindet am Operator, wodurch die Transkription der Strukturgene wieder blockiert ist. Dieser Effekt wird bereits im Verlauf der Abnahme des Lactosegehalts spürbar. Lactose-Moleküle **induzieren** also als **Effektoren** die Bildung der Enzyme, die für ihren Abbau erforderlich sind.

Diese Art der Genregulation findet sich hauptsächlich bei der Steuerung von **abbauenden Stoffwechselprozessen**.
Der **Vorteil** einer Genregulation durch Induktion ist der ökonomische Umgang der Zelle mit Material und Energie. Es entstehen nur dann Genprodukte, wenn die Zelle sie wirklich benötigt. Im zuvor erläuterten Beispiel bilden *E.-coli*-Zellen nur dann lactoseabbauende Enzyme, wenn auch Lactose vorhanden ist.

6.2 Genregulation durch Endprodukt-Repression

Am Beispiel der Synthese der Aminosäure Tryptophan kann die Genregulation durch **Endprodukt-Repression**, also durch einen unterdrückenden Faktor, gezeigt werden.

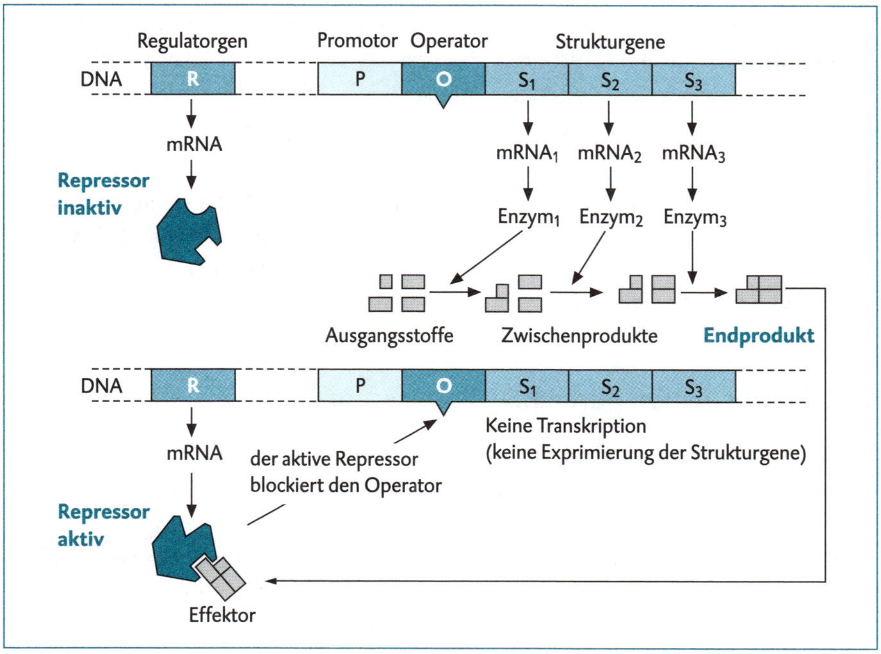

Abb. 35: Übersicht zur Genregulation durch Repression am Beispiel der Endprodukt-Repression

Beispiel

Die Informationen für die tryptophanbildenden Enzyme sind in den Strukturgenen enthalten. Ein Regulatorgen bildet ein Repressorprotein mit einer Tertiärstruktur, mit der es **nicht** am Operatorgen der Strukturgene **binden kann**. Der gebildete **Repressor** ist also zunächst **inaktiv**. Bei Ab- bzw. Anwesenheit von Tryptophan laufen vereinfacht folgende Prozesse ab:
Wenn **kein Tryptophan** vorhanden ist, kann die Transkription der Strukturgene ungehindert stattfinden, das heißt tryptophanaufbauende Enzyme werden gebildet. Tryptophan reichert sich folglich in der Zelle an und **bindet an den Repressor**. Durch die Bindung mit Tryptophan ändert sich die Tertiärstruktur des Repressors, wodurch er **aktiviert** wird und am Operator der Strukturgene binden kann. Damit wird die Transkription der Strukturgene verhindert, die Zelle bildet keine tryptophanaufbauenden Enzyme mehr und die Synthese von Tryptophan kommt zum Erliegen. Tryptophan unterdrückt also als **Effektor** die Bildung der Enzyme, die für seinen Aufbau erforderlich sind.

Die Genregulation durch **Repression** findet man vor allem bei der Steuerung von **aufbauenden** Stoffwechselprozessen. Häufig ist das **Endprodukt** einer Synthesekette in der Lage, das Repressormolekül zu aktivieren. Diese Art der Transkriptionshemmung stellt damit eine **negative Rückkopplung** dar. Die Genregulation durch Endprodukt-Repression führt dazu, dass Genprodukte nur so lange gebildet werden, wie die Zelle sie auch benötigt. Auch hier handelt es sich um ein Beispiel für den sparsamen Einsatz von Material und Energie.

Die Genregulation bei Bakterien kann durch **Induktion** oder durch **Repression** erfolgen. Ein Repressor kann durch einen Effektor, z. B. durch ein Substratmolekül, **inaktiviert** bzw. **aktiviert** werden, was die Transkription der entsprechenden Strukturgene und damit die Bildung der Genprodukte **auslöst** bzw. **verhindert**.

6.3 Genregulation durch RNA-Interferenz

Die **RNA-Interferenz (RNAi)** ist ein natürlicher, molekularbiologischer Mechanismus bei Mensch, Tier und Pflanze, über den die Realisierung der Information von **Genen** spezifisch **blockiert** und somit die Bildung bestimmter Proteine verhindert werden kann. RNAi stellt eine **Form der Genregulation** dar, die nach der Translation aber vor der Transkription ansetzt *(postscriptional gene silencing)*. Es gibt mehrere RNA-Interferenz-Mechanismen, die aber alle prinzipiell gleich funktionieren. Sie bedient sich dabei stets kleiner, **regulatorischer RNA-Moleküle**.

Ausgangspunkt der RNAi ist sogenannte MikroRNA (miRNA), die im Zellkern transkribiert wird. Die miRNA legt sich zu einem Doppelstrang zusammen und bildet dadurch die dsRNA, die **doppelsträngige RNA** (siehe Abb. 36). Im Zytoplasma bindet die dsRNA an spezifische Enzymkomplexe, die **Dicer** (engl. Häcksler). Sie zerlegen die dsRNA-Moleküle in sehr kleine, lediglich 21–23 Basenpaare lange doppelsträngige RNA-Fragmente, die **siRNA** (si = *small interfering*) genannt werden. Weitere Enzyme, die sogenannten **Argonauten-Proteine**, übernehmen dann die siRNA und spalten sie in Einzelstränge auf. Während der sogenannte Leitstrang (nicht zu verwechseln mit demjenigen beim Replikationsvorgang) an das Protein gebunden bleibt, wird der Folgestrang abgestoßen und anschließend enzymatisch in Nukleotide zerlegt. Die Auswahl, welcher der Folge- und welcher der Leitstrang wird, ist der **entscheidende Schritt** der RNAi. Er unterliegt einer sehr spezifischen Steuerung. Das so entstandene Gebilde aus Argonauten-Protein, RNA und weiteren Proteinkomplexen wird als **Risc** (**R**NA-**i**nduzierter **S**tummschaltungs-[**C**]Komplex) bezeichnet. Der nun aktivierte Risc kann sich nach der Vorgabe der siRNA-Nukleotidfolge ganz genau an die **komplementäre mRNA** des Zielmoleküls im Zytoplasma anlagern. Ist die Anlagerung erfolgt, sorgt der Risc für die **Spaltung der mRNA**. Die mRNA-Bruchstücke werden anschließend abgebaut und können somit nicht mehr als Vorlage für den Aufbau von Proteinen dienen.

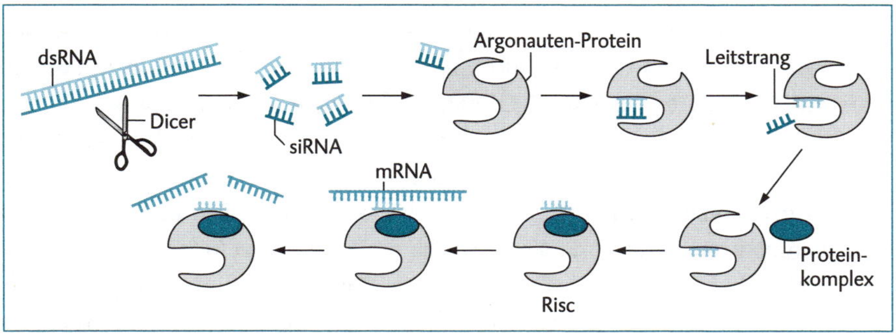

Abb. 36: Mechanismus der RNA-Interferenz

Im menschlichen Genom sind mehr als 250 Gene bekannt, die für miRNA-Moleküle codieren. Die RNAi wird von Zellen auch als Mechanismus zur **Abwehr von Virusinfektionen** genutzt, indem deren doppelsträngige RNA von Dicern entsprechend zu siRNA-Bruchstücken zerlegt wird.

Die experimentelle Ausschaltung von Genfunktionen mittels RNA-Interferenz ist inzwischen zu einer genetischen Standardtechnik geworden – man spricht in diesem Zusammenhang auch von **„reverser Genetik"**.

> Bei der Genregulation durch **RNA-Interferenz** wird die **Translation** bereits transkribierter Gene dadurch **verhindert**, dass spezifische **RNA-Protein-Komplexe** die entsprechenden **mRNA-Moleküle** im Zytoplasma **zerlegen**.

6.4 Epigenetische Steuerungsmechanismen

Unter **Epigenetik** versteht man die **vererbbare Veränderung** der **Genaktivität**, die zu einem dauerhaften, reversiblen **An-** bzw. **Abschalten** der Aktivität einzelner **Gene** führt. Dabei wird die Basensequenz der DNA nicht verändert und es kommt weder zum Austausch noch zum Verlust von Basen, das heißt, es treten keine Mutationsereignisse auf. Eine **epigenetische Steuerung** beruht auf zwei Grundprinzipien, die auch zusammen auftreten können:

- die **Methylierung** der Base **Cytosin** in der DNA und
- die **Umhüllung** einzelner **Gene durch Eiweiße** des Chromatins.

Methylierung

Bei der häufigsten Form der DNA-Methylierung wird die Base Cytosin mit einer CH_3-Gruppe (Methyl-Gruppe) versehen. Hauptsächlich geschieht dies bei solchen Cytosin-Nukleotiden, die direkt vor einer Guanin-Base liegen. Befinden sich die Basen Cytosin und Guanin benachbart auf der DNA, spricht man von CpG-Orten bzw. CpG-Dinukleotiden. Das „p" steht hierbei für den Phosphorsäurerest zwischen den beiden Nukleotiden eines DNA-Strangs und soll verdeutlichen, dass es sich nicht um eine C-G-Basenpaarung handelt. Der **Methylierungszustand** der Erbsubstanz ist je nach Entwicklungszustand des Organismus verschieden und variiert auch zwischen einzelnen Zelltypen zum Teil beträchtlich. Längere CpG-Folgen, sog. **CpG-Inseln**, befinden sich vor vielen Genen. Sind diese **Gene aktiv**, das heißt läuft die Transkription ab, so findet man dort nur sehr **wenige methylierte Cytosin-Basen**. Erfolgt **keine Transkription**, so sind in den CpG–Inseln die **meisten Cytosine methyliert**. Durch die Methylierung ist es spezifischen Proteinen möglich, sich an die modifizierten Cytosinbasen zu binden. Dadurch ist der RNA-Polymerase der Weg zu den nachfolgenden Strukturgenen versperrt. Eine derartige „Sperrung" von einzelnen Genen kann bei einer **Zellteilung** erhalten bleiben, sodass beide **Tochterzellen** das **gleiche Methylierungsmuster** aufweisen.

Untersuchungen des Genoms von eineiigen Zwillingen haben ergeben, dass der Methylierungsgrad und das Methylierungsmuster bis zum dritten Lebensjahr gleich sind. Dies ist aufgrund des identischen Erbgutes auch zu erwarten. Aber bereits fünfjährige, monozygotische Zwillinge unterscheiden sich im Methylierungszustand ihres Erbguts deutlich voneinander. Beide besitzen zwar weiterhin ein identisches Erbgut, die verschiedenen Einflüsse der Umwelt haben aber dazu geführt, dass bei ihnen jeweils andere Gene an- oder abgeschaltet wurden. Hierin könnte eine Erklärung für die Tatsache liegen, dass bei eineiigen Zwillingen der eine beispielsweise an einer Krankheit leidet, der andere aber gesund bleibt.

Eine **Methylierung** der Base **Cytosin** führt oft zu einer **Inaktivierung** der zugehörigen **Gene**. Sie kann **bei Zellteilungen** erhalten **bleiben**.

Histon-Modifikationen („Chromatin-Remodeling")

Im Zellkern ist das Chromatin (DNA + Proteine) in **Nukleosomen** organisiert. So bezeichnet man die Verbindung aus Histonen und der darum gewickelten DNA (siehe Abb. 37). Dabei reiht sich ein Nukleosom an das nächste. Dies geschieht zum einen, um die Erbsubstanz zu stabilisieren, und zum anderen, um sie in kompakter Form innerhalb des Zellkerns lagern zu können.

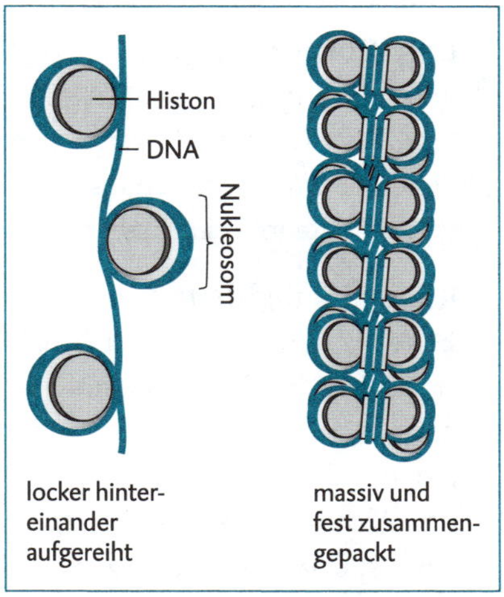

Abb. 37: Zustandsformen der Nukleosomen

Dabei gibt es bei dieser Art der **„DNA-Verpackung"** durchaus **Unterschiede:** Manchmal sind die Nukleosomen dicht gepackt, manchmal locker hintereinander aufgereiht (siehe Abb. 37). Beide Erscheinungsformen des Chromatins haben eine Bedeutung bei der **Genregulation**. Die **kompakten Nukleosomen** beinhalten zumeist solche **Gene**, die gerade nicht benötigt werden, wohingegen in den **lockeren Chromatin-Verbänden** die **„aktiven" Gene** zu finden sind. Die Art und Weise, wie die Nukleosomen aufgereiht sind, hängt davon ab, wie einzelne **Aminosäuren** in den Histonen **chemisch verändert** wurden. Dabei werden unterschiedliche chemische Gruppen (Methyl-, Acetyl-, Phosphat-Reste), aber auch kleinere Proteine an spezifische Histone gebunden. Es entsteht quasi ein **„Histon-Code"**, der von

den Zellenzymen ganz unterschiedlich decodiert und gedeutet wird. So kann die Acetylierung einzelner Histone zu einer Auflockerung des Chromatins führen, wohingegen eine Methylierung der Histonstrukturen ein engeres Zusammenpacken der Nukleosomen veranlasst. Sind die Nukleosomen locker gepackt, können sich **Transkriptionsfaktoren** an der DNA **anlagern** und die mRNA-Bildung kann erfolgen.
Der jeweilige **Zustand**, in dem die Nukleosomen vorliegen, kann über mehrere Zellteilungen hinweg **stabil** bleiben und somit **vererbt** werden.

Durch die chemische **Modifikation von Histonen** wird die **räumliche Anordnung** der **Nukleosomen verändert**. Dadurch kann die Transkription einzelner Gene gefördert oder gehemmt werden. Eine **Vererbung** dieser Zustände ist möglich.

Beispiele für den Mechanismus epigenetischer Steuerung

Beispiel In den Zellen weiblicher Säugetiere ist immer eines der beiden X-Chromosomen „stillgelegt". Im **inaktivierten Geschlechtschromosom**, dem sog. **Barr-Körperchen**, sind große Mengen an **methyliertem Cytosin** vorhanden, wohingegen das aktive X-Chromosom fast frei von dieser modifizierten Base ist. Dadurch wird sichergestellt, dass im Zellstoffwechsel des weiblichen Organismus genauso viele Genprodukte des X-Chromosoms gebildet werden wie im männlichen, der ja nur ein X-Chromosom besitzt.

Beispiel Bei der **Honigbiene** *(Apis mellifera)* konnte nachgewiesen werden, dass die Umwelt über die Art der Nahrung einen direkten Einfluss auf die Erbsubstanz hat. In einem Bienenvolk haben die Königin und die Arbeiterinnen das gleiche Erbgut. Beide unterscheiden sich aber in Aussehen und Verhalten deutlich voneinander. Zukünftige Arbeiterinnen erhalten nur Pollen und Honig als Nahrung. Eine Königin wird als Larve von Anfang an mit einer speziellen Nahrung, dem **Gelée Royale**, gefüttert. Diese Unterschiede bei der Fütterung haben enorme Konsequenzen für den jeweiligen Organismus: Das Futter bewirkt eine **epigenetische Steuerung des Zellstoffwechsels**, da in ihm Substanzen vorkommen, welche die **Methylierung** der jeweiligen Genome beeinflussen. Bei der Untersuchung des Methylierungszustands des Erbguts von Königinnen und Arbeiterinnen stellt man fest, dass über 550 Gene im Genom der Königin anders methyliert sind als im Genom einer Arbeiterin. Dabei zeigt sich, dass eine Verhinderung der DNA-Methylierung die Entwicklung einer Königin fördert.

Beispiel Werden Mäuse ständig unter **Stress** gesetzt, z. B. dadurch, dass sie mit einem deutlich ranghöheren Tier auf engstem Raum leben müssen, so zeigen sie typische Verhaltensmerkmale einer Depression. Bei ihnen ist eine **Veränderung in den Histonen** desjenigen Gens zu beobachten, das für das Protein BDNF *(brain-derived neurotropic factor)* codiert. BDNF ist als Signalstoff eng verwandt mit Nerven-Wachstumsfaktoren und spielt eine wichtige Rolle beim Knüpfen von Kontakten zwischen Gehirn-Nervenzellen. Unter Stressbedingungen sind die entsprechenden Histonproteine methyliert und das BDNF-Gen kann nicht abgelesen werden. Verabreicht man den gestressten Mäusen aber Antidepressiva, so kommt es zur Acetylierung eines Histon-Proteins des BDNF-Gens. Die Folge der Anheftung dieser chemischen Gruppe an das Histon ist die Aktivierung des Gens. Das depressive Verhalten der Tiere geht zurück.

Zusammenfassung

- Zellen können Gene gezielt aktivieren und deaktivieren. Diese Fähigkeit, zu bestimmen, wann welche Gene transkribiert werden sollen, ermöglicht einer Zelle, sich auf die jeweiligen Bedingungen und Anforderungen einzustellen.
- Bei prokaryotischen Organismen kann die Steuerung der Genaktivität mithilfe von Repressormolekülen erfolgen, die die Transkription von Strukturgenen auslösen oder verhindern.
- Bei der Genregulation durch Induktion beginnt die Transkription eines Strukturgens, wenn der zugehörige Repressor durch eine bestimmte Substanz inaktiviert wird. Häufig ist diese Substanz das Substrat, auf das die vom entsprechenden Strukturgen gebildeten Enzyme wirken.
- Die Genregulation durch Repression lässt die Transkription der jeweiligen Strukturgene so lange ablaufen, bis der entsprechende Repressor durch eine bestimmte Substanz aktiviert wird und sie stoppt. Als aktivierende Substanz dient häufig das Endprodukt der Reaktionen, die durch die Strukturgene gesteuert werden.
- Mithilfe der RNA-Interferenz kann eine bereits transkribierte mRNA gezielt im Zytoplasma abgebaut werden.
- Bei der epigenetischen Steuerung können Zustände von Genaktivität vererbt werden, die nicht auf Veränderungen in der Basensequenz der DNA beruhen.
- Die epigenetische Steuerung beruht auf dem An- bzw. Abschalten einzelner Gene.
- Sie erfolgt sowohl durch die Methylierung der Base Cytosin als auch durch die Histon-Modifikation, das heißt die Modifizierung von Histonen durch das Anhängen verschiedener chemischer Gruppen.
- Die Histon-Modifikation bewirkt Unterschiede in der Anordnung der Nukleosomen, die dazu führen, dass die in den entsprechenden Bereichen lokalisierten Gene abgelesen werden können oder nicht.

Aufgaben

66 *E. coli*-Bakterien werden aus einem Nährmedium, das Glucose enthält, in ein anderes Medium umgesetzt, das nur Lactose als Nährstoff bietet. Die Bakterien beginnen nach kurzer Zeit, Lactose zu spalten.
- **a** Erläutern Sie die molekulargenetischen Vorgänge, durch die die Bildung der am Lactoseabbau beteiligten Enzyme ausgelöst wird.
- **b** Nennen Sie den Fachbegriff für diese Steuerung der Genaktivität.

67 Angenommen, ein Stamm von *E. coli*-Bakterien kann ein bestimmtes Enzym nicht synthetisieren. Durch die Analyse der Basensequenz des Gens, das die Information für die Aminosäuresequenz dieses Enzyms trägt, stellt man fest, dass keine Mutation vorliegt.
Stellen Sie Vermutungen darüber auf, welche molekulargenetischen Veränderungen zum Ausfall des Enzyms geführt haben könnten.

68
- **a** Benennen Sie den Vorgang, der bei der Genregulation nach dem Modell von JACOB und MONOD bei Bakterien ausgelöst bzw. blockiert wird.
- **b** Vergleichen Sie die Genregulation durch Induktion und Repression.
- **c** Nennen Sie Vorteile, die diese Formen der Genregulation haben.

69 Phytase ist ein Enzym, das die Phosphatspeichersubstanz Phytinsäure in den zyklischen Alkohol Inosit und Phosphat zerlegt. Bei Weizenembryonen wird in den ersten sechs Stunden nach der Keimung Phytase gebildet. Gibt man in dieser Zeit Phosphat zu, so ist Inosit nicht nachzuweisen.
Erläutern und begründen Sie, um welche Form der Genregulation es sich hier handelt.

70 Erläutern Sie am Beispiel der in Abb. 34 (S. 80) ersichtlichen Genregulation, warum sie für den Stoffwechsel von *E. coli*-Zellen so effizient ist.

71 Erläutern Sie, wie es möglich ist, dass durch Mutation in verschiedenen Genen das gleiche Merkmal ausfallen oder sich verändern kann.

72 Stellen Sie die Folgen für eine Zelle dar, wenn diese keine Möglichkeit hätte, Gene an- und abzuschalten.

73 Legen Sie dar, wie die RNA-Interferenz für therapeutische Zwecke genutzt werden kann.

74 Bei der RNA-Interferenz spricht man auch von der „Umkehrung der Vorgehensweise bei der Klassischen Genetik“. Erläutern Sie diese Aussage.

75 Begründen Sie, warum es entwicklungsbiologisch notwendig ist, dass bei der Reifung der Eizellen weiblicher Säugetiere die Methylierungen an den Cytosinbasen des Barr-Körperchens wieder entfernt werden.

7 Entstehung von Krebs durch Störung der Genregulation

Bei der **Sammelbezeichnung „Krebs“**, die auf den griechischen Gelehrten Hippokrates zurückgeht, handelt es sich um eine Erkrankung, bei der Zellen ein unkontrolliertes Wachstum zeigen.
Zellen, die sich **teilen**, tun dies in einem zyklischen Rhythmus, dem Zellzyklus (siehe S. 9 f.). Dessen Ablauf und Regulation werden oft mit einer Autofahrt verglichen, bei der – neben dem Lenkrad – auch Gaspedal **(positive Regulatoren)** und Bremse **(negative Regulatoren)** betätigt werden müssen. Im Zellgeschehen entfalten beide Regulationssysteme ihre Wirkung über **zelluläre Signalketten**. Dadurch dass wachstumsfördernde bzw. -hemmende Faktoren an Rezeptoren in der Zellmembran binden, wird im Inneren der Zelle eine Signalkette in Gang gesetzt (siehe Abb. 38). Das letzte Glied der Kette aktiviert im Zellkern einen **Transkriptionsfaktor**. Nach Transkription und Translation entstehen dadurch Proteine, die den **Zellzyklus anregen oder hemmen**. Sowohl Störungen bei den anregenden als auch bei den hemmenden Mechanismen können dazu führen, dass der Zyklus **unkontrolliert abläuft**. Zur Gruppe der Gene, die einen fördernden Einfluss auf die Zellteilung ausüben, gehören die **Proto-Onkogene**. Die **Tumor-Suppressorgene** gehören zu den Genen, die einen hemmenden Einfluss auf die Zellteilung haben.

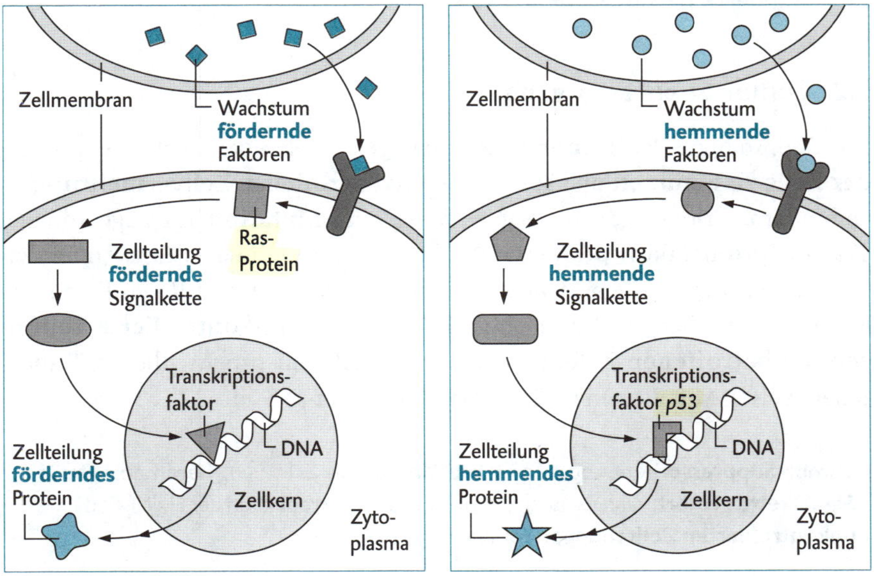

Abb. 38: Steuerung der Zellteilung über Proto-Onkogene (links) und Tumor-Suppressorgene (rechts)

Positive und **negative Regulationssysteme** beeinflussen über eine **zelluläre Signalkette** das Geschehen beim **Ablauf** der **Zellteilung** bzw. des **Zellzyklus.**

7.1 Proto-Onkogene

Proto-Onkogene stellen Proteine her, die das **Zellwachstum fördern** und die **Zellteilung anregen**. Sie kommen in jeder Zelle vor und kontrollieren die Differenzierung der Zelle und deren Teilung. Eine Möglichkeit der Krebsentstehung ist ein durch Mutation verändertes **Ras-Protein** (siehe Abb. 38, links). Dabei **aktiviert** der mutierte Eiweißkörper eine die Zellteilung **fördernde Signalkette**, ohne dass er durch die Bindung wachstumsfördernder Faktoren dazu veranlasst worden wäre. Proteine, die die Zellteilung fördern, werden dann massenhaft hergestellt („Das Gaspedal wird voll durchgetreten.“). Dies führt zu **unkontrollierten Teilungen der Zellen** in den Geweben, die von einer Ras-Mutation betroffen sind. Anormale Ras-Proteine finden sich in mehr als 30 % aller menschlichen Tumoren.
Zu unkontrollierten Teilungen können auch Mutationen direkt im Proto-Onkogen führen.

Proto-Onkogene codieren für **Proteine**, die die Zellteilung **fördern**. Wird ihre **Signalkette gestört**, kann es durch die massenhafte Produktion der Eiweiße zu **unkontrollierten Zellteilungen** kommen.

7.2 Tumor-Suppressorgene

Die Genprodukte der **Tumor-Suppressorgene** zielen darauf ab, die **Teilung der Zelle** zu **hemmen** und somit eine **unkontrollierte Zellvermehrung** zu verhindern. Erfolgt jedoch beispielsweise eine **Mutation** im zugeordneten **Transkriptionsfaktor p53**, so kann die Transkription eines Gens unterbleiben, das zellteilungshemmende Proteine codiert („Der Fuß wird von der Bremse genommen.“). Das Ergebnis sind auch hier **unkontrollierte Teilungen der betroffenen Zellen**. Mehr als die Hälfte aller menschlichen Tumorzellen weisen Mutationen im Transkriptionsfaktor p53 auf.

Tumor-Suppressorgene codieren für **Proteine**, die die Zellteilung **hemmen**. Wird ihre **Signalkette gestört**, kann es durch das Ausbleiben der Produktion der Eiweiße zu **unkontrollierten Zellteilungen** kommen.

7.3 Auswirkungen auf den Zellzyklus

Im Ablauf des Zellzyklus (siehe S. 9 f.) sind mehrere **„Kontrollpunkte"** eingerichtet, an denen die bis dahin von der Zelle „geleistete Arbeit" begutachtet und bewertet wird. Vor dem Übergang von der G_1- zur S-Phase wird die DNA auf Schäden überprüft. Gleiches geschieht noch einmal in der S- sowie beim Übergang von der S- in die G_2-Phase. Hieran ist der Transkriptionsfaktor p53 aktiv beteiligt. Er hält (indirekt durch die Induktion spezifischer Proteinprodukte) den Zellzyklus für die **Reparatur der DNA** an und setzt darüber hinaus die Reparaturmechanismen in Gang. Ein weiterer Mechanismus wird ebenfalls von p53 initiiert, nämlich der programmierte Zelltod, die **Apoptose**. Ist eine Zelle irreparabel geschädigt, so veranlasst der Faktor die Zelle am Ende der G_2-Phase, ein „Selbstmordprogramm" zu starten. Ohne die Nachbarzellen zu schädigen schrumpfen dabei die Zellen und ihre DNA wird durch Endonukleasen abgebaut. Eine Beurteilung der Bedeutung des Transkriptionsfaktors p53 fällt eindeutig aus: Durch einen Ausfall von p53 kann weder der Zellzyklus angehalten werden noch kann die Apoptose ablaufen. Entartete Zellen können sich folglich weiter vermehren und zu Krebszellen werden.

Zusammenfassung

- Zelluläre Regulationssysteme nehmen über Signalketten fördernd oder hemmend Einfluss auf das Geschehen im Zellzyklus.
- Mutierte Proto-Onkogene und Tumor-Suppressorgene begünstigen die Entstehung von Krebszellen, da sie ihre Regulationsaufgaben im Zellzyklus nicht ausführen können.

Aufgaben

76 Erläutern Sie, warum man Krebs auch als „fehlgesteuertes Leben" (F. VESTER) bezeichnen kann.

77 Stellen Sie den Ablauf der Produktion zellteilungsfördernder und -hemmender Proteine bei der Mutation des Ras-Proteins und des Transkriptionsfaktors p53 anhand von Fließdiagrammen gegenüber.

Informationsverarbeitung im Nervensystem

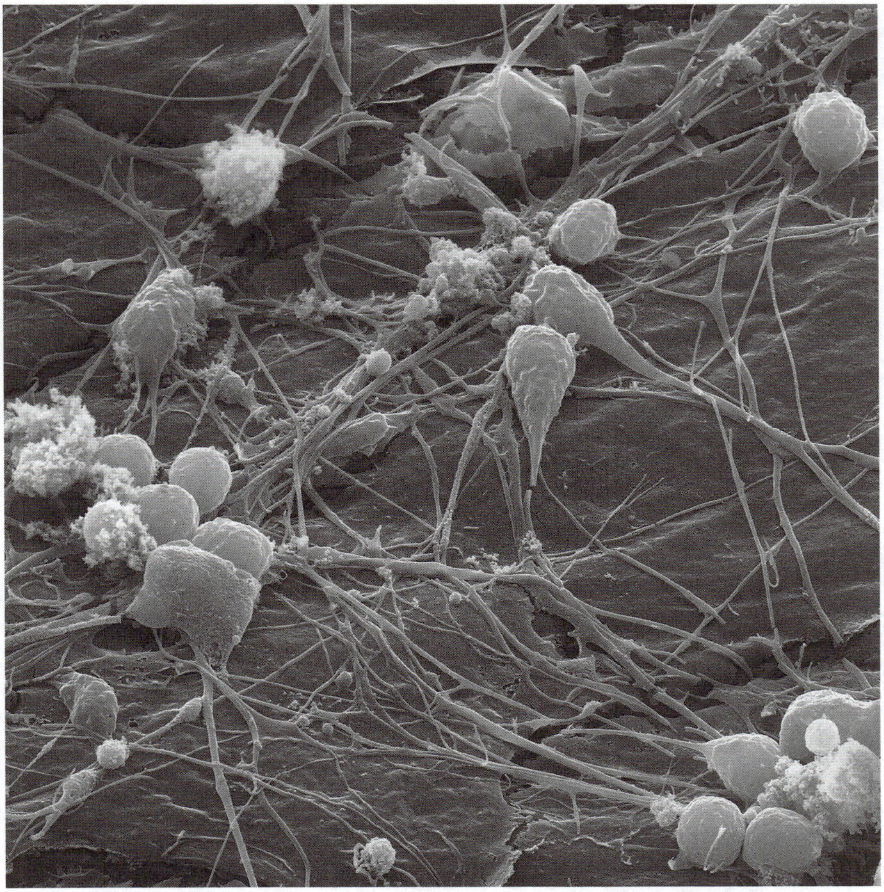

Elektronenmikroskopische Aufnahme eines Netzwerks aus Nervenzellen: Nervenzellen stehen mit unzähligen anderen Zellen in Verbindung. An den Berührungspunkten der Zellen – Synapsen genannt – kann die Informationsweiterleitung nicht nur moduliert werden, es können sich auch jederzeit neue Synapsen bilden. Die typische Struktur einer Nervenzelle ähnelt daher einem Baum mit vielen Ästen (Dendriten) und Blättern (Synapsen).

1 Bau und Funktion der Nervenzelle

Der Körper des Menschen wird mithilfe der Sinnesorgane und des Nervensystems über seine Umwelt informiert. **Sinneszellen** können aus der Umgebung auftreffende **Reize** in elektrische **Erregungen** umwandeln, **Nervenzellen** leiten diese elektrischen Signale weiter. Innerhalb der Zellkörper und an den Kontakten zwischen den Nervenzellen kann es zur Verarbeitung der aufgenommenen Informationen kommen. In besonders starkem Maße geschieht dies im **Zentralnervensystem (ZNS)**. Es besteht beim Menschen aus Gehirn und Rückenmark. Als mögliche Folge der Informationsverarbeitung können Erregungen über die Nervenzellen zu den Organen des Körpers laufen und dort Reaktionen auslösen, z. B. an den Muskeln oder Drüsen.

1.1 Bau der Nervenzelle

Eine typische Nervenzelle kann in die folgenden, funktionell unterschiedlichen Abschnitte untergliedert werden:

- Das **Soma** (Zellkörper) mit **Dendriten**: Das Soma enthält fast alle Organellen der Nervenzelle. Ein Organell fehlt den Nervenzellen: die Zentriolen (Zentralkörperchen), die mitverantwortlich sind für die Ausbildung des Spindelapparates während der Mitose. Auch aus diesem Grund können sich Nervenzellen im Gegensatz zu den meisten anderen Zelltypen nach der Embryonalentwicklung **nicht mehr teilen**.

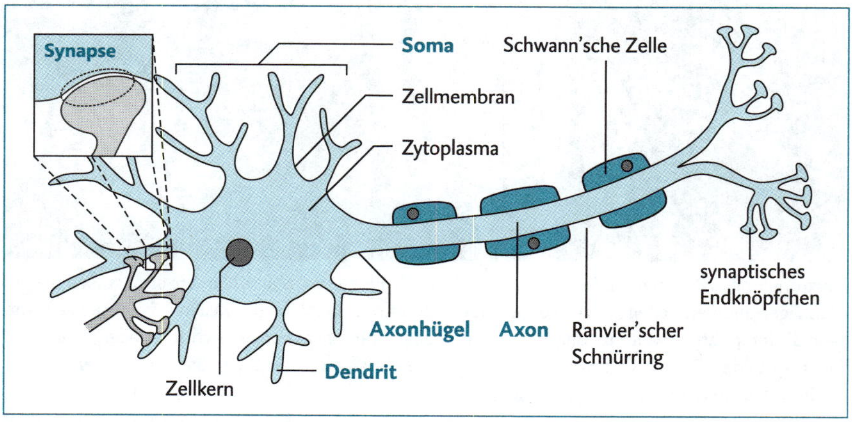

Abb. 39: Bau einer typischen Nervenzelle der Wirbeltiere

Kurze, vom Soma ausgehende, sich verjüngende und stark verzweigende Zellfortsätze, die **Dendriten**, nehmen Erregungen auf, die über die synaptischen Endknöpfchen anderer Axone ankommen, und leiten sie in Richtung des Somas. Damit haben sie Rezeptorfunktion.
- Das **Axon** (auch Neurit genannt) ist ein meist sehr langer Fortsatz der Nervenzelle mit Leitungsfunktion (Impulsleitung). Es kann beim Menschen bis zu einem Meter lang werden und entspringt am Soma aus einem oft leicht verdickten Anfangsbereich, dem **Axonhügel**. Das Axon selbst behält auf seiner gesamten Läge einen gleichbleibenden, geringen Durchmesser. Bevor das Axon in einer leichten Verdickung, dem synaptischen Endknöpfchen, endet, kann es sich in Kollaterale (Seitenäste) verzweigen.
- Die **Synapse** (Überträgerstelle) besteht aus drei Teilen: der präsynaptischen Membran des Endknöpfchens, dem Synapsenspalt und der postsynaptischen Membran der nachgeschalteten Nerven- oder Muskelzelle. Die Synapse hat eine Überträgerfunktion (siehe S. 118 ff.).

Im menschlichen Körper übertragen die Axone Informationen sowohl vom Zentralnervensystem zu den Muskeln und Drüsen als auch in der Gegenrichtung, von den Sinnesorganen zum ZNS sowie zwischen den Zellen des Nervensystems. Die synaptischen Endknöpfchen können daher an Dendriten oder Zellkörper von Nervenzellen grenzen sowie an Muskel- oder Drüsenzellen. Die **Richtung** der Informationsübertragung in den Axonen ist **streng festgelegt**: Erregung kann nur vom Zellkörper zu den synaptischen Endknöpfchen weitergeleitet werden, nie umgekehrt (siehe Refraktärzeit, S. 113).

Bau der Nervenfasern

Nervenzellen sind in der Regel von **Gliazellen** umgeben. Sie schützen und stützen die Nervenzellen, vermitteln ihre Versorgung mit Nährstoffen und Sauerstoff und isolieren sie voneinander. Besonders ausgebildete Gliazellen sind die **Schwann'schen Zellen**. Wie ein Schlauch umgeben sie die Axone. Axon und Schwann'sche Zellen werden zusammen als **Nervenfaser** bezeichnet. Besonders lange, gut ausgebildete Nervenfasern finden sich im **peripheren Nervensystem**, dem Teil des Nervensystems, der außerhalb des ZNS liegt. Zwei Typen von Nervenfasern lassen sich unterscheiden (siehe Abb. 40, S. 96):
- Bei den **markhaltigen (myelinisierten)** Nervenfasern bilden die Zellmembranen der Schwann'schen Zellen einen flächigen Fortsatz, der sich in einer Vielzahl von Windungen um das Axon wickelt. So erhält das Axon eine Hülle aus vielen Lagen von Membranen, zwischen denen nur sehr we-

nig Zytoplasma vorhanden ist. Man bezeichnet diese Hülle als **Markscheide** (Myelinscheide, Schwann'sche Scheide). Die Markscheide besteht fast nur aus Membranmaterial, also aus Proteinen (Eiweißen) und Lipiden (Fetten). Das Material der Markscheide wird als **Myelin** bezeichnet. Es erscheint im Lichtmikroskop aufgrund seines Lipidanteils weiß, im transmissions-elektronenmikroskopischen Bild sind die **konzentrisch** angeordneten Membranstapel zu erkennen. Die Markscheide kann das Axon sehr wirkungsvoll isolieren, weil Lipide eine sehr geringe elektrische Leitfähigkeit besitzen. Ein myelinisiertes Axon wird mit Ausnahme kleiner Bereiche am Anfang und am Ende auf seiner ganzen Länge von Schwann'schen Zellen eingehüllt. Die Markscheide isoliert das Axon ähnlich wie die Plastikhülle ein Kupferkabel. Die Axonmembran liegt nur an den Stellen **frei**, an denen zwei Schwann'sche Zellen aufeinanderfolgen. In diesen sehr schmalen Bereichen, den **Ranvier'schen Schnürringen**, ist das Axon daher **nicht** elektrisch **isoliert**.

- Bei **marklosen (nicht myelinisierten) Nervenfasern** können die Axone ebenfalls von Schwann'schen Zellen umgeben sein. Diese bilden allerdings keine Markscheide aus, da sich ihre Membranen nicht mehrfach um das Axon winden. Solche Fasern weisen auch keine Ranvier'schen Schnürringe auf.

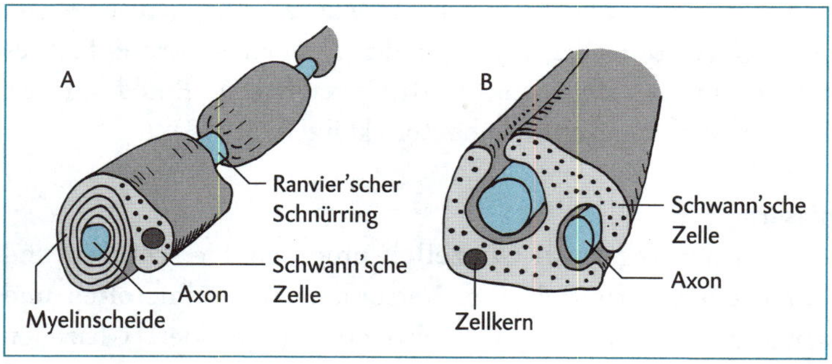

Abb. 40: Schema des Baus einer markhaltigen (A) und einer marklosen Nervenfaser (B)

> **Markhaltige** Nervenfasern besitzen eine aus Myelin bestehende **Markscheide**, die das Axon weitgehend isoliert. **Marklosen** Nervenfasern fehlt diese isolierende Hülle.

Der größte Teil des Nervensystems der **Wirbeltiere** besteht aus markhaltigen Nervenfasern. Marklose Nervenfasern findet man im Nervensystem der **wirbellosen** Tiere und in Teilen des vegetativen Nervensystems der Wirbeltiere.

Bau der Nerven

Axone vieler Nervenzellen, die im peripheren Nervensystem zu Bündeln zusammengefasst sind, nennt man **Nerven**. Auch die Schwann'schen Zellen zählen zu dieser strukturellen Einheit. Durchzogen werden Nerven von **Blutgefäßen** und umgeben sind sie von einer Hülle aus **Bindegewebe** (siehe Abb. 41). Es werden afferente von efferenten Nerven unterschieden. **Afferente Nervenfasern** (lat. *afferre*: herbeiführen) sind **sensorische** Nerven, welche die von einem Rezeptor (Sinnesorgan) aufgenommenen Informationen zum Zentralnervensystem transportieren. Bei **efferenten Nervenfasern** (lat. *efferre*: herausführen) ist es umgekehrt: Diese **motorischen** Nerven übermitteln Informationen vom Zentralnervensystem an spezifische Effektoren (z. B. Muskulatur, Drüsen).

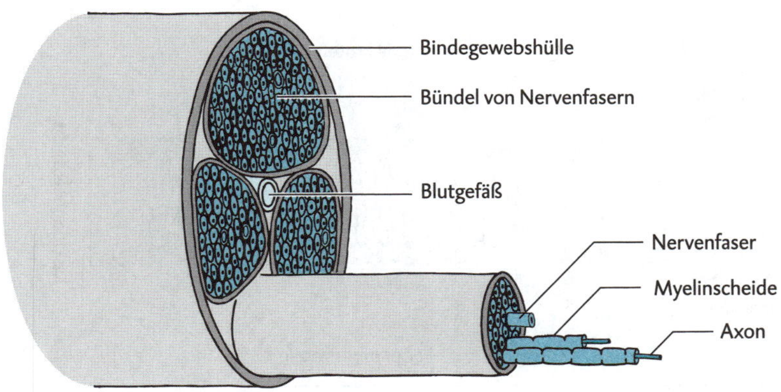

Abb. 41: Aufbau eines Nervs

1.2 Die Biomembran – Abgrenzung und Austausch

Die Nervenzelle ist, wie jede andere Zelle auch, durch eine in sich geschlossene **Biomembran** gegen ihre Umgebung **abgegrenzt**. Biologische Membranen trennen immer eine plasmatische Phase (Zellinneres) von einer nicht-plasmatischen Phase (extrazelluläre Umgebung). Eine einheitliche Membran („unitmembrane") gibt es nicht: Biomembranen sind sehr unterschiedlich im Aufbau und ihrer **funktionsspezifischen Differenzierung**. Unsere heutige Vorstellung der 7–10 nm dicken biologischen Membran wurde von SINGER und NICOLSON zu Beginn der 70er-Jahre des letzten Jahrhunderts entwickelt. Die Hauptbestandteile dieses **fluid mosaic model (Flüssig-Mosaik-Modell)** sind Proteine und Lipide. Ihre mengenmäßigen Anteile schwanken von

Zelltyp zu Zelltyp beträchtlich. Oft überwiegen die Lipidmoleküle; ihr Anteil kann aber zwischen 30 und 70 % variieren. Die **polaren, ungeladenen Lipidmoleküle** besitzen ein hydrophiles („wasserliebendes") und ein lipophiles („fettliebendes") Ende und haben eine geringe elektrische Leitfähigkeit. Lipidmoleküle lagern sich in wässrigem Milieu zu **Doppelschichtstrukturen** (Bilayer) zusammen, mit einander zugekehrten lipophilen Enden. In diese Doppelschicht tauchen spezifische **Membranproteine** ein (integrale Proteine, ca. 80 %) oder sie sind der Lipidschicht innerhalb oder außerhalb der Zelle aufgelagert (periphere Proteine, ca. 20 %). Die Membranproteine sind „wie Eisberge in der See" in der Lipiddoppelschicht lateral (seitlich) frei beweglich, was der Name *fluid mosaic model* verdeutlicht.

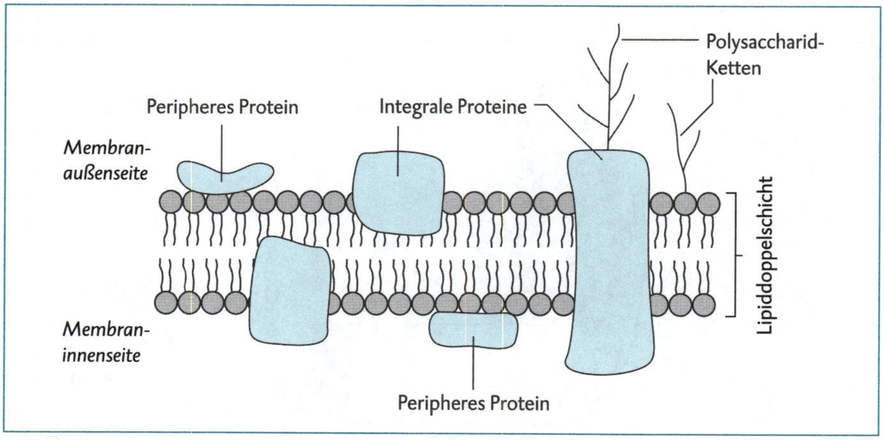

Abb. 42: Schematische Darstellung des Aufbaus der Biomembran

Membranlipide haben nur in Ausnahmefällen spezifische Funktionen. Die eigentlichen **Funktionsträger der Biomembran** sind die **Membranproteine**. Sie ragen entweder auf der Membraninnen- oder der Membranaußenseite deutlich aus der Lipiddoppelschicht heraus, woraus sich die unterschiedliche Dicke der Membranen erklärt. Biomembranen weisen damit eine **strukturelle Asymmetrie** auf, die zusätzlich darauf beruht, dass auf der Membranaußenseite einzelne Membranproteine kleine Kohlenhydratketten tragen. Diese **Glykoproteine**, die nur bei Tierzellen vorkommen, stellen einen Typ von Rezeptormolekülen dar. An diese können Auslösermoleküle (Liganden) binden, die dadurch z. B. einen Kanal innerhalb der Membran öffnen oder bestimmte Mechanismen innerhalb der Zelle in Gang setzen. Glykoproteine (und die ebenfalls vereinzelt vorkommenden Glykolipide) sind damit Bestandteil des zweiten wesentlichen Aufgabenkomplexes der Biomembran neben ihrer Abgrenzungsfunktion: der **Vermittlung des Stoffaustauschs**. Da Biomembranen in sich geschlossen sind und jede Zelle vollständig umhüllen, müssen Substanzen, die in die Zelle gelangen oder diese verlassen sollen, durch die Membran geschleust werden (siehe Abb. 43). Biomembranen sind **selektiv permeabel**, das heißt, es gelangen nicht alle Substanzen durch die Membranbarriere. Unpolare Substanzen und kleinere polare Moleküle (z. B. H_2O) können eine Biomembran leicht durchdringen. Sie folgen dabei dem Konzentrationsgefälle, um in die Zelle oder aus ihr heraus zu gelangen. Größere Moleküle oder Ionen mit einer Hydrathülle können diesen Weg nicht nutzen, um in Zellen hinein zu kommen oder sie zu verlassen.

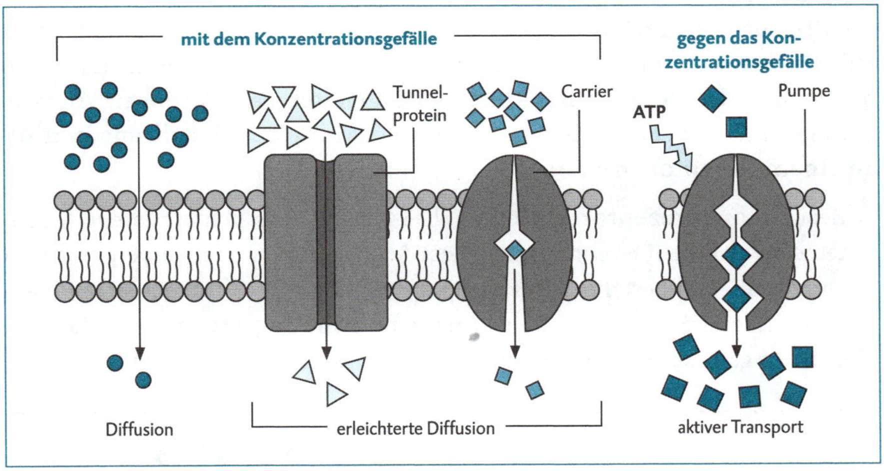

Abb. 43: Möglichkeiten des Stofftransports durch Biomembranen

Aufgrund ihrer Komplexität können Membranproteine als Funktionsträger der Biomembran Ionentransporte zustande bringen. Dies bewerkstelligen **Tunnelproteine (Kanalproteine), Carrier (Transporter) oder Pumpen**. Sie sorgen innerhalb der Biomembran dafür, dass auch größere Moleküle oder Ionen mit einer Hydrathülle in die Zelle oder aus ihr heraus gelangen können. **Tunnelproteine** gewährleisten als integrale Membranproteine, dass z. B. Na^+-Ionen in die Nervenzelle gelangen können. Hierbei handelt es sich wie beim Transport durch **Carrier** um eine **erleichterte Diffusion entlang des Konzentrationsgefälles**, eine Form des **passiven Transports**.
Müssen Substanzen **gegen ein Konzentrationsgefälle** aus der Zelle heraus oder in die Zelle hinein befördert werden, sind energiebedürftige, aktive Transportmechanismen erforderlich. **Energiebedürftige Pumpen** sorgen da-

für, dass Stoffe von einem Ort niedriger an einen Ort höherer Konzentration gelangen können. So sorgt z. B. die unter ATP-Entwertung betriebene Natrium-Kalium-Pumpe in den Membranen der Nervenzellen dafür, dass eine bestimmte Verteilung der Na^+- und K^+-Ionen innerhalb und außerhalb der Neuronen aufrechterhalten wird (siehe Natrium-Kalium-Pumpe, S. 107 f.).

Die selektiv permeable **Biomembran** sorgt für zelluläre **Abgrenzung** und **Stoffaustausch**. Unpolare Stoffe passieren die Membran durch **Diffusion**, bei polaren vermitteln funktionsspezifisch differenzierte **Tunnelproteine, Carrier oder Pumpen** den Stoffaustausch.

Signaltransduktion an Membranrezeptoren

Als **Signaltransduktion** bezeichnet man allgemein die Prozesse, mit deren Hilfe **Informationen** aus dem extrazellulären Raum durch die Zellmembran hindurch **in das Innere einer Zelle weitergeleitet** werden können. An zwei Beispielen wird im Folgenden das allgemeine Prinzip der **Signaltransduktion an einem Rezeptor** erläutert.

Beispiel

Bei den **Ionenrezeptoren** (siehe Abb. 44) handelt es sich um integrale Proteine in der Zellmembran, die meist aus mehreren aneinandergelagerten Untereinheiten bestehen. Auf der extrazellulären Oberfläche besitzen diese Proteinmoleküle eine (oder auch mehrere) **Bindungsstellen**. Hier können sich nur ganz spezifische **Liganden** (Bindungspartner) **anlagern**.

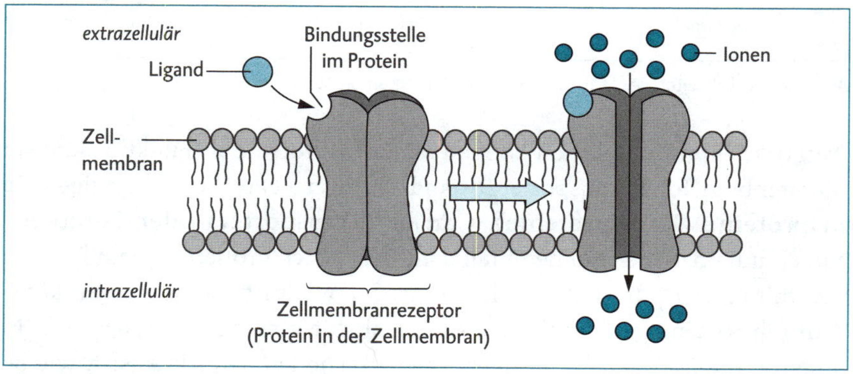

Abb. 44: Funktionsweise eines Ionenrezeptors

Durch die Anlagerung vollzieht das Rezeptorprotein eine Konfigurationsänderung, die dazu führt, dass sich im Inneren des Proteins ein **Kanal bildet**. Durch diesen Kanal können nun spezifische Ionen aus dem extrazellulären Raum in das Zytoplasma gelangen. Im Zellinneren führen die Ionen dann unmittelbar zu Reaktionen oder sie lösen indirekt Wirkungen aus. Der Ligand ist damit nicht an der Reaktion in der Zelle beteiligt, er öffnet quasi nur die „Tür“, um die eigentlichen Reaktionspartner, die Ionen, einzulassen. Löst sich der Ligand von der Bindungsstelle, wird der Kanal im Ionenrezeptor durch eine erneute Veränderung der dreidimensionalen Proteinstruktur wieder verschlossen.

eispiel

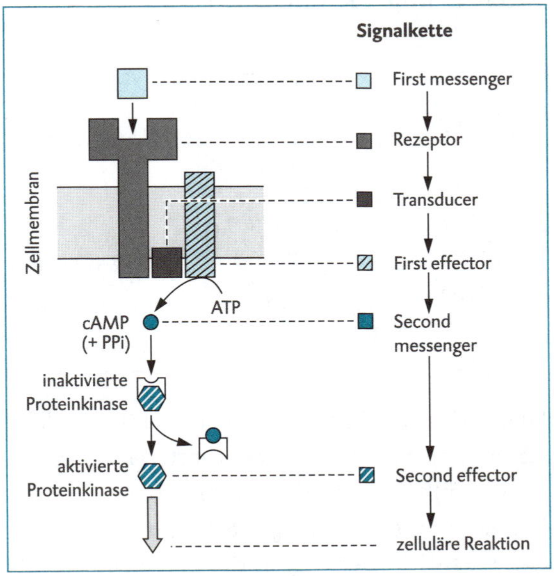

Abb. 45: Das Second-messenger-Prinzip

Eine weitere Möglichkeit der Signaltransduktion beruht darauf, dass **Signale** von außerhalb der Zelle **umcodiert** werden. Durch eine **Signalkette** vermittelt, können so im Zellinneren bestimmte Effekte ausgelöst werden. Hormone, die die Zellmembran nicht durchdringen können, nutzen unter anderem diesen Weg. Als **First messenger** (primärer Botenstoff) lagern sie sich an der extrazellulären Seite eines Rezeptorproteins an (Abb. 45). Dadurch wird auch hier eine Konfigurationsänderung des Rezeptors hervorgerufen. Sie bewirkt, dass ein Protein an der intrazellulären Membranseite, der **Transducer** (Überträger), stimuliert wird. Dieser Transducer setzt daraufhin ein Enzym in der Zellmembran in Tätigkeit, den **First effector** (erster Auslöser). Dieses Glied der Signalkette wandelt im Zytoplasma vorhandenes ATP in cAMP (und zwei anorganische Phosphatreste) um. Das **cAMP** (zyklisches Adenosinmonophosphat) seinerseits aktiviert als **Second messenger** (zweiter Botenstoff) eine bis dahin inaktive Proteinkinase. Die in Gang gesetzte Proteinkinase führt als **Second effector** dann zu zellulären Reaktionen, z. B. zur Aktivierung weiterer Zellenzyme.

Über eine **Signaltransduktion an Membranrezeptoren** gelangen Informationen in die Zelle. Hierbei können **Liganden** Kanäle in integralen (Glyko-)Proteinen öffnen oder **First messenger** als Botenstoffe eine Information über eine **Signalkette** ins Zellinnere weiterleiten.

Patch-Clamp-Technik

Ionenströme durch die Membran von Nervenzellen lassen sich mithilfe der **Patch-Clamp-Technik** untersuchen (siehe Abb. 46).

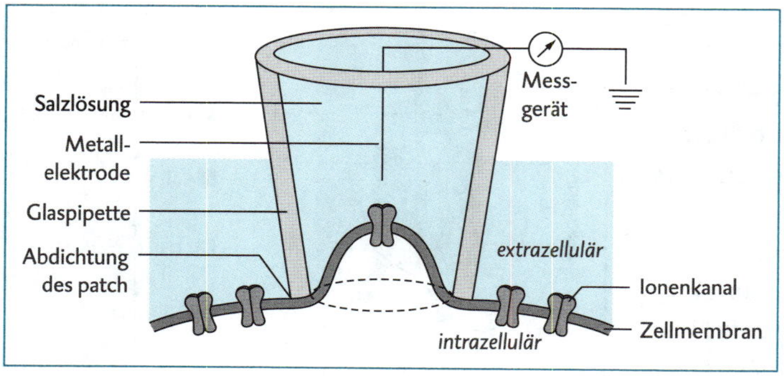

Abb. 46: Patch-Clamp-Technik

Diese Messmethode nutzt dabei auftretende Veränderungen in der Stromstärke. Eine sehr feine **Glaspipette** (∅ Spitze ca. 1 µm) wird mit einer Salzlösung gefüllt und auf die Membran der zu untersuchenden Nervenzelle gesetzt. Die Zusammensetzung der Salzlösung, in der sich eine Metallelektrode befindet, entspricht derjenigen der extrazellulären Flüssigkeit. Um zu gewährleisten, dass die **Untersuchung** nur **am Membranbereich unterhalb** der **Pipettenöffnung** (engl. *patch:* Fleck, Flicken, Stelle) erfolgt, wird die Salzlösung in der Pipette leicht angesaugt und damit ein Unterdruck erzeugt. Durch die so entstehende feste Verbindung zwischen dem patch und der Pipette (engl. *to clamp:* einklemmen) werden benachbarte Membranbereiche ausgeblendet und ein Stromfluss von der Pipette zur extrazellulären Lösung verhindert. Damit sind exakte Messungen möglich. Wird die Messelektrode an einen Oszillographen angeschlossen, ergibt sich bei einer Messung z. B. das folgende Bild:

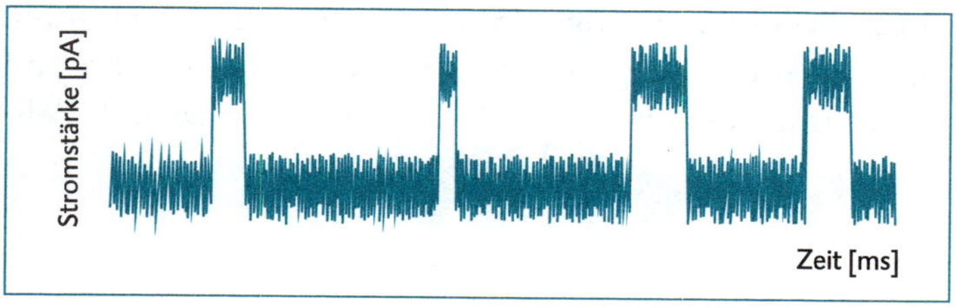

Abb. 47: Messergebnisse des Ionenstroms, dargestellt im Oszillographen

Dargestellt ist der Strom, der in der Membran unter der Spitze der Glaspipette fließt. Die Messung zeigt, dass die Stromstärke die meiste Zeit unverändert bleibt. Dies bedeutet, dass normalerweise kein Strom fließt. Während des Zeitraums der Messung zeigt der Oszillograph viermal kurzfristig einen Stromfluss von unterschiedlich langer Dauer an. Anschließend geht die Stromstärke jeweils wieder auf den Ausgangswert zurück. Ein **Stromfluss bedeutet**, dass **Ionen** den **isolierten Membranbereich passiert** haben. Sie müssen über Ionenkanäle durch die Biomembran gelangt sein, die für Ionen – wie oben erwähnt – ohne die Hilfe dieser Proteine nicht passierbar wäre. Da ein Stromfluss nicht kontinuierlich erfolgt, können diese Kanäle nicht ständig geöffnet sein. Dies setzt spezielle Mechanismen voraus, mit denen die **Durchlassöffnungen gesteuert**, das heißt geöffnet und anschließend wieder verschlossen werden können (siehe S. 109 ff.).

Die **Patch-Clamp-Technik** ermöglicht es, **Ionenbewegungen** an Membranen genau zu **untersuchen**. Ihre Messergebnisse verdeutlichen die Modellvorstellung von **gesteuerten Ionenkanälen** innerhalb der Biomembran.

1.3 Entstehung des Ruhepotenzials

Wie in allen Informationssystemen müssen auch im Nervensystem Signale weitergegeben und verarbeitet werden. Um ein Signal zu bilden, muss sich ein bestehender Zustand des Systems ändern. Die Grundlage für die Funktion des Nervensystems stellen **elektrische** Vorgänge an den Membranen der Nervenzellen dar. Solange die Nervenzelle lebt, hält sie im Normalfall ständig einen bestimmten Zustand, das **Ruhepotenzial**, aufrecht. Signale wie z. B. das Aktionspotenzial (siehe S. 109 ff.) entstehen, wenn sich das Ruhepotenzial ändert.

Das Ruhepotenzial entsteht durch die Diffusion von Ionen

Das Außen- und das Innenmedium der Nervenzelle ist eine wässrige Lösung, die unterschiedlich viele positiv (Kationen) und negativ geladene Teilchen (Anionen) enthält. Zwischen dem Inneren eines Neurons und dem extrazellulären Raum bildet sich bei einem **Ladungsungleichgewicht** ein Membranpotenzial. Dieses Potenzial ist gleichbedeutend mit einer Spannung [U] gemessen in Volt [V], die zwischen der Außenseite und der Innenseite der Neuronmembran anliegt.

Mit dem Begriff **Ruhepotenzial** bezeichnet man allgemein das Potenzial an Membranen erregbarer Zellen, die sich in einem unerregten Zustand befinden.

Das Ruhepotenzial entsteht immer an der Membran der Nervenzelle und nicht in deren Innern. Dabei wird das Potenzial des extrazellulären Raums stets als null Volt definiert. Die Potenzialdifferenz (Ladungsdifferenz, Spannungsdifferenz) zwischen dem Zellinneren und der die Zelle umgebenden extrazellulären Flüssigkeit beträgt in Ruhe in der Regel etwa –80 bis –90 mV.

Die Entstehung des Ruhepotenzials beruht auf zwei Voraussetzungen:

- Auf der **Innenseite** der Membran, das heißt im Zellinneren, herrscht eine höhere Konzentration an K^+- und an negativ geladenen organischen Ionen, kurz A^-, als im Bereich um die Zelle herum. Viele der organischen Anionen im Innenraum der Nervenzelle sind Proteine oder Aminosäuren. Im **Außenbereich** der Nervenzelle sind mehr Na^+- und Cl^--Ionen vorhanden als im Innenraum der Zelle (siehe Abb. 48).

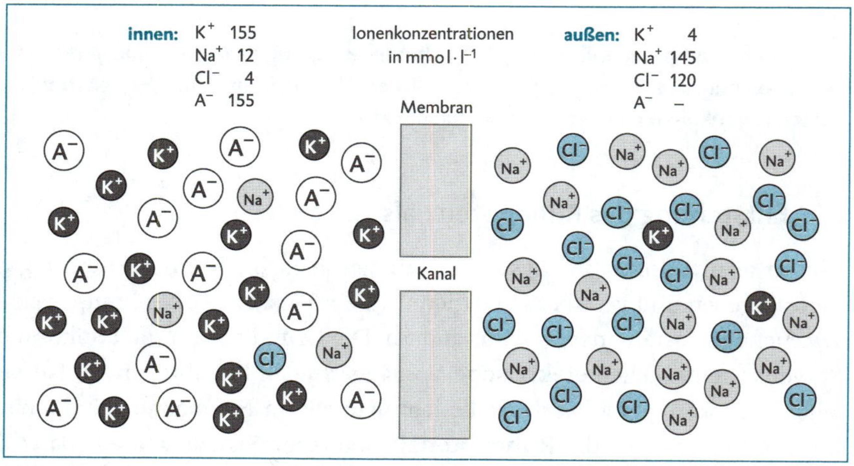

Abb. 48: Verteilung der Ionen an der ruhenden Membran des Axons während des Ruhepotenzials

- Die Membran der Nervenzelle ist **selektiv permeabel**. Sie ist für K^+-Ionen sehr leicht und etwas weniger gut für Cl^--Ionen passierbar. Für Na^+-Ionen ist sie dagegen kaum und für organische Anionen gar nicht durchlässig. Verantwortlich für die selektive Permeabilität sind **Kanalproteine (Ionenkanäle**; siehe auch Abb. 43, S. 99), die jeweils nur für bestimmte Ionen passierbar sind. Entscheidend dafür, ob ein Teilchen die Membran mithilfe diese Proteine durchqueren kann, sind seine **Größe** (organische Anionen) bzw. seine Größe und seine **Ladung** (K^+, Na^+, Cl^-). Außer über die Kanalproteine können die Ionen nicht auf die jeweils andere Seite der Membran gelangen, da die ungeladene Doppelschicht aus Lipidmolekülen nicht zulässt, dass Ionen in sie eindringen.

Für die Entstehung der Ladungsdifferenz zwischen dem Innen- und Außenraum ist die **Wanderung** bestimmter Ionen durch die Membran verantwortlich. Moleküle oder Ionen haben das Bestreben, sich gleichmäßig im Raum zu verteilen. Ursache ist die **Brown'sche Molekularbewegung**, das heißt die thermische Eigenbewegung der Teilchen, die zu Zusammenstößen zwischen ihnen führt und sie so in Bewegung setzt. Dies geschieht umso häufiger, je höher die Konzentration der Teilchen ist. In der Bilanz der Bewegungsrichtungen wandern die Teilchen vom Ort der höheren Konzentration zum Ort der geringeren Konzentration, bis ein **Ausgleich der Konzentrationen** erreicht ist.

Die Wanderung von Teilchen entlang ihres Konzentrationsgefälles vom Ort der höheren zum Ort der niedrigeren Konzentration bezeichnet man als **Diffusion**.

Die Diffusion ist ein **passiver** Vorgang, das heißt, sie benötigt keine Energie. Neben der Diffusion im Bereich der Kanalproteine findet aber auch ein **aktiver** Transport von Ionen durch die Membran statt (siehe Na^+-K^+-Pumpe, S. 107 f.).
An der Membran von Nervenzellen diffundieren K^+-Ionen aufgrund ihres Konzentrationsgefälles durch die Proteinkanäle von innen nach außen. Da jedes Kaliumion eine positive Ladung trägt, wird dadurch der Außenraum stärker elektrisch positiv. Der Innenraum verarmt an positiven Ladungsträgern (Kationen) und hat einen Überschuss an negativen Ladungsträgern (Anionen). Es kommt also zu einer **ungleichen Verteilung** der positiv und negativ geladenen Ionen, infolgedessen tritt eine **elektrische Spannung** (Ladungsdifferenz, Potenzialdifferenz) zwischen dem Innen- und Außenraum auf. Cl^--Ionen erhöhen zusätzlich die Ladungsdifferenz, weil sie infolge ihres Konzentrationsgradienten von außen nach innen diffundieren und den Innenraum stärker elektrisch negativ machen, während der Außenraum an negativen Ladungen verarmt. Insgesamt bewirken diese Diffusionsvorgänge einen leichten **Überschuss an positiver Ladung im Außenmedium** der Nervenzelle. Ohne die Diffusion würden sich die Summen aus positiver und negativer Ladung innen und außen entsprechen, die Spannung wäre gleich null.
Nach physikalischen Gesetzen müsste jedem K^+-Ion ein A^--Ion folgen, für jedes hinausdiffundierte K^+-Ion müsste ein Na^+-Ion hineindiffundieren, damit auf beiden Seiten der Membran die **Elektroneutralität** erhalten bleibt. Dies geschieht aber nicht, weil die Membran eben selektiv permeabel ist (für Na^+ kaum und für A^- nicht durchlässig).
Wenn die Diffusion der K^+-Ionen störungsfrei weiterginge, käme es zu einem Konzentrationsausgleich der K^+-Teilchen, das heißt, es lägen gleich viele K^+-

Ionen im Innen- wie im Außenraum der Zelle vor. Dies kann an der Membran einer Nervenzelle aber nicht geschehen, weil das Bestreben nach **Ladungsausgleich** dem Bestreben nach **Konzentrationsausgleich** entgegengesetzt ist: K^+-Ionen wandern zwar ihrem Konzentrationsgefälle entsprechend nach außen, es kommt aber nicht zum Ausgleich der Konzentrationen, da die K^+-Ionen vom immer negativer werdenden Ladungsüberschuss im Zellinnenraum zurückgehalten werden. Je mehr K^+-Ionen nach außen wandern, desto größer wird der negative Ladungsüberschuss des Zellinnenraums und desto schwerer fällt es den K^+-Ionen, nach außen zu wandern. Dem „Druck" durch das Konzentrationsgefälle wirkt also der „Zug" durch die Anziehung entgegengesetzt geladener Ionen entgegen. Gleichzeitig stößt der immer größer werdende positive Ladungsüberschuss des Zellaußenraums die K^+-Ionen ab. Auch dadurch wird der Ausstrom der K^+-Ionen immer schwächer, je mehr K^+-Ionen nach außen gewandert sind. Wenn beide Kräfte, das Bestreben nach Konzentrationsausgleich und das nach Ladungsausgleich, gleich groß sind, wandern pro Zeiteinheit genauso viele K^+-Ionen von innen nach außen wie von außen nach innen. Es herrscht ein **Fließgleichgewicht**, das die Verteilung der K^+-Ionen an der Membran etwa konstant auf ihrem unterschiedlichen Niveau hält (siehe Abb. 49). Folglich bleibt der Zellinnenraum gegenüber dem Zellaußenraum elektrisch negativ geladen.
Auch Cl^--Ionen können nicht bis zu ihrem Konzentrationsausgleich diffundieren, da auch sie durch das Bestreben nach Ladungsausgleich in ihrer Wanderung eingeschränkt werden. Der durch die Na^+-Ionen und die nach außen diffundierenden K^+-Ionen aufrechterhaltene positive Ladungsüberschuss auf der Außenseite der Membran (bzw. negative Ladungsüberschuss auf der Innenseite) begrenzt die Wanderungsneigung der Cl^--Ionen in Richtung Innenraum.

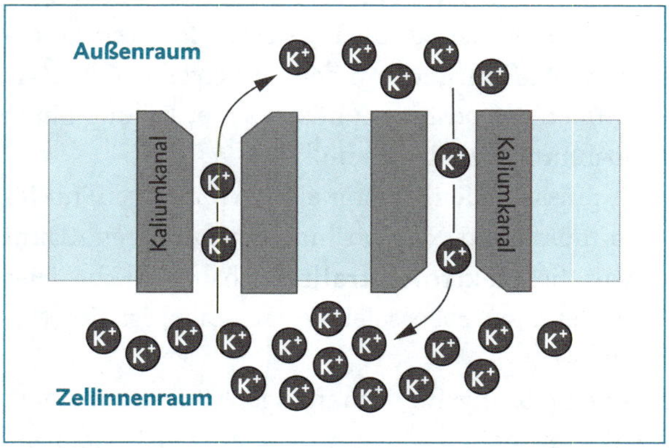

Abb. 49: Schematische Darstellung des Kalium-Fließgleichgewichts

Jede Nervenzelle zeigt in Ruhe eine elektrische Spannung an ihrer Zellmembran, das **Ruhepotenzial**. Dieses beruht auf der **selektiven Permeabilität** der Zellmembran und den **unterschiedlichen Konzentrationen** der Ionen im Innen- und Außenmedium der Zelle. Die Ladungsdifferenz zwischen dem Innen- und dem Außenraum der Zelle begrenzt die Diffusion von K^+- und Cl^--Ionen in Richtung ihres Konzentrationsgefälles.

Die Natrium-Kalium-Pumpe

Unter den geschilderten Bedingungen könnte das Ruhepotenzial beliebig lange bestehen. Da die Membran jedoch in geringem Maße auch für Na^+-Ionen permeabel ist, dringen ständig geringe Mengen von Na^+-Ionen aus dem Außenraum in die Nervenzelle ein. Man bezeichnet dies als **Na^+-Leckstrom**. Mit jedem Na^+-Ion, das in die Zelle gelangt, wird es einem K^+-Ion möglich, nach außen zu wandern, da das eindringende Na^+-Teilchen das „Kräftegleichgewicht" zwischen dem Bestreben nach Ladungsausgleich und dem nach Konzentrationsausgleich verändert. Die negative Ladung der A^--Ionen kann nur eine bestimmte Menge an K^+-Ionen elektrostatisch „binden", ein neu hinzu kommendes, positiv geladenes Teilchen macht es einem K^+-Ion möglich, seinem Konzentrationsgefälle folgend aus dem Anziehungsbereich der Anionen nach außen zu wandern.

Bei ständig in die Zelle einsickernden Na^+-Ionen würde sich der Konzentrationsunterschied der K^+-Ionen zwischen Innen- und Außenraum so also immer weiter verringern, bis es zum vollständigen Ausgleich käme. Bei weiterem Eindringen von Na^+-Ionen würde damit auch die **Ruhepotenzialdifferenz** zwischen Innen- und Außenraum immer geringer, da die Ladung im Außenraum weniger positiv, die im Innenraum weniger negativ werden würde. Diesem Prozess wirkt eine Nervenzelle entgegen, indem sie Ionen gegen das Konzentrationsgefälle transportiert. Diese Aufgabe übernimmt die **Natrium-Kalium-Pumpe**, eine ATPase (siehe Abb. 50). Die Na^+-K^+-ATPase ist ein Enzym, das aus der ATP-Spaltung Energie für ihre Transportarbeit gewinnt. Dabei befördert das in der Membran lokalisierte Transportsystem in einem ersten, energiebedürftigen Schritt drei Na^+-Ionen aus dem Inneren der Nervenzelle in den extrazellulären Raum. Von dort werden von dem Enzym zwei Kalium-Ionen aufgenommen und an der Innenseite der Neuronmembran wieder abgegeben. Schätzungen gehen davon aus, dass bis zu 20 % der Stoffwechselenergie einer Nervenzelle für den Betrieb der Na^+-K^+-ATPase verwendet wird. Dass der hohe Energieaufwand betrieben wird, ist damit zu erklären, dass ohne die korrekte Ionenverteilung das Ruhepotenzial nicht aufrechterhalten werden könnte und die Nervenzelle somit nicht erregbar wäre.

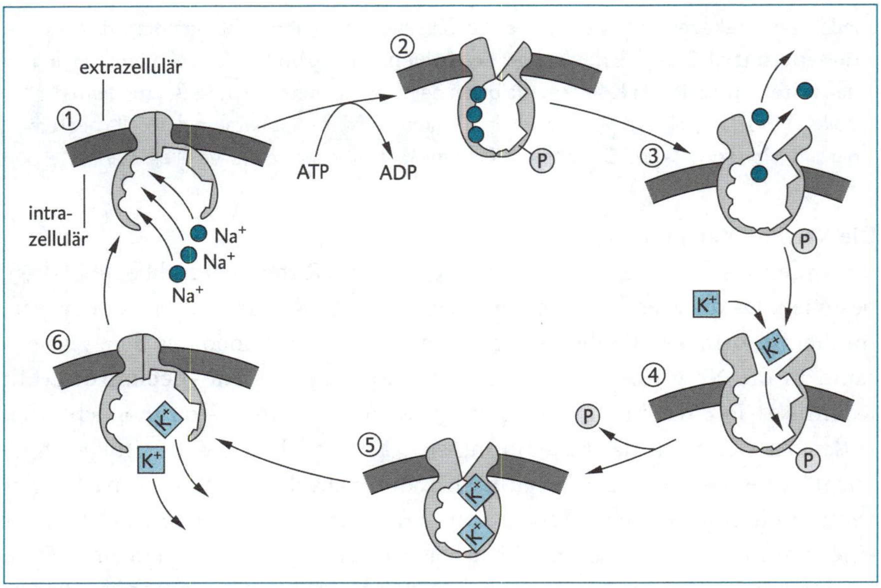

Abb. 50: Die Funktionszustände der Natrium-Kalium-ATPase

Die Na^+-K^+-Pumpe transportiert die Ionen **entgegen** ihrem Konzentrationsgefälle. Dieser **aktive** Transportvorgang läuft unter Entwertung von Stoffwechselenergie (ATP) ab.

Messung des Ruhepotenzials

Mit folgendem Versuchsaufbau lässt sich die Ladungsdifferenz zwischen dem Zellinnenraum und dem Außenraum messen: Als Versuchsobjekte dienen Nervenzellen mit sehr dicken Axonen, z. B. die **Riesenaxone** des Tintenfischs, des Flusskrebses oder des Regenwurms, die experimentell leicht zu handhaben sind. Die Nervenzellen werden in eine Salzlösung gebracht, die die gleichen Ionenkonzentrationen aufweist wie die **extrazelluläre Flüssigkeit**, von der die Zelle im Organismus umgeben ist. Auf diese Weise wird verhindert, dass es zu Diffusionsvorgängen kommt, die die natürliche Ionenverteilung im Axon verändern. Die Ladung wird durch **Elektroden** aus sehr feinen, mit einer Salzlösung gefüllten **Glaskapillaren** abgeleitet, verstärkt und mit einem Spannungsmessgerät angezeigt. Eine Elektrode wird dazu in die Nervenzelle eingestochen, eine weitere Elektrode, die als Bezugspunkt dient, taucht in die umgebende Flüssigkeit ein, die dem Zellaußenraum entspricht. Diese Versuchsanordnung wird als **intrazelluläre Ableitung** bezeichnet.

Die Elektroden messen zwischen Zellinnenraum und Außenraum eine **Potenzialdifferenz** (Spannung), die im Bereich zwischen –50 und –100 mV liegt (meistens bei –80 bis –90 mV).

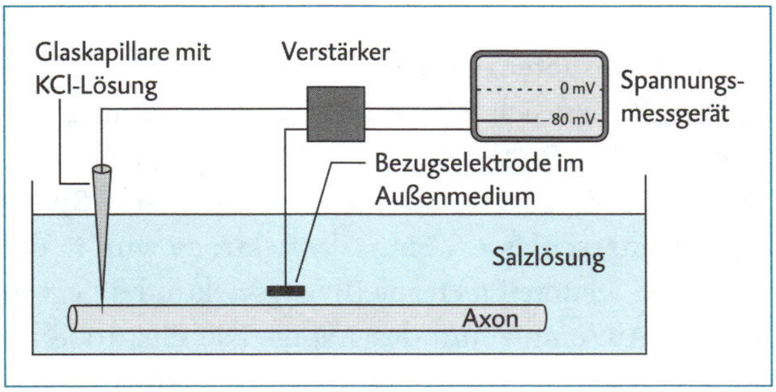

Abb. 51: Versuchsanordnung zur Messung des Ruhepotenzials

1.4 Entstehung des Aktionspotenzials

Axone sind die Bereiche der Nervenzellen, an denen Erregungen über weite Strecken geleitet werden können. Als Signale dienen dabei **Aktionspotenziale** (APs), auch Nervenimpulse oder Spikes genannt.
Reize sind Einflüsse der Umwelt auf Sinnesorgane, z. B. Licht, Schall, Temperatur, Druck und Duftstoffe. Eine Nervenzelle leitet niemals „Reize" weiter. Geleitet wird immer nur „Erregung". Reize können aber Erregung auslösen, die dann entlang der Nervenzellen wandert, z. B. am Axon in Form von APs. Der Begriff „Reizleitung" ist daher völlig falsch, richtig ist stattdessen „Erregungsleitung". Als **Erregung** bezeichnet man die **Änderung des Potenzials** einer Nerven- oder Sinneszelle. Am Axon tritt Erregung als Aktionspotenzial auf. An den Dendriten und am Zellkörper wird die Erregung auf andere Weise weitergeleitet (siehe S. 132).

Bedingungen für die Auslösung von Aktionspotenzialen

Um ein Aktionspotenzial ausbilden zu können, muss das Membranpotenzial des Axons an einer Stelle der Membran **positiver** werden, das heißt, die Potenzialdifferenz zwischen dem Innen- und dem Außenraum muss abnehmen. Unter natürlichen Bedingungen geschieht das durch elektrische Einflüsse aus der nächsten Umgebung dieses Membranbereichs.
Die Möglichkeit, einen Abschnitt eines Axons aus seiner Umgebung heraus zu beeinflussen, geht auf ein **Generatorpotenzial** zurück – ein erstes, ein AP auslösendes Potenzial, das z. B. durch die physikalische oder chemische Reizung von Sinneszellen entsteht oder von einer Nervenzelle auf eine andere

übergeht. Das Generatorpotenzial sorgt dafür, dass am Beginn des Axons, am **Axonhügel**, ein erstes AP entsteht. Im Experiment lässt sich die Bildung eines APs durch die künstliche Erzeugung eines Generatorpotenzials auslösen. Das kann nicht nur am Axonhügel, sondern an jedem Ort des Axons geschehen.

Experimentelle Auslösung von Aktionspotenzialen

Ein künstliches Generatorpotenzial lässt sich mit einer Versuchsanordnung auslösen, die jener zur Ableitung des Ruhepotenzials ähnelt (siehe Abb. 51, S. 109). Allerdings wird hierzu kein Spannungsmessgerät, sondern eine **Spannungsquelle** an die Elektroden angeschlossen. Eine Glaselektrode wird in das Innere des Axons eingeführt, eine weitere Elektrode (Bezugselektrode) liegt in der umgebenden Flüssigkeit im Außenmedium des Axons. Die Elektrode im Axon wird mit dem Pluspol, die Bezugselektrode mit dem Minuspol der Spannungsquelle verbunden. Bei Stromzufuhr wird die Ladungsdifferenz zwischen Innen- und Außenraum des Axons geringer, das Membranpotenzial wird **positiver**. Je stärker der zugeführte Strom ist, desto stärker ist die Verringerung des Potenzials, desto positiver wird also das Potenzial an dieser Stelle. Wenn das Membranpotenzial der betreffenden Region einen bestimmten Schwellenwert, der häufig bei −60 bis −70 mV liegt, überschreitet, **ändern** sich die **Eigenschaften** der Membranstelle **schlagartig** und ein AP wird ausgelöst.
Da diese Veränderungen außerordentlich **schnell**, innerhalb von Millisekunden ablaufen, ist ein **Oszillograph** als Messinstrument erforderlich. Durch die Ablenkung eines schnell laufenden, horizontalen Elektronenstrahls ergibt sich eine charakteristische Bildschirmdarstellung eines APs (siehe Abb. 52).

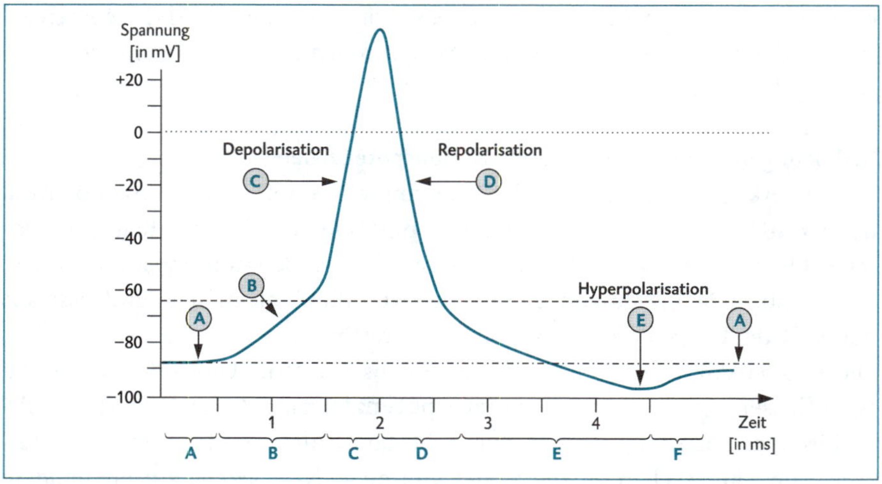

Abb. 52: Verlauf eines Aktionspotenzials. Schema der Darstellung auf dem Bildschirm eines Oszillographen

Ablauf eines Aktionspotenzials

Im Folgenden wird der Verlauf der Spannungsänderungen während eines Aktionspotenzials beschrieben und erklärt. Die Kennbuchstaben der vorangegangenen Abbildung entsprechen denen in der tabellarischen Erläuterung:

Abschnitt der Kurve	Erklärung
A – Ruhepotenzial: (siehe S. 103 ff.) Spannungsabhängige (siehe S. 112) Na^+- und K^+-Kanäle sind geschlossen.	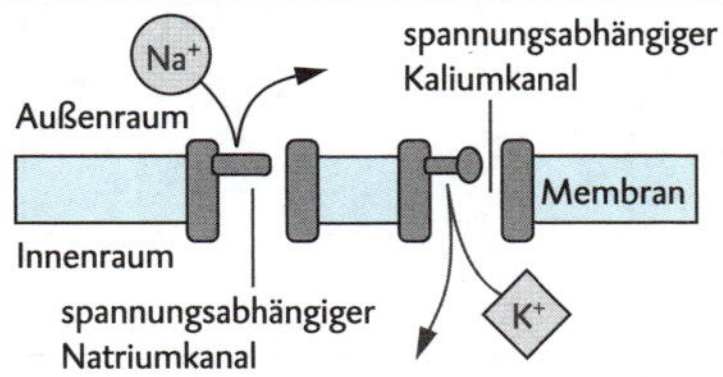
B – Depolarisation bis zum Schwellenwert: Das Membranpotenzial wird positiver, die Potenzialdifferenz wird geringer.	Chemische oder physikalische (z. B. elektrische) Beeinflussung der Membranstelle.
C – Depolarisation und Potenzialumkehr: Nach Erreichen eines Schwellenwerts von etwa –60 bis –70 mV wird der Zellinnenraum gegenüber dem Zellaußenraum sehr rasch elektrisch positiver.	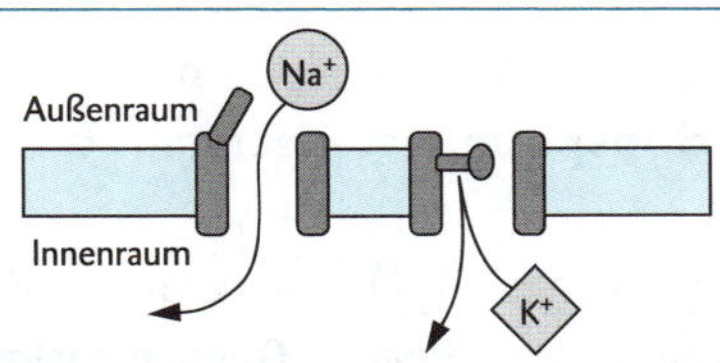 spannungsabhängige Na^+-Kanäle öffnen, Na^+-Ionen gelangen verstärkt in den Zellinnenraum des Axons.
D – Repolarisation: Der Zellinnenraum wird gegenüber dem Zellaußenraum wieder elektrisch negativ, die Potenzialdifferenz wird größer.	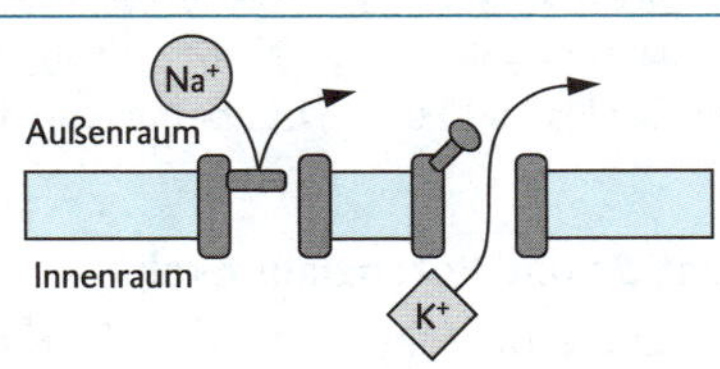 Die Na^+- Kanäle beginnen sich zu schließen, die Durchlässigkeit für Na^+ sinkt. Gleichzeitig steigt die Permeabilität für K^+ durch die Öffnung spannungsabhängiger K^+- Kanäle. Dadurch diffundieren verstärkt K^+-Ionen aus dem Inneren des Axons in den Außenraum. Der Ausstrom von K^+-Ionen wird zusätzlich erleichtert, weil die in die Zelle eingeströmten Na^+-Ionen zu einem positiven Ladungsüberschuss im Zellinneren führen. Jedes eingewanderte Na^+-Ion ermöglicht es einem K^+-Ion, nach außen zu diffundieren.

Tab. 3: Verlauf eines Aktionspotenzials (Teil 1)

Abschnitt der Kurve	Erklärung
E – Hyperpolarisation: Der Zellinnenraum ist gegenüber dem Zellaußenraum für kurze Zeit negativer geladen als während des Ruhepotenzials.	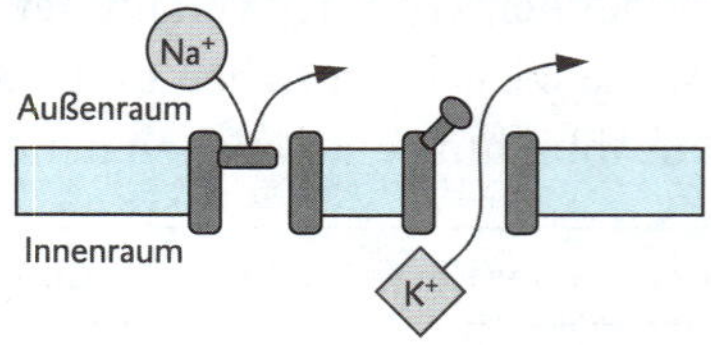 Die zusätzlich geöffneten K⁺-Kanäle schließen sich wieder. Allerdings geschieht das nur langsam, sodass K⁺-Ionen weiterhin aus der Zelle ausströmen können, obwohl das Ruhepotenzial schon wieder erreicht ist.
F – Rückkehr zum Ruhepotenzial: An der betroffenen Membranstelle werden die ursprünglichen Ladungsunterschiede wiederhergestellt.	Durch die Arbeit der Na^+-K^+-Pumpe stellt sich die ursprüngliche Ionenverteilung des Ruhepotenzials wieder ein.

Tab. 3: Verlauf eines Aktionspotenzials (Teil 2)

Die Na^+- und die K^+-Kanäle öffnen sich nur sehr kurze Zeit, sodass das eigentliche **Aktionspotenzial** innerhalb etwa **einer Millisekunde** abläuft.

Während eines Aktionspotenzials kommt es durch die Öffnung der spannungsabhängigen Na^+-Kanäle zu einer so starken **Depolarisation**, dass der Zellinnenraum gegenüber dem Außenraum elektrisch positiv wird. Die Membran kehrt während der **Repolarisation** zu den ursprünglichen Ladungsverhältnissen zurück. Das geschieht durch die verzögerte Öffnung spannungsabhängiger K^+-Kanäle und dadurch, dass sich die Na^+-Kanäle wieder schließen. Die Na^+-K^+-Pumpe ist ebenfalls an den Vorgängen beteiligt.

Depolarisation und Potenzialumkehr

Die Na^+-Kanäle bestehen wie die K^+-Kanäle aus **Proteinen**. Die Form dieser Proteine wird, wie bei vielen hochmolekularen Eiweißen, durch die Wechselwirkung zwischen unterschiedlich geladenen Bereichen, z. B. **polaren Gruppen** der Aminosäureketten bestimmt. Durch eine von außen angelegte elektrische Spannung können sich die räumliche Struktur des Proteins und damit auch seine Eigenschaften ändern. An der Axonmembran kann die elektrische Beeinflussung, etwa durch ein Generatorpotenzial, zur Öffnung der Na^+- und (verzögert) der K^+-Kanalproteine führen. Man spricht von **spannungsabhängigen Ionenkanälen**. Wenn der Schwellenwert für die Öffnung der Na^+-Kanäle überschritten wird, können Na^+-Ionen verstärkt in die Zelle diffundieren. Diese Diffusion von Na^+-Ionen nimmt durch einen **positiven Rück-**

kopplungsmechanismus lawinenartig zu: Wenn die ersten Na^+-Kanäle öffnen, strömt Na^+ in die Zelle ein. Dadurch verstärkt sich die Depolarisation und die Potenzialdifferenz sinkt. Infolgedessen ändern noch mehr Na^+-Kanalproteine ihre Konformation und werden für Na^+ durchlässig. Die daraufhin weiter verstärkte Diffusion von Na^+ depolarisiert die Membran noch stärker, weitere Na^+-Kanäle öffnen sich usw.

Refraktärzeit

In den Phasen der **Re-** und der **Hyperpolarisierung** (Abschnitte D und E in Tab. 3) kehren die Na^+-Kanäle langsam in ihren ursprünglichen Zustand zurück. Durch die Änderung der Ladung an der Membran nehmen die Proteinmoleküle ihre alte Form wieder an. Erst danach können sie durch eine erneute Depolarisation wieder geöffnet werden.

> Die Zeit, in der in einem Bereich der Axonmembran wegen der **inaktivierten** Na^+-Kanäle kein neues Aktionspotenzial ausgelöst werden kann, nennt man **Refraktärzeit**. Während der Refraktärzeit kann ein Abschnitt der Axonmembran nicht oder nur sehr schwer zur Bildung eines Aktionspotenzials angeregt werden.

Aktionspotenzial als „Alles-oder-Nichts"-Ereignis

Ob ein AP ausgelöst werden kann, hängt davon ab, ob die Depolarisation an der betreffenden Stelle des Axons den Schwellenwert überschreitet oder nicht. Wenn eine Membranstelle durch elektrische Einflüsse aus dem benachbarten Bereich bis über den Schwellenwert hinaus depolarisiert wurde, antwortet sie in der immer gleichen Weise: mit einer raschen Öffnung der spannungsgesteuerten Na^+- und einer verzögerten Öffnung der spannungsgesteuerten K^+-Kanäle, sodass **unabhängig von der Stärke** der auslösenden elektrischen Einflüsse immer ein **gleichartiges AP** entsteht. Ein AP wird entweder vollständig ausgelöst oder gar nicht, es ist ein **„Alles-oder-Nichts"-Ereignis**. Ob eine Nervenzelle stark gereizt wird oder nur schwach, hat also keinen Einfluss auf die **Form** der Aktionspotenziale, die durch die Reizung auf dem ableitenden Axon entstehen.

> Ein Aktionspotenzial hat, unabhängig von der Stärke des auslösenden Reizes, **immer** die **gleiche Form**.

Für den Aufbau eines APs ist keine Stoffwechselenergie erforderlich. Die Na^+- und K^+-Kanäle öffnen sich allein durch elektrische Einflüsse. Allerdings benötigt eine Membranstelle, an der gerade ein AP abgelaufen ist, Stoffwechselenergie in Form von ATP für den Betrieb der Na^+-K^+-Pumpe, die die Na^+- und K^+-Ionen gegen ihr Konzentrationsgefälle durch die Membran befördert, um die Ionenverteilung des Ruhepotenzials wiederherzustellen.

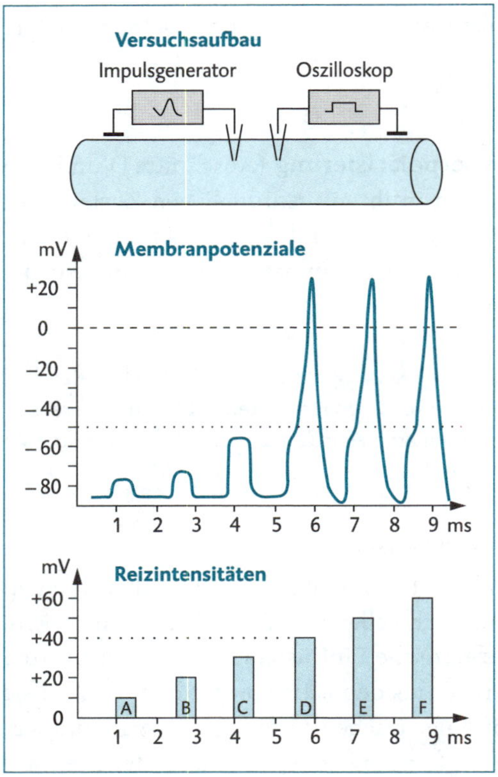

Abb. 53: Reizung eines Axons und dadurch ausgelöste Änderungen des Membranpotenzials. Das Ruhepotenzial liegt bei dem untersuchten Axon bei etwa –85 mV, der Schwellenwert bei etwa –50 mV.

1.5 Weiterleitung von Aktionspotenzialen

Die Spannungsänderung eines APs führt zum Aufbau eines **elektrischen Feldes**, das benachbarte Bereiche der Membran beeinflusst. Zwischen dem erregten Membranbereich und der sich **axonabwärts** anschließenden, unerregten Zone kommt es zur Wanderung von Ionen, um die Ladungsunterschiede auszugleichen. Diese Ionenflüsse führen zur Bildung von **(Ausgleichs-)Kreisströmen**. Die Proteine der Membran reagieren empfindlich auf **elektrische Felder**. Daher verändern sich unter dem Einfluss der Ausgleichsströme auch die Membrankanäle. Sobald das Membranpotenzial der Nachbarregion durch Kreisströme bis über den Schwellenwert depolarisiert wurde, öffnen sich auch hier die Na^+-Kanäle. In der Folge läuft ein AP ab (siehe Abb. 54).

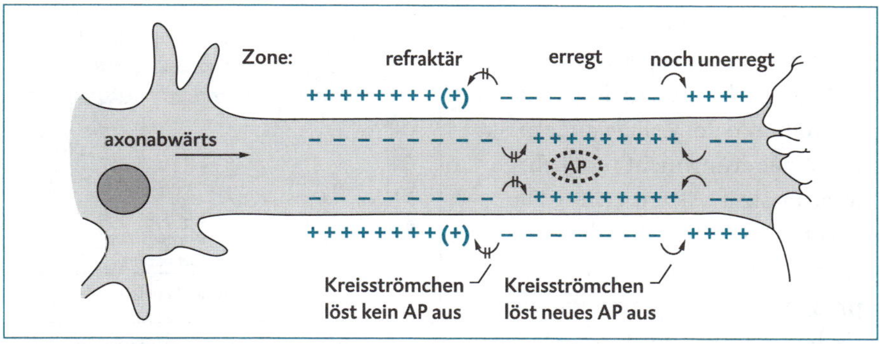

Abb. 54: Gerichtete Informationsweiterleitung: Die Ausgleichsströme lösen axonabwärts neue Aktionspotenziale aus.

Da alle entstehenden APs dem Alles-oder-Nichts-Prinzip folgen und **gleich stark** sind (siehe S. 113), schwächt sich die Erregung während der Weiterleitung über das Axon nicht ab. Man spricht daher von einer Weiterleitung mit **ständiger Wiederverstärkung**.

Festlegung der Wanderungsrichtung durch die Refraktärphase

Ein AP kann immer nur den **axonabwärts** liegenden Bereich der Membran zur Bildung eines neuen APs anregen, da sich der **axonaufwärtige** Membranabschnitt in der Refraktärphase befindet.

Die Refraktärphase legt die **Richtung** der Erregungsleitung fest.

Aktionspotenziale können daher nicht „zurücklaufen". Ein einmal ausgelöstes Potenzial sorgt dafür, dass sich fortlaufend **nur in einer Richtung** weitere APs bilden, ähnlich wie bei einer Reihe hintereinander gestellter Dominosteine der erste umgestoßene Stein dazu führt, dass alle anderen in eine Richtung umfallen.

Saltatorische Erregungsleitung an myelinisierten Nervenfasern

Die Informationsübertragung an der Membran des Axons ist durch das Prinzip der Wiederverstärkung zwar sicher, weil kein Signal durch Abschwächung verloren geht, sie ist aber, verglichen mit metallischen Leitern, sehr **langsam**. Eine Möglichkeit, die Leitungsgeschwindigkeit zu erhöhen, findet man bei den **myelinisierten** (markhaltigen) Fasern der Wirbeltiere. In markhaltigen Fasern kann ein AP nur an den **Ranvier'schen Schnürringen** entstehen. Die Zahl der APs ist hier folglich **erheblich geringer** als bei den nicht myelinisierten Fasern wirbelloser Tiere.

Im Bereich zwischen den Ranvier'schen Schnürringen verhindert die Myelinschicht, dass Ionen durch die Membran der Zelle wandern. Ist eine Wanderung nicht möglich, kann aber kein AP entstehen. Die APs überspringen daher die Bereiche zwischen den Schnürringen, sie **springen** also von einem Ranvier'schen Schnürring zum nächsten. Man bezeichnet diese Form der Informationsübertragung als **saltatorische Erregungsleitung**. Da innerhalb der Myelinscheide keine Depolarisationen stattfinden können, werden diese Axonbereiche in deutlich kürzeren Zeitabständen überbrückt (siehe Abb. 55), was die Erregungsleitung stark beschleunigt.

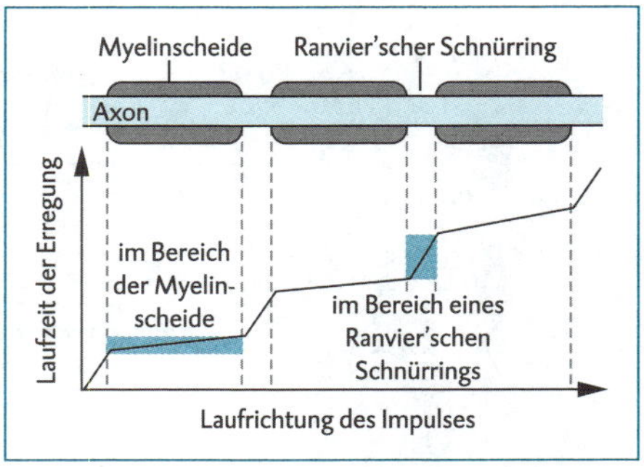

Abb. 55: Laufgeschwindigkeit der Impulse in myelinisierten Neuronen

An **myelinisierten** Nervenfasern können APs nur an den Ranvier'schen Schnürringen entstehen. Dadurch wird die Erregungsleitung **deutlich beschleunigt**.

Kontinuierliche Erregungsleitung an nicht myelinisierten Nervenfasern

An der nicht myelinisierten (marklosen) Nervenfaser muss jeder Bereich der Membran bei der Fortleitung der Erregung zur Bildung eines APs angeregt werden. Dadurch dauert die Erregungsleitung über die gleiche Membranstrecke sehr viel länger als bei myelinisierten Fasern (siehe Abb. 57). Die **kontinuierliche Erregungsleitung** lässt sich nur dadurch beschleunigen, dass ein AP seine Nachbarbereiche schneller zum Aufbau eines neuen APs anregt. Das ist durch die **Erhöhung des Durchmessers** des Axons möglich.

Axone von zum Teil erstaunlicher Dicke, die **Riesenaxone**, findet man bei einigen wirbellosen Tieren, z. B. bei Tintenfischen, Krebsen und Regenwürmern. Allerdings „erkaufen" sich diese Tiere den Vorteil, den Riesenaxone bieten, mit einem **hohen Aufwand** an Material. Dabei ist der „Erfolg" im Vergleich zur saltatorischen Leitung eher bescheiden:

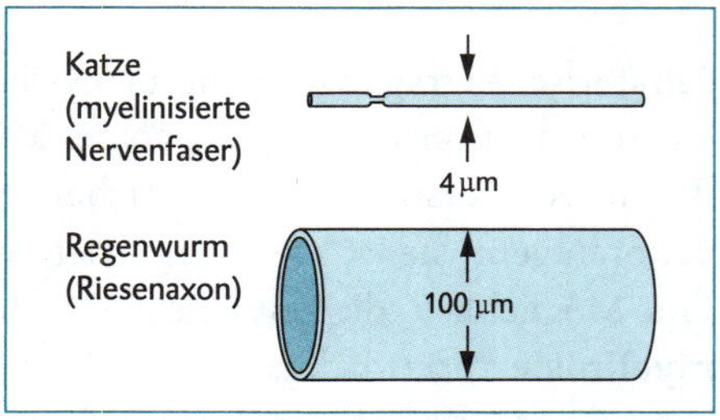

Abb. 56: Nervenfasern mit etwa gleicher Geschwindigkeit der Erregungsleitung in maßstabgerechter Darstellung

Auch in sehr dicken Axonen ist die Leitungsgeschwindigkeit **erheblich langsamer** als bei myelinisierten Fasern.

Außerdem ist der Bedarf eines Riesenaxons an Energie in Form von ATP sehr hoch. Dies liegt unter anderem daran, dass die Zelle mehr Zytoplasma enthält und dadurch mehr Energie für ihre Stoffwechselprozesse benötigt. Zudem haben Riesenaxone eine große Membranoberfläche und damit auch eine große Zahl von Membrankanälen mit entsprechend vielen energieabhängigen Na^+-K^+-Pumpen, die die große Menge an diffundierten Ionen wieder zurücktransportieren. Bei der saltatorischen Erregungsleitung entstehen APs nur an den Ranvier'schen Schnürringen und nur dort diffundieren Ionen durch die Membran, sodass auch nur dort Na^+-K^+-Pumpen arbeiten müssen.

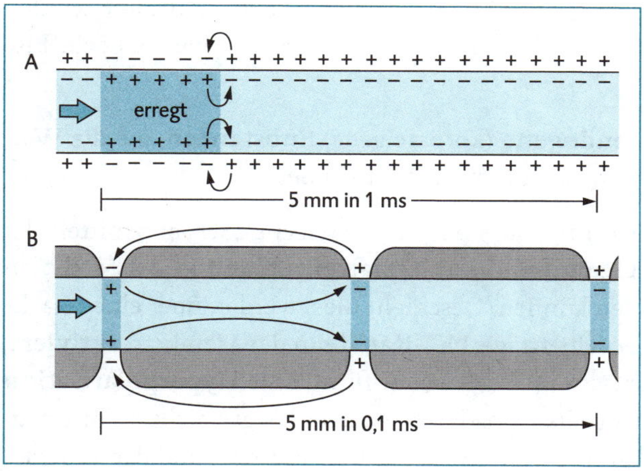

Abb. 57: Vergleich der kontinuierlichen (A) mit der saltatorischen Erregungsleitung (B)

Der große Materialaufwand, der damit verbundene hohe Platzbedarf sowie der hohe Energieverbrauch erklären, warum Riesenaxone nur in den Bereichen des Nervensystems vorkommen, bei denen die **Erhöhung** der Leitungsgeschwindigkeit besonders große Vorteile bietet. Dies ist beispielsweise bei den Nervenfasern der Fall, die Muskeln innervieren, die zur Flucht benötigt werden (z. B. Muskeln des Krebsschwanzes).

In der Forschung sind Riesenaxone, die einen Querschnitt von bis zu 1 mm erreichen können, für **neurophysiologische Experimente** sehr beliebt. Wegen ihrer Größe lassen sich Elektroden leicht einstechen. Die meisten grundlegenden Erkenntnisse der Neurophysiologie wurden an Riesenaxonen gewonnen.

Beeinflussung der Weiterleitung von Aktionspotenzialen am Axon

Verschiedene exogene (von außen in den Körper gelangende) Substanzen können, wenn sie mit der Axonmembran in Berührung kommen, die Weiterleitung von APs nachhaltig beeinflussen. Meist werden dabei Ionenkanäle blockiert, wodurch, je nach Anzahl der dann noch funktionsuntüchtigen Kanäle, die Weiterleitung der APs herabgesetzt oder ganz blockiert wird.

Beispiel

Der Genuss von Muscheln kann zu einer Vergiftung mit **Saxitoxin** führen. Das Nervengift wird von Dinoflagellaten produziert und kann sich im Fleisch der Muscheln anreichern, wenn sie sich von diesen Algen ernährt haben. Saxitoxin **blockiert** die **Na^+-Kanäle**. Bereits 0,2 mg sind für einen Erwachsenen tödlich. In der Medizin ist dieser Giftstoff aber von unschätzbarem Wert, da mit seiner Hilfe Natriumkanäle selektiv blockiert werden können, ohne dabei K^+- oder Cl^--Kanäle in der Axonmembran zu beeinflussen.

Daneben existieren auch **endogene** (körpereigene) **Substanzen**, die die Weiterleitung von Aktionspotenzialen beeinflussen können.

Beispiel

Dazu zählen die **Endorphine**. Sie stellen körpereigene „Schmerzmittel" dar und sind spezifische **Liganden**, die an **Opiatrezeptoren** in der Membran einer Nervenzelle binden können. Geschieht dies, werden über einen nachgeschalteten *Transducer* (Überträger) **K^+-Kanäle** in der Membran **aktiviert**, was zu einem Kaliumausstrom aus der Zelle führt. Eine **Hyperpolarisation** ist die Folge. Die Nervenzelle ist dadurch weniger bis gar nicht mehr erregbar. Ein Schmerzreiz kann so vom Körper selber gedämpft und damit besser ertragen werden (z. B. Endorphinausschüttung im mütterlichen Organismus nach der Geburt).

Endogene wie **exogene Stoffe** können auf die Weiterleitung von APs an der Axonmembran wirken. Sie **beeinflussen** dabei meist spezifische **Ionenkanäle**, die sie entweder verschließen oder geöffnet halten.

1.6 Erregungsleitung an der Synapse

Die Erregung eines einzelnen Axons kann sich im Nervensystem nur fortpflanzen und eine Wirkung erzielen, wenn sie an seinem Ende, dem synaptischen Endknöpfchen, auf eine weitere Zelle übertragen wird. Den Kontaktbereich zwischen dem Axonende (präsynaptische Membran) und der nachgeschalteten Zelle (postsynaptische Membran), zu dem auch der zwischen beiden Bereichen liegende synaptische Spalt gehört, bezeichnet man als **Synapse.** Ein Axon kann mit einer Synapse an die Dendriten oder den Zellkörper einer anderen **Nervenzelle** sowie an eine **Drüsenzelle** oder eine **Muskelfaser** grenzen. Eine besonders große Synapse ist die **motorische Endplatte**, an der ein speziell gestaltetes, großes Endknöpfchen Kontakt mit einer **Muskelfaser** aufnimmt. An motorischen Endplatten wird die Erregung des Axons auf die Muskelzelle übertragen. Dadurch werden Prozesse ausgelöst, die zur Kontraktion der Muskelzelle führen.

Bau einer Synapse

Die beiden in einer Synapse aneinandergrenzenden Zellen sind durch einen schmalen Spalt mit einer Breite von 10–50 nm, den **synaptischen Spalt**, voneinander getrennt. Die präsynaptische Seite wird vom **synaptischen Endknöpfchen** gebildet. In der Regel ist das Endknöpfchen mit **Vesikeln**, den **synaptischen Bläschen**, gefüllt. Außerdem findet man hier eine erhöhte Zahl von Mitochondrien, ein Umstand, der auf einen großen ATP-Bedarf und damit auf eine hohe Stoffwechselaktivität schließen lässt.

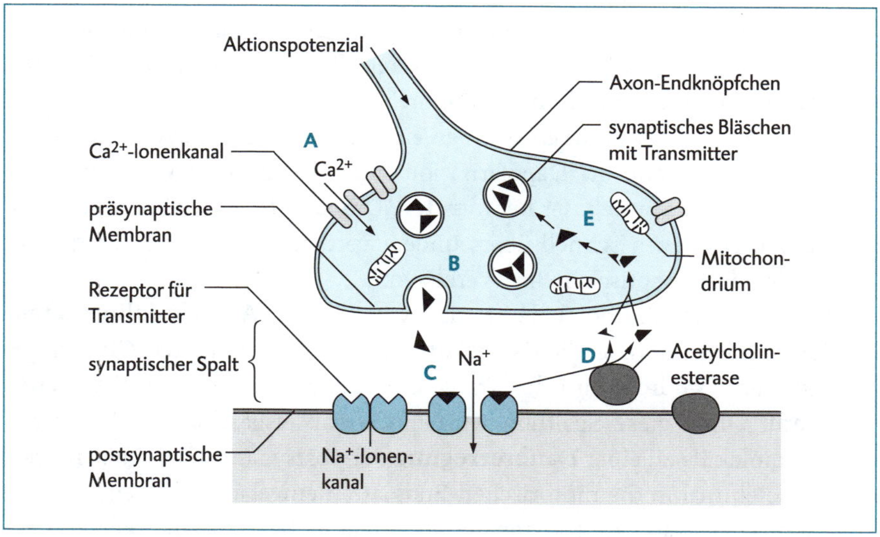

Abb. 58: Schnitt durch eine Synapse und Übersicht über die an ihr ablaufenden Vorgänge.

In der postsynaptischen Membran liegen zahlreiche **Rezeptoren**, die aus Proteinmolekülen aufgebaut sind. Diese Rezeptormoleküle sind in der Lage, die Permeabilität der Membran für Ionen zu verändern, sodass sich Potenzialänderungen ergeben.

Vorgänge bei der Weiterleitung der Erregung an einer Synapse

Die Weiterleitung der Erregung über den synaptischen Spalt hinweg erfolgt auf **chemischem** Wege. Aktionspotenziale werden in chemische Signalstoffe, die **Transmitter**, umgesetzt. Je höher die Frequenz der elektrischen Impulse, je größer also die Erregung des Axons, desto mehr Transmittermoleküle werden ausgeschüttet. Die **Konzentration** des Transmitters im synaptischen Spalt ist proportional zur **Frequenz** der APs (siehe Codierung, S. 129 ff.).

Beispiel

Im Folgenden sind die **einzelnen Schritte der Erregungsübertragung** am Beispiel der motorischen Endplatte erläutert (Abb. 58):

A Ein am Endknöpfchen eintreffendes AP verändert bestimmte spannungsgesteuerte **Kanalproteine** in der Membran so, dass kurzfristig Ca^{2+}-Ionen in die Zelle einströmen können.

B Die in das Endknöpfchen eindiffundierten Ca^{2+}-Ionen regen einen Teil der **synaptischen Bläschen** dazu an, mit der präsynaptischen Membran zu verschmelzen. Dadurch wird ihr Inhalt, der **Transmitter**, in den synaptischen Spalt abgegeben. Im Fall der motorischen Endplatten handelt es sich bei dem Transmitter um **Acetylcholin**.

C Die Acetylcholinmoleküle diffundieren durch den synaptischen Spalt zur postsynaptischen Membran der Muskelzelle und binden dort an **spezifische Rezeptormoleküle**. Dadurch öffnen sich Na^{+}-Kanäle in der Membran und Na^{+}-Ionen strömen ein. Dies führt zur Depolarisation der Membran. Wenn die Depolarisation stark genug ist, kann sie die Kontraktion der Muskelfaser hervorrufen. Durch Diffusion können nur sehr kurze Distanzen schnell überwunden werden. So lässt sich die geringe Breite des synaptischen Spalts erklären.

D Die Acetylcholinmoleküle werden vom Enzym **Acetylcholinesterase** in ihre Bestandteile, die **Essigsäure** (Acetat-Ionen) und das **Cholin**, gespalten. Dadurch wird der Transmitter als chemisches Signal **unwirksam**. Ohne diese Spaltung würden einmal ausgeschüttete Acetylcholinmoleküle zu einer **Dauererregung** der postsynaptischen Zelle führen. Eine einmal in die motorischen Endplatten eingelaufene Erregung hätte somit eine Dauerkontraktion des betreffenden Muskels zur Folge.

E Die Spaltprodukte Cholin und Essigsäure werden wieder in das Endknöpfchen aufgenommen und dort unter Energieentwertung zu Acetylcholin verbunden. Der hohe Bedarf an ATP für die Synthese des Acetylcholins erklärt die Vielzahl der Mitochondrien in den Endknöpfchen. Am Ende dieses Synthesevorgangs liegen die Transmittermoleküle wieder in den synaptischen Bläschen gespeichert vor, um bei erneutem Eintreffen von APs in den synaptischen Spalt ausgeschleust zu werden. Durch diesen „Recycling-Vorgang“ kann die Zelle mit **sehr wenig Transmittersubstanz** auskommen. Außerdem ist die Synthese des Transmitters aus seinen Spaltprodukten viel **schneller** und damit **ökonomischer für die Zelle**, als die in vielen Syntheseschritten erfolgende Neusynthese aus einfacheren chemischen Ausgangsstoffen.

Synapsen wirken wie **Ventile:** Sie lassen die Übertragung von Erregung nur in eine Richtung zu, da die Rezeptoren immer in der Membran der **postsynaptischen** Zelle liegen und der Transmitter immer nur von der **präsynaptischen** Zelle abgegeben wird.

Erregende und hemmende Synapsen

Im Nervensystem gibt es mehrere Typen von Synapsen, die unterschiedliche Transmitter freisetzen oder unterschiedlich wirkende Rezeptoren in der postsynaptischen Membran haben:

- **Erregende Synapsen** machen das elektrische Potenzial der postsynaptischen Zelle stärker positiv, sie erzeugen ein erregendes postsynaptisches Membranpotenzial **(EPSP)**.
- **Hemmende Synapsen** verringern das Membranpotenzial, sie bewirken ein hemmendes (inhibitorisches) postsynaptisches Membranpotenzial **(IPSP)**.

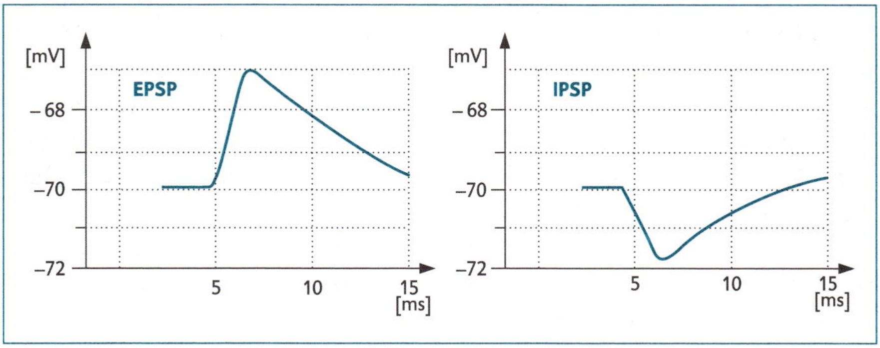

Abb. 59: Erregendes (links) und hemmendes (rechts) postsynaptisches Membranpotenzial im Vergleich

Erregende Synapsen **depolarisieren** die Membran, **hemmende** Synapsen **hyperpolarisieren** sie.

Die **Hyperpolarisation** kann dadurch entstehen, dass nicht die Na^+-Kanäle geöffnet werden, sondern Kanäle, die die K^+-Ionen aus dem Zellinnenraum

nach außen diffundieren lassen (siehe Ruhepotenzial, S. 103 ff.). In einer durch eine **hemmende** Synapse hyperpolarisierten Nervenzelle ist die Weiterleitung von Erregung erschwert. Die erregenden Synapsen müssen ein **stärkeres EPSP** auslösen, um in der postsynaptischen Zelle ein AP auslösen zu können (siehe räumliche Summation, S. 133 ff.). Sie müssen zunächst die Hyperpolarisation ausgleichen, also das Niveau des Ruhepotenzials wiederherstellen und dann die Zelle so weit depolarisieren, dass das Membranpotenzial am Axonhügel den Schwellenwert erreicht.
Einige Synapsen sind so angelegt, dass erst ab einer bestimmten **Frequenz** der APs genügend Transmittermoleküle freigesetzt werden, um im postsynaptischen Axon APs aufbauen zu können. Auch diese Synapsen dämpfen die Erregung (siehe zeitliche Summation, S. 133).

Beeinflussung der Funktion durch endogene Substanzen und Synapsengifte

Wird von einer präsynaptischen Endigung der Transmitter **Dopamin** in den synaptischen Spalt ausgeschüttet, so kann dies zu unterschiedlichen Reaktionen der nachgeschalteten Nervenzelle führen. Je nachdem, an welchen Typ von Dopaminrezeptor sich der Ligand binden kann, führt dies zu einem EPSP oder zu einem IPSP (siehe S. 121). Folglich kann diese endogene Substanz entweder eine **erregende oder eine hemmende Wirkung** haben.
Die Erregungsübertragung an Synapsen lässt sich durch exogene chemische Substanzen, sogenannte **Synapsengifte**, stören. Das nutzt man in der biologischen Forschung, aber auch in der Medizin. **Narkotisierende** Stoffe beispielsweise blockieren bestimmte Synapsen und schalten so das Schmerzempfinden aus. Auf den entsprechenden Nervenbahnen läuft dann keine Erregung mehr zum Gehirn. Durch Medikamente, die bestimmte Synapsen fördern oder hemmen, lassen sich psychische Prozesse beeinflussen. Die meisten **Psychopharmaka** greifen an Synapsen an.
Im Folgenden sind einige Möglichkeiten, wie sich die Synapsenfunktion stören lässt, am Beispiel einer motorischen Endplatte zusammengestellt und nach ihren Wirkorten aufgeschlüsselt:

- **Acetylcholin-Freisetzung:**
  - Bestimmte Synapsengifte verhindern, dass der Transmitter (Acetylcholin) in den synaptischen Spalt **abgegeben** wird. **Botulin (Botulinumtoxin)**, das Gift der Botulinus-Bakterien in verdorbenem Fleisch oder Fisch, hat diese Wirkung. In der Folge ändert sich das Membranpotenzial der postsynaptischen Muskelfaser nicht, die Erregung kann nicht übertragen werden. Die Muskulatur lässt sich also nicht zur Kontraktion anregen. Es kommt zu einer **schlaffen Lähmung**, die zum Tod führen kann,

wenn beispielsweise die Atemmuskulatur betroffen ist. Das Botulinumtoxin ist das stärkste bekannte Gift: Ein Teelöffel davon (ca. 18 g) würde genügen, um alle Menschen auf der Erde zu töten.
– Auch das **Gift der Schwarzen Witwe**, einer unter anderem in Südeuropa verbreiteten Spinnenart, beeinflusst die Acetylcholinfreisetzung, ist aber nicht so toxisch wie das Botulin und nur selten tödlich.

- **Acetylcholin-Rezeptoren:**
  – Synapsengifte können mit dem Transmitter an den Rezeptoren in der postsynaptischen Membran **konkurrieren**. Wegen ihres ähnlichen Baus binden solche Gifte statt Acetylcholin an die Rezeptoren, ohne die entsprechende Permeabilitätsänderung der Membran auslösen zu können. An den besetzten und damit blockierten Rezeptoren kann Acetylcholin nicht mehr wirken. Das südamerikanische Pfeilgift **Curare** zeigt diese Wirkung. Die postsynaptische Seite wird, je nachdem wie viele Rezeptoren von den Molekülen des Synapsengifts besetzt sind, weniger stark oder gar nicht mehr depolarisiert. Die Erregung kann folglich nur noch stark abgeschwächt oder gar nicht mehr übertragen werden. Eine kraftlose Kontraktion der Muskulatur oder eine **schlaffe Lähmung** sind die Folge. Durch Lähmung der Atemmuskulatur kann der Tod eintreten. Da die Cholinesterase das blockierende Synapsengift nicht abbauen kann, hält die Wirkung lange vor.
  – Das **Coniin**, das Gift des gefleckten Schierlings, wirkt auf die gleiche Weise, wobei der Vergiftete bis zum Tode bei vollem Bewusstsein bleibt.
  – Das **Gift der Königskobra** verbindet sich ebenfalls mit den Rezeptoren, sodass auch hier die Ionenkanäle nicht geöffnet werden können. Der wesentliche Unterschied zu Curare und Coniin besteht aber darin, dass die Peptidmoleküle des Schlangengifts dauerhaft an den Rezeptoren verbleiben und so eine **irreversible Bindung** entsteht.
  – **Nikotin** wirkt ähnlich wie Acetylcholin, kann aber von der Cholinesterase nicht abgebaut werden. Übermäßige Erregung der Muskulatur ist die Folge, da zur Wirkung des Acetylcholins zusätzlich die des Nikotins hinzutritt. Die Muskelfaser wird also nicht nur in dem Maße erregt, wie es der Frequenz der präsynaptisch einlaufenden APs entspricht, sondern zusätzlich noch durch die Wirkung des Nikotins. Zu starke und nicht richtig aufeinander abgestimmte Kontraktionen, die sich durch **Muskelzittern** bemerkbar machen, sind die Folge. In hoher Dosierung, wenn Nikotin z. B. über die Verdauungsorgane in die Blutbahn gerät, kann der Giftstoff daher tödlich wirken.

- **Acetylcholinesterase:**
  - Das Schädlingsbekämpfungsmittel **E 605** verhindert durch die irreversible Hemmung des Enzyms Cholinesterase, dass Acetylcholin in die unwirksamen Bestandteile Cholin und Essigsäure gespalten wird. Der Acetylcholinspiegel im synaptischen Spalt steigt folglich an, was zur **Dauererregung** der postsynaptischen Zelle führt. Handelt es sich bei den postsynaptischen Zellen um Muskelfasern, so kommt es zur Verkrampfung. Ist die Atemmuskulatur betroffen, kann die **starre Lähmung** zum Tod führen.
  - Auch die im Zweiten Weltkrieg verwendeten Giftgase **Tabun** und **Sarin** gehören zu den Stoffen, die die Cholinesterase irreversibel hemmen.

Zusammenfassung

- Nervenzellen bestehen aus den Dendriten, dem Zellkörper und dem Axon. Dendriten leiten Erregung zum Zellkörper, Axone vom Zellkörper weg.
- Der Stoffaustausch an einer Biomembran kann – je nach Ladung und Größe der Substanzen – selbstständig (Diffusion) oder über Tunnelproteine, Carrier und Pumpen ablaufen.
- Die Signaltransduktion an Membranrezeptoren kann direkt (Öffnen von Kanälen) oder indirekt (Auslösen einer Signalkette) erfolgen.
- Axone können von einer Myelinscheide umgeben sein. Dadurch werden sie gut elektrisch isoliert. Die Myelinscheide ist in regelmäßigen Abständen durch Ranvier'sche Schnürringe unterbrochen.
- An der Axonmembran besteht ein Konzentrationsgefälle zwischen den Ionen des Innen- und des Außenraums. Da dieses wegen der selektiven Permeabilität der Membran nur teilweise ausgeglichen werden kann, kommt es zu einer ungleichen Verteilung der Anionen und Kationen und damit zu Ladungsunterschieden (Potenzialdifferenz).
- Die Ungleichverteilung der Ionen an der Membran bleibt durch das Bestreben nach Ladungsausgleich stabil. So entsteht eine gleichbleibende Ladungsdifferenz (Potenzialdifferenz) von etwa 80–90 mV, die als Ruhepotenzial bezeichnet wird.
- In die Zelle einsickernde Na^+-Ionen werden durch die Na^+-K^+-Pumpe zurück in den Außenraum befördert, um zu verhindern, dass sich das Ruhepotenzial verringert.
- Die Bildung eines Aktionspotenzials ist eine Eigenleistung der Axonmembran. Ein AP entsteht, wenn das Potenzial positiver wird und einen Schwellenwert überschreitet.
- Ein AP ist ein „Alles-oder-Nichts"-Ereignis.
- Die Veränderungen der Ladungsverhältnisse während eines APs kommen durch die zeitlich versetzte Öffnung von spannungsgesteuerten Na^+- und K^+-Kanälen zustande.

- Zur Wiederherstellung der Ionenverteilung des Ruhepotenzials nach einem AP ist die verstärkte Aktivität der Na^+-K^+-Pumpe erforderlich. Dabei wird an der entsprechenden Membranstelle Stoffwechselenergie (ATP) verbraucht.
- Während des Ablaufs eines APs ist die entsprechende Membranstelle nicht oder nur schwer neu erregbar (Refraktärzeit).
- Die Weiterleitung von Aktionspotenzialen geschieht durch ständige Wiederverstärkung. Die Refraktärzeit verhindert, dass APs Richtung Axonhügel zurücklaufen.
- Die Weiterleitung der Information am Axon ist durch die ständige Wiederverstärkung zwar sicher, verglichen mit metallischen Leitern aber langsam.
- Zur Erhöhung der Leitungsgeschwindigkeit dienen die Vergrößerung des Axon-Querschnitts bei Riesenaxonen und die Verringerung der Zahl der APs durch Myelinscheide und Ranvier'sche Schnürringe.
- An Synapsen grenzt das Axon einer Nervenzelle an eine weitere Zelle. Motorische Endplatten sind sehr große Synapsen zwischen einem Axon und einer Muskelzelle.
- An Synapsen wird die Erregung chemisch durch einen Überträgerstoff (Transmitter) übertragen.
- Synapsen haben Ventilwirkung: Sie lassen die Übertragung der Erregung nur in eine Richtung zu.
- Erregende Synapsen depolarisieren das postsynaptische Membranpotenzial (EPSP), hemmende Synapsen hyperpolarisieren es (IPSP).

Aufgaben

78 Beschreiben Sie den Aufbau einer menschlichen Nervenzelle aus einem Nerv, der zu einem Muskel zieht. Benutzen Sie dabei auch die Begriffe „Axon“ und „Nervenfaser“.

79 Nennen Sie die Bestandteile eines Nervs aus dem Teil des menschlichen Nervensystems, der Sinnesorgane und Muskeln versorgt, und erläutern Sie in Stichworten die Funktion der einzelnen Komponenten.

80 Geben Sie die Richtung der Erregungsübertragung an den verschiedenen Teilen einer Nervenzelle an.

81 Unter dem Transmissions-Elektronenmikroskop lässt sich der Querschnitt durch eine markhaltige Nervenfaser leicht von dem durch eine marklose Nervenzelle unterscheiden.
Beschreiben Sie den im EM erkennbaren charakteristischen Unterschied.

82 Stellen Sie eine Vermutung darüber auf, welche Schäden an Nervenfasern auftreten können, wenn Schwangere und Säuglinge extrem wenig Eiweiß erhalten.

83 Die Myelinscheide besteht fast nur aus Membranen. Beschreiben Sie den Aufbau der Zellmembran.

84 Beschreiben Sie die Verteilung der Ionen an der Membran einer ruhenden Nervenzelle.

85 Durch die Membran einer ruhenden Nervenzelle diffundieren ständig Ionen. Erklären Sie, warum sich kein Konzentrationsausgleich einstellt.

86 Membranen besitzen die Eigenschaft der „selektiven Permeabilität".
- **a** Erläutern Sie, was darunter zu verstehen ist.
- **b** Erklären Sie, durch welche Strukturen und Merkmale die Zellmembran ihre selektive Permeabilität erhält.

87 Auch eine ruhende Nervenzelle benötigt und entwertet ständig ATP. Erklären Sie dieses Phänomen.

88 Welche der folgenden Aussagen zum Ruhepotenzial des Axons treffen zu? Kreuzen Sie an.

- ☐ Organische Anionen verhindern, dass die K^+-Ionen so lange diffundieren, bis der Konzentrationsausgleich erreicht ist.
- ☐ Die Konzentration von Na^+-Ionen ist im Innenraum der Zelle höher als im Außenraum.
- ☐ Die Na^+-K^+-Pumpe arbeitet während des Ruhepotenzials nicht.
- ☐ Die Diffusion organischer Anionen durch die Membran eines Axons ist im Normalfall nicht möglich.
- ☐ Die unterschiedliche Permeabilität der Membran für die verschiedenen Ionen ist eine wesentliche Bedingung für die Entstehung eines Ruhepotenzials.
- ☐ Während des Ruhepotenzials lässt sich kein Ladungsunterschied zwischen dem Innen- und dem Außenraum eines Axons messen.

89 Beschreiben Sie einen Versuchsaufbau, der zur Messung des Membranpotenzials einer ruhenden Nervenfaser geeignet ist. Nennen Sie das Ergebnis, das man bei einer solchen Messung erhält.

90 Der „Aufstrich" eines Aktionspotenzials gibt an, dass das Membranpotenzial immer positiver wird.
- **a** Erläutern Sie, in welchem Abschnitt des Aufstrichs die Potenzialänderung nicht Folge einer Änderung der Permeabilität ist.
- **b** Entscheiden Sie: Wird die Spannungsdifferenz während des Aufstrichs kleiner oder größer?

91 Der Ablauf eines Aktionspotenzials lässt sich in Abschnitte gliedern. Nennen Sie diese Abschnitte und beschreiben Sie kurz die jeweilige Änderung des Membranpotenzials.

92 Beschreiben Sie die Permeabilitätsänderungen, die Diffusion der Ionen und die Membranpotenzialänderungen während eines Aktionspotenzials.

93 Aktionspotenziale haben den Charakter von „Alles-oder-Nichts"-Ereignissen. Erläutern Sie, warum diese Bezeichnung zutreffend ist.

94 Entwerfen Sie eine Versuchsanordnung, durch die an einem Axon Aktionspotenziale ausgelöst und abgeleitet (gemessen) werden können.

95 Beschreiben Sie die Prozesse, die dafür verantwortlich sind, dass das Membranpotenzial nach Überschreiten des Schwellenwerts so außerordentlich schnell positiver wird.

96 Während der Zeit, in der ein Aktionspotenzial abklingt, kann die entsprechende Stelle des Axons nicht dazu gebracht werden, erneut ein Aktionspotenzial aufzubauen. Beschreiben Sie die Ursachen dafür.

97 Eine Molchart aus Kalifornien *(Taricha torosa)* und die Kugelfische bilden das Tetrodotoxin, ein Gift, das die Na^{+}-Kanäle der Membran von Nervenzellen blockiert. Erläutern Sie, wie sich dieses Gift auf die Erregbarkeit der Axonmembran auswirkt. Leiten Sie die Folgen für die Funktion des Nervensystems und der Muskulatur ab.

98 Beschreiben Sie die Ursachen dafür, dass der Energiebedarf eines ruhenden Axons geringer ist als der eines aktiven.

99 Nach dem Tod eines Tieres können noch APs an seinen Axonen ausgelöst werden. Nach mehrfacher Reizung ist dies allerdings nicht mehr möglich. Erklären Sie die Ursachen für diese Phänomene.

100 Die Informationsübertragung (Erregungsleitung) an Axonen wurde vor allem durch Untersuchungen an wirbellosen Tieren erforscht.
Erklären Sie, warum bestimmte Nervenzellen der Wirbellosen für die Erforschung der elektrochemischen Vorgänge besser geeignet sind als Zellen aus dem Nervensystem der Wirbeltiere.

101 Einige Axone des Regenwurms sind viel dicker als die des Menschen.

a Vergleichen Sie die Leistungen dieser dicken Axone mit den übrigen Axonen des Regenwurms und mit denen des Menschen. Stellen Sie dabei auch Überlegungen in Form einer Kosten-Nutzen-Analyse an.

b Begründen Sie, warum nur ein Teil des Nervensystems eines Regenwurms mit solchen dicken Axonen ausgestattet sein kann.

102 Erklären Sie, warum Aktionspotenziale bei der Fortleitung immer die einmal eingeschlagene Richtung beibehalten.

103 Stellen Sie eine Hypothese darüber auf, was geschehen würde, wenn die Membranen keine Refraktärzeit hätten.

104 Einige Umweltgifte zersetzen Myelin. Welche Folgen hat das …
a für die Leistungsfähigkeit der Nervenzellen?
b für die Fähigkeit eines Tieres, sich zu bewegen?

105 Erklären Sie den Zusammenhang zwischen der großen Zahl der Mitochondrien in den synaptischen Endknöpfchen und den Vorgängen in den Synapsen.

106 Wie wird vermieden, dass ein einmal freigesetzter Transmitter die Na^+-Kanäle an der postsynaptischen Membran dauerhaft öffnet?

107 Erklären Sie, warum es erforderlich ist, in den synaptischen Endknöpfchen einen großen Vorrat an Transmittern zu speichern.

108 Vergleichen Sie das postsynaptische Membranpotenzial, das an einer erregenden Synapse ausgelöst wird, mit dem einer hemmenden Synapse.

109 Erläutern Sie, wodurch die Ventilwirkung der Synapsen zustandekommt.

110 Im Folgenden sind einige Gifte genannt, welche die Synapsenfunktion beeinträchtigen können:
a Die chemischen Kampfmittel Tabun und Sarin
b Coniin, das Gift des gefleckten Schierlings. Dieses Toxin wurde bereits in der Antike zur Vollstreckung der Todesstrafe verwendet. Der griechische Philosoph SOKRATES musste „den Schierlingsbecher nehmen“, nachdem er zum Tode verurteilt worden war.
c Das Genussgift Nikotin

Beschreiben Sie die Folgen der jeweiligen Giftwirkung für die Funktionen der motorischen Endplatte und geben Sie jeweils ein Beispiel für eine Körperfunktion an, die beeinträchtigt wird.

111 Bei längerer sehr starker Impulsfrequenz auf den Axonen kann es passieren, dass die Erregung der postsynaptischen Zellen an den Synapsen z. B. der Muskelzellen immer schwächer wird.
Erklären Sie diesen Sachverhalt.

2 Codierung und Verarbeitung der Informationen an Nervenzellen

In allen Informationssystemen werden Nachrichten **codiert** (siehe auch DNA, S. 14 ff.). In der Buchstabenschrift z. B. setzt man gesprochene Laute in Schriftzeichen um, also Schallwellen in Linien, in der Morsetechnik Buchstaben in lange oder kurze Stromstöße, geschrieben als Punkte oder Striche. Auch im Nervensystem müssen die Informationen codiert werden. Die Information über einen Lichtreiz z. B. kann nicht dadurch übertragen werden, dass die Nervenzelle heller wird, ein Schallreiz läuft nicht als Ton über den Hörnerv und bei salzigem Geschmack auf der Zunge steigt die Salzkonzentration in den Sinnes- und Nervenzellen nicht an. Im Folgenden wird zunächst die Codierung der Information am Axon besprochen. Die Codierung im Bereich der Dendriten und des Zellkörpers folgt im nächsten Kapitel (2.2, S. 132 ff.).

2.1 Codierung der Information an Axonen

Zur Codierung einer Information stehen nur **Aktionspotenziale** zur Verfügung. Mit diesen Signalen muss der Organismus sowohl die **Qualität** als auch die **Quantität** einer Information übermitteln. Mithilfe von APs muss dem Gehirn z. B. mitgeteilt werden, ob gerade Licht, Schall, Temperaturveränderungen oder Duftstoffe die entsprechenden Sinnesorgane gereizt haben, um welche Qualität des Reizes es sich also handelt. Zusätzlich muss das Gehirn aber auch erfahren, wie stark der auf den Körper einwirkende Reiz ist.
Neben den Meldungen der Sinneszellen zum Zentralnervensystem (Gehirn und Rückenmark) auf den **afferenten (sensorischen)** Nervenfasern muss der Körper auch Erregung aus dem ZNS zu den Erfolgsorganen, v. a. Muskeln und Drüsen, leiten. Auch auf diesen **efferenten (motorischen)** Nervenfasern müssen Informationen über Qualität und Quantität übermittelt werden.

Codierung der Reizstärke bei der Erregungsleitung an Axonen

APs sind „Alles-oder-Nichts"-Ereignisse. Deshalb kann die Intensität eines Reizes keinen Einfluss auf das Erscheinungsbild der einzelnen APs haben, die von ihm ausgelöst werden. Das Ausmaß der Potenzialumkehr, das heißt wie weit die Depolarisation in den positiven Bereich hineinreicht, ist immer gleich. Entscheidend ist nur, ob der Schwellenwert erreicht wird oder nicht (siehe S. 113 f.). Da die Amplitude eines APs also durch die unterschiedliche Stärke der Depolarisation nicht verändert wird, ist es nicht möglich, bei der Erre-

gungsleitung am Axon die Stärke eines Reizes durch **verschiedene Amplituden** (das heißt unterschiedliche Höhen) der APs zu codieren.
Versuche haben gezeigt, dass die Reiz- bzw. Erregungsstärke mittels der **Frequenz der APs** am Axon codiert wird. **Starke** Reize bzw. starke Erregungen führen zu einer **hohen** Frequenz (das heißt einer großen Häufigkeit) der APs, schwache Reize zu einer geringen. Diese Art der Codierung bezeichnet man als **Frequenzmodulation**.

Die **Stärke** eines Reizes bzw. einer Erregung wird im Nervensystem über die **Frequenz** der APs codiert. Es handelt sich um einen **frequenzmodulierten** Code.

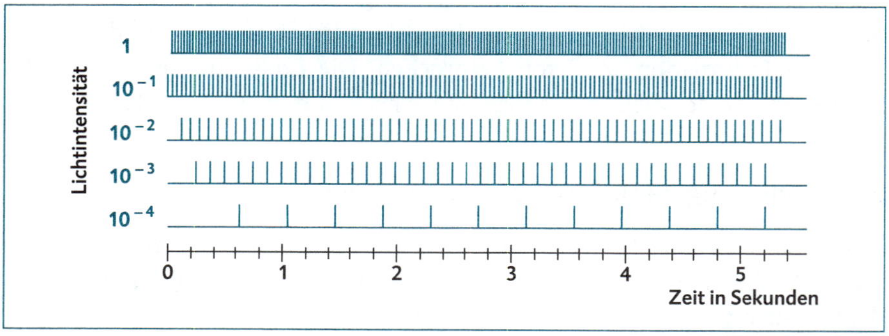

Abb. 60: Aktionspotenziale des Sehnervs eines wirbellosen Tieres (Limulus) nach Reizung des Auges durch Licht unterschiedlicher Stärke. Jeder senkrechte Strich steht für ein Aktionspotenzial.

Die Codierung durch **Frequenzmodulation** ist sehr verlässlich. Ob eine Information übertragen werden kann, hängt nur davon ab, ob die Signale ankommen oder nicht. Veränderungen in der Form der Signale beeinflussen die Information nicht: Wenn APs auf dem Übertragungsweg durch Störungen verändert werden, ihre Amplitude z. B. verringert wird, hat das für den Informationsgehalt also keine Bedeutung. Vergleichbar ist das mit der hohen Sicherheit, die die Informationsübertragung durch Morsen bietet: Der Empfänger entnimmt die Informationen aus einem Muster aus kurzen und langen Tönen. Veränderungen der Tonhöhe oder der Lautstärke, die im Funkverkehr leicht auftreten, haben keinen Einfluss auf den Informationsgehalt.
Aus weiteren Versuchen weiß man, dass diese Form der Codierung für **alle Axone und alle Organismen** gilt. Die Intensität des Schalls wird auf den Axonen des Hörnervs in gleicher Weise als Frequenz der APs codiert wie die Stärke des Lichts im Sehnerv eines Menschen, einer Maus, einer Fliege oder eines Tintenfischs. Aus dem Bild, das sich bei der Ableitung von APs auf dem

Oszillographen ergibt, ist nur die Stärke der Erregung ablesbar, nicht jedoch von welcher Sinneszelle die Erregung ausging oder ob sie von einem afferenten oder einem efferenten Axon abgeleitet wurde.

Codierung der Reizqualität im Nervensystem

Die Art der Erregungsbildung und -leitung im Nervensystem bietet keine Möglichkeit, Reize unterschiedlicher **Qualität** auf demselben Axon zu übertragen. Das zentrale Nervensystem entnimmt die Information über die **Art der Reize** aus der **Art der Nervenbahn**, über die die Erregung einläuft. Der Vielzahl an Meldungen entspricht eine Vielzahl an verschiedenen Nervenbahnen. Jede Sinneszelle oder jede Gruppe von Sinneszellen hat im ZNS ihre entsprechenden **Zielfelder** (siehe Aufbau des Großhirns, S. 145). Ob eine einlaufende Erregung dadurch ausgelöst wird, dass das Auge einen Lichtreiz erhält oder dass Schallwellen auf das Ohr treffen, unterscheidet das Gehirn nur daran, auf **welchen Axonen** die Erregung eintrifft. Erregung auf den Axonen des Hörnervs werden im Großhirn als Schall, Erregung auf den Axonen des Sehnervs als Licht gedeutet. Entsprechende Verhältnisse liegen auch in den **motorischen** Nervenbahnen vor: Zu jedem Muskel ziehen getrennte Nervenbahnen.

> Die Information über die **Qualität** eines Reizes entnimmt das Gehirn aus der **Nervenbahn**, über die die Erregung eintrifft.

So lassen sich auch jene Sinneseindrücke erklären, die entstehen, ohne dass ein **adäquater Reiz** auftrifft.

Beispiel

Bei einem Schlag aufs Auge kann man „Sternchen" sehen: Der Schlag reizt die Sinneszellen im Auge, diese antworten mit einer Erregung, ohne dass sie belichtet wurden. Die Erregung gelangt als eine Folge von APs über den Sehnerv ins Großhirn, das aus dem Muster der eintreffenden APs die Information entnimmt, es müsse sich um „Sternchen" handeln. Auf ähnliche Weise entstehen farbige Bilder, wenn man vorsichtigen Druck auf die geschlossenen Augen ausübt.

Um Meldungen über die Qualität von Reizen zu ermöglichen, ist also eine **große Menge an Nervenzellen** erforderlich. In technischen Informationssystemen ist das mit weniger Aufwand an Material möglich als im Nervensystem. Telefonleitungen z. B. können sowohl Töne für das Telefon als auch digitale Datenpakete für den Computer liefern.

Die nur **frequenzmodulierte** Codierung macht die Informationsübertragung am Axon also zwar sicher, erfordert aber einen **hohen Energie- und Materi-**

alaufwand. Dieser Aufwand kann aber dadurch „wettgemacht“ werden, dass sich Axone verzweigen können und dadurch die Wirkung eines APs vergrößert wird.

2.2 Synaptische Verschaltung und Verrechnung

Im Organismus läuft die Erregung in der Regel über mehr als eine Nervenzelle hinweg. Sie überwindet Synapsen und läuft über Dendriten, Zellkörper und Axone. Im Verlauf der Erregungsleitung wird die Information mehrfach umcodiert. Dabei geht es – wie besprochen – immer nur um die Codierung der Erregungsstärke. Am Axon wird das Ausmaß der Erregung als **Frequenz der APs** codiert, an der Synapse als **Konzentration des Transmitters** im synaptischen Spalt.

Amplitudenmodulierte Codierung am Zellkörper und an den Dendriten

An den Dendriten und am Zellkörper wird die Erregung zwar elektrisch durch Veränderung des Membranpotenzials geleitet, im Gegensatz zu den Vorgängen am Axon geschieht dies aber **ohne Wiederverstärkung**, da hier keine APs entstehen können. Die Amplitude des postsynaptischen Membranpotenzials wird daher bei der Weiterleitung über einen Dendriten und den Zellkörper immer geringer. Verantwortlich für die Abschwächung der Membranpotenziale ist der **elektrische Widerstand**, der mit steigender Länge des Leitungswegs zunimmt. Die Quantität der Information wird an den Dendriten und am Zellkörper nicht durch die Frequenz von Signalen codiert, sondern über die Stärke der Änderung des Membranpotenzials. Man spricht daher von **amplitudenmodulierter Codierung**.

Ein EPSP, das an einer weit vom Axonhügel entfernt liegenden Synapse entsteht, kann auf dem Weg dorthin so schwach werden, dass es die Membran des Axonhügels nicht mehr depolarisieren und damit kein AP mehr auslösen kann. Ein gleich starkes EPSP einer näher am Axonhügel liegenden Synapse legt dagegen einen kürzeren Weg zurück und wird daher weniger abgeschwächt. Je näher eine Synapse am Zellkörper liegt, desto wahrscheinlicher ist es somit, dass ein AP weitergeleitet wird.

In den meisten Fällen ist ein **einzelnes** in die Synapse einlaufendes AP jedoch nicht in der Lage, postsynaptisch am Axonhügel ein weiteres AP auszulösen. Wenn die APs, die präsynaptisch in eine Synapse einlaufen, postsynaptisch nicht weitergeleitet werden, geht Information verloren. Das kann man als eine **einfache Form** der Informationsverarbeitung betrachten.

Zeitliche Summation

In der Regel bleibt ein Transmitter, der nach dem Eintreffen eines APs ausgeschüttet wird, länger im synaptischen Spalt, als das AP dauert. EPSP und IPSP bestehen also **länger als ein AP**. Daher ist es möglich, durch schnell aufeinanderfolgende APs die Transmitterkonzentration im synaptischen Spalt zu erhöhen und dadurch die **Änderung** des postsynaptischen Membranpotenzials zu verstärken, bei erregenden Synapsen das EPSP also positiver, bei hemmenden Synapsen das IPSP negativer zu machen. Die Wirkung mehrerer aufeinanderfolgender APs lässt sich also **addieren** – ein Vorgang, der **zeitliche Summation** genannt wird. Je höher die Impulsfrequenz, desto stärker ist das entstehende EPSP bzw. IPSP.

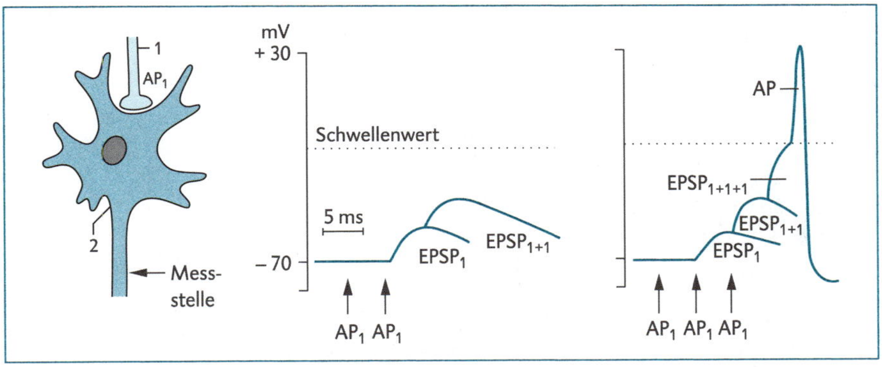

Abb. 61: Zeitliche Summation von EPSPs und Depolarisation am Axonhügel nach Eintreffen von APs in schneller Folge. Erst nach Eintreffen von drei APs in schneller Folge über das Axon (1) ist die Depolarisation der Membran des Axonhügels (2) ausreichend, um ein neues AP aufzubauen.

Räumliche Summation

Auch gleichzeitig an verschiedenen Synapsen einer Nervenzelle einlaufende APs können sich in ihrer Wirkung addieren. Dieses Phänomen bezeichnet man als **räumliche Summation**. Je mehr APs gleichzeitig an den Dendriten und/ oder dem Zellkörper eintreffen, desto stärker ist die Änderung des postsynaptischen Membranpotenzials. Wenn alle gleichzeitig aktiven Synapsen erregend sind, wird das EPSP positiver. Gleichzeitig aktive hemmende Synapsen vermindern in einer Art Subtraktionsvorgang die Wirkung der erregenden Synapsen. Ein AP auf dem postsynaptischen Axon entsteht nur, wenn die erregenden Potenziale (EPSPs) nach Subtraktion der hemmenden (IPSPs) noch ausreichen, um die Membran des Axonhügels bis zum Schwellenwert zu depolarisieren. Die an der Nervenzellmembran entstehenden EPSPs und IPSPs werden also miteinander **verrechnet**.

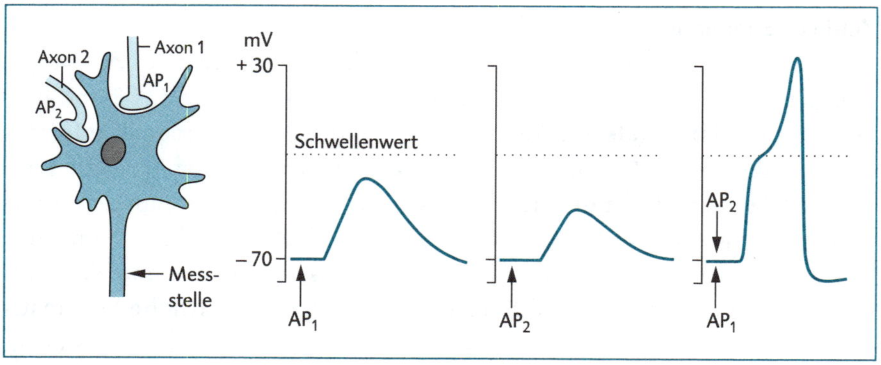

Abb. 62: Räumliche Summation bei erregenden Synapsen. Summation der EPSPs und Depolarisation am Axonhügel nach gleichzeitigem Eintreffen von je einem AP an einer Synapse. Bei gleichzeitigem Eintreffen von einem AP auf Axon 1 und einem AP auf Axon 2 ist durch räumliche Summation der EPSPs die Depolarisation der Membran des Axonhügels ausreichend, um ein neues AP aufzubauen.

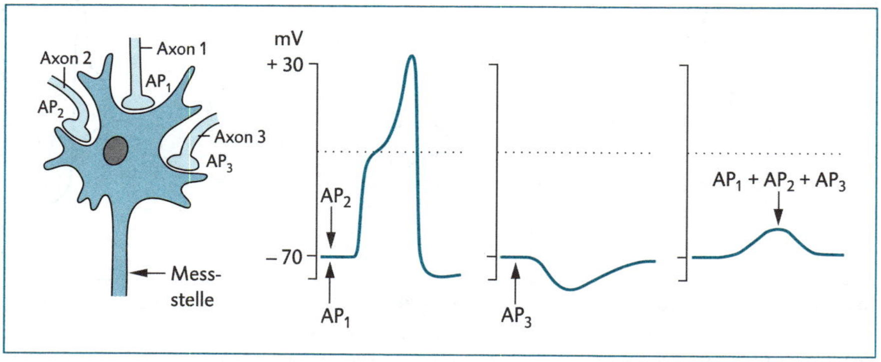

Abb. 63: Räumliche Summation von EPSPs und IPSPs. Die Axone 1 und 2 bilden mit dem Zellkörper erregende Synapsen, das Axon 3 eine hemmende. Bei gleichzeitigem Eintreffen von APs auf Axon 1, 2 und 3 ist durch räumliche Summation der EPSPs und des IPSPs die Depolarisation der Membran des Axonhügels nicht ausreichend, um ein neues AP aufzubauen.

Je stärker das EPSP ist, desto mehr APs lassen sich an der postsynaptischen Zelle auslösen. Nachdem ein AP am Axonhügel entstanden ist, lässt sich ein zweites wegen der Refraktärzeit nur schwer auslösen. Ein starkes EPSP kann in der Refraktärzeit die Membran des Axonhügels eher bis zum Schwellenwert depolarisieren als ein schwaches. Ein zweites AP kann also schneller auf das erste folgen. Daher ist bei einem starken EPSP die postsynaptische Frequenz der APs höher als bei einem schwachen.

Der Zusammenhang zwischen der präsynaptischen Erregung und ihrer Weiterleitung im postsynaptischen Axon kann folgendermaßen zusammengefasst werden:

- Je positiver das Membranpotenzial des Zellkörpers bzw. des Dendriten der postsynaptischen Zelle ist,
- je näher die betreffende erregende Synapse am Axonhügel liegt,
- je stärker die präsynaptische Erregung ist (je höher die Impulsfrequenz ist), je stärker also die zeitliche Summation der EPSPs ist,
- je mehr erregende Synapsen gleichzeitig arbeiten, je stärker also die räumliche Summation zur gleichen Zeit an verschiedenen Synapsen entstehender EPSPs ist,
- je weniger hemmende Synapsen gleichzeitig mit den erregenden aktiv sind,

desto leichter kann die präsynaptisch über ein Axon laufende Erregung am postsynaptischen Axon weitergeleitet werden.

Eine durchschnittliche Nervenzelle des ZNS trägt eine sehr große Zahl an Synapsen an ihrem Zellkörper bzw. den Dendriten (ca. 10 000 bis max. 10^5). Daher können hier viele verschiedene Muster von einlaufenden Erregungen auftreten, abhängig z. B. davon, welche Synapsen jeweils aktiv sind, ob es sich um erregende oder um hemmende Synapsen handelt und wie nah sie am Axonhügel liegen. Je nach Muster der einlaufenden Erregung ist auch die Änderung des postsynaptischen Membranpotenzials verschieden. So ergeben sich vielfache Möglichkeiten, die Information zu **beeinflussen**, das heißt zu **steuern**, wie viele APs postsynaptisch ausgelöst und damit weitergeleitet werden sollen.

Die **Verrechnung** von Erregung erfolgt an den **Synapsen** der Dendriten und/oder des Zellkörpers.

Zusammenfassung

- Aktionspotenziale stellen die Signale des Codes für die Informationsübertragung an Axonen dar. Die Stärke der APs (das heißt ihre Amplitude) ist ohne Bedeutung für den Informationsgehalt: Der Code ist also nicht amplitudenmoduliert.
- Die Codierung der Reizstärke geschieht am Axon durch die AP-Frequenz (frequenzmodulierter Code), an der Synapse durch die Konzentration des Transmitters und an den Dendriten bzw. am Zellkörper durch die Amplitude der EPSPs oder der IPSPs.
- Derselbe Code gilt für die Axone aller Organismen und sowohl für die Informationsübertragung an motorischen als auch an sensorischen Axonen.
- Die Information über die Qualität eines Reizes liegt im Anfangs- und Endpunkt der Nervenbahn, über die die entsprechende Erregung eintrifft. Jedes Sinnesorgan hat im ZNS sein entsprechendes Zielfeld.

- Durch Verzweigung von Axonen kann sich die Wirkung eines APs vergrößern.
- Durch zeitliche Summation kann sich bei hoher Impulsfrequenz die Wirkung der in die Synapse einlaufenden APs addieren und eine stärkere Änderung des postsynaptischen Membranpotenzials hervorrufen, als es bei einer geringen Frequenz der APs der Fall wäre.
- Durch räumliche Summation können gleichzeitig an mehreren Synapsen entstehende Änderungen des postsynaptischen Membranpotenzials miteinander verrechnet werden.
- Die Möglichkeit, postsynaptisch ein AP auszulösen, ist abhängig von der Länge des Weges, über den ein EPSP läuft, und der Stärke des EPSPs.

Aufgaben

112 Erregungen, die über afferente Nerven geleitet werden, enthalten Informationen über Reize aus der Umwelt, die dem ZNS zugeführt werden.

a Nennen Sie die Informationen über einen Umweltreiz, die durch die elektrische Erregung eines Axons übertragen werden können.

b Geben Sie an, welche Information in der Erregung eines Axons nicht enthalten ist.

c Beschreiben Sie, wie der Organismus dennoch zu der in Teilaufgabe b als fehlend angesprochenen wichtigen Information gelangt.

113 Beschreiben Sie die Vorteile, die sich ergeben, wenn die Stärke eines Reizes durch die Frequenz der Aktionspotenziale codiert wird und nicht durch deren Amplitude.

114 Kreuzen Sie die richtigen Aussagen an:

☐ Die Qualität eines Reizes wird an den Axonen durch Amplitudenmodulation codiert.

☐ Durch die Frequenzmodulation ist die maximale Zahl der synaptischen Bläschen festgelegt.

☐ Wie stark eine Muskelfaser kontrahieren soll, ergibt sich aus der Impulsfrequenz auf dem Axon, das an ihrer motorischen Endplatte endet.

☐ Die Art der Codierung der Information ist auf einem motorischen, einen Muskel versorgenden Axon identisch mit dem auf einem Axon, das von einer Sinneszelle zum ZNS zieht.

☐ Die Frequenzmodulation gilt nur für die saltatorische Erregungsleitung. An marklosen Fasern mit ihrer kontinuierlichen Erregungsleitung wird die Information in einer anderen Weise codiert.

115 Erklären Sie, welche Nachteile für den Organismus damit verbunden, sind, dass die Information am Axon frequenzmoduliert codiert wird.

116 Erläutern Sie Gründe, die es erforderlich machen, dass die Information bei der Übertragung an Axonen codiert wird.

117 Plötzliche starke Reize aus der Umwelt können ein Tier erschrecken. Unter natürlichen Bedingungen ist es für das Tier vorteilhaft, nicht nach der Quelle des Schreckens suchen zu müssen, sondern mit der Meldung über den Reiz auch Informationen über die Art des Reizes zu erhalten.

- a Um die Empfindung des Schreckens auszulösen, muss das Tier erkennen, dass es sich um einen heftigen Reiz handelt. Geben Sie an, wodurch es von der Heftigkeit des Reizes erfährt.
- b Woran erkennt das Tier, ob es durch ein Geräusch, einen heftigen Schlag oder eine Blendung in Schrecken versetzt wurde? Erklären Sie.

118 Körperteile, die z. B. durch einen Unfall verloren gegangen sind, können weiterhin Schmerzen verursachen. Man nennt solche Empfindungen „Phantomschmerzen". So kann ein Mensch beispielsweise über Schmerzen in einem Bein klagen, das amputiert wurde.
Stellen Sie eine Hypothese darüber auf, wie das Auftreten von Phantomschmerzen erklärt werden könnte.

119 Beurteilen Sie, ob es möglich wäre, einem Menschen die Axone eines Tieres, z. B. eines Schweines, eines Meerschweinchens oder eines Schimpansen als Ersatz für beschädigte Nerven zu transplantieren. Berücksichtigen Sie bei Ihrer Antwort nicht die Schwierigkeiten, die sich aus der Operationstechnik oder der immunologischen Abwehr ergeben.

120 Beschreiben Sie die verschiedenen Codierungsarten der Information bei der Leitung von Erregung über zwei Nervenzellen hinweg. Beginnen Sie Ihre Erklärung mit dem Axon der ersten Zelle.

121 Zeitliche Summation ist nur dadurch möglich, dass in der Regel die Dauer der Refraktärzeit des Aktionspotenzials kürzer ist als die Dauer eines EPSPs oder eines IPSPs.
Erklären Sie diesen Zusammenhang.

122 Die Möglichkeiten, präsynaptisch an einer Nervenzelle ankommende Aktionspotenziale am postsynaptischen Axon weiterzuleiten, sind von Fall zu Fall verschieden, je nach den gerade herrschenden Bedingungen.
Stellen Sie möglichst viele solche Bedingungen zusammen.

123 In den folgenden Abbildungen a–d sind die Abläufe von Membranpotenzialen dargestellt, wie sie auf einem Oszillographen zu sehen sind, wenn man an der Stelle „A" des Axons ableitet. Die zugrunde liegenden Schaltungen sind darüber angegeben. Die Ziffern im Oszillographenbild geben an, auf welchem Axon Aktionspotenziale laufen.
Erklären Sie, wie die Verläufe der verschiedenen Membranpotenziale zustande kommen.

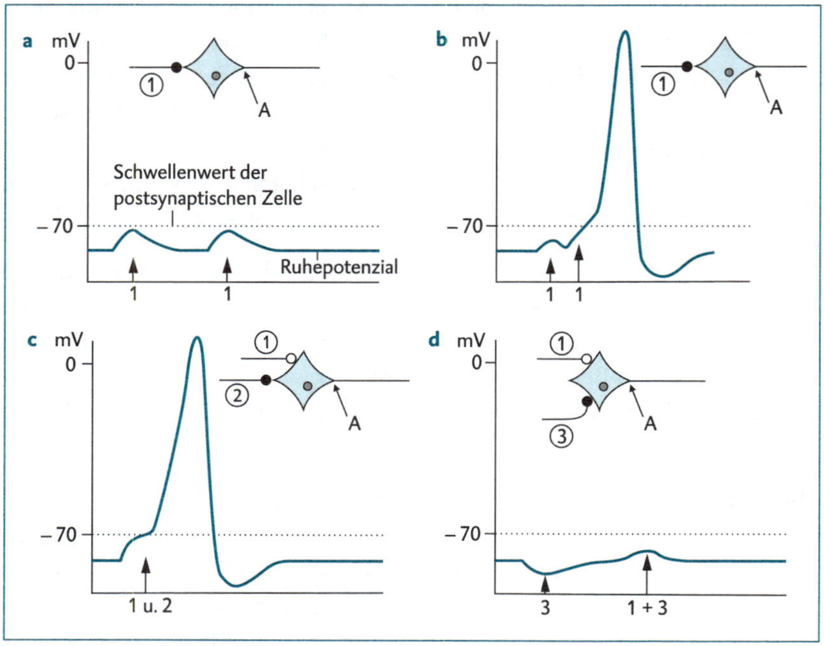

Abläufe von Membranpotenzialen

3 Das Nervensystem

Ein **Zentralnervensystem (ZNS)** existiert unter anderem bei wirbellosen Gliedertieren und bei den Wirbeltieren. Bei Gliedertieren machen Gehirn und Bauchmark (Strickleiternervensystem) das ZNS aus. Im **Wirbeltierorganismus** wird unter diesem Begriff das **Rückenmark (RM)** und das **Gehirn** zusammengefasst.

Das ZNS empfängt die ankommenden Nervenimpulse des Organismus, verarbeitet sie und leitet Informationen an die Erfolgsorgane weiter. Es ist auch zu spontaner, eigenständiger Erzeugung von Erregung fähig. Das ZNS wird vom **peripheren Nervensystem (PNS)** abgegrenzt, das alle anderen Bereiche des Nervensystems einschließt (siehe Abb. 64).

Von seiner Funktion her unterscheidet man das vegetative vom somatischen Nervensystem:

- Das **somatische Nervensystem** umfasst diejenigen Komponenten des Nervensystems, die willentlich beeinflusst werden können, weshalb man es auch als „willkürliches" Nervensystem bezeichnet. Hier werden beispielsweise Sinneseindrücke aufgenommen (Afferenzen) und die Skelettmuskulatur aktiviert (Efferenzen).
- Beim **vegetativen Nervensystem** handelt es sich um Teile des Nervensystems, die „unwillkürlich", das heißt weitgehend unabhängig von Willen und Bewusstsein, arbeiten. Neben dem **sympathischen** und dem **parasympathischen Nervensystem** (siehe S. 143 ff.) gehört hierzu auch das **enterische Nervensystem** des Magen-Darm-Trakts.

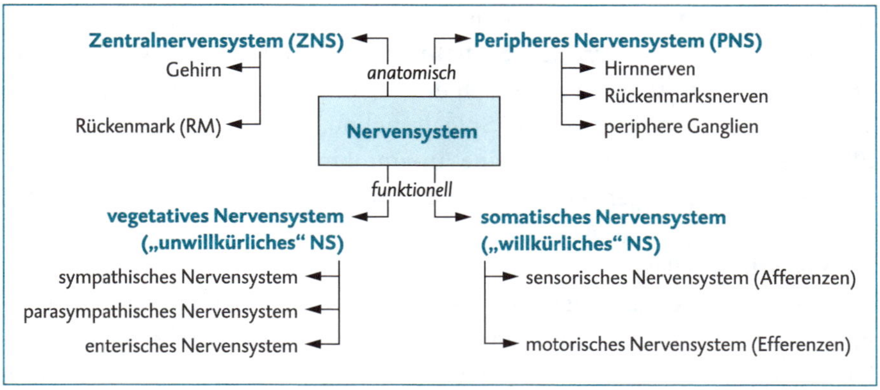

Abb. 64: Aufbau des Nervensystems der Wirbeltiere

3.1 Aufbau des Rückenmarks

Im Rückenmark der Wirbeltiere sind Bereiche, die Zellkörper und Dendriten enthalten **(graue Substanz)**, deutlich von solchen getrennt, in denen Nervenfasern mit ihren von einer Myelinscheide umgebenen Axonen liegen **(weiße Substanz)**. Die graue Substanz liegt im Inneren des Rückenmarks, die weiße in den äußeren Bereichen. Die Leitung von Erregung geschieht in der weißen Substanz, die Verschaltung und Verrechnung in der grauen, da sich nur hier Synapsen befinden. In der weißen Substanz liegen Axone, die Informationen aus den Sinneszellen an das Gehirn melden (sensorische = **afferente** Fasern), und solche, die Erregungen aus dem Gehirn zu den Erfolgsorganen, z. B. den Muskeln, leiten (motorische = **efferente** Fasern).

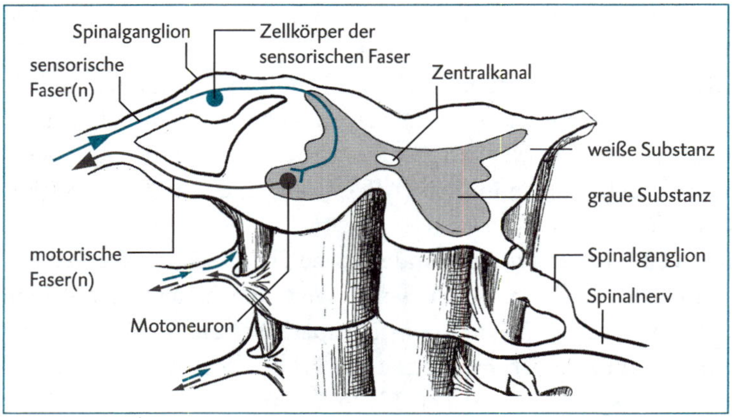

Abb. 65: Querschnitt durch das Rückenmark

Die Nervenfasern, die vom Rückenmark ausgehen, und diejenigen, die ins Rückenmark führen, sind in den **Spinalnerven** gebündelt. Die Zellkörper der sensorischen Fasern liegen außerhalb des Rückenmarks. Sie sind in einer Anschwellung des Spinalnervs, dem Spinalganglion, zusammengefasst. Als **Ganglion** bezeichnet man allgemein eine Ansammlung von Zellkörpern außerhalb des ZNS. Die Zellkörper der motorischen Fasern liegen in der grauen Substanz.

Der Kniesehnenreflex

Den Verlauf des **Kniesehnenreflexes** (siehe Abb. 66) kann man wie folgt demonstrieren: Eine Versuchsperson sitzt so, dass der Oberschenkel auf der Sitzfläche aufliegt und der Unterschenkel frei beweglich hängt. Bei einem Schlag vor die Kniesehne kontrahiert der Streckermuskel, sodass sich der Unterschenkel hebt. Die dabei ablaufenden **nervösen Vorgänge** lassen sich so erklären: Der Schlag vor die Kniesehne dehnt den Streckermuskel, wodurch auch die in ihm liegenden Muskelspindeln gedehnt werden. **Muskelspindeln** sind kleine Dehnungs-Sinnesorgane, die den Kontraktionszustand des Muskels messen. Je stärker sie gedehnt werden, desto höher ist die Impulsfrequenz auf den Axonen, die von ihnen ausgehen und zum Rückenmark ziehen.

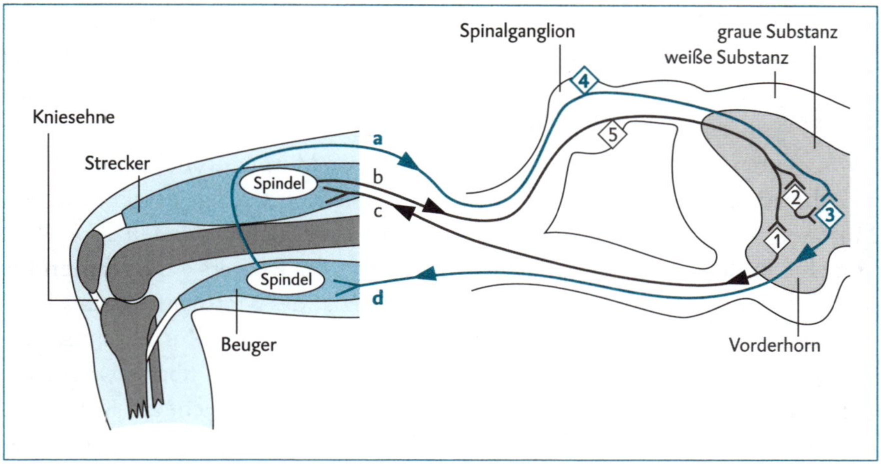

Abb. 66: Verschaltungen des Kniesehnenreflexes

Die Zellkörper dieser sensorischen Axone liegen im Spinalganglion (4, 5). Erregung, die infolge der Dehnung einer Muskelspindel des Streckermuskels über Axon b ins Rückenmark einläuft, wird an Synapsen auf eine Nervenzelle im vorderen Bereich der grauen Substanz übertragen. Diese **motorische Vorderhornzelle** (1) wird dadurch erregt und lässt auf dem abgehenden, motorischen Axon c APs laufen. Ein solches Axon endet in einer motorischen Endplatte und die darin einlaufende Erregung bringt, wenn sie stark genug ist, den Streckermuskel zur Kontraktion, der Unterschenkel schwingt nach vorne.

An der Steuerung des Kniesehnenreflexes sind mehr als nur eine sensorische und eine motorische Nervenzelle beteiligt. Der Streckermuskel enthält viele Muskelspindeln, die alle ihre Erregung über Axone an das Rückenmark melden. Der Muskel wird außerdem von vielen motorischen Axonen versorgt. Vereinfachend ist aber nur von der Verschaltung einzelner Zellen die Rede.

Durch die Kontraktion des Streckermuskels werden sein **Antagonist**, also der entgegengesetzt wirkende Muskel (Unterschenkel-Beuger) und die darin liegenden Muskelspindeln gedehnt. Die daraufhin über das Axon der Muskelspindel (a) des Beugermuskels ins Rückenmark einlaufende Erregung würde die motorische Zelle (Motoneuron; 3) des Beugers erregen und ihn über das Axon d zur Kontraktion bringen. Bei Kontraktion des Beugers würde sich aber wieder der Strecker dehnen und die Muskelspindeln des Streckers würden erneut erregt werden. Infolgedessen würden die antagonistischen Muskeln, Beuger und Strecker, ständig im Wechsel erregt. Nach einem einmaligen Schlag unterhalb der Kniescheibe würde der Unterschenkel andauernd hin- und herwippen.

Dies wird durch eine Verschaltung mit einer **Zwischennervenzelle**, einem Interneuron (2), in der grauen Substanz des Rückenmarks verhindert. Die bei Dehnung des Unterschenkel-Streckers auf dem sensorischen Axon b laufenden APs erregen nicht nur das Motoneuron des Streckers (1), sondern auch die Zwischennervenzelle (2). Ihr Axonende bildet am Motoneuron des Beugers (3) eine **hemmende** Synapse. Wenn also nach der Kontraktion des Beugers am Motoneuron des Streckers ein erregendes postsynaptisches Potenzial (EPSP) entsteht, bildet sich gleichzeitig am Motoneuron des Beugers ein **hemmendes** Membranpotenzial (IPSP). Das Membranpotenzial des Motoneurons des Beugers wird negativer und daher kann Erregung, die von der Muskelspindel des Beugers über Axon a einläuft, dessen Motoneuron (3) nicht überschwellig erregen. Der Beuger erhält also keine APs und kann deshalb nicht zur Kontraktion gebracht werden. Durch eine ähnliche Verschaltung mit einer weiteren Zwischennervenzelle kann auch das Motoneuron des Streckers (1) gehemmt werden, wenn Erregung von der Muskelspindel des Beugers einläuft. Um die vorangegangene Abbildung möglichst übersichtlich zu halten, wurde diese Zwischennervenzelle aber nicht berücksichtigt.

Reflex und Reflexbogen

Ein **Reflex** stellt eine **Reiz-Reaktions-Verknüpfung** dar, die **starr** auf einen spezifischen Reiz hin immer auf die gleiche Weise **abläuft**. Ihm liegt eine Verschaltung zugrunde, nach der die Reaktionen in Form von Bewegungen oder Drüsentätigkeiten gesteuert werden, der sogenannte **Reflexbogen:**

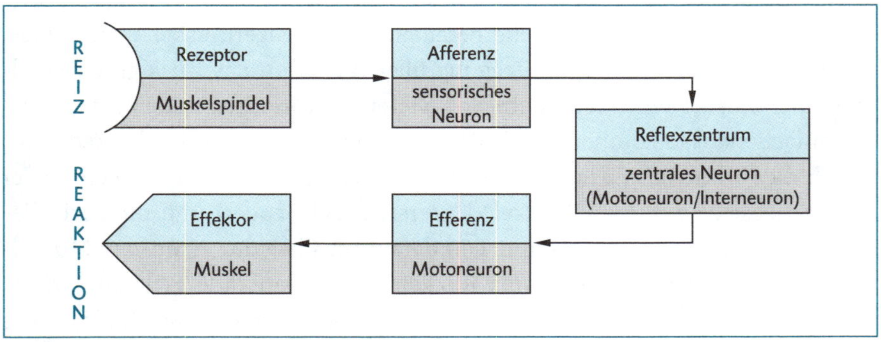

Abb. 67: Schematische Darstellung eines Reflexbogens

Der Kniesehnenreflex ist ein Beispiel für einen besonders einfachen Reflexbogen. Die meisten Reflexbögen sind durch Verzweigungen der Axone und durch Verschaltung mit mehreren Nervenzellen im Rückenmark viel komplizierter **(polysynaptische Reflexbögen)**. Beispiele für Bewegungen, die durch polysynaptische Reflexbögen gesteuert werden, sind Husten, Niesen, die Körperhaltung im aufrechten Stand und der Saugreflex beim Säugling. Die Zellen vieler Reflexbögen liegen im Rückenmark. Dadurch wird das **Gehirn** von der Steuerung „stereotyper" Bewegungen **entlastet**. Außerdem können die Schaltwege kurz gehalten werden. Das ermöglicht eine schnelle Reaktion und spart Material und Energie (kürzere Axone, geringere Zahl von Na^+-K^+-Pumpen usw.). Häufig sind die Zellen von Reflexbögen auch an der Steuerung von **Willkürbewegungen** (bewusst kontrollierte Bewegungen) beteiligt. So ziehen Axone vom Gehirn ausgehend durch die weiße Substanz des Rückenmarks zu den motorischen Vorderhornzellen und bilden dort Synapsen. Damit lassen sich die Motoneurone etwa des Unterschenkel-Streckers und des Unterschenkel-Beugers auch willentlich vom Gehirn aus zur Kontraktion bringen.

> Mithilfe von Nervenzellen der grauen Substanz des Rückenmarks und der Spinalganglien, die zu Reflexbögen verschaltet sind, lassen sich Bewegungen auch **ohne Beteiligung des Gehirns** steuern.

3.2 Sympathikus-Parasympathikus-Antagonismus

Der **Sympathikus** und sein Antagonist (Gegenspieler), der **Parasympathikus**, sind die beiden wichtigsten Bestandteile des vegetativen Nervensystems. Fast alle inneren Organe sind von diesen beiden **Nervenfasersträngen** innerviert. Beide sind **immer gleichzeitig erregt** und der jeweils stärker erregte, zum Erfolgsorgan führende Nerv bestimmt die Reaktion des Organs. Allgemein können folgende Sachverhalte festgehalten werden:

- Der **Sympathikus**, dessen Ursprungsort Nervenknoten links und rechts der Wirbelsäule sind (siehe Abb. 68, links), dient der **Leistungssteigerung**. Er regt den Körper an und hemmt in **Gefahren- und Stresssituationen** entbehrliche vegetative Funktionen. Er führt zur **„fight-or-flight-Reaktion"**, indem er die Handlungsbereitschaft des Lebewesens deutlich erhöht.
- Der Ursprungsort des **Parasympathikus** ist neben dem Gehirn die Kreuzbeinregion (siehe Abb. 68, rechts). Er sorgt für **Ruhe, Schonung und Erholung des Organismus**.

Die Wirkung der beiden Gegenspieler läuft aber nicht immer in die gleiche Richtung, wie am Beispiel der Muskulatur zu erkennen ist: So fördert der Sympathikus beispielsweise die Gefäßmuskulatur von Herz, Arterien und Venen, während der Parasympathikus diese hemmt. Andererseits hemmt der Sympathikus die Kontraktion der glatten Darmmuskulatur, wohingegen der Parasympathikus diese fördert.

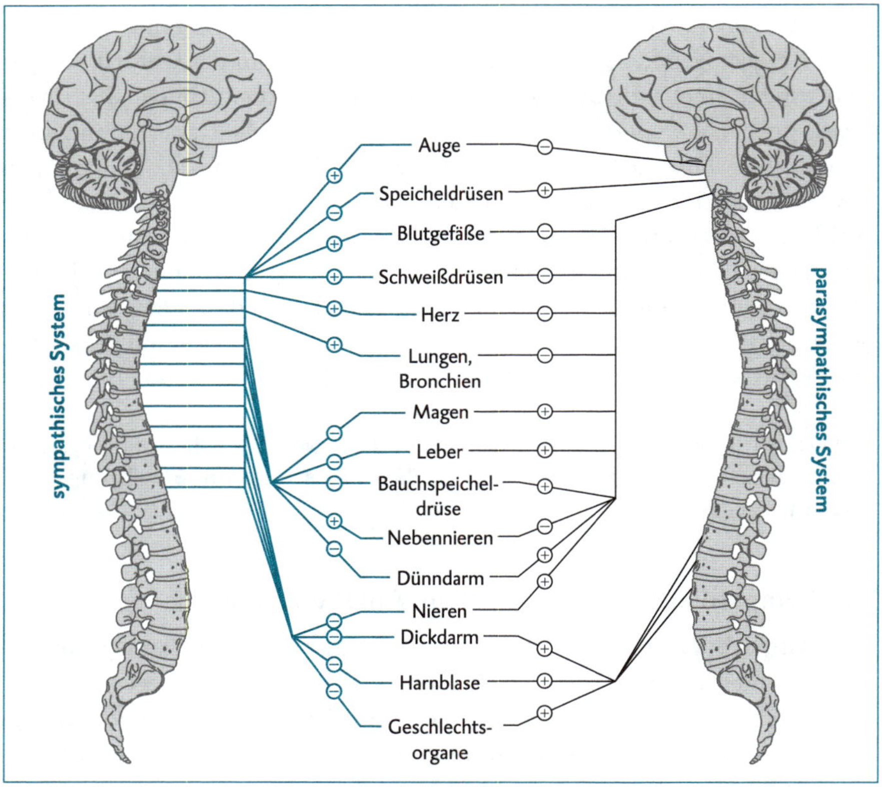

Abb. 68: Hemmende (–) und fördernde (+) Wirkung von Sympathikus und Parasympathikus

Darüber hinaus hat das vegetative Nervensystem auch Einfluss auf den Hormonhaushalt, was am Beispiel des **Schilddrüsenhormons Thyroxin** gut verdeutlicht werden kann, dessen Wirkungen im Organismus außerordentlich vielseitig sind: Wie alle Hormone ist auch Thyroxin eine organische Verbindung, die in spezifischen Drüsenzellen, hier denjenigen der Schilddrüse, gebildet wird. Die Hormone werden an spezifischen Körperflüssigkeiten (meist das Blut) abgegeben und darin transportiert. An ihren Wirkorten veranlassen die Hormone dann an Rezeptoren der jeweiligen Organe spezifische Reaktionen.

Sympathikus und Parasympathikus innervieren beide die Schilddrüse und wirken hier als Antagonisten. Der **Sympathikus** sorgt für eine **Anregung** der

Hormonsekretion und damit für eine **Erhöhung** des **Grundumsatzes**. Durch die Hormonausschüttung wird generell der Kohlenhydrat-, der Fett- sowie der Proteinstoffwechsel und die Wärmeproduktion angeregt. **Gegen** eine **Erhöhung** des **Grundumsatzes** arbeitet der **Parasympathikus** an, indem er die Ausschüttung von Thyroxin vermindert. So kann der Thyroxinspiegel sozusagen „von zwei Richtungen her" beeinflusst und bedarfsgerecht erhöht oder vermindert werden.

Ähnlich verhält es sich auch bei der **Bauchspeicheldrüse**, die ebenfalls von beiden Teilen des vegetativen Nervensystems angesteuert wird. Doch hier hat die Regulation der Insulinsekretion umgekehrte Vorzeichen: In diesem Fall hemmt der Sympathikus und der Parasympathikus regt an.

Sympathikus und **Parasympathikus** wirken als Teile des vegetativen Nervensystems bei der neuronalen Steuerung des Organismus meist **antagonistisch** zusammen.
Die hormonelle Steuerung des Organismus wird zum Teil über das vegetative Nervensystem vermittelt.

3.3 Aufbau und Funktion des Großhirns

Die Leistungen des menschlichen Großhirns beruhen vor allem auf Vorgängen in der **Großhirnrinde.** Hier liegen die Zellkörper und Dendriten von Nervenzellen, an deren Synapsen die Verrechnungsprozesse ablaufen. Wegen der dunklen Farbe der Großhirnrinde spricht man auch von der **grauen Substanz**. Unter der Großhirnrinde liegen vor allem Axone und Gliazellen (siehe S. 95), die die **weiße Substanz** des Großhirns bilden.
In der Großhirnrinde lassen sich Bereiche **unterschiedlicher Funktionen** voneinander abgrenzen: **Sensorische Felder** verarbeiten die von den Sinneszellen einlaufende Erregung. **Motorische Felder** hingegen steuern vor allem Bewegungen. Sie bilden Erregungsmuster, die auf efferenten Nervenbahnen zu den Erfolgsorganen wie den Muskeln laufen. Nervenbahnen im Gehirn sorgen dafür, dass die Felder untereinander Informationen austauschen können. Die Verrechnungsprozesse in und zwischen diesen Großhirnbereichen ermöglichen die erstaunlichen Leistungen des menschlichen Gehirns. Wahrnehmung und Gedächtnis, die Fähigkeiten, zu denken und zu planen, Informationen zu speichern und zu lernen, haben hier ihren Sitz.
Im Schläfenlappen, unterhalb der Großhirnrinde, liegt der **Hippocampus**. Als Teil des Großhirns ist er an der Speicherung von Informationen beteiligt. Der Hippocampus spielt für das Lernen und das Erinnern eine entscheidende Rolle (siehe S. 155 f.).

3.4 Abläufe im Gehirn und deren Erforschung

Die meisten Erkenntnisse über Bau und Funktion des menschlichen Gehirns erhielten die Forscher bis vor kurzer Zeit vor allem dadurch, dass sie versuchten, zu Lebzeiten **erkennbare Ausfallerscheinungen** von Patienten nach deren Tod auf **Veränderungen** in der **Anatomie** des Gehirns zurückzuführen. Erst gegen Ende des 20. Jahrhunderts wurde es durch die sogenannten **bildgebenden Verfahren** möglich, das **lebende Gehirn** genauer zu **untersuchen**.

Bildgebende Verfahren und die Erforschung von Gehirnabläufen

Bei den bildgebenden Verfahren, mit denen sowohl die Anatomie als auch die Funktion des Gehirns verdeutlicht werden können, gibt es zwei hauptsächlich gebräuchliche Methoden:

- Mit der **Positronen-Emissions-Tomografie (PET)**, einem Verfahren der Nuklearmedizin, können computergestützt Schnittbilder eines lebenden Gehirns erzeugt werden. Dazu werden Radiopharmaka, das heißt schwach radioaktiv markierte Stoffe, als Marker in den Körper injiziert. Diese werden vom Organismus genauso verstoffwechselt wie die entsprechenden unmarkierten Stoffe und finden sich dadurch im Gewebe wieder. Als bildgebendes Verfahren macht das PET-Verfahren die Verteilung der Marker sichtbar und kann damit physiologische Funktionen im Gehirn durchschaubar machen.
- Die **funktionelle Magnet-Resonanz-Tomographie (fMRT)** ermöglicht es, Gehirnareale computergestützt in hoher räumlicher Auflösung darzustellen und dabei die Aktivität dieser Gehirnabschnitte zu untersuchen. Aktive Gehirnregionen benötigen für ihre Arbeitsprozesse viel Energie. Da zur Energiegewinnung Sauerstoff benötigt wird, werden die gerade aktiven Teile des Gehirns verstärkt durchblutet und mit sauerstoffreicherem Blut versorgt, als die nicht aktiven. Die fMRT macht sich die Tatsache zunutze, dass sauerstoffreiches Blut andere magnetische Eigenschaften aufweist als sauerstoffarmes. Die magnetischen Eigenschaften werden hierbei anhand der Wasserstoffatomkerne untersucht. Diese drehen sich – ähnlich wie die Erde – um eine Achse („Kernspin“) und erzeugen dadurch ein eigenes Magnetfeld. Der Kernspin ist zufällig, das heißt, jeder Wasserstoffatomkern dreht sich anders. Bei der fMRT werden nun die Wasserstoffatomkerne für kurze Zeit einem starken Magnetfeld ausgesetzt, wodurch sie sich dem angelegten Magnetfeld entsprechend ausrichten. Nach Ausschalten des Magnetfelds richten sich die Kernspins der Wasserstoffatome wieder in ihrer ursprünglichen Richtung aus. Dieser Wechsel und die Geschwindigkeit, mit der er erfolgt, kann gemessen werden. Beides bildet die Grundlage für die

Beurteilung, wie stark eine Gehirnregion durchblutet wird und damit, wie aktiv das jeweilige Areal gerade ist.

Mit beiden bildgebenden Verfahren ist es heute möglich, plastische Veränderungen des Gehirns und die zugrunde liegenden Gehirnabläufe zu erforschen.

Beispiel

An einem Beispiel soll dies verdeutlicht werden: Das **Jonglieren** mit Bällen stellt einen komplexen Handlungsablauf dar. Es erfordert Koordinationsfähigkeiten, die sowohl im motorischen als auch im visuellen Bereich angesiedelt sind. Wissenschaftler der Universität Hamburg brachten erwachsenen Versuchsteilnehmern das Jonglieren bei. Vor und während der Lernphase wurden MRT-Aufnahmen vom Gehirn der Probanden angefertigt. Bereits sieben Tage nach Versuchsbeginn machten sich bei den Testpersonen **Veränderungen in der grauen Substanz des Gehirns** bemerkbar. Die Veränderungen vollzogen sich in der Region, die für die Erfassung von visuellen und motorischen Reizen verantwortlich ist (Abb. 69, links). Nach ca. einem Monat Jonglieren waren die Veränderungen in der erwähnten Region des Gehirns noch deutlicher zu erkennen (Abb. 69, rechts).

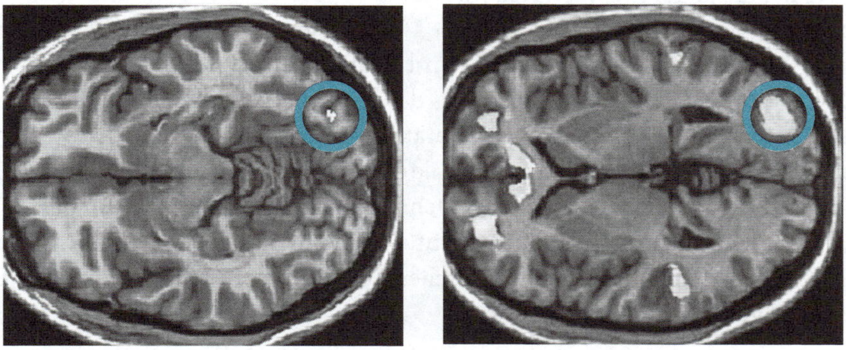

Abb. 69: MRT-Aufnahmen nach sieben (links) und nach 28 Tagen (rechts) Jonglieren

Mit bildgebenden Verfahren stehen damit Möglichkeiten zur Verfügung, die bis vor kurzer Zeit noch undenkbar schienen. Es bleibt aber festzuhalten, dass mit diesen Verfahren **keine Denkprozesse erfasst**, sondern lediglich **Stoffwechselprozesse sichtbar gemacht** werden. Dadurch sind die Resultate nicht immer aussagekräftig bzw. eindeutig.

Trotz der Grenzen, die bildgebenden Verfahren bei der Erforschung von Gehirnabläufen immer noch gesetzt sind, haben diese und weitere Untersuchungsmethoden verdeutlicht, dass unser Gehirn **viel dynamischer** ist, als wir uns bisher vorstellen konnten. Das Gehirn hat nicht nur ein unglaubliches

Potenzial für eine Genesung nach Verletzungen (Traumata). Über die Fähigkeit einer Wiederherstellung hinaus kann es **lebenslang durch Erfahrungen geformt und verändert** werden.

Untersuchungen des lebenden Gehirns bedienen sich heute bildgebenden Verfahren, z. B. der **Positronen-Emissions-Tomografie (PET)** und der **funktionellen Magnet-Resonanz-Tomographie (fMRT)**. Beide bildgebenden Verfahren machen aber nur Stoffwechselprozesse sichtbar und können direkt keine Denkprozesse erfassen.

Vom äußeren Reiz zum Sinneseindruck im Gehirn

Bevor ein Sinneseindruck bei einem Lebewesen zu einer bestimmten Reaktion führen kann, müssen die wahrgenommenen Reize im Organismus in einem bestimmten festgelegten Ablauf verarbeitet werden. Prinzipiell ist die Reihenfolge der zu durchlaufenden Schritte bei den verschiedenen Rezeptortypen gleich: Als Erstes muss ein **adäquater Reiz** auf eine **Sinneszelle** mit entsprechenden reizaufnehmenden Strukturen treffen. Die Sinneszellen der Augen reagieren z. B. auf Lichteinwirkung, nicht auf Beschallung. In den Sinneszellen werden die ankommenden Reize in Rezeptorpotenziale umgewandelt, die Generatorpotenziale darstellen (siehe S. 109 f.). Diese Umwandlung eines äußeren Reizes in elektrische Signale wird **Transduktion** genannt. Im nächsten Schritt erfolgt die **Transformation**, das heißt die Weiterleitung der elektrischen Signale als Aktionspotenziale aus dem peripheren Nervensystem hin zum ZNS. Sind die Aktionspotenziale im **Gehirn** angekommen, entsteht in entsprechenden Hirnbereichen aus den Erregungen ein **Sinneseindruck**. Dieser ist nicht direkt messbar. Die eigentliche **Wahrnehmung** entsteht schließlich aus dem **Zusammenspiel** zwischen den **Sinneseindrücken** und den **Erfahrungen** des Lebewesens.

Der Weg vom äußeren **Reiz** zum **Sinneseindruck** im Gehirn ist ein mehrstufiger Prozess mit der **Transduktion** der Reize und der **Transformation** elektrischer Signale.

Beeinflussung des Gehirns durch endogene und exogene Substanzen

Auch im Gehirn können körpereigene Wirkstoffe ansetzen. Zu erwähnen sind hier **endogene Opioide**, körpereigene Peptide von unterschiedlicher Größe. Sie werden ausgeschüttet, wenn sich der Organismus in spezifischen Stresssituationen befindet, in denen beispielsweise durch Verletzungen verursachte Schmerzen oder auch Hungergefühle unterdrückt werden müssen. Auch hier gilt wieder das **Schlüssel-Schloss-Prinzip:** Die Peptid-Liganden binden an

spezifische Opioidrezeptoren auf der Neuronmembran. Hier können die Opioide die **Schmerzwahrnehmung unterdrücken**, indem sie z. B. selbst als Neurotransmitter wirken oder auch als sog. Modulatoren andere Neurotransmitter überlagern und eine **Erregungsübertragung erschweren**.
Als Beispiel für eine massive Beeinträchtigung der Gehirnfunktionen durch eine **exogene Substanz** kann die Droge **Ecstasy** gelten. Wie man heute weiß beeinträchtigt sie, auch wenn sie nur über einen kurzen Zeitraum eingenommen wurde, längerfristig spezifische Gedächtnisleistungen. Ecstasy bewirkt im Gehirn eine **vermehrte Ausschüttung** des wichtigen Neurotransmitters **Serotonin** in den synaptischen Spalt. Im Normalfall wird der Überträgerstoff nach kurzer Zeit wieder in die präsynaptische Endigung recycelt (siehe Abb. 58, S. 119). Die Droge hemmt aber noch zusätzlich gerade die Enzyme, welche für den Rücktransport des Serotonins verantwortlich sind. Durch den erhöhten Serotoninspiegel kommt es zu einer andauernden Öffnung der Ionenkanäle. Infolgedessen werden neben optischen und akustischen Reizen vor allem haptische (über den Tastsinn aufgenommene) Reize massiv verstärkt. Langfristig schädigt die Einnahme der Droge die präsynaptischen Nervenendigungen und stört den korrekten Ablauf der Signalübertragung. Zusätzlich nimmt die Menge des vom Organismus neu produzierten Serotonins deutlich ab, wodurch Gedächtnisleistungen spürbar eingeschränkt werden.
Bei Ecstasy besteht eine **Dosis-Wirkungs-Beziehung**, das heißt je stärker der **Konsum** ist, desto größer sind die **Gedächtnisdefizite**, wobei bereits geringe Mengen deutliche negative Auswirkungen auf das Gehirn haben.

Neuroenhancer – „Gehirndoping" mit ungewissem Ausgang

Die Einnahme von Drogen und anderen psychotropen (psychoaktiven) Stoffen kann für die Gesundheit des Körpers gravierende Folgen haben. In den letzten Jahren ist ein neuer Begriff in der öffentlichen wie der fachwissenschaftlichen Diskussion aufgetaucht: **Neuro-Enhancement** bzw. Cognitive Enhancement. Gemeint ist damit die geplante **Einnahme von Substanzen zur Leistungssteigerung**, sei es im Berufsleben oder im schulischen Bereich. Hierbei wird versucht, eine gezielte Steigerung der Leistungsfähigkeit durch aktive **Eingriffe in die Biochemie des Gehirns** zu erreichen.

Beispiel

Ein bereits seit Langem bekannter Wirkstoff aus der Gruppe der Substanzen, mit denen der Mensch versucht, Wachheit und Leistungsbereitschaft zu beeinflussen, ist das **Coffein**. Bei diesem Stoff, der unter anderem in **Kaffee** und **Tee** enthalten ist, handelt es sich um eine stickstoffhaltige organische Verbindung, der als wesentliche Wirkung die Anregung des ZNS sowie eine Steigerung der Herzfrequenz und damit des Pulses zugeschrieben wird. In geringer Konzentration wirkt die Substanz auf die sensorischen Bereiche der Hirnrinde, wodurch die **Konzentrationsfähigkeit erhöht** und Ermüdungserscheinungen entgegengewirkt wird. Dies geschieht dadurch, dass Coffein kompetitiv Adenosin-Rezeptoren besetzt. Ein hoher Gehalt an Adenosin, das als Nebenprodukt bei der Kommunikation der Nervenzellen entsteht, ist für die Gehirnzellen das Signal, „einen Gang herunterzuschalten“. Coffein besetzt die entsprechenden Rezeptoren, jedoch ohne sie zu aktivieren, wodurch das Gehirn auch bei steigender Adenosinkonzentration angestrengt weiterarbeitet. Bei einer Coffein-Überdosierung treten die bekannten Nebenwirkungen wie Erregungserscheinungen und rasender Puls auf.

Beispiel

Ein wesentlich problematischerer Neuroenhancer ist das **Dihydroergotoxin**, das aus mehreren Inhaltsstoffen des Mutterkornpilzes gewonnen wird. Es wirkt zum einen durchblutungsfördernd und hemmt zum anderen den Abbau des Second-Messengers cAMP (siehe S. 101). Der Substanz werden die Beschleunigung von Vorgängen im geistigen und psychomotorischen Bereich zugeschrieben, die das Lernvermögen und andere Gedächtnisleistungen beeinflussen sollen. Bei längerfristiger Einnahme hat Dihydroergotoxin aber erhebliche Nebenwirkungen, wie z. B. Übelkeit, Durchblutungs- und Kreislaufstörungen sowie Angstzustände.

Bei der Abwägung möglicher Folgen von **„Gehirndoping“** sowohl für das Individuum als auch für die (Leistungs-)Gesellschaft sollte immer der **gesundheitliche Aspekt im Mittelpunkt** der Überlegungen stehen. Übersteigerten Leistungserwartungen, egal ob sie von der Person selbst oder von ihrer Umgebung ausgehen, kann man nicht mit psychotropen Substanzen/Neuroenhancern begegnen. Denn **langfristig** kann die **Einnahme** derartiger Substanzen in eine Sackgasse führen: **Körper und Geist** werden oftmals derart **geschädigt**, dass die Betroffenen nicht mehr am produktiven gesellschaftlichen Leben teilnehmen können.

Das **Gehirn** kann auf vielfältige Weise durch **endogene und exogene Substanzen beeinflusst** werden.
Die Stoffe wirken meist nach dem **Schlüssel-Schloss-Prinzip** an Rezeptoren der Neuronmembranen und beeinflussen die Bindung von Transmittern an ihre Rezeptoren.
Mit **Neuroenhancern** wird versucht, die **Leistungsbereitschaft** des Gehirns zu **steigern**. Die **Risiken überwiegen** aber fast immer den vermeintlichen Nutzen dieser Stoffe.

Alzheimer – eine degenerative Erkrankung

An der **Demenzerkrankung Alzheimer** (Morbus Alzheimer) leiden heute weltweit schätzungsweise 35 Millionen Menschen – mit steigender Tendenz. Prognosen gehen von 66 Millionen Patienten im Jahr 2030 und von 115 Millionen im Jahr 2050 aus. Die Ursachen für diese bis heute nicht heilbare **Störung** des **Gehirns** sind immer noch nicht geklärt. Der fortschreitende Charakter dieser Demenzerkrankung äußert sich in Wesensveränderungen der erkrankten Menschen. Charakteristisch sind ein fortschreitender Gedächtnisverlust, Verwirrung, Verlust der Auffassungsgabe sowie des Urteils- und Denkvermögens, Desorientierung und Sprachverlust. Die irreversible Erkrankung, die wahrscheinlich nur in etwa 5 % der Fälle auf Vererbung zurückgeht, ist in ihrem **Endstadium** immer **tödlich**.

Drei **anatomische Symptome** verstärken sich im Laufe der fortschreitenden Erkrankung:

- **Beta-Amyloide** (Proteinkristalle, sog. **Plaques**) häufen sich auf der Neuronenoberfläche und zwischen den Nervenzellen an.
- Es kommt zur **Abnahme der Gehirnmasse** durch den Verlust von Hirngewebe infolge des fortschreitenden Absterbens von Gehirnzellen.
- **Veränderte Tau-Proteine** häufen sich in den Röhrenstrukturen (Mikrotubuli) des Zytoskeletts an. Im Normalfall stabilisieren die Tau-Proteine die Mikrotubuli. Durch ihre veränderte Struktur können sie diese Aufgabe allerdings nicht mehr erfüllen und die Mikrotubuli brechen zusammen.

Am Verständnis **molekularer Ursachen und Prozesse** der Alzheimer-Erkrankung wird mit Hochdruck gearbeitet, nicht zuletzt mit Blick auf die volkswirtschaftliche Bedeutung der Krankheit. Aktuelle wissenschaftliche Erkenntnisse lassen darauf schließen, dass **oxidativer Stress** durch ein gesteigertes Vorkommen freier Radikale einen Einfluss auf die Ausbildung der Krankheit haben könnte. Freie Radikale entstehen während der Stoffwechselprozesse in den Mitochondrien und werden in der Regel von speziellen „Schutzproteinen" unschädlich gemacht. In Experimenten wurde nachgewiesen, dass bei einer Zugabe von Beta-Amyloiden (im Zusammenspiel mit spezifischen Membranproteinen) mehr freie Radikale entstehen. Vielleicht setzt die sich im Verlauf der Erkrankung ständig erhöhende Menge an Plaques die Nervenzellen letztlich derart unter oxidativen Stress, dass sie dadurch irreversibel geschädigt und schließlich abgetötet werden.

Da Morbus Alzheimer derzeit nicht zu heilen ist, sind die möglichen **Therapieansätze** deutlich eingeschränkt. Neben der Gabe von **Medikamenten** zur Verhaltensstabilisierung und Förderung der Hirnleistung gibt es auch nicht-medikamentöse Therapiemöglichkeiten. Bei der **Validationstherapie** beispielsweise ist der Ansatz, den dementen Menschen vorbehaltlos zu akzeptieren, da dieser aufgrund seiner Erkrankung nicht mehr die gleiche Flexibilität aufbringen kann wie ein Gesunder. Man versetzt sich dabei in den Erkrankten, versucht, seine Lebensumstände zu verstehen und ihm dies auch verständlich zu machen. In einem emotionsorientierten Behandlungskonzept kann noch die **Erinnerungstherapie** (Biografiearbeit) hinzukommen. Bei einer frühzeitigen **Demenz-Prävention** kann man sich schließlich die bis ins Alter vorhandene Plastizität des Gehirns (siehe Folgekapitel) zunutze machen.

Morbus Alzheimer ist die häufigste Form einer **irreversiblen Demenzerkrankung**. Die degenerative Störung weist **anatomische Symptome** auf und beruht wahrscheinlich auf **molekularbiologischen Ursachen** (oxidativer Stress).
Medikamentöse und nicht-medikamentöse **Therapieansätze** können das Fortschreiten der **Erkrankung verlangsamen**, sie aber nicht heilen.

3.5 Plastizität des Gehirns – „Man lernt nie aus!“

Neuronale Plastizität

Neurobiologische Untersuchungen führten in den letzten Jahren zu der Erkenntnis, dass spezifische Umwelteinflüsse eine **Modifizierung einzelner Nervenzellen und Synapsen** ja ganzer **Gehirnareale** in morphologischer und funktionaler Hinsicht bewirken können. Erfahrungen, die ein Lebewesen gemacht hat, wirken sich dabei direkt auf Anatomie und Funktion des Nervensystems aus. Der Effekt, der sich daraus ergibt, ist eine bessere Anpassung des Organismus an die vorherrschenden Umweltbedingungen. Diese Eigenschaft des Nervensystems wird mit dem Begriff **neuronale Plastizität (Neuroplastizität)** bezeichnet.

Veränderungen in der Aktivität von Nervenzellen führen zu Veränderungen ihrer Eigenschaften. Dies betrifft sowohl die Anzahl der Verknüpfungsstellen von Nervenzellen (siehe Abb. 70) als auch die Stärke, mit der Synapsen an einem nachgeschalteten Neuron „feuern“ (siehe Abb. 71).
In Abb. 70 ist die **strukturelle Plastizität** anhand dreier Nervenzellen verdeutlicht. N_1 und N_2 stellen präsynaptische Neurone dar, N_3 ist eine postsynaptische Nervenzelle. Abb. 70 a zeigt den Ausgangszustand. Werden nun verstärkt Aktionspotenziale über die synaptischen Endknöpfchen von N_1 an N_3 geschickt, so kann dies dazu führen, dass sich zwischen N_1 und N_3 neue Synapsen bilden (Abb. 70 b). Diese zusätzlichen Verknüpfungsstellen können

dann die ankommenden Impulse schneller an die nachgeschaltete Nervenzelle übermitteln. Eine synaptische Verbindung kann entsprechend aber auch schwächer werden bzw. ganz wegfallen, wie die Entwicklung von N_2 verdeutlicht.

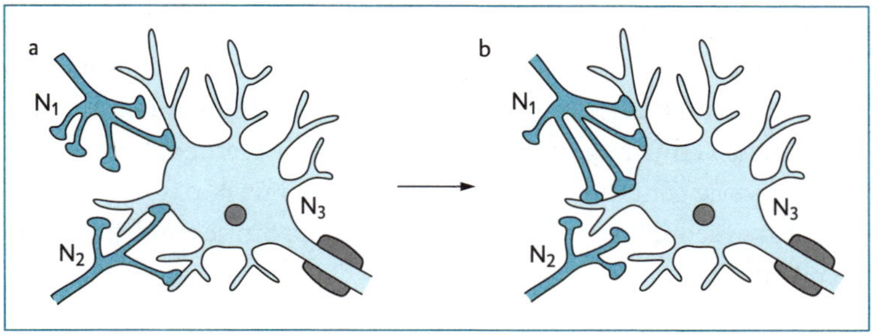

Abb. 70: Strukturelle Plastizität

Bei der **funktionellen Plastizität** kann die Übertragung von Signalen ebenfalls gestärkt oder geschwächt werden. Im dargestellten Beispiel (Abb. 71 a) besteht je eine Synapse als Verbindung zwischen N_1 und N_3 sowie zwischen N_2 und N_3. Die synaptischen Endknöpfchen von N_1 und N_2 geben dabei oftmals gleichzeitig Impulse an N_3 ab. Ist dies der Fall, so kann im Laufe der Zeit die Ausschüttung von Transmittern, das heißt die Stärke der synaptischen Übertragung, an beiden Synapsen deutlich zunehmen (Abb. 71 b).

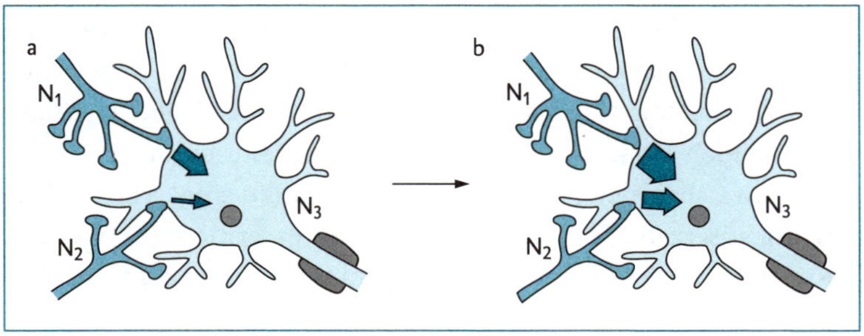

Abb. 71: Funktionelle Plastizität

Derartige Umgestaltungen an Nervenzellen sowie die Veränderungen bei der Stärke synaptischer Antworten stehen in direktem Zusammenhang mit dem Vorgang des **Lernens** und der Ausbildung einer **Gedächtnisleistung**.

Während eines Lernvorgangs erfolgt im **Hippocampus** (siehe Abb. 72, S. 155) eine verstärkte Freisetzung des Neurotransmitters Dopamin. Seine Ausschüttung setzt die Prozesse zur Ausbildung synaptischer Plastizität in Gang.

Lebenslanges Lernen

Neuroplastizität zeigt sich auch darin, dass sich z. B. nach einem Trauma, durch das es zum Ausfall eines Gehirnbereichs kommt, die **Informationsweiterleitung neue Wege erschließt**. Dafür muss das Gehirn die Fähigkeit haben, mit einer für den Organismus gravierenden Einschränkung fertigzuwerden. Ausgelöst durch den Ausfall einer Gehirnpartie bahnen sich die Informationen dann einen alternativen Weg über andere Nervenzellen, wobei Neuronen im Gehirn nicht nur neu verbunden, sondern auch neu gebildet werden können. Es können sogar ganze Gehirnregionen „umfunktioniert" werden. Bei blinden Menschen beispielsweise geht die neuronale Plastizität so weit, dass der visuelle Kortex derart „umgeschult" wird, dass dort akustische Sinneseindrücke verarbeitet werden können.

Unser Gehirn ist deutlich erfahrungsgeprägt. Es zeigt immer dann Plastizität, wenn es in unbekannten Situationen auf Erfahrungen zurückgreifen kann, während es sich auf die neue Anforderung fokussiert. Auf diese Weise schaffen die Neuronen im Gehirn neue Verbindungen, neue zelluläre Netzwerke – und das lebenslang. Dies geschieht vornehmlich dann, wenn Neues erlernt wird und dabei Herausforderungen bewältigt werden müssen.

„Learning never ends." Dieser Satz des Bauhauskünstlers Josef ALBERS wird heute durch die Erkenntnisse der modernen Forschung zur Plastizität des Gehirns klarer verständlich. Vor allem im Hinblick auf die letzte Lebensphase, den Ruhestand nach dem Arbeitsleben, bedeutet dies, dass Senioren ihre Gehirnleistung durch mentale und physische Aktivitäten, die die Gehirnaktivität stimulieren, noch lange erhalten können. Neurobiologen sind sich inzwischen einig, dass durch die Ausnutzung von Neuroplastizität einer Demenzerkrankung vorgebeugt werden kann. Vor allem in Betreuungseinrichtungen für ältere Menschen („Altersheimen") sollte an diesem Punkt eine gezielte **Demenz-Prävention** ansetzen. Den Bewohnern sollte es ermöglicht werden, ihre mentale Kapazität zu trainieren. Die überkommene entwürdigende Vorstellung, Senioren nur „satt und sauber" zu halten, ist dabei völlig kontraproduktiv. Senioren, die an neurologischen Defekten wie z. B. Demenz oder Parkinson erkrankt sind, kann durch gezielte Förderung und Medikation (siehe S. 151) immer noch ein menschenwürdiges Leben ermöglicht werden. Diese Einsichten müssen sich aber auch gesellschaftlich durchsetzen. Die Neurowissenschaft mit ihren Erkenntnissen über die Möglichkeit einer lebenslangen Veränderung unseres Gehirns durch Ausnutzung neuronaler Plastizität bietet hierfür eine gute Argumentationsbasis.

Die Fähigkeit zu neuronalen Plastizität ermöglicht es, dass sich einzelne Nervenzellen, aber auch ganze Gehirnareale lebenslang neuen Gegebenheiten anpassen können. Eine Demenz-Prävention kann beim Training der mentalen Kapazität ansetzen.

Das Gedächtnis

Als Gedächtnis werden allgemein die im Gehirn abgespeicherten und wieder abrufbaren **Erfahrungen** bezeichnet, die auf **Lernprozessen** beruhen. Die Möglichkeit, gespeicherte Erkenntnisse, die auf vorangegangenen Ereignissen beruhen, wieder abrufen zu können, ist eine Grundbedingung für das Aneignen von Wissen. Es gibt mehrere Ausprägungen des Gedächtnisses, die unterschiedliche Formen einer **Einteilung** ermöglichen.

Eine Einteilungsmöglichkeit beruht darauf, wie lange Gedächtnisinhalte gespeichert werden **(Arbeits-/Kurzzeit- und Langzeitgedächtnis)**. Eine andere orientiert sich hauptsächlich an den zu **speichernden Inhalten** (z. B. Vokabeln, die Fähigkeit, Fahrrad zu fahren, der Ärger über ein schlechtes Klausurergebnis). Die isolierte Betrachtung beider Einteilungsformen ist allerdings nicht sinnvoll, da die Übergänge fließend sind.

Die Fähigkeit, ein Gedächtnis auszubilden, beruht zum einen auf **anatomischen** und zum anderen auf **physiologischen Grundlagen**. Anatomisch gesehen ist das **Limbische System** wichtig für den Aufbau eines Gedächtnisses und dort speziell der **Hippocampus** (siehe Abb. 72). Immer dann, wenn in unserem Gehirn ein Lernprozess abläuft, ist dieser Gehirnteil besonders aktiv. Der Hippocampus stellt die Schaltstelle dar, die ankommende Informationen aus dem Kurzzeitgedächtnis auf ihrem Weg in das Wissensgedächtnis (ein Teil des Langzeitgedächtnisses) durchlaufen müssen. Eine Zerstörung des Hippocampus in beiden Gehirnhälften führt dazu, dass sich die Betroffenen keine neuen Informationen mehr einprägen können (anterograde Amnesie).

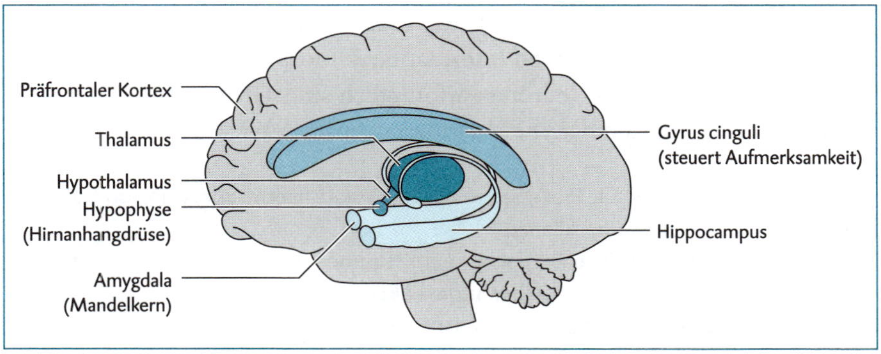

Abb. 72: Teile des Limbischen Systems

Der **Präfrontale Kortex** (siehe Abb. 72) des Großhirns ist besonders intensiv mit dem Limbischen System verschaltet. Hier laufen die Prozesse des **Arbeitsgedächtnisses** ab, das z. B. dafür zuständig ist, dass wir einem gesprochenen Text Satz für Satz inhaltlich folgen können. Seine Kapazität ist aber begrenzt. Das **Langzeitgedächtnis** ist dagegen in der gesamten **Großhirnrinde** und in einer Vielzahl unter ihr liegender (subkortikaler) Bereiche lokalisiert.
Je nach der Art der Inhalte kann das Langzeitgedächtnis unterschiedlich gegliedert werden (siehe Abb. 73). Das **prozedurale Gedächtnis**, also dasjenige, das Handlungsabläufe beinhaltet, wird dabei parallel neben das **Wissensgedächtnis** gestellt. In Letzterem wird das gespeichert, was bewusst und willentlich wiedergegeben werden kann, seien es Erlebnisse aus dem eigenen Leben (episodisches Gedächtnis) oder erlernte Sachverhalte (semantisches Gedächtnis).

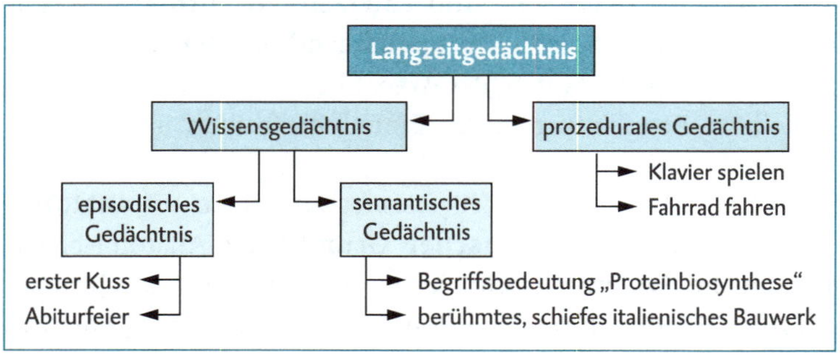

Abb. 73: Gliederung des Langzeitgedächtnisses

Auf der **physiologischen** Seite der **Gedächtnisbildung** werden vom Gehirn unterschiedliche Strategien verfolgt. Das **Kurzzeitgedächtnis** (Speicherung für 20–60 s) arbeitet auf **elektrochemischer** Basis. Entscheidend ist hier das Aktivitätsmuster von Nervenzellen (Aktionspotenziale) und ihrer Synapsen (Transmitterausschüttung). Die physiologischen Prozesse, die schließlich im **Langzeitgedächtnis** für eine mitunter lebenslange Speicherung von Informationen sorgen, sind noch nicht eindeutig geklärt. Man geht davon aus, dass für eine dauerhafte Speicherung von Informationen morphologische und molekulare Umgestaltungen von Neuronen erforderlich sind. Grundlegend sind dabei wohl auch elektrophysiologische Veränderungen an deren Synapsen.

Das **Gedächtnis** umfasst alle Prozesse, bei denen gelernte Informationen abgespeichert und wieder abgerufen werden können.
Das **Limbische System** und dabei vor allem der **Hippocampus** sind beim Lernvorgang und der Speicherung des Gelernten **besonders aktiv**.
Arbeits-/Kurzzeit- und Langzeitgedächtnis unterscheiden sich sowohl in ihren bevorzugten **Speicherorten** als auch in der **Art** der **Gedächtnisbildung**.

Zusammenfassung

- Das Zentralnervensystem (ZNS) besteht bei Wirbeltieren aus Gehirn und Rückenmark.
- Vegetatives (unwillkürliches) und somatisches (willkürliches) Nervensystem unterscheiden sich in ihrer Funktionsweise.
- Verschaltungen von Nervenzellen, die Reflexe steuern, werden als Reflexbögen bezeichnet. An diesen sind auch hemmende Synapsen beteiligt.
- Die Kontraktion eines Muskels hat die Dehnung seines Antagonisten zur Folge. Um eine ständige gegenseitige Erregung der Antagonisten zu vermeiden, enthalten die zugehörigen Reflexbögen hemmende Synapsen, die mit ihren IPSPs die Erregung der Motoneuronen des Antagonisten verhindern.
- Reflexbögen des Rückenmarks entlasten das Gehirn, ermöglichen wegen der kurzen Schaltwege schnelle Reaktionen und sparen Material und Energie.
- Sympathikus und Parasympathikus wirken als Antagonisten, die auch die hormonelle Steuerung des Organismus beeinflussen können.
- Die graue Substanz der Großhirnrinde besteht zum größten Teil aus dem Soma und den Dendriten von Neuronen. Unter dieser äußeren Schicht des Großhirns verlaufen in der weißen Substanz die Nervenfasern.
- In der grauen Substanz des Großhirns laufen die Verrechnungsprozesse an den Synapsen des Somas und der Dendriten ab.
- Funktionell lassen sich in der Großhirnrinde sensorische von motorischen Feldern unterscheiden.
- Bildgebende Verfahren wie PET und fMRT ermöglichen Einblicke in die Stoffwechselprozesse lebender Gehirne.
- Vom äußeren Reiz bis zum Sinneseindruck ist es ein mehrstufiger Transduktions- und Transformationsprozess.
- Endogene Opiate wirken nach dem Schlüssel-Schloss-Prinzip an der Neuronmembran.
- Die Beeinflussung der Leistungsfähigkeit des Gehirns („Gehirndoping") durch exogene psychotrope Stoffe (Neuroenhancer) birgt unkalkulierbare Risiken.
- Die irreversible Demenzerkrankung Alzheimer beruht auf anatomischen und molekularbiologischen Ursachen. Medikamente und andere Therapieansätze können den Krankheitsverlauf bisher nur verlangsamen, nicht aber stoppen.
- Die neuronale Plastizität ermöglicht ein lebenslanges Lernen, mit dem auf Umwelteinflüsse und -veränderungen aktiv reagiert werden kann.
- Gedächtnisleistungen sind vom Limbischen System, vor allem vom Hippocampus abhängig.
- Die Art der Gedächtnisbildung und die Orte der Informationsspeicherung unterscheiden sich ebenso wie die Funktion des Arbeits- und des Langzeitgedächtnisses.

Aufgaben

124 Obwohl es nur etwa 2 % des Körpervolumens ausmacht, verbraucht das Gehirn des Menschen rund 20 % der gesamten Stoffwechselenergie des Organismus.
Erklären Sie den hohen Energiebedarf des Organs. Berücksichtigen Sie dabei auch Prozesse auf molekularer Ebene.

125 Beschreiben Sie den Querschnitt durch das Rückenmark des Menschen mit den abgehenden Nerven.
Erklären Sie die unterschiedliche Färbung der verschiedenen Bereiche.

126 Das Rückenmark hat Schalt- und Leitungsfunktion.
Erläutern Sie dies näher.
Nennen Sie die Teile des Rückenmarks, die für die Leitung zuständig sind, und diejenigen, die für die Schaltung zuständig sind.

127 Erklären Sie, welche Vorteile es bringt, wenn bestimmte Bewegungen durch Reflexbögen gesteuert werden.

128 Beim Kniesehnenreflex wird der Streckermuskel, der den Unterschenkel nach vorn bewegt, kontrahiert. Dadurch wird sein Antagonist, der Beugermuskel, gedehnt.

- a Beschreiben Sie, welche Vorgänge die Dehnung des Beugermuskels im Nervensystem auslöst.
- b Könnte man in einer ähnlichen Versuchsanordnung wie beim Kniesehnenreflex auch den Beugermuskel, der den Unterschenkel nach hinten bewegt, zur Kontraktion bringen? Begründen Sie Ihre Antwort.

129 Wenn durch eine Verletzung oder durch eine Krankheit Spinalganglien zerstört werden, verliert der Körper im entsprechenden Bereich die Fähigkeit, reflektorisch zu reagieren.
Erklären Sie dies am Beispiel des Kniesehnenreflexes.

130 Durch einen Unfall wurde bei einem Menschen das Rückenmark vollständig durchtrennt. Seither ist er vom unteren Brustbereich an querschnittgelähmt.

- a Erläutern Sie, warum der Patient nicht mehr gehen kann.
- b Kann der Patient noch Empfindungen im Bereich der Beine wahrnehmen? Erklären Sie.

131 Polioviren, die Erreger der Kinderlähmung, zerstören die motorischen Vorderhornzellen. Geben Sie an, welche der folgenden Fähigkeiten dadurch in den betroffenen Bereichen verloren gehen:

- reflektorische Bewegungen
- willkürliche Bewegungen
- Schmerzempfindung
- Empfindung von Druck und Temperatur

Begründen Sie Ihre Antwort.

132 Eine Person verbrennt sich die Finger an einer heißen Herdplatte. Sie zieht daraufhin die Hand sofort zurück. Dieser Vorgang kann so schnell erfolgen, dass die Person den Schmerz erst bemerkt, nachdem sie die Hand schon zurückgezogen hat.
Erklären Sie, wie es möglich ist, dass man die Hand zurückziehen kann, bevor sich der Schmerz bemerkbar macht.

133 Nennen Sie Aufgaben, die die sensorischen und die motorischen Felder des Großhirns erfüllen.

134 Erläutern Sie, warum man bei einer Sympathikus-Aktivierung auch von der Auslösung einer „Fight-or-flight-Reaktion“ spricht.

135 Begründen Sie, warum fMRT-Aufnahmen keine direkten Denkprozesse sichtbar machen können.

136 Stellen Sie den Weg vom Reiz zum Sinneseindruck im Gehirn grafisch in einem Pfeildiagramm dar.

137 Nennen und erläutern Sie in Stichworten die Therapieansätze, die bei einer Erkrankung mit Morbus Alzheimer zurzeit angewandt werden.

138 Erläutern Sie, warum es sinnvoll ist, von „vielen Gedächtnissen“ zu sprechen.

4 Das Wirbeltierauge – ein Sinnesorgan

Augen sind **Sinnesorgane**, die auf die **Aufnahme elektromagnetischer Strahlung** (Lichtreize, Photonen) als adäquate Reize spezialisiert sind. Je nach den Erfordernissen sind Augen, was ihre Funktionsweise, Beschaffenheit und Platzierung am Körper betrifft, bei verschiedenen Tiergruppen sehr unterschiedlich gestaltet. Das Wirbeltierauge stellt dabei eine der höchst entwickelten Formen eines Sinnesorgans für die Wahrnehmung von Lichtreizen dar. Die Augen aller Wirbeltiere sind zwar in ihrem Grundaufbau prinzipiell gleich, unterscheiden sich zum Teil aber deutlich in Leistungsfähigkeit und -vermögen. So können beispielsweise einige Vögel anders als der Mensch auch UV-Licht wahrnehmen.

4.1 Aufbau des menschlichen Auges

Das menschliche Auge ist ein **Linsenauge**. Um eine **visuelle Wahrnehmung** zu gewährleisten, ist ein komplexer **optischer Apparat** notwendig. Zu seinen wesentlichen Bestandteilen gehören die **Hornhaut**, die **Iris**, die **Augenlinse** und die **Netzhaut**. Der **Sehnerv** leitet die im Auge entstehenden Nervenimpulse an das Gehirn weiter. Geschützt wird das Auge unter anderem durch die **Lederhaut**. Auf sie sind die **Aderhaut** und die **Netzhaut** aufgelagert (siehe Abb. 74).

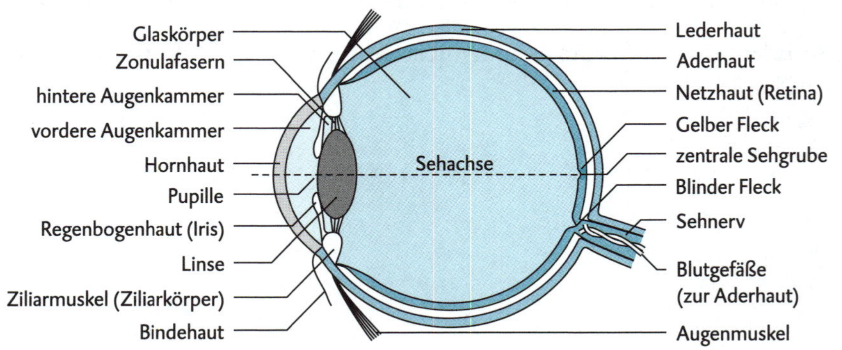

Abb. 74: Aufbau des menschlichen Auges

Für das menschliche Auge sind elektromagnetische Wellen mit Wellenlängen zwischen **350 und 750 nm** wahrnehmbar. Passiert dieses **Licht** die Hornhaut, die vordere Augenkammer, die Pupille (ihre Öffnungsweite wird von der

Iris bestimmt), die Linse und den Glaskörper, so trifft es auf die **Netzhaut**. Hier entsteht ein **verkleinertes, reelles Bild** der Umgebung, das auf dem Kopf steht und spiegelverkehrt ist.
Um das Gesehene scharf auf der Netzhaut abzubilden, kann die Brennweite der Augenlinse verändert werden. Dies geschieht durch das Zusammenspiel von Ziliarmuskel und Zonulafasern (Linsenbänder), durch das eine Verformung der Linse bewirkt werden kann. Diesen Vorgang bezeichnet man als **Akkommodation**.

Den optischen Apparat des **Linsenauges** machen vor allem Hornhaut, Iris, Augenlinse und Netzhaut aus.
Das auf die Netzhaut projizierte **Bild** ist **reell, spiegelverkehrt und steht auf dem Kopf**. Für die **Akkommodation** der Augenlinse sorgen Muskeln und Linsenbänder.

4.2 Wahrnehmung, Verarbeitung und gebündelte Weiterleitung von Lichteindrücken

Bau der Netzhaut (Retina)

Das menschliche Auge ist ein **inverses Auge**. Dies bedeutet, dass sich die **lichtempfindlichen Zellen (Sehzellen, Fotorezeptoren)** der Netzhaut auf der **dem Lichteinfall abgewandten Seite** der Netzhaut befinden. Als Konsequenz aus dieser Anordnung ergibt sich, dass die einfallenden Lichtstrahlen zunächst mehrere Schichten von Nervenzellen durchdringen müssen, bevor sie auf die Fotorezeptoren treffen (siehe Abb. 75).

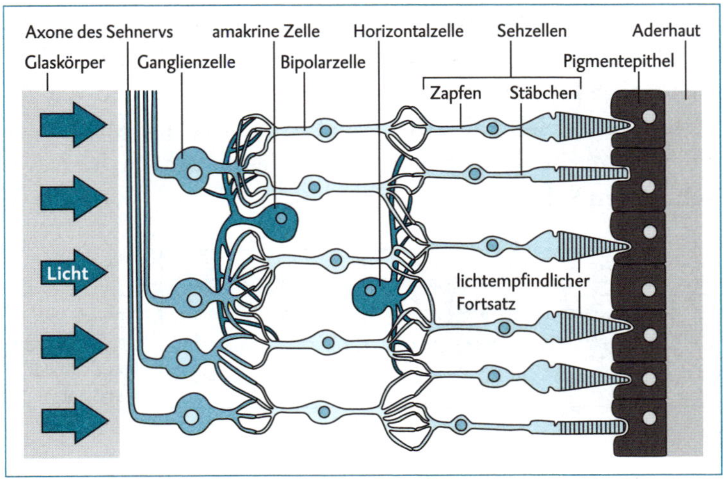

Abb. 75: Aufbau der Netzhaut

Über die **Retina** (Netzhaut) erfolgt zum einen die **Perzeption** (Aufnahme) von Reizen und zum anderen bereits eine komplexe **Reizverarbeitung**. Um diesen Aufgaben nachzukommen, ist sie aus **mehreren Schichten** aufgebaut. Als innere Augenhaut liegt die Netzhaut zwischen dem Glaskörper und der Aderhaut, die die Nährstoff- und Sauerstoffversorgung der äußeren Netzhautschichten gewährleistet. Die in Richtung Aderhaut orientierten Spitzen der Fotorezeptoren werden von Fortsätzen des **Pigmentepithels** umfasst. Dieser Teil der Netzhaut hat unter anderem die Aufgabe, bei starker Lichteinstrahlung Lichtanteile zu absorbieren. Von den **Sehzellen** verläuft der neuronale Informationsfluss zu **Bipolarzellen** (Schaltzellen), mit denen sie über Synapsen verschaltet sind. Im Normalfall ist jede Bipolarzelle mit mehreren Sinneszellen verbunden. Von den Bipolarzellen wird die Information zu **Ganglienzellen** weitergeleitet, deren Nervenbahnen zum **Sehnerv** zusammenlaufen. Auch hier erfolgt normalerweise eine Zusammenschaltung mehrerer Bipolarzellen über eine Ganglienzelle. Die **Horizontalzellen** und die **amakrinen Zellen**, die mit den Bipolarzellen unter dem Begriff **Interneuronen** zusammengefasst werden, verschalten mehrere Nerven- bzw. Sinneszellen durch Querverbindungen miteinander **(laterale Verknüpfungen)**. Durch die Zusammenschaltung mehrerer Sinnes- bzw. Nervenzellen sorgen die Interneuronen für eine **intra-retinale Informationsverarbeitung**. Wozu diese dient, wird später besprochen. Durch das Prinzip der **„gebündelten Weiterleitung" der Informationen** wird in der menschlichen Netzhaut die Erregung von mehr als 125 Millionen Sinneszellen in der Aktivität von lediglich etwa einer Million Ganglienzellen zusammengefasst. Eine Gruppe von Fotorezeptoren, deren Informationen auf eine einzige nachgeschaltete Ganglienzelle weitergeleitet werden, bezeichnet man als ein **rezeptives Feld** (siehe Abb. 76 A). In der **Fovea centralis** (zentrale Sehgrube), die im **Gelben Fleck** liegt, sind gleich viele Sinneszellen wie Ganglienzellen vorhanden. Hier sind Sinneszellen und Ganglienzellen 1 : 1 verschaltet (siehe Abb. 76 B). Weil damit das höchstmögliche Auflösungsvermögen erreicht wird, befindet sich in diesem Bereich des Auges die **Stelle des schärfsten Sehens**.

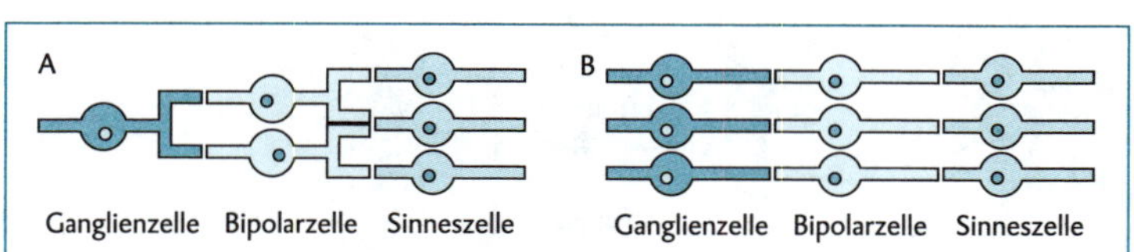

Abb. 76: Verschaltungen innerhalb der Netzhaut

Die Fotorezeptoren der Netzhaut sind dem Lichteinfall abgewandt **(inverses Auge)**.
Die **mehrschichtige Netzhaut (Retina)** nimmt **Reize** auf und **verarbeitet** sie.
Fotorezeptoren können für die Informationsweiterleitung **zusammengeschaltet** werden und dadurch **rezeptive Felder** bilden. In der **Fovea centralis** erfolgt aber eine direkte 1 : 1-Weiterleitung der Sinneseindrücke.

Zapfen und Stäbchen – Rezeptoren der Netzhaut

Die **Lichtsinneszellen** der Netzhaut sind **sekundäre Sinneszellen**, das heißt, sie besitzen keine Axone und bilden keine Aktionspotenziale. Es können zwei Kategorien von Fotorezeptoren unterschieden werden: die Zapfen und die Stäbchen.

- Die weniger lichtempfindlichen **Zapfen** sind für das **Farbensehen** und prinzipiell für das Sehen tagsüber verantwortlich.
- Die **Stäbchen** verfügen über eine hohe Lichtempfindlichkeit und sind daher besonders für das **Dämmerungs-** und das **Hell-Dunkel-Sehen** geeignet.

In der Netzhaut gibt es etwa 120 Millionen Stäbchen und nur ca. 6 Millionen Zapfen. Beide Sinneszelltypen sind unregelmäßig über die Netzhaut verteilt – mit Ausnahme der Fovea centralis: hier kommen nur Zapfen vor.

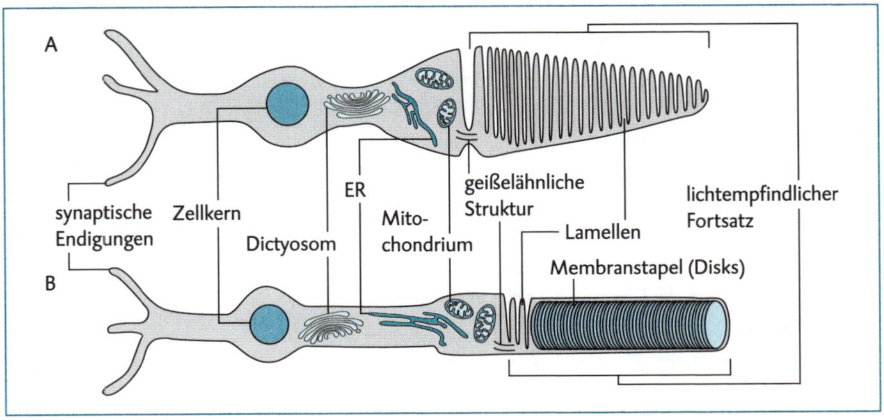

Abb. 77: Darstellung eines Zapfens (A) und eines Stäbchens (B) aus der menschlichen Retina

Stäbchen und Zapfen ähneln einander in ihrem Aufbau (siehe Abb. 77). An den **Zellkörper** (Innensegment), der neben den synaptischen Endigungen auch den Zellkern und weitere Zellorganellen enthält, schließt sich der **lichtempfindliche Fortsatz**, das Außensegment, an. Das für den Sehvorgang entscheidende Pigment ist bei den Zapfen in Membraneinfaltungen, den Lamellen, und bei den Stäbchen in ca. 2 000 Membranscheiben, sogenannten Disks, eingelagert. Diese Membranscheiben schwimmen frei im Zytoplasma.

Zapfen sind für die **Farbwahrnehmung**, **Stäbchen** für das **Dämmerungs- und Hell-Dunkel-Sehen** verantwortlich.
Die Fotorezeptoren setzen sich aus einem **Innensegment** (Zellkern u. a. Zellorganellen) und einem **Außensegment** (lichtempfindlicher Fortsatz) zusammen, das die **Sehpigmente** enthält.

Funktion der Lichtsinneszellen

In den Disks der **Stäbchen** befindet sich das **Sehpigment Rhodopsin**. Das „Sehpurpur" ist ein zusammengesetztes Molekül, das aus einem Proteinanteil, dem **Opsin**, besteht, in das **Retinal** (Vitamin-A-Abkömmling) eingelagert ist. Das Rhodopsin ist in die Disk-Membranen eingebettet (siehe Abb. 78). Durch die geldrollenartige Anordnung der Disks erhöht sich die für die Einlagerung zur Verfügung stehende Oberfläche deutlich (Prinzip der Oberflächenvergrößerung). Grundsätzlich gilt: Je **mehr Sehpigmente** in die **Fotorezeptoren** eingelagert sind, desto **größer** ist deren **Lichtempfindlichkeit**.

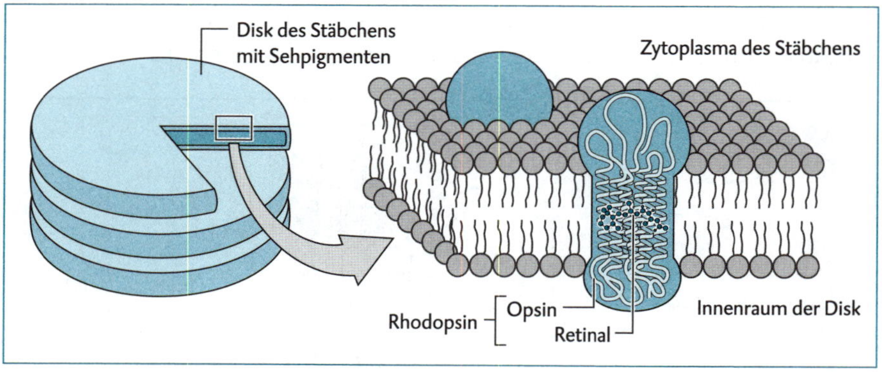

Abb. 78: Sehpigment in der Disk-Membran der Stäbchen

Der **adäquate Reiz** für Fotorezeptoren sind **Photonen**. Diese bewirken eine Veränderung in der Struktur des Rhodopsin-Moleküls. Die Umwandlung der Reize in elektrische Impulse, der **Transduktionsprozess**, läuft in den **Stäbchen** wie folgt ab:
Trifft ein **Photon** das Retinalmolekül, so ändert dieses seine Konformation, das heißt seine **räumliche Anordnung** (siehe Abb. 79). Aus der „abgewinkelten Form" des 11-cis-Retinal wird das „gerade" all-trans-Retinal.

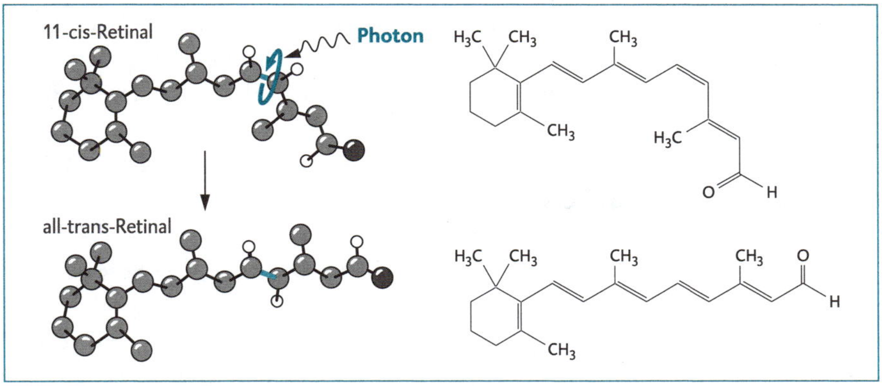

Abb. 79: Reaktion des Retinal-Moleküls bei Lichteinfall

Die Umwandlung führt dazu, dass das zuvor inaktive Rhodopsinmolekül aktiviert wird und eine **Signal-Transduktions-Kaskade** in Gang setzt (siehe Abb. 80).

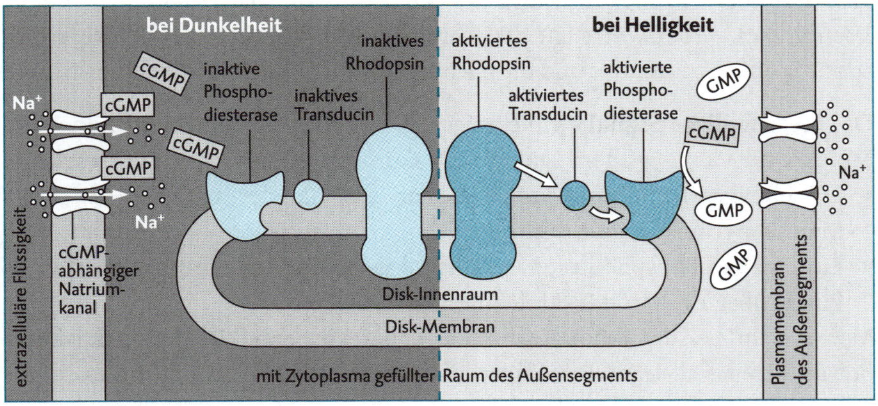

Abb. 80: Modellvorstellung zum Ablauf der Signal-Transduktions-Kaskade in den Stäbchen

Das aktivierte **Rhodopsinmolekül** löst die Aktivierung spezieller Proteine, der sogenannten **Transducine**, in der Disk-Membran aus. Danach zerfällt es in das Opsin- und das all-trans-Retinal-Molekül, das anschließend wieder in das 11-cis-Retinal umgewandelt und mit dem Opsin zum inaktiven Rhodopsinmolekül aufgebaut wird. Die Transducinmoleküle können sich mit Enzymen in der Membran, den **Phosphodiesterasen**, verbinden. Die dadurch aktivierten Enzyme **hydrolysieren** (spalten) die im Zytoplasma des Außensegments vorhandenen **cGMP-Moleküle**. Aufgabe des cyclischen Guanosin-Monophosphats (cGMP) ist es, als **Second messenger** (siehe S. 101) die Natrium-Ionen-

kanäle in der Plasmamembran des Außensegments zu öffnen. Sind keine Lichtreize vorhanden, liegt im Außensegment zwischen den Disks genügend cGMP vor und folglich können Na^+-Ionen in großer Zahl aus dem extrazellulären Raum einströmen. Eine Messung des Rezeptorpotenzials (Membranpotenzial des Stäbchens) ergibt einen Wert von ca. **–40 mV (Ruhepotenzial)**. Dies bezeichnet man als **„Dunkelstrom"**. Wird aber durch Hydrolyse das cGMP in GMP umgewandelt, können die Bindungsstellen an den Natrium-Ionenkanälen nicht mehr besetzt werden. Je niedriger die Konzentration an Second messengern im Außensegment ist, desto weniger Na^+-Kanäle sind geöffnet. Bei Belichtung sinkt das Rezeptorpotenzial dadurch auf einen Wert von **–70 mV** und weniger. Die Reizung der Lichtsinneszelle führt demnach nicht zu einer Depolarisation, sondern zu einer **Hyperpolarisation**.
An der präsynaptischen Endigung des Stäbchens werden Transmitter an die nachgeschalteten Zellen der Netzhaut, die Bipolarzellen, abgegeben – aber nur während der Dunkelphase, wenn die Zelle nicht erregt ist. Wird der Fotorezeptor gereizt, unterbleibt die Transmitterausschüttung. Wenn die Na^+-Ionenkanäle wieder geöffnet sind und das Membranpotenzial erneut seinen alten Wert von ca. –40 mV erreicht hat, werden wieder Transmitter in den synaptischen Spalt ausgeschüttet und die nachgeschalteten Bipolarzellen depolarisiert.

Das ursprüngliche **Signal** – ein einziges Photon, das ein einzelnes Rhodopsin-Molekül aktiviert – wird im Laufe des Reaktionszeitraums enorm **verstärkt:**

- Ein einziges Rhodopsin-Molekül kann die Aktivierung von Hunderten Membran-Transducinen auslösen.
- Ein einziges Phosphodiesterasemolekül ist in der Lage, innerhalb einer Sekunde über 1 000 cGMP-Moleküle zu inaktivieren.

Man spricht bei der Fototransduktion daher von einer **Reaktionskaskade**. Sobald sich das all-trans-Retinal aus dem Opsin-Molekül gelöst hat, endet der Transduktionsprozess.
Obwohl sie etwas anders aufgebaut sind, zeigen die **Zapfen** einen ganz ähnlichen Signaltransduktions-Mechanismus.

Das aktivierte **Rhodopsin-Molekül** setzt eine **Signal-Transduktions-Kaskade** in Gang, die zur Hyperpolarisation der Rezeptorzelle führt.
Die **Reaktionskaskade** bei der Fototransduktion verstärkt das ursprüngliche Signal des einzelnen aktivierten Rhodopsin-Moleküls **lawinenartig**.

Wahrnehmung von Kontrast und Farbe

Weist ein Gegenstand einen genügend hohen **Kontrast** zu seiner Umgebung auf, kann er vom menschlichen Auge erkannt werden. Die **Fotorezeptoren** müssen folglich in der Lage sein, **Unterschiede zwischen hellen und dunklen Bereichen** des Gesichtsfelds auszumachen. Man kann das Auge daher auch als einen „KonGehirn übermittelten Informationen werden von diesem interpretiert. Bei dieser Interpretation kann das Gehirn aber auch „getäuscht“ werden.

Beispiel

Bei einem Gittermuster aus schwarzen Quadraten mit dazwischen liegenden weißen Linien (Hermann-Gitter; nach L. Hermann, 1870) meint man an den Kreuzungspunkten der Linien graue Schattierungen zu erkennen (Abb. 81).

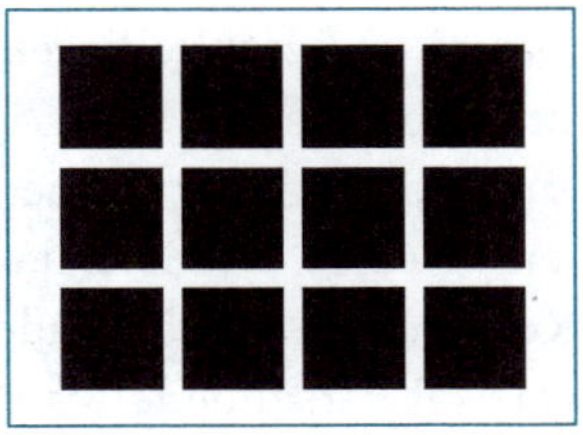

Abb. 81: Hermann-Gitter

Diese Täuschungen wirken sich, was die Kontrastwahrnehmung angeht, jedoch im Allgemeinen positiv aus – ohne dass wir uns dessen bewusst sind: Zusammengeschaltete Fotorezeptoren bilden auf der Netzhaut wie erwähnt **rezeptive Felder** (siehe S. 162). Ein rezeptives Feld weist ein kreisförmiges Zentrum auf, das von einem Ring (Peripherie, Umfeld) umgeben ist. Prinzipiell unterscheidet man zwischen den rezeptiven Feldern von On- und von Off-Ganglienzellen. Im Fall einer On-Ganglienzelle führt ein Lichtreiz im Zentrum zu einer Erhöhung der Aktionspotenzialfrequenz (erregendes Zentrum) an der Ganglienzelle, ein Lichtreiz in der Peripherie zu einer Verringerung (hemmendes Umfeld). Bei einer Off-Ganglienzelle sind die Verhältnisse umgekehrt. Betrachtet man die Gegebenheiten im Hermann-Gitter, so liegt, wenn das Zentrum eines rezeptiven Felds auf eine der weißen „Straßen“ im Gitter fällt, die Peripherie zu einem großen Teil im Bereich der schwarzen Quadrate (Abb. 82 A). Im Fall einer On-Ganglienzelle erscheint die Straße folglich hell, da die Peripherie ja nur schwach belichtet wird und somit die Hemmung gering ausfällt. An den Kreuzungsstellen fällt dagegen mehr Licht in die Peripherie (Abb. 82 B). Entsprechend ist die Hemmung stärker und die Kreuzung erscheint dunkler.

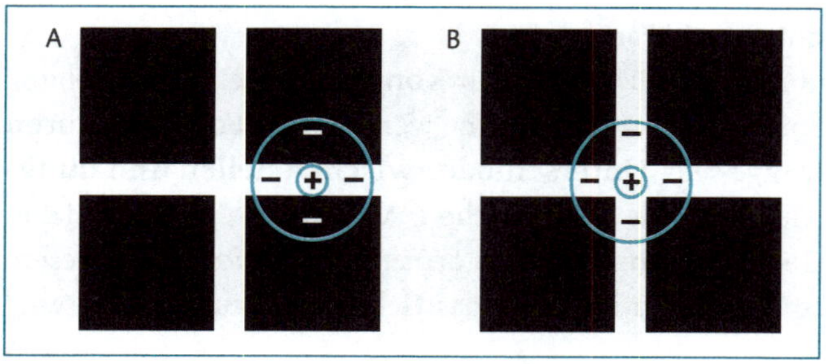

Abb. 82: Prinzip der lateralen Hemmung

Das hier zugrunde liegende Prinzip bezeichnet man auch als **laterale Hemmung**. Auch die Horizontalzellen und die amakrinen Zellen sind an dieser zum Teil recht komplizierten Verschaltung einzelner Gruppen von Nervenzellen beteiligt. Die laterale Hemmung führt damit zu einer **Verstärkung von Kontrasten**, was besonders in Abb. 82 A zu erkennen ist: Die horizontal bzw. vertikal verlaufende weiße Linie erscheint zwischen den zwei großflächigen schwarzen Bereichen deutlich heller. Ein betrachtetes Objekt kann so deutlicher an **Konturen gewinnen** und **räumlich besser wahrgenommen** werden.

Für die **Wahrnehmung** unterschiedlicher **Farben** sind die **Zapfen** verantwortlich. Von ihnen existieren im menschlichen Auge **drei Typen**. Jeder Typus besitzt eine unterschiedliche Absorptions-Bandbreite im elektromagnetischen Spektrum, die durch den jeweils unterschiedlichen Bau des Sehpigments Opsin bedingt ist. Die einzelnen Bandbreiten überlappen dabei stark.

Zapfen	Absorptions-maximum	farbliche Entsprechung	Benennung	genetische Lokalisation
L (Long)	ca. 565 nm	gelb bis rot	Rotrezeptor	X-Chromosom
M (Medium)	ca. 535 nm	blaugrün bis gelb	Grünrezeptor	X-Chromosom
S (Short)	ca. 420 nm	blau	Blaurezeptor	Chromosom 7

Tab. 4: Merkmale der drei Zapfentypen

Infrarote (>700 nm) und ultraviolette (<400 nm) Strahlung kann das menschliche Auge nicht wahrnehmen.

Je nach Farbe des ankommenden Lichts werden die verschiedenen Zapfentypen unterschiedlich stark gereizt. Das Gehirn berechnet dann aus den ankommenden Signalen den letztendlichen Farbeindruck. So erleben wir beispielsweise den Farbeindruck „weiß", wenn von jedem der drei Zapfentypen pro Zeiteinheit die gleiche Anzahl an Photonen absorbiert wird und die entsprechenden Signale im Gehirn verrechnet werden. Wie bei allen Sinneseindrücken entsteht also auch hier die eigentliche Wahrnehmung nicht im Sinnesorgan selbst: Farben sind Interpretationen der weitergeleiteten Erregungsmuster durch unser Gehirn.

Die **Fotorezeptoren** des menschlichen Auges können **Unterschiede zwischen hellen und dunklen Bereichen** eines Objektes ausmachen. Die **laterale Hemmung** sorgt für eine verstärkte Kontrastwahrnehmung.
Unterschiedliche **Farbwahrnehmungen** entstehen durch unterschiedlich starke (intensive) Aktivierung der **verschiedenen Zapfentypen**. Der **Farbeindruck** ist eine **Interpretationsleistung** des **Gehirns**.

Zusammenfassung

- Das Linsenauge erzeugt auf der Netzhaut ein verkleinertes, reelles, spiegelverkehrtes und auf dem Kopf stehendes Bild der betrachteten Umwelt.
- Das Scharfstellen der Abbildung erfolgt durch die Akkommodation der Linse.
- Die Netzhaut des inversen Auges ist mehrschichtig. Ihre Zellen nehmen bereits eine Informationsverarbeitung vor.
- Zapfen (Farbe) und Stäbchen (Hell-Dunkel-Sehen) sind die Fotorezeptoren des Auges. Sie bestehen aus einem Innensegment und dem lichtempfindlichen Außensegment.
- Der Transduktionsprozess in den Lichtsinneszellen ist eine durch Photonen ausgelöste Signal-Transduktions-Kaskade. Ein einzelner Reiz wird dabei über mehrere Stufen lawinenartig verstärkt.
- Als „Kontrastdetektor" kann das menschliche Auge Helligkeitsunterschiede ausmachen.
- Das Prinzip der lateralen Hemmung führt zu einer Verstärkung von Kontrasten.
- Für die Farbwahrnehmung sind drei spezialisierte Zapfentypen verantwortlich. Die Farbeindrücke entstehen als Interpretation des Gehirns, je nachdem welche Zapfentypen wie stark gereizt werden.

Aufgaben

139 Kreuzen Sie die richtigen Aussagen an:

- ☐ Das menschliche Auge ist ein inverses Auge.
- ☐ Das Wirbeltierauge erzeugt ein vergrößertes, reelles und spiegelverkehrtes Bild der betrachteten Umwelt.
- ☐ Die Öffnungsweite der Pupille wird von der Iris bestimmt.
- ☐ Die Reihenfolge der Augenhaut-Schichten im Wirbeltierauge lautet von innen nach außen: Aderhaut, Netzhaut, Lederhaut.
- ☐ Die Lederhaut ist für die Versorgung des Auges mit Nährstoffen verantwortlich.
- ☐ Aufgabe der Linsenbänder ist die Akkommodation der Augenlinse.
- ☐ Die zentrale Sehgrube bezeichnet man auch als Blinden Fleck.
- ☐ Der Gelbe Fleck ist die Stelle des schärfsten Sehens.

140 Grenzen Sie die Begriffe „adäquater Reiz“ und „inadäquater Reiz“ voneinander ab. Nennen Sie jeweils ein Beispiel.

141 Erläutern Sie, warum sich das Membranpotenzial der Stäbchen bei Belichtung von –40 mV auf –70 mV verändert.

142 Erläutern Sie, warum gleiche Farben von verschiedenen Menschen zum Teil unterschiedlich wahrgenommen werden.

143 Kreuzen Sie die falschen Aussagen an:

- ☐ Sekundäre Sinneszellen zeichnen sich dadurch aus, dass sie zwar keine Axone besitzen, aber trotzdem Aktionspotenziale bilden können.
- ☐ Die Zapfen sind primär für das Dämmerungssehen verantwortlich.
- ☐ Es gibt drei verschiedene Zapfentypen und mehrere unterschiedliche Typen von Stäbchen.
- ☐ Der lichtempfindliche Teil von Zapfen und Stäbchen liegt der synaptischen Endigung der Zelle gegenüber.
- ☐ Wird ein 11-cis-Retinal-Molekül von einem Photon getroffen, so ändert sich seine räumliche Anordnung in das all-trans-Retinal.
- ☐ Bei Belichtung der Stäbchen steigt der Wert des Rezeptorpotenzials. Es kommt zu einer Depolarisation.
- ☐ Die Sehpigmente befinden sich bei den Stäbchen in lamellenförmigen Membraneinfaltungen.

Ökologische Verflechtungen und nachhaltige Nutzung

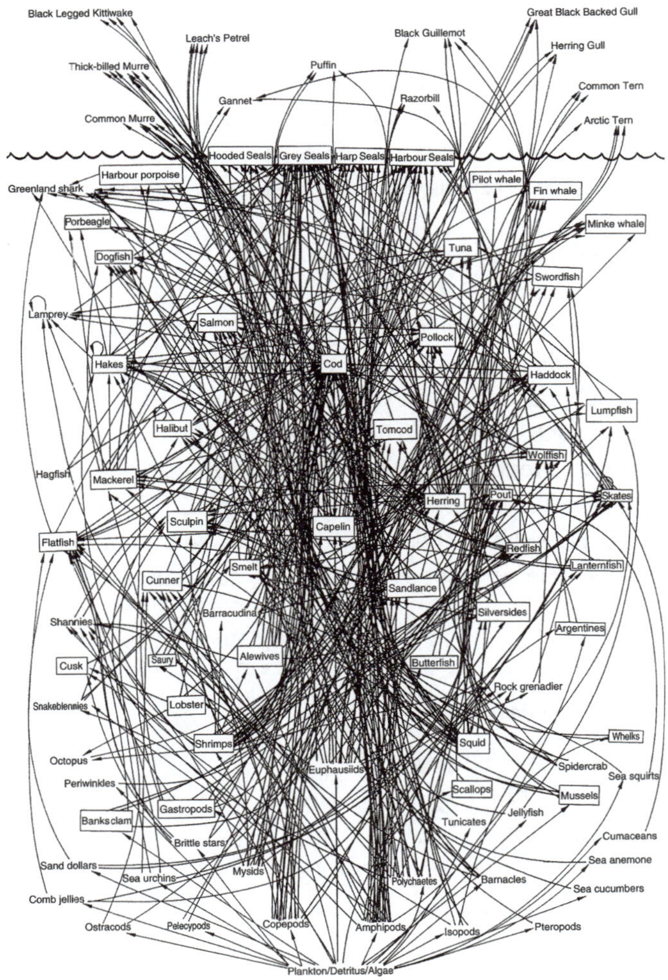

Ausschnitt eines Nahrungsnetzes am Schottischen Schelf im Nordwest-Atlantik östlich von Kanada: Das Nahrungsnetz ist äußerst komplex, aber dennoch nicht komplett: Die Ernährungsgewohnheiten einiger der dargestellten Arten sind noch nicht vollständig aufgeklärt. Außerdem leben nicht alle Tiere das ganze Jahr über am Schottischen Schelf. Die von Rechtecken umrandeten Arten sind durch Überfischung vom Aussterben bedroht.

1 Wechselbeziehungen zwischen Lebewesen und ihrer Umwelt

1.1 Grundbegriffe in der Ökologie

Verglichen mit anderen Bereichen der Biologie – wie Anatomie, Physiologie oder Evolutionsbiologie – ist die **Ökologie** ein relativ „junger" Forschungszweig. Diese biologische Teilwissenschaft, die sich mit den Wechselwirkungen zwischen der belebten und der unbelebten Umwelt und den gegenseitigen Beeinflussungen der Organismen untereinander beschäftigt, erhielt ihre Begriffsprägung erst 1866 durch den deutschen Biologen Ernst HAECKEL.
Unsere Erde ist der einzige uns bisher bekannte Planet, der Leben beheimatet. Die **Biosphäre** umfasst alle Lebensräume unserer Erde, die von Lebewesen besiedelt sind:

- die Atmosphäre (Lebensraum Luft),
- die Hydrosphäre (Lebensraum Wasser) und
- die Pedosphäre (Lebensraum Boden).

Damit umfasst die Biosphäre die Gesamtheit aller **Ökosysteme** der Erde, in denen vielfältige Beziehungsgefüge mit den verschiedensten Wechselwirkungen vorkommen. Unterteilt werden Ökosysteme in die Bereiche **Biotop** (die unbelebte Umwelt) und **Biozönose** (die darin existierenden Lebewesen). Betrachtet man Ökosysteme unter dem Begriff des „Systems", so sind diese als **offene Systeme** zu bezeichnen. Ökosysteme tauschen mit ihrer Umwelt nicht nur Energie aus (wie geschlossene Systeme), sondern darüber hinaus auch Stoffe.

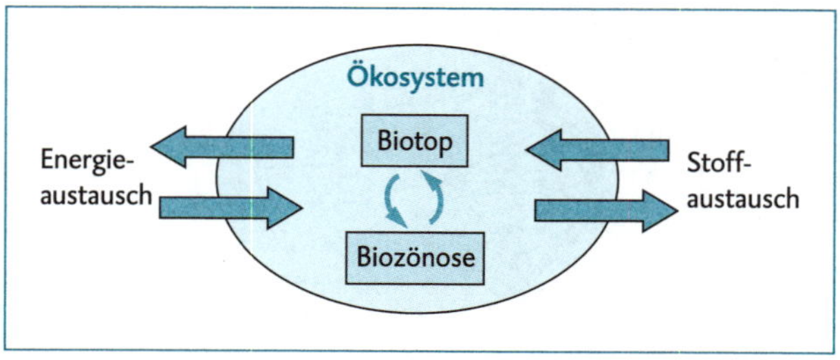

Abb. 83: Schema eines Ökosystems

Nach dem deutschen Ökologen Heinz ELLENBERG (1973) ist ein Ökosystem …

- ein ganzheitliches Wirkungsgefüge von Lebewesen (Biozönose) und
- deren anorganischer Umwelt (Biotop), das
- ein offenes, aber bis zu einem gewissen Grad zur Selbstregulation fähiges System darstellt.

Bei der Untersuchung von Ökosystemen haben Biologen neben der Erforschung von Biozönosen **(Synökologie)** auch die ökologischen Beziehungen der Populationen **(Demökologie)** und die Einzelorganismen **(Autökologie)** im Blick.

Ein **Ökosystem** stellt ein **offenes System** dar. Es besteht aus den nicht belebten Teilen **(Biotop)** und der darin lebenden Gesamtheit der Organismen **(Biozönose)**.

1.2 Abiotische und biotische Faktoren und ihre Wirkung

Das Zusammenleben von Organismen in ihrem Lebensraum wird von ganz unterschiedlichen Faktoren beeinflusst. Zunächst sind hier die physikalischen und chemischen Faktoren der unbelebten Umwelt zu nennen, die auf die Verhältnisse in einem Biotop einwirken. Solche **abiotischen Faktoren** sind z. B. die Intensität der Sonneneinstrahlung, die Temperatur, der pH-Wert des Bodens, sein Kalkgehalt, aber auch die Feuchtigkeit und der Sauerstoffgehalt der Luft. Neben diesen Einwirkungen der unbelebten Umwelt auf die Organismen beeinflussen sich die das Ökosystem bewohnenden Lebewesen auch gegenseitig. Diese Einflüsse werden als **biotische Faktoren** bezeichnet. Zu ihnen gehören alle Erscheinungen, durch die die Organismen – fördernd oder hemmend – aufeinander einwirken. Fördernd können sich z. B. ein Überangebot an Nahrung, Stoffaustausch oder Arbeitsteilung auswirken. Einen hemmenden Effekt haben beispielsweise ein Fressfeind, ein Entzug von Stoffen oder eine Konkurrenz um Nahrung und Lebensraum.
Jedoch setzt sich immer mehr die Erkenntnis durch, dass eine strenge Unterscheidung zwischen biotischen oder abiotischen Effekten oft kaum möglich ist. Ein Beispiel soll dies verdeutlichen:

Beispiel

Betrachtet man abiotische Umweltfaktoren wie Temperatur und Lichtintensität, so werden diese von einer im Ökosystem existierenden Pflanzendecke verändert. Die ursprünglich eingestrahlte Lichtmenge erreicht den Erdboden und die dort lebenden Organismen nicht mehr. Gleiches gilt für die Temperatur, die oberhalb und unterhalb der Pflanzendecke verschieden ist.

Aus diesem Grund kann man auch von **ökologischen Faktoren** sprechen. Damit sind all diejenigen Umweltfaktoren gemeint, die durch biologische Faktoren eine Umwandlung erfahren haben.

In ihrem Lebensraum wirken auf die Organismen **abiotische** und **biotische** Faktoren ein. Wegen ihrer gegenseitigen Wechselwirkungen ist es in vielen Fällen sinnvoll, die abiotischen und die biotischen Faktoren als **ökologische Faktoren** zusammenzufassen.

Auf die Ausprägung bestimmter Faktoren vor allem der unbelebten Natur kann in einem Ökosystem oft dadurch geschlossen werden, dass dort spezifische **Bioindikatoren (Zeigerorganismen)** vorkommen (siehe auch S. 176). So benötigt beispielsweise die Große Brennnessel *(Urtica dioica)* für ihr Gedeihen sehr viel Stickstoff, wohingegen der Mauerpfeffer *(Sedum acre)* gerade auf stickstoffarmen Böden anzutreffen ist. Auch über den pH-Wert des Bodens können Zeigerorganismen Auskunft geben: Während der Huflattich *(Tussilago farfara)* bei einem alkalischen pH-Wert von 7–8 vorkommt, benötigt das Torfmoos *(Sphagnum acutifolium)* einen sauren pH-Wert von 3–4. Bei der Beurteilung der Gewässergüte werden ebenfalls spezifische Zeigerarten herangezogen (siehe auch S. 220 f.).

Anhand des Vorkommens bestimmter **Bioindikatoren (Zeigerorganismen)** kann auf die **Ausprägung einzelner abiotischer Faktoren** rückgeschlossen werden.

Betrachtet man einen Parameter der ökologischen Faktoren genauer, wie z. B. die **Umgebungstemperatur**, so ist zu vermuten, dass sich unterschiedliche Temperaturen auf die Lebensäußerungen einer Organismenart, z. B. der Sumpfschrecke (*Stethophyma grossum*; Familie der Feldheuschrecken), unterschiedlich auswirken werden.
Der Bereich eines Umweltfaktors, den die Individuen einer Art bevorzugen, kann experimentell ermittelt werden. Eine Auswertung der Versuchsergebnisse ergibt das in Bezug auf den betrachteten Faktor optimale Habitat, in dem eine Art am besten gedeihen kann. Aus der grafischen Auswertung der Versuchsergebnisse ergibt sich eine **Optimumkurve**, die mehr oder weniger einer Glockenkurve ähnelt.

Die **ökologische Potenz** einer Tierart, das heißt deren Reaktionsbreite bzw. Toleranz gegenüber einem bestimmten Umweltfaktor, kann in manchen Fällen relativ einfach untersucht werden. Folgende **Ausgangshypothese** ist denkbar: Sumpfschrecken reagieren auf verschiedene Umgebungstemperaturen mit unterschiedlichem Verhalten. Dabei sollten gewisse Temperaturbereiche existieren, in denen sie sich bevorzugt aufhalten. Unter experimentellen Bedingungen kann diese Hypothese nun genauer überprüft, das heißt **verifiziert** oder **falsifiziert** werden. Der Annahme liegt nur ein Parameter (Temperatur) zugrunde, was dem Prinzip der Variablenkontrolle entspricht.
Gut geeignet für eine Überprüfung von tierischem Verhalten bei unterschiedlichen Temperaturbedingungen ist die **Temperaturorgel** (siehe Abb. 84). Mit ihr kann der **Präferenzbereich** ermittelt werden, das ist hier der Temperaturbereich, in dem sich die Individuen bevorzugt aufhalten.

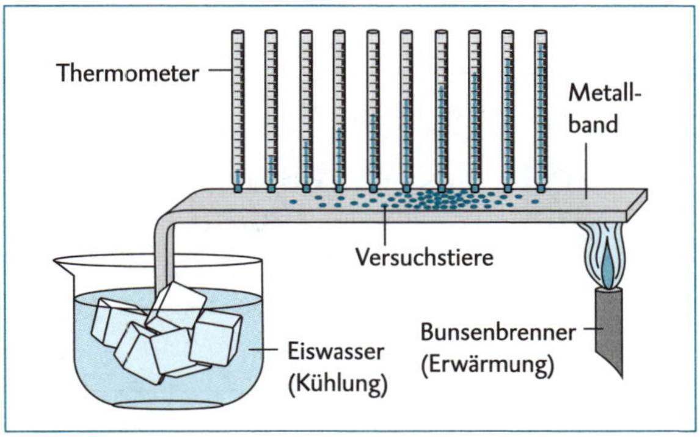

Abb. 84: Temperaturorgel

Ein gebogenes Metallband wird auf der einen Seite in ein Gefäß mit Eiswasser getaucht und auf der anderen mit einem Bunsenbrenner erhitzt. Dabei stellt sich mit der Zeit ein Temperaturverlauf zwischen den beiden Extremen ein. Thermometer, die am Band angebracht sind, ermitteln die Temperaturwerte im jeweiligen Abschnitt. Über das Band gleichmäßig verteilt, werden nun Versuchstiere platziert. Innerhalb eines definierten Zeitrahmens beobachtet man anschließend das Wanderverhalten der Lebewesen und ermittelt am Ende des Zeitraums die Zahl der Individuen, die sich im Bereich der jeweils gemessenen Temperatur aufhalten. Die ermittelten Zahlenwerte werden dann in ein Diagramm eingetragen. Hierbei stehen die Temperaturwerte normalerweise an der Abszisse (X-Achse), wohingegen die Individuenzahlen an der Ordinate (Y-Achse) angetragen werden. Die Auswertung der Versuchsergebnisse ergibt, dass die Ausgangshypothese verifiziert werden kann.

Die **ökologische Potenz** einer Art gegenüber einem bestimmten Umweltfaktor beschreibt die **Reaktionsbreite (Toleranz)**, mit der die Art auf den Umweltfaktor reagieren kann.

Betrachtet man die Optimumkurve der Sumpfschrecke (siehe Abb. 85), so ist eine Vorzugstemperatur, ein **Optimum**, ablesbar. Außerdem ist ein gewisser **Toleranzbereich** zu erkennen, in dem die Lebewesen überleben können. Optimumkurven wie diese stellen die Reaktionen von Lebewesen gegenüber variablen Umweltfaktoren dar. Sie weisen **drei Kardinalpunkte** auf:

- ein **Optimum** als Gipfelpunkt der Kurve sowie
- ein **Minimum** und ein **Maximum**, die den Toleranzbereich begrenzen.

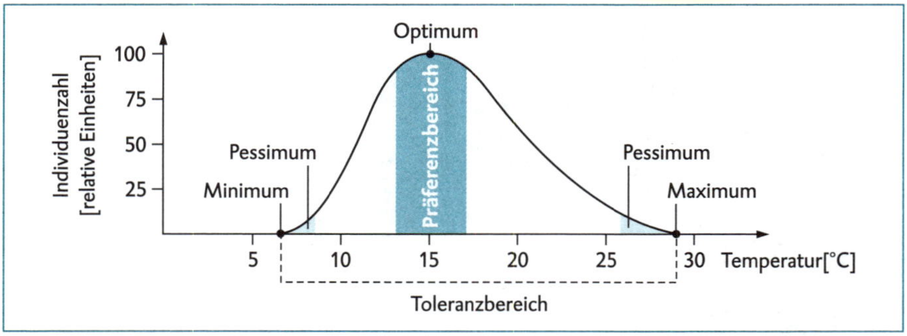

Abb. 85: Temperatur-Optimumkurve der Sumpfschrecke

Die Individuenzahl der Sumpfschrecken ist in diesem Fall der Kontrolle eines einzigen Faktors – der Umgebungstemperatur – unterworfen. Ist der Faktor zu hoch oder zu niedrig, wirkt sich dies negativ auf die Lebensumstände der Tiere aus: Im Bereich der beiden Pessima ist beispielsweise zwar noch ein Überleben, aber keine Fortpflanzung mehr möglich. Optimale Lebensbedingungen finden die Sumpfschrecken in einem Temperaturbereich um 15 °C. Diese Temperaturbedingungen werden daher als **Präferenzbereich** bezeichnet. Unter diesen Bedingungen sind im Experiment die meisten Individuen anzutreffen. Unterhalb und oberhalb dieses Bereichs nimmt die Individuenzahl relativ stark ab. Im vorliegenden Beispiel können die Tiere höhere Temperaturen besser verkraften als eine zu kalte Umgebung, was der weiter ausladende Kurvenverlauf im höheren Temperaturbereich verdeutlicht.
Normalerweise ist es aber nicht nur ein Faktor, der den Lebensbereich einer Organismenart einschränkt. Meist kommen viele Faktoren zusammen und beeinflussen sich gegenseitig. **Bioindikatoren** bilden hier eine entscheidende Ausnahme, da sie gegenüber einem bestimmten Umweltfaktor nur einen sehr **geringen Toleranzbereich** aufweisen. Dies ist der Grund, warum sie bei der Bewertung eines Ökosystems so wertvolle Hinweise liefern können.

Eine **Optimumkurve** weist die drei Kardinalpunkte **Minimum, Maximum und Optimum** auf. Sie verdeutlicht die Reaktion eines Lebewesens auf einen Umweltfaktor. **Bioindikatoren** besitzen einen **engen Toleranzbereich** gegenüber dem abiotischen Umweltfaktor, für den sie als Zeigerorganismus dienen.

Die in einem Ökosystem vorkommenden Arten konkurrieren um die dort vorhandenen Umweltfaktoren, die sie zum Überleben brauchen. Das folgende Beispiel verdeutlicht, dass es für Pflanzenarten durchaus einen Unterschied macht, ob sie einen Faktor – wie z. B. das zur Verfügung stehende Grundwasser

– alleine nutzen können oder ob sie ihn mit anderen Pflanzenarten teilen müssen. Kommen beispielsweise Fuchsschwanz *(Alopecurus)*, Knäuelgras *(Dactylius)* und Trespe *(Bromus)* in einem Areal alleine vor, so bilden sich – bezogen auf den Faktor Grundwasser – typische Optimumkurven aus.

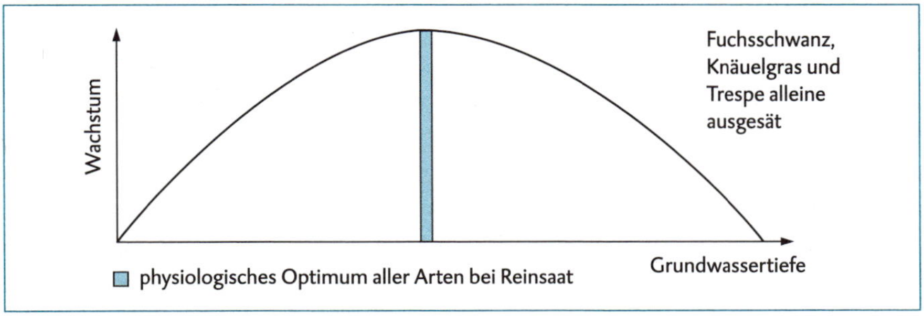

Abb. 86: Physiologisches Optimum der betrachteten Gräserarten

Die bei dieser Reinsaat der Pflanzen zu erkennende „Vorliebe" für eine bestimmte Grundwassertiefe bezeichnet man mit dem Begriff des **physiologischen Optimums**. Das physiologische Optimum markiert stets den Intensitätsbereich eines Umweltfaktors, bei dem der betrachtete Organismus die größte Häufigkeit bzw. das stärkste Wachstum zeigt.
Werden die drei Gräser allerdings zusammen auf der gleichen Fläche ausgesät, ergibt sich für ihre Optimumkurven das folgende Bild:

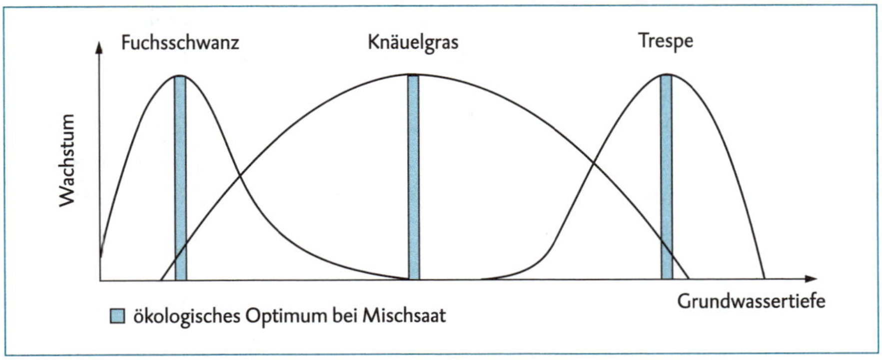

Abb. 87: Ökologisches Optimum der betrachteten Gräserarten

Die Gestalt der Optimumkurven und die Lage des jeweiligen Optimums haben sich beim Fuchsschwanz und bei der Trespe deutlich verändert. Nur das Knäuelgras konnte unter den vorliegenden Konkurrenzbedingungen sein physiologisches Optimum annähernd halten.

Immer dann, wenn Organismen mit dem gleichen physiologischen Optimum in einem Wettstreit um bestimmte Umweltfaktoren stehen, bildet sich unter der Konkurrenzsituation ein **ökologisches Optimum** aus. Dafür weichen die Lebewesen in den Bereich aus, in dem sie unter den gegebenen Bedingungen optimal existieren können. Fuchsschwanz und Trespe wurden an die Extreme ihrer möglichen Lebensbedingungen gedrückt. Das Knäuelgras dominiert mit seinem Wachstum im Bereich der mittleren Grundwassertiefe. Da die beiden anderen Gräserarten – dies zeigt die Mischaussaat – aber die Fähigkeit besitzen, sich bei geringer bzw. großer Grundwassertiefe zu behaupten, können sie dort noch existieren. In diesen Bereichen findet das sonst aufgrund seines Wachstumsvermögens dominierende Knäuelgras keine guten Überlebenschancen.
Das Beispiel der verschiedenen Gräserarten zeigt damit deutlich, dass das physiologische Optimum nicht gleich dem ökologischen Optimum ist.

Das **physiologische** bzw. das **ökologische Optimum** verdeutlichen die Reaktion einer Art auf das Fehlen bzw. das Vorhandensein von Konkurrenz zwischen verschiedenen Arten.

Einer der entscheidenden, begrenzenden Faktoren für das Leben von Pflanzen- und Tierarten auf der Erde ist die Umgebungstemperatur. Bereits die Reaktion der Sumpfschrecken auf veränderte Temperaturbedingungen (siehe Abb. 85, S. 176) hat gezeigt, dass Leben nur in relativ engen Grenzen möglich ist. Es kann auf der Erde generell in einem Temperaturbereich zwischen –50 °C und 100 °C existieren. Aktives Leben ist allgemein auf den Bereich zwischen –20 °C und 50 °C beschränkt. Eine Ausnahme hierzu bilden z. B. Bakterien in geothermalen Quellen.
In welchem Umfang Temperaturschwankungen toleriert werden können, ist von Art zu Art sehr unterschiedlich. Arten, die gegenüber einem oder mehreren abiotischen Umweltfaktoren eine große Toleranzbreite aufweisen, bezeichnet man als **euryök** (gr. *eurys* = breit). Zu den in Bezug auf die Temperatur indifferenten (unbestimmten) Spezies gehören z. B. Karpfen und Flussbarsch. Bachforelle, Lachs und Guppy dagegen können nur geringe Schwankungen der Wassertemperatur ertragen: Sie sind ausgesprochene Kaltwasser- bzw. im Fall der Guppys Warmwasserfische. Arten, die bei ihren Lebensansprüchen in Bezug auf Umweltfaktoren nur geringe Fluktuationen ertragen, werden als **stenök** (gr. *stenos* = schmal) bezeichnet.

Euryöke Arten weisen gegenüber einem Umweltfaktor einen großen Toleranzbereich auf. Bei **stenöken Arten** ist der Toleranzbereich sehr klein.

Alle Lebewesen stehen in einem ständigen Austausch von Wärme mit ihrer Umwelt. Dadurch werden ihre Stoffwechselvorgänge massiv beeinflusst. Die Tatsache, dass die Reaktionsgeschwindigkeit von der Temperatur abhängt, hat Jacobus Henricus VAN'T HOFF bereits 1883 in einer Regel beschrieben. Der niederländische Physiker und Chemiker erkannte, dass bei einer Temperaturerhöhung um 10 °C chemische und biochemische Reaktionen und Prozesse um das Zwei- bis Dreifache schneller ablaufen können. Diesen Steigerungswert bezeichnet man als Temperaturkoeffizienten (Q_{10}):

$$Q_{10} = \frac{V_{t+10}}{V_t} \approx 2-3$$

V_t = Reaktionsgeschwindigkeit bei Temperatur t
V_{t+10} = Reaktionsgeschwindigkeit bei der um 10 °C erhöhten Temperatur
Q_{10} = Temperaturkoeffizient

Die **Q_{10}- oder auch RGT-Regel** genannte Beziehung zwischen der **R**eaktions**g**eschwindigkeit und der **T**emperatur gilt nur für chemische und biochemische Reaktionen, nicht aber für physikalische Prozesse. Eine radioaktive Zerfallsreaktion z. B. läuft sowohl in der Sahara als auch in der Arktis mit der immer gleichen Geschwindigkeit ab. Bei biochemischen Prozessen gilt die RGT-Regel nur in der physiologischen Temperaturbandbreite um 20 °C herum, da bei höheren Temperaturen Denaturierungserscheinungen (siehe S. 56 f.) eintreten. Bei Temperaturen, die sich dem Gefrierpunkt nähern, ist die RGT-Regel hier ebenfalls nicht gültig. In diesem Bereich geraten viele physiologische, von Enzymen katalysierte Lebensprozesse ins Stocken und brechen ab.

Nach der **Q_{10}- oder RGT-Regel** beschleunigt eine Temperaturerhöhung um 10 °C im physiologischen Bereich eine (bio-)chemische Reaktion um das Zwei- bis Dreifache.

Die verschiedenen Faktoren in der Umwelt der Lebewesen setzen den Populationen Grenzen, innerhalb derer sie existieren können. Als Population bezeichnet man die Gesamtheit der Individuen einer Art in einem Biotop. Je nachdem, wie ein Umweltfaktor quantitativ oder qualitativ vorhanden ist, können die durch ihn bestimmten Grenzen enger oder weiter gefasst sein. Damit haben Umweltfaktoren für die von ihnen abhängigen Lebewesen begrenzende Eigenschaften. Sie stellen (wachstums-)**limitierende Faktoren** dar, deren Auswirkungen zusammenfallen können. Eine Zeichnung soll diesen Sachverhalt verdeutlichen:

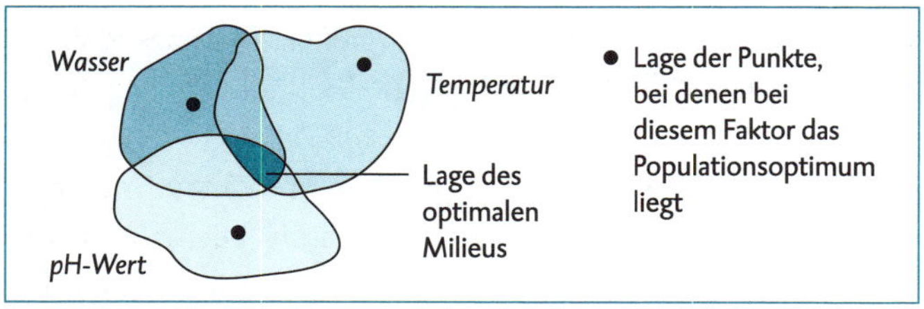

Abb. 88: Ermittlung der Lage des optimalen Milieus

Die umrandeten Flächen symbolisieren die Ausprägungen der Umweltfaktoren, die für die Existenz der betrachteten Art ausreichende Bedingungen bieten. Die optimalen Lebensbedingungen, also der Bereich, in dem die Population bezogen auf den jeweiligen Faktor am besten existieren kann und am produktivsten ist, sind jeweils mit einem Punkt gekennzeichnet. Wie die Darstellung zeigt, kann der Optimumwert nicht zugleich für alle betrachteten Umweltfaktoren erreicht werden. Die Produktivität einer Art hängt damit vom Grad der Abweichung der jeweils relevanten Umweltfaktoren vom Optimum ab. Die **Lage des optimalen Milieus** ergibt sich damit aus den Schnittmengen der betrachteten Faktoren. Verändert sich einer der Umweltfaktoren, so ist es wahrscheinlich, dass sich auch die Lage des optimalen Milieus verschiebt.

Die Lage des **optimalen Milieus** einer Art wird durch das Zusammenspiel (wachstums-) **limitierender Umweltfaktoren** festgelegt.

Das Zusammenspiel der unterschiedlichen Umweltfaktoren entscheidet über Erfolg oder Misserfolg einer Art in ihrem Ökosystem. Um z. B. die Bedingungen für das optimale Wachstum einer Pflanzenart zu ermitteln, kann man die mengenmäßige Zusammensetzung derjenigen Stoffe untersuchen, die für die Pflanzen unerlässlich sind. Dabei stellt sich oftmals heraus, dass ein einziger Umweltfaktor (meist Stickstoff, Phosphat oder Kalium) das Wachstum von pflanzlichen Individuen und Populationen an einem Standort erheblich bremst. Ein solcher Faktor wird als **Minimumfaktor** bezeichnet.
Justus VON LIEBIG erkannte dies bereits Mitte des 19. Jahrhunderts und formulier-

Abb. 89: Das Gesetz vom Minimum

te das **Gesetz vom Minimum**: „Der Ernteertrag wird von dem Nährstoff bestimmt, an dem es dem Ackerboden am meisten mangelt." Für die Landwirtschaft hatte diese Erkenntnis enorme Bedeutung, konnte doch nun durch Düngung mit Mineralien der Ertrag deutlich gesteigert werden. Auf VON LIEBIG geht auch eine einprägsame Analogie des Minimumfaktors zurück – das LIEBIG'sche Fass (siehe Abb. 89).

Der in der geringsten Menge vorhandene Umweltfaktor, der **Minimumfaktor**, bestimmt die Produktivität eines Organismus.

1.3 Ökologische Nische und Habitat

Einer der wichtigsten Begriffe in der Ökologie ist der der **ökologischen Nische**. In allen Ökosystemen sind sie quasi die Grundpfeiler, auf denen das jeweilige System aufgebaut ist.
Der Begriff der ökologischen Nische hat seit seiner Prägung durch Joseph GRINNELL 1917 einen Bedeutungswandel vollzogen. War er zunächst auf den Lebensraum und die räumlichen Bedürfnisse einer Art fixiert, so wird darunter seit Charles ELTON (1933) die Lebensweise einer Art und die Rolle verstanden, die sie in einem Ökosystem spielt. Die ökologische Nische kennzeichnet – nach heutigem Verständnis des Begriffs – die Stellung und Position, die eine Art in ihrer belebten wie unbelebten Lebensumwelt innehat. Sie ist nicht räumlich zu verstehen, wie ein Areal, das von einer Art besetzt werden kann. Vielmehr werden damit „Beruf" und „Wirkungsfeld" einer Tier- oder Pflanzenart beschrieben. Man kann die ökologische Nische als ein „Existenzangebot der Natur" an die jeweilige Art betrachten. Ein Beispiel soll dies verdeutlichen:

eispiel

Graureiher, Purpurreiher, Silberreiher und Nachtreiher leben im Uferbereich des aquatischen Ökosystems See. Die Anatomie der Vögel ist sehr ähnlich: Sie sind langbeinig, haben relativ lange Hälse und besitzen spitze Schnäbel, die den lauernden Schnappjägern ein schnelles Zustoßen ermöglichen. Obwohl sie alle im gleichen Ökosystem leben, besetzen sie doch ganz unterschiedliche ökologische Nischen. Der Silberreiher fängt Fische im tiefen Wasser des Sees, der Graureiher im seichten Wasser. Der Purpurreiher hält sich im Röhricht auf und stellt dort kleineren Amphibien und Säugetieren sowie Fischen und Insekten nach. Nachtreiher begeben sich in der Uferzone des Sees hauptsächlich nachts und in der Dämmerung auf die Jagd nach Insekten, Würmern sowie kleineren Amphibien und Säugetieren. Die vier Reiherarten machen sich also keine Konkurrenz, da sie das „Existenzangebot des Ökosystems See" unterschiedlich nutzen.

Abb. 90: Unterschiedliche ökologische Nischen bei Reiherarten

Der Nischenbegriff wird häufig mit dem Begriff des Optimums verbunden. Das physiologische Optimum entspricht dabei der **fundamentalen Nische**, dem Bereich, in dem eine Art unter der günstigsten Wirkung der Umweltfaktoren optimal leben kann. Dem ökologischen Optimum wird der Begriff **realisierte Nische (Realnische)** zugewiesen. Hiermit ist der Bereich der fundamentalen Nische gemeint, der von einer Art unter dem Einfluss von Konkurrenz und anderen Standortfaktoren tatsächlich belegt wird.

In der Realnische herrschen aber nicht immer die gleichen Bedingungen. Das Ökosystem, in dem die ökologische Nische einer Art angesiedelt ist, unterliegt oftmals regelmäßigen (rhythmischen; z. B. Jahreszeiten) oder unregelmäßigen **Veränderungen**. Für jede Art ist es überlebenswichtig, auf derartige Schwankungen angemessen reagieren zu können. Unter Umständen ist es z. B. möglich, einen Umweltfaktor, der sich in Richtung Pessimum entwickelt, durch einen anderen **Umweltfaktor** zu **kompensieren**. Die Frage, welche Möglichkeiten einer Art hierbei zur Verfügung stehen, soll am Beispiel der Überlebensrate der Eier des Luzernerüsselkäfers *(Hypera postica)* verdeutlicht werden.

Beispiel

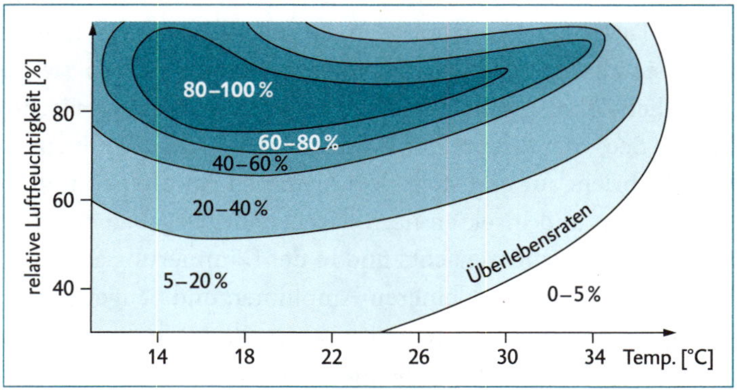

Abb. 91: Überlebensrate der Eier des Luzernerüsselkäfers in Abhängigkeit von der relativen Luftfeuchtigkeit und der Temperatur

Der dunkelste der dargestellten Bereiche ist der Optimalbereich, in dem 80–100 % der Eier überleben. Grob gesagt haben die Eier des Käfers die höchste Überlebensrate, wenn die Luftfeuchtigkeit mehr als 75 % beträgt und die Temperatur zwischen 12 und 30 °C liegt. Allerdings sind beide ökologischen Faktoren meist deutlichen jahreszeitlichen Schwankungen unterworfen. Ändert sich beispielsweise die Luftfeuchtigkeit, so kann *Hypera postica* die Eier eventuell in einem anderen Bereich seines Lebensraumes ablegen, der von den Temperaturbedingungen her eine bessere Überlebenschance bietet. Sinkt z. B. die Luftfeuchtigkeit in seinem Lebensraum auf 70 %, so bleibt dem Rüsselkäfer die Möglichkeit, Bereiche zu finden, in denen es zwischen 12 und 24 °C warm ist. Wenn er seine Eier dort ablegt, haben diese immerhin eine Überlebensrate von 40–60 %. Damit ist es dem Tier theoretisch möglich, in gewissen Grenzen auf Veränderungen in seinem Lebensraum zu reagieren.

Das macht für den Luzernerüsselkäfer seine ökologische Potenz aus.

Oft wird der Begriff der ökologischen Nische mit dem Begriff **Habitat** verwechselt oder gleichgesetzt. Dies ist aber nicht zulässig, da ein Habitat etwas gänzlich anderes ist als eine ökologische Nische. Der amerikanische Ökologe Eugene P. ODOM hat beide Begriffe wie folgt voneinander abgegrenzt: „Das Habitat ist sozusagen die ‚Adresse' einer Art (sie gibt an, wo ein Organismus lebt), und die Nische ist ihr ‚Beruf' (sie gibt an, wie er lebt und in welcher Beziehung er zu anderen Organismen steht)."
Der Begriff Habitat wird hauptsächlich bei Tieren verwendet, wohingegen sich bei Pflanzen der **Standort** als entsprechende Bezeichnung eingebürgert hat.

Die **ökologische Nische** bezeichnet die Fähigkeit und Fertigkeit einer Art, das **Habitat** ihren Lebensbereich im Ökosystem.

1.4 Abundanz und Dispersion von Lebewesen im Ökosystem

Alle Individuen einer Art, die in einem eng begrenzten Gebiet leben, weisen eine bestimmte **Populationsstruktur** auf. Diese wird von den Populationsmitgliedern und den jeweils herrschenden ökologischen Faktoren bestimmt. Für die Struktur einer Population spielen zwei Umstände eine wesentliche Rolle, zum einen die Dichte der Population in ihrem Lebensraum **(Abundanz)** und zum anderen die Verteilung der Individuen der Population im Biotop **(Dispersion)**.

Will man Individuendichte und Verteilung einer Art in einem bestimmten Lebensraum genauer ermitteln, so muss das jeweilige Verbreitungsgebiet detailliert untersucht werden. Dabei ist es nur in Ausnahmefällen (hauptsächlich bei großen, gut unterscheidbaren Tieren) möglich, die exakte Abundanz durch eine Zählung der Individuen zu bestimmen. In den anderen Fällen muss auf alternative **Erfassungsmethoden** zurückgegriffen werden. Der Vogelbestand kann z. B. über die Anzahl der jeweiligen Nester bzw. Nistplätze ermittelt werden. Auch die „Hinterlassenschaften" einzelner Tiere wie z. B. ihr Kot oder auch charakteristische Fraßspuren liefern in Verbindung mit kennzeichnenden Fährtenmustern ein gutes Überblicksbild und ermöglichen es, den Bestand an Individuen einer Art zu bewerten.
Betrachtet man die Dispersion von Lebewesen, so können prinzipiell drei Grundtypen unterschieden werden:

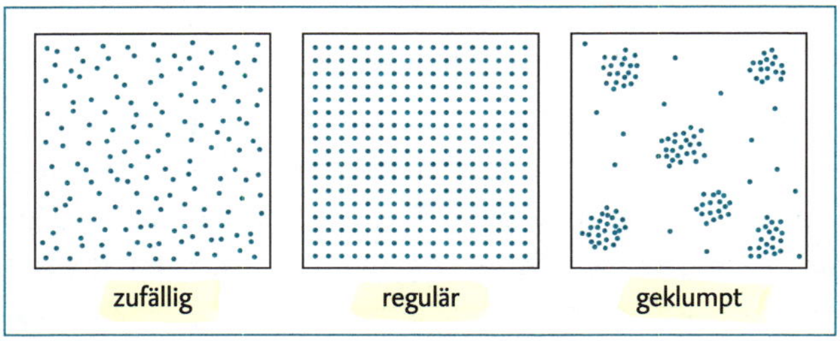

Abb. 92: Möglichkeiten für die Dispersion von Individuen im Areal der Population

Sind die Individuen einer Art ohne erkennbare Gesetzmäßigkeit im gesamten Raum wahllos verteilt, spricht man von einer **zufälligen Dispersion**. Der Lebensraum ist in diesem Fall meist sehr homogen, das heißt, die benötigten Ressourcen sind gleichmäßig verteilt. Eine direkte Interaktion zwischen den einzelnen Individuen findet bei diesem Typ der Verteilung in der Regel nicht statt. Dieser seltene Fall der Dispersion findet sich z. B. dann, wenn Lebensräume neu besiedelt werden (z. B. Flussauen nach Hochwasser).
Sind die Individuen regelmäßig in Lebensraum verteilt, liegt eine **reguläre Dispersion** vor. Im Gegensatz zur zufälligen Verteilung ist dieser Dispersionstyp das Ergebnis direkter Interaktionen, das heißt z. B. innerartlicher Konkurrenz um Raum und Nahrung, zwischen den Individuen. Beispiele für eine reguläre Dispersion findet man bei Waldbäumen: Durch die Beschattung ihrer direkten Umgebung können sich Artgenossen nur in einiger Entfernung ansiedeln. Auch die Königspinguine *(Aptenodytes patagonicus)* auf Südgeorgien, einer Insel im Südatlantik, haben sich in ihrem Lebensraum regulär verteilt, da ihre Brutterritorien außergewöhnlich klein sind und die Tiere äußerst dicht beieinander stehen.

Wenn in einem Lebensraum Anhäufungen von Individuen mit Bereichen abwechseln, in denen keine oder so gut wie keine Individuen anzutreffen sind, liegt eine **geklumpte Dispersion** vor. Hierbei handelt es sich um die am häufigsten vorkommende Form der Individuenverteilung. Asseln beispielsweise zeigen dieses Dispersionsmuster, da sie sich z. B. unter Steinen, also an Orten mit erhöhter Luftfeuchtigkeit, zusammenlagern. Ein weiteres Beispiel sind Fischschwärme. Die Aggregation der Tiere in einem Verband bringt den Vorteil, dass ein Fressfeind das Einzeltier im Pulk nicht ausmachen kann, wodurch die Gefahr vermindert wird, gefressen zu werden.

Die **Abundanz** einer Population ist im jeweiligen Lebensraum von vielen ökologischen Faktoren abhängig. Die Zusammenhänge werden im Folgenden anhand der Veränderung der Meeres-Kieselalgen-Population im Jahresverlauf verdeutlicht. Dabei werden aber nur ein paar der wirkenden abiotischen Faktoren und der biotische Faktor Fressfeind (tierisches Plankton) berücksichtigt.

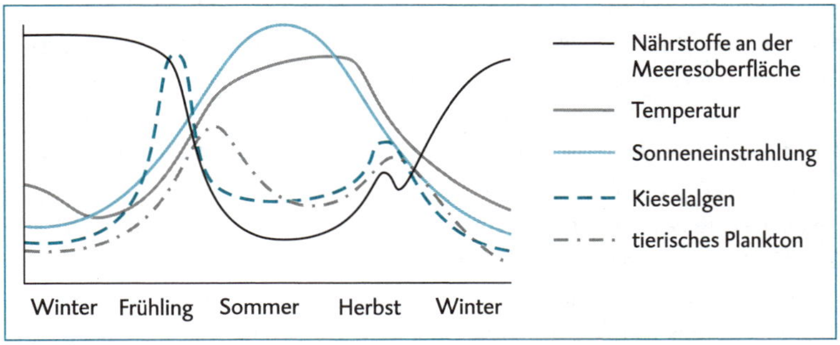

Abb. 93: Die Populationen von Meeresplankton im Jahresverlauf

Bei der Betrachtung der Populationskurve der Kieselalgen fallen zwei Höhepunkte auf: Eines der Populationsmaxima liegt im Frühling, das andere im Herbst. Hier sind demnach die Ausgangsbedingungen günstiger als in der übrigen Zeit des Jahres. Es stehen genügend Nährstoffe an der Wasseroberfläche zur Verfügung und die Wassertemperatur, die durch die Sonneneinstrahlung bedingt ist, ist günstig. Zu hohe bzw. zu niedrige Einstrahlung im Sommer bzw. im Winter beeinträchtigen das Algenwachstum. Die große Nährstoffmenge im Winter kann deshalb nicht genutzt werden. Auch das Zooplankton, der Fressfeind der Kieselalgen, beeinflusst die Populationsentwicklung (siehe Räuber-Beute-Beziehungen, S. 239 ff.). Dieses Beispiel macht deutlich, dass alle im Jahreszyklus auf die Algen einwirkenden ökologischen Faktoren zu einer Veränderung der Populationszahlen im Verbreitungsgebiet führen.

Abundanz (Individuenzahl pro Flächen- oder Raumeinheit) und **Dispersion** (räumliches Verteilungsmuster der Individuen) spielen für eine Population eine wichtige Rolle.
Die **Dispersion** der Individuen einer Population kann **zufällig**, aber auch **regelmäßig** oder **geklumpt** sein.
Die **ökologischen Faktoren** wirken auf die Populationen ein. Sie führen zu **Veränderungen der Populationsstruktur**.

Zusammenfassung

- Die Umweltfaktoren werden traditionell in abiotische (unbelebte) und biotische (belebte) Faktoren abgegrenzt. Dies ist nicht unbedingt sinnvoll, da eine gegenseitige Beeinflussung vorherrscht. Daher wird heute verstärkt der beide Bereiche umfassende Begriff ökologische Faktoren verwendet.
- Die Toleranz, mit der eine Art auf Schwankungen bestimmter Umweltfaktoren reagiert, bezeichnet man als ökologische Potenz.
- Minimum, Maximum und Optimum sind die Kardinalpunkte einer Optimumkurve. Diese zeigt, wie ein Organismus auf einen veränderlichen Faktor in der Umwelt reagiert.
- Ist eine Art keiner Konkurrenzsituation mit anderen Arten ausgesetzt, kann sie ihr physiologisches Optimum, ihre fundamentale Nische, verwirklichen. In einer Konkurrenzsituation wird sie ihr ökologisches Optimum (realisierte Nische) zeigen. Beide Optima sind in der Regel nicht identisch.
- Euryöke Arten besitzen eine große Toleranz gegenüber Veränderungen eines Umweltfaktors. Stenöke Arten haben einen sehr schmalen Toleranzbereich.
- Die Q_{10}- oder RGT-Regel besagt, dass eine Beschleunigung von chemischen und biochemischen Reaktionen um das Zwei- bis Dreifache erfolgt, wenn die Reaktionstemperatur im physiologischen Bereich um 10 °C erhöht wird.
- Limitierende Faktoren setzen durch ihre Quantität und Qualität der Entfaltung eines Lebewesens Grenzen. Im Zusammenspiel bestimmen sie die Lage des optimalen Milieus.
- Das Minimumgesetz besagt, dass die Entwicklung und die Produktivität eines Organismus von dem benötigten Umweltfaktor abhängt, der am wenigsten vorhanden ist (Minimumfaktor).
- Die ökologische Nische stellt die Position („Fähigkeit", „Beruf") einer Art im Ökosystem dar. Sie ist – im Gegensatz zum Habitat, das den Standort bzw. den Lebensraum einer Art angibt – nicht räumlich zu verstehen.
- Bei der Betrachtung der Struktur einer Population in ihrem Biotop wird nach Abundanz (Populationsdichte) und nach Dispersion (Verteilung der Individuen) unterschieden.

Aufgaben

144 Nennen Sie die Bereiche, in welche die Biosphäre eingeteilt werden kann.

145 Ökosysteme stellen offene Systeme dar. Daneben gibt es auch noch geschlossene Systeme.
Kann es Ihrer Meinung nach auch komplett abgeschlossene oder isolierte Systeme geben? Begründen Sie Ihre Antwort.

146 Kreuzen Sie die richtige(n) Aussage(n) an.

☐ Synökologische Untersuchungen haben immer einen größeren Bereich des Ökosystems im Blick als autökologische.

☐ Abiotische Umweltfaktoren können von biotischen Umweltfaktoren nicht sauber abgegrenzt werden.

☐ Der Toleranzbereich umfasst den Bereich einer Optimumkurve, der zwischen den beiden Pessima liegt.

☐ Das physiologische Optimum entspricht meist dem ökologischen Optimum.

☐ Die RGT-Regel gilt für alle biochemischen Reaktionen nur in physiologischen Temperaturbereichen.

☐ Limitierende Faktoren setzen für die von ihnen betroffenen Lebewesen immer sehr enge Grenzen.

☐ Die Lage des optimalen Milieus einer Art ergibt sich aus der Schnittmenge der Werte der relevanten Umweltfaktoren.

☐ Das physiologische Optimum wird auch als realisierte Nische bezeichnet.

147 Erläutern Sie, warum man besser von ökologischen Faktoren spricht, als in abiotische und biotische Faktoren zu unterscheiden.

148 Erläutern Sie den folgenden Satz: „Das physiologische Optimum einer Art entspricht in der Regel nicht ihrem ökologischen Optimum."

149 Erläutern und begründen Sie, wie sich Bachforellen und Karpfen hinsichtlich der von ihnen bevorzugten Gewässertemperatur unterscheiden.

150 Legen Sie dar, warum die Q_{10}-Regel (RGT-Regel) nicht für physikalische Reaktionen gilt.

151 Die Kurve in der nebenstehenden Abbildung gibt die Verhältnisse bei einer biochemischen Reaktion wieder.
Markieren Sie den Temperaturbereich, in dem die Q_{10}-Regel (RGT-Regel) Gültigkeit besitzt, und begründen Sie Ihre Entscheidung.

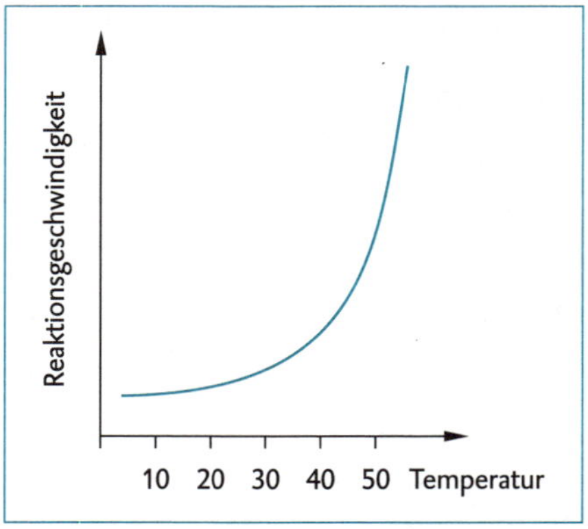

152 Erläutern Sie anhand der Abb. 88 (S. 180), was mit diesem Satz gemeint ist:
„Verändert sich einer der Umweltfaktoren, so ist es wahrscheinlich, dass sich auch die Lage des optimalen Milieus für diese Art (dunkler Bereich in der Abbildung) verschiebt."

153 Beschreiben und erläutern Sie die Analogie, die dem LIEBIG'schen Fass (Abb. 89, S. 180) zugrunde liegt, am Beispiel des Wachstums einer Pflanze.

154 Im Zusammenhang mit dem Minimumfaktor und dem Gesetz des Minimums ist die Aussage *„Eine Kette ist nur so stark wie ihr schwächstes Glied"* von Bedeutung.
Begründen Sie, warum dies so ist.

155 Grenzen Sie die Begriffe „ökologische Nische" und „Habitat" gegeneinander ab.

156 Ordnen Sie die folgenden Begriffe zu sinnvollen Paaren an:
ökologische Potenz – Individuenverteilung – „Beruf" – Lebensraum – Biotop – Abundanz – ökologische Nische – Individuendichte – Lebensgemeinschaft – Reaktionsbreite – Dispersion – Biozönose

2 Stoff- und Energiefluss im Ökosystem

2.1 Biomasse

Ökosysteme stellen komplexe Lebensgemeinschaften dar, in denen ein ständiger Stoff- und Energiefluss stattfindet. Die in ihnen lebenden Organismen sorgen für diese Austauschvorgänge und bilden zusammen die Biomasse. Unter dem Begriff der **Biomasse** versteht man die Gesamtheit der Masse aller in einem Ökosystem vorkommenden Organismen. Sie wird meist als Frisch- oder Trockenmasse pro Flächeninhalt (kg/m^2) bzw. Rauminhalt (kg/m^3) angegeben. Um Stoffkreisläufe und Energieflüsse innerhalb eines spezifischen Ökosystems besser untersuchen zu können, wird mitunter auch die Biomasse einzelner in ihm lebender Arten ermittelt. Derartige Werte werden dann meistens als Lebendgewicht angegeben. Die Menge an Biomasse auf der Erde ist gewaltig. Schätzungen gehen von einem Trockengewicht von über $1\,840 \cdot 10^9$ Tonnen aus. Jedes Jahr werden allein auf dem Festland geschätzt mehr als 200 Milliarden Tonnen Biomasse produziert (Trockenmassewert). Umgerechnet auf den Energiegehalt ist damit der Zuwachs an Biomasse pro Jahr fünfmal so groß wie der weltweite Verbrauch an Energie. Betrachtet man die Produktivität verschiedener Lebensräume, so ist erstaunlich, dass beispielsweise Korallenriffe im Laufe eines Jahres bis zu 4 kg/cm^2 Biomasse produzieren, während es ein Mischwald und ein Ackerboden in den gemäßigten Zonen nur auf jeweils ca. 3 kg/cm^2 bringen.

Die **Biomasse** umfasst die gesamte Masse der in einem Ökosystem lebenden Organismen.

2.2 Die Fotosynthese der grünen Pflanzen – ein mehrstufiger Umwandlungs- und Syntheseprozess

Mit dem Begriff der **Fotosynthese** (griech.: *phos* = Licht; *synthesis* = Aufbau) wird ein komplexer Umwandlungs- und Syntheseprozess bezeichnet, bei dem grüne Pflanzen die Energie des Lichts nutzen, um aus **anorganischen Stoffen** körpereigene **organische Stoffe** aufzubauen. Grüne Pflanzen sind damit **autotroph**, das heißt, sie „können sich selbst ernähren“ (griech.: *autos* = selbst; griech.: *trope* = Ernährung). Die Fotosynthese kann in zwei Teilschritte gegliedert werden: die **Energieumwandlung** (**Fotoreaktion**; auch: Lichtreaktion, Primärreaktion) und die **Substanzumwandlung** (**Synthesereaktion**; auch: Dunkelreaktion, Sekundärreaktion).

- Bei der **Energieumwandlung** wird die **Strahlungsenergie** der Sonne in **chemische Energie** umgewandelt.
- Bei der **Substanzumwandlung** werden **anorganische Substanzen** in **organische Verbindungen** umgewandelt.

Die bei der Fotosynthese ablaufenden Prozesse lassen sich mit der folgenden Gleichung und der nachfolgenden Abbildung wiedergeben:

$$6\,CO_2 + 12\,H_2O \xrightarrow{\text{Lichtenergie}} C_6H_{12}O_6 + 6\,H_2O + 6\,O_2$$

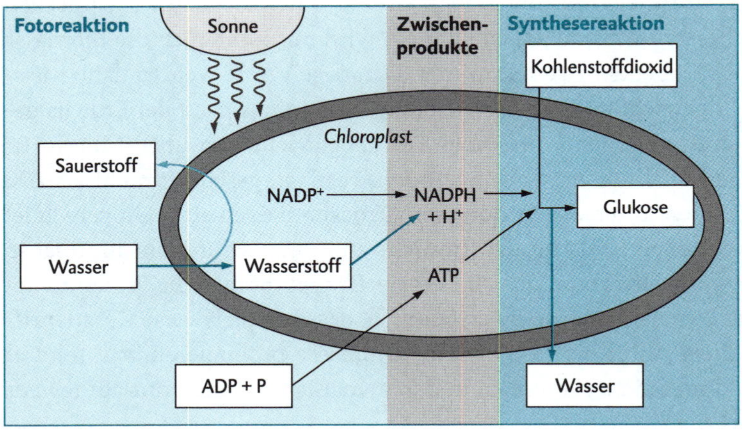

Abb. 94: Überblick über das Fotosynthese-Geschehen

2.2.1 Grundbedingungen des Fotosynthese-Prozesses

Assimilation und Dissimilation

Grüne Pflanzen betreiben Fotosynthese. Dabei handelt es sich um einen fotobiochemischen **Assimilationsprozess** (Abb. 95). In ihm wird aus den energiearmen Stoffen CO_2 und Wasser die energiereiche Substanz Glukose aufgebaut und es wird Sauerstoff freigesetzt. Hierfür ist Sonnenlicht notwendig, dessen Energie in der Glukose gespeichert wird. Das Kohlenhydrat wird zum einen zum Aufbau von Pflanzenbiomasse genutzt und zum anderen zur Gewinnung von Energie für die Stoffwechselprozesse der Pflanze wieder abgebaut. Beim Abbau der Glukose im Verlauf der biologischen Oxidation, bei der es sich um einen **Dissimilationsprozess** handelt, wird die in ihr gespeicherte Energie von 2 836 Kilojoule pro mol wieder freigesetzt.

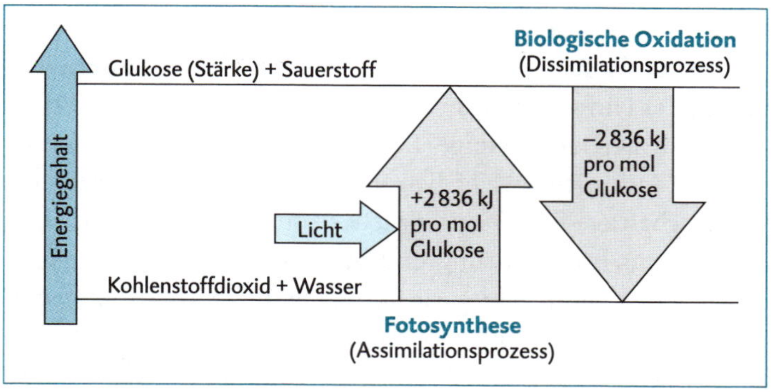

Abb. 95: Zusammenhang zwischen Assimilation und Dissimilation

Erforschung der Fotosyntheseleistungen

Bereits um das Jahr 1600 stellten sich Wissenschaftler wie Johan Baptist VAN HELMONT die Frage, wovon sich Pflanzen ernähren. Ihm waren die Vorstellungen des antiken griechischen Philosophen ARISTOTELES bekannt, wonach Pflanzen dadurch wachsen, dass Sie die Erde „essen", in der sie verankert sind. Ausgehend von dieser **Hypothese** führte der Wissenschaftler das folgende **Experiment** durch: Er pflanzte eine junge Weide in ein Gefäß mit einer abgewogenen Menge trockener Erde und goss den Baum in den folgenden fünf Jahren täglich mit Regenwasser (siehe Abb. 96).

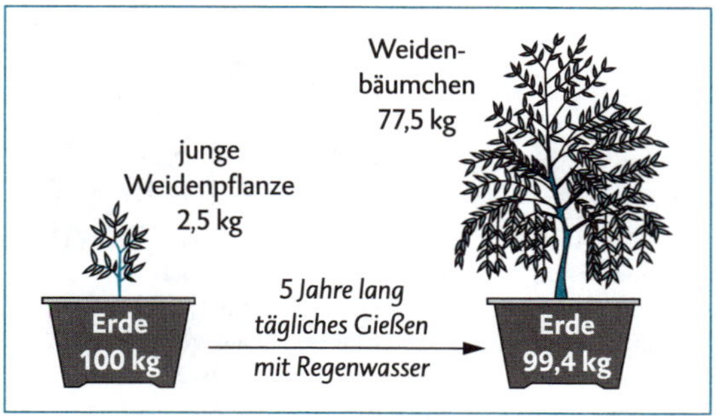

Abb. 96: Versuchsanordnung VAN HELMONTS

Das Versuchsergebnis **falsifizierte** die Ausgangshypothese, da sich die Masse des Baumes um 75 kg erhöht hatte, während die Masse der Erde nur um wenige Gramm verringert war. VAN HELMONT schloss aus dem Versuchsergebnis, dass die Pflanze sich von dem täglich zugeführten Regenwasser ernährt hatte.

Mehr als 150 Jahre später untersuchte Joseph PRIESTLEY, wie sich Lebewesen in luftdicht abgeschlossenen Gefäßen verhielten. In einem seiner Experimente setzte er eine Maus unter eine durchsichtige Abdeckglocke. Nahrung und Wasser hatte das Tier zur Verfügung. Nach einiger Zeit unter der luftdichten Glocke wurde die Maus ohnmächtig. Priestley nahm das Tier aus dem Gefäß heraus. Dabei achtete er sorgsam darauf, dass es nicht zu einem Luftaustausch zwischen dem Gefäß und der Umgebung kam. Anschließend setzte er eine Pflanze unter die Glocke und ließ diese einige Tage darunter. Die Pflanze wurde durch die „verbrauchte" Luft nicht geschädigt. Im letzten Teil des Experiments entfernte der Wissenschaftler die Pflanze (wieder ohne Luftaustausch) und platzierte erneut eine Maus (mit Nahrung und Wasser) im Versuchsbehälter. Die Maus wurde nicht sofort ohnmächtig; sie konnte in dieser Umgebung wieder eine gewisse Zeit überleben. Die Schlussfolgerung, die Priestley aus diesem Versuchsergebnis zog, war folgende: Die Pflanze hatte die von der Maus ausgeatmete „verbrauchte Luft" wieder in „gute Luft" umgewandelt. Aus dieser Überlegung heraus formulierte der Wissenschaftler eine Hypothese: Pflanze und Maus, versehen mit Nahrung und Wasser, können zusammen unter der luftdichten Glasglocke überleben. In einem weiteren Experiment konnte er seine Hypothese **verifizieren**.

Heute wissen wir, dass die „verbrauchte" Luft durch die Atmung der Maus mit Kohlenstoffdioxid (CO_2) angereichert war. Dieses Gas ist neben der Belichtung der entscheidende Faktor für den Ablauf der Fotosynthese. Die folgenden einfachen Versuche mit Blättern von *Elodea,* der Wasserpest, verdeutlichen die Rolle dieser beiden Faktoren:

Abb. 97: Experimente zu den Bedingungen der Fotosynthese

Als **Indikator** für den Ablauf der Fotosynthese wird bei den dargestellten Experimenten die **Produktion von Sauerstoff** herangezogen.

- **Versuch 1** geht der Frage nach, ob die Pflanze unter den gegebenen Ausgangsbedingungen überhaupt Fotosynthese betreiben kann. Dies wird durch die O_2-Produktion verifiziert.
- Die Bedeutung des CO_2, das das Leitungswasser, sofern es nicht behandelt wurde, in gelöster Form enthält, kann anhand der experimentellen Bedin-

gungen in **Versuch 2** geklärt werden: Ist im Wasser kein CO_2 vorhanden, kann trotz Belichtung keine Fotosynthese stattfinden.

- Die Frage, wie stark sich die Menge an vorhandenem CO_2 auf die Fotosyntheseleistung auswirkt, kann anhand des Ergebnisses von **Versuch 3** beantwortet werden: Ist das Wasser mit CO_2 angereichert, erfolgt eine vermehrte Produktion von Sauerstoff durch die Pflanze.
- In **Versuch 4** wird die Fragestellung untersucht, ob eine Beleuchtung der Versuchsanordnung für den Ablauf der Fotosynthese notwendig ist. Dies kann eindeutig bejaht werden: Im Dunklen produziert die Pflanze keinen Sauerstoff.

PRIESTLEY wies nach, dass **grüne Pflanzen** durch Atmung **„verbrauchte"** Luft wieder **in atembare Luft** umwandeln können.
Kohlenstoffdioxid, Licht und Wasser sind essenzielle **Grundbedingungen für** die **Fotosynthese**.

Abhängigkeiten der Fotosynthese von CO_2-Menge, Temperatur und Beleuchtungsstärke

Wie Abb. 98 verdeutlicht, ist **Kohlenstoffdioxid** eine Substanz, deren mengenmäßiger Anteil an der Luft die Fotosyntheserate und damit das Wachstum einer Pflanze stark beeinflussen kann. Die Fotosyntheseleistung (gemessen an der Sauerstoff-Abgabe) wird auch dann noch deutlich gefördert, wenn der CO_2-Wert weit über dem der „normalen" Luft (0,035 %) liegt. Überschreitet der CO_2-Gehalt aber einen Wert von 0,2 %, so ist keine weitere Steigerung der Fotosyntheseleistung mehr zu erreichen.

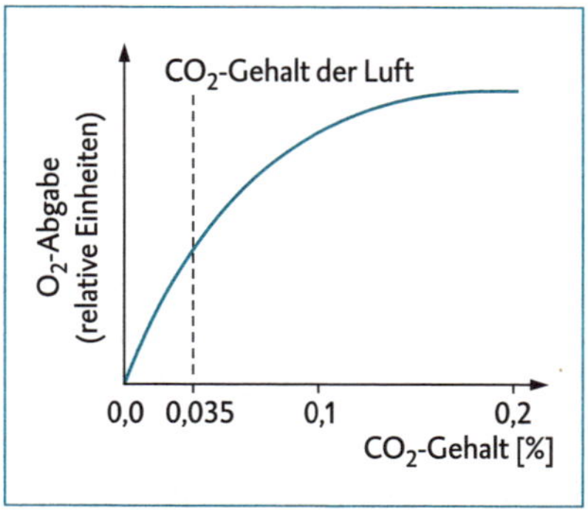

Abb. 98: CO_2-Gehalt der Luft und Fotosynthese

Am Beispiel immergrüner Laubbäume kann der Einfluss der **Temperatur** auf die Fotosyntheseleistung verdeutlicht werden (siehe Abb. 99). Die sich bei der Untersuchung ergebenden Messpunkte können zu einer Optimumkurve (siehe S. 175 f.) verbunden werden. Mit steigender Temperatur erhöht sich die Fotosyntheseleistung zunächst. Das Optimum liegt in den gemäßigten Zonen bei ca. 25 °C und in den Tropen bei ca. 32 °C. Danach lässt die O_2-Abgabe deutlich nach. Es ist klar zu erkennen, dass Laubbäume unterschiedlicher Klimazonen an ihren jeweiligen Standort angepasst sind: Während in den gemäßigten

Zonen auch unterhalb von 0 °C noch Fotosynthese betrieben werden kann und das Minimum erst bei –5 °C erreicht wird, liegt das Minimum in den Tropen schon bei ca. 4 °C, da in diesen Breiten in der Regel keine Temperaturen unterhalb des Gefrierpunkts vorkommen. Dafür betreiben die dort vorkommenden Laubbäume aber auch bei Temperaturen über 40 °C noch Fotosynthese, wenn die Bäume in den gemäßigten Breiten ihre Fotosyntheseaktivität schon eingestellt haben.

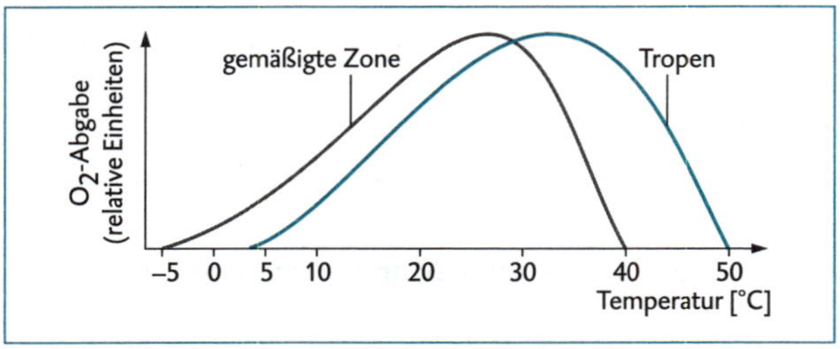

Abb. 99: Temperatur und Fotosynthese am Beispiel immergrüner Laubbäume

Ein weiterer Faktor, der die Fotosyntheserate beeinflusst, ist die **Beleuchtungsstärke**, das heißt die **Lichtintensität** (gemessen in Kilolux), mit der eine Pflanze beschienen wird (siehe Abb. 100). Verwendet man als Bezugssystem wieder die Sauerstoffabgabe, so muss bedacht werden, dass Pflanzen auch Zellatmung betreiben und dafür O_2 benötigen. Die messbare Sauerstoffbilanz, man spricht von der **apparenten Fotosynthese (Nettofotosynthese)**, wird daher von der Zellatmung mitbestimmt. Bei geringer Lichtintensität ist die Menge des bei der Dissimilation verbrauchten Sauerstoffs größer als diejenige O_2-Menge, die bei der Fotosynthese produziert wird. Bei einer bestimmten Beleuchtungsstärke heben sich die Mengen des von der Pflanze verbrauchten und des von ihr produzierten O_2 auf. Dies ist der **Kompensationspunkt**. Mit weiter steigender Beleuchtungsstärke nimmt die O_2-Abgabe immer weiter zu. Ab einem bestimmten Wert geht die Kurve in eine Sättigungskurve über. Um den Wert der **reellen Fotosynthese (Bruttofotosynthese)** zu erhalten, muss der Sauerstoffbedarf der Pflanze herausgerechnet werden. Die Werte der reellen Fotosynthese liegen dann natürlich über denen der apperenten.

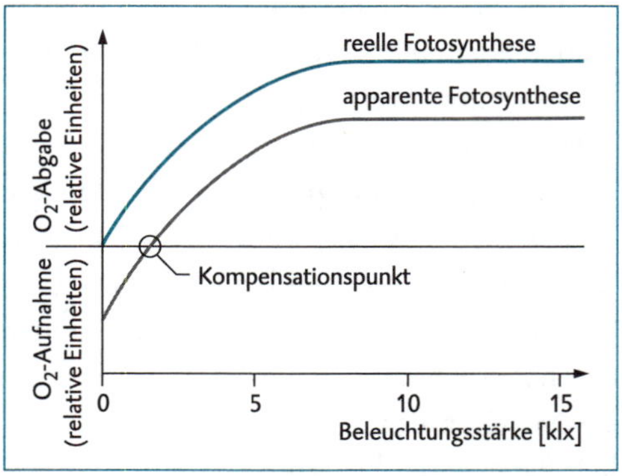

Abb. 100: Beleuchtungsstärke und Fotosynthese

Durch eine Steigerung der Menge an **CO_2** in der Umgebungsluft kann die Fotosyntheseleistung (Fotosyntheserate; gemessen über die Sauerstoffproduktion) bis zu einem gewissen Punkt gefördert werden. Gleiches gilt für die Steigerung der **Beleuchtungsstärke**. Die Abhängigkeit der Fotosyntheserate von der **Umgebungstemperatur** folgt dem Verlauf einer Optimumkurve.
Bei der Messung der Fotosyntheserate ist zu berücksichtigen, dass eine Pflanze nicht nur **Assimilation**, sondern auch **Dissimilation** betreibt.

Das Engpass-Modell der Fotosynthese

Die Abhängigkeit der Fotosyntheseleistung von Produktionsfaktoren wie der Beleuchtungsstärke und der Temperatur sowie weiteren Bedingungen, wie z. B. dem pH-Wert (dieser bestimmt die Verfügbarkeit von Mineralien im Boden), gibt das sogenannte **Engpass-Modell** in anschaulicher Weise wieder (siehe Abb. 101). Diese Analogie aus dem Bereich der Technik stellt den Prozess der Fotosynthese als ein längliches Rohr dar. In das Rohr sind Stellschrauben eingelassen, die jeweils für einen Faktor stehen. Wie tief eine Schraube in den Querschnitt des Rohrs hineinragt, bestimmt, welche Menge der Edukte (H_2O, CO_2) durch es hindurch „fließen" können. Ist beispielsweise eine der Stellschrauben, z. B. diejenige der Temperatur, ganz tief in das Rohr hineingedreht, was sehr ungünstige Bedingungen symbolisiert, dann wird der Durchfluss stark eingeschränkt. Dabei spielt es nun keine Rolle, wie tief sich die anderen Stellschrauben im Rohrquerschnitt befinden, sofern sie weniger weit hineinragen. Selbst dann, wenn die Stellschrauben für die Beleuchtungsstärke und den pH-Wert ganz aus dem Rohr herausgedreht würden, das heißt wenn die Werte für beide Parameter optimal wären, wäre dies für das Ergebnis unerheblich. Grundsätzlich gilt: Die am tiefsten hinein gedrehte Stellschraube bestimmt die Menge der Substanzen, die durch das Rohr hindurch fließen können. Auf die Fotosyntheserate übertragen bedeutet dies: Der schlechteste Wert der drei betrachteten Parameter bestimmt die Menge der hergestellten Produkte.

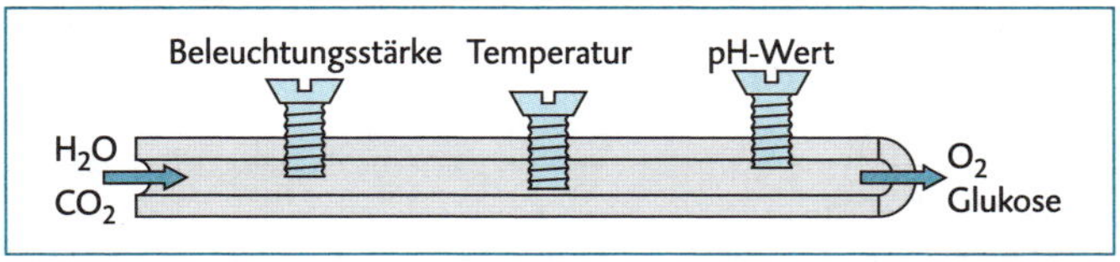

Abb. 101: Engpass-Modell der Fotosynthese

Das **Engpass-Modell** der Fotosynthese verdeutlicht die Abhängigkeit der pflanzlichen Produktion von den Umweltbedingungen.

Stoffaufnahme und Stoffabgabe im Überblick

Der Prozess der Fotosynthese ist mit einer Aufnahme und einer Abgabe von Stoffen verbunden. Wie die Edukte in den Pflanzenkörper gelangen und die Produkte in ihm transportiert bzw. an die Umwelt abgegeben werden, gibt die folgende Darstellung wieder:

$$6\,CO_2 + 12\,H_2O \longrightarrow C_6H_{12}O_6 + 6\,H_2O + 6\,O_2$$

$6\,CO_2$	$12\,H_2O$	$C_6H_{12}O_6$	$6\,H_2O$	$6\,O_2$
↓	↓	↓	↓	↓
Aufnahme durch Spaltöffnungen in den Blättern	Aufnahme durch Wurzeln zusammen mit Ionen	Abtransport durch Siebröhren in den Leitbündeln des Pflanzenkörpers	Transport in Tracheen in den Leitbündeln des Pflanzenkörpers	Abgabe durch Spaltöffnungen in den Blättern

Abb. 102: Edukte und Produkte und ihr Transport im Pflanzenkörper

2.2.2 Chloroplasten – die Orte der Fotosynthese

Die **Chloroplasten** (siehe Abb. 103) sind die Zellorganellen der Fotosynthese. In ihnen laufen alle wichtigen Teilschritte des Prozesses ab. Wie die Mitochondrien und der Zellkern besitzen auch die Chloroplasten eine **Doppelmembran** als Hülle. Man unterscheidet folglich zwischen der **äußeren** und der **inneren Chloroplastenmembran**. Die beiden Hüllmembranen sind durch einen **Intermembranraum** (Zwischenmembranraum) voneinander getrennt. Der Innenraum des Zellorganells, das **Stroma** (auch Matrix genannt), ist durch eine Kompartimentierung gekennzeichnet: Auf mehreren Ebenen durchziehen ihn längliche Membranstrukturen, die **Thylakoide**. An manchen Stellen finden sich Ausstülpungen dieser Thylakoide, die geldrollenartig gestapelt sind. Diese werden als **Grana** (Singular: Granum; auch: Granum-Thylakoide) bezeichnet. Durch die kompakte Anordnung dieser Kompartimente kommt es zu einer enormen **Oberflächenvergrößerung** der Membranbereiche. Neben **Stärkekörnchen** befinden sich im Inneren der Chloroplasten darüber hinaus auch noch DNA und Ribosomen sowie Lipidtröpfchen.

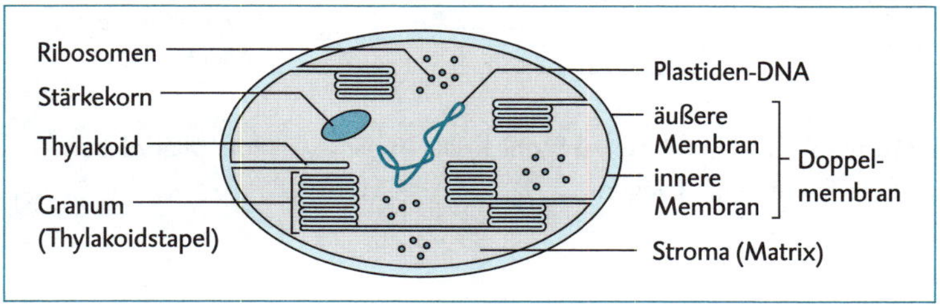

Abb. 103: Bau eines Chloroplasten

Die Moleküle des grünen Blattfarbstoffs, des Chlorophylls, sind in die Membranen der Thylakoide eingelagert. In und an den Thylakoidmembranen findet die **Energieumwandlung**, das heißt die lichtabhängige Reaktion der Fotosynthese statt. Im **Stroma** laufen die Prozesse der **Substanzumwandlung** ab, das heißt die lichtunabhängigen Reaktionen.

Die Anordnung der Membransysteme der **Chloroplasten** dient der **Oberflächenvergrößerung**. Die **Fotoreaktion** läuft an den **Thylakoidmembranen**, die **Synthesereaktion** im **Stroma** ab.

2.2.3 Die Fotoreaktion – eine lichtabhängige Energieumwandlung

Zwei Reaktionszentren

An der **Fotoreaktion**, der lichtabhängigen **Energieumwandlung** im Fotosyntheseprozess, sind **zwei Reaktionszentren** beteiligt. Dies vermutete bereits 1957 der amerikanische Physiologe Robert EMERSON, als er Algen mit Licht unterschiedlicher Wellenlängen bestrahlte und die jeweilige O_2-Produktion maß. Beleuchtete der Forscher die Algen gleichzeitig mit Licht der Wellenlängen **680 und 700 nm**, so erhielt er eine deutlich höhere Sauerstoffausbeute, als wenn er die Algen mit Licht der beiden Wellenlängen einzeln bestrahlte und deren O_2-Produktionswerte addierte. EMERSON schloss daraus, dass es zwei Reaktionszentren geben muss: eines mit einer optimalen Aktivität bei 700 nm und ein zweites, dessen Aktivitätsmaximum bei 680 nm Wellenlänge liegt. Die maximale Fotosyntheseleistung kann nur erzielt werden, wenn beide **gekoppelten Reaktionszentren** optimale Bedingungen haben.

Die **Fotoreaktion** der Fotosynthese läuft in zwei Reaktionszentren ab.

Elektronen-Verschiebungen in zwei Fotosystemen

Die beiden von EMERSON erkannten Reaktionszentren sind Bestandteil der Fotosysteme **P**(hotosystem)**700** und **P680** (siehe Abb. 105). Außer dem jeweiligen Reaktionszentrum beinhaltet ein Fotosystem noch einen sogenannten **Antennenkomplex (Lichtsammelkomplex)**. Dieser besteht aus Chlorophyllmolekülen, die von weiteren Pigmenten, den Carotinoiden, unterstützt werden. Aufgabe des Antennenkomplexes ist es, Photonen (Lichtenergie) zu absorbieren und deren Energie an das jeweilige Reaktionszentrum weiterzuleiten. In den beiden Fotosystemen fungiert jeweils nur ein einziges Chlorophyllmolekül als **Reaktionszentrum** (siehe Abb. 104).

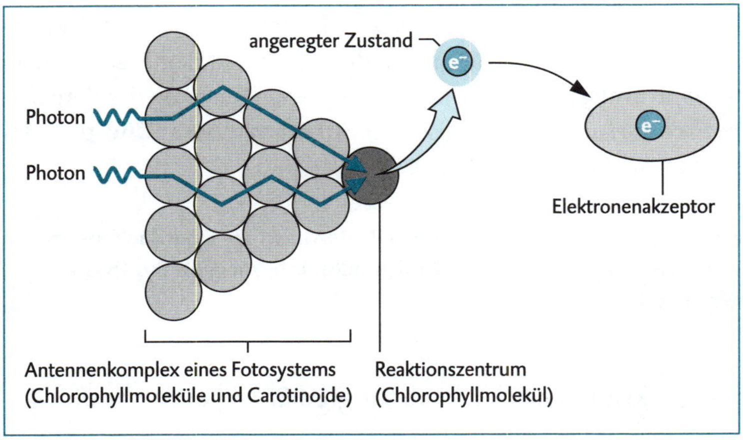

Abb. 104: Energieübertragung in einem Fotosystem

Wird das Fotosystem P700 (Fotosystem I) von Licht der entsprechenden Wellenlänge getroffen, kommt es im Reaktionszentrum zu einer **durch die Lichtenergie induzierten Anregung von Elektronen**. Das P700 wandelt sich zum aktivierten P700*. Die angeregten Elektronen werden aus dem Chlorophyllmolekül abgegeben und an einen nachgeschalteten Elektronenakzeptor übertragen. Dieser ist Teil einer Elektronen-Transportkette, die aus verschiedenen Proteinkomplexen besteht.

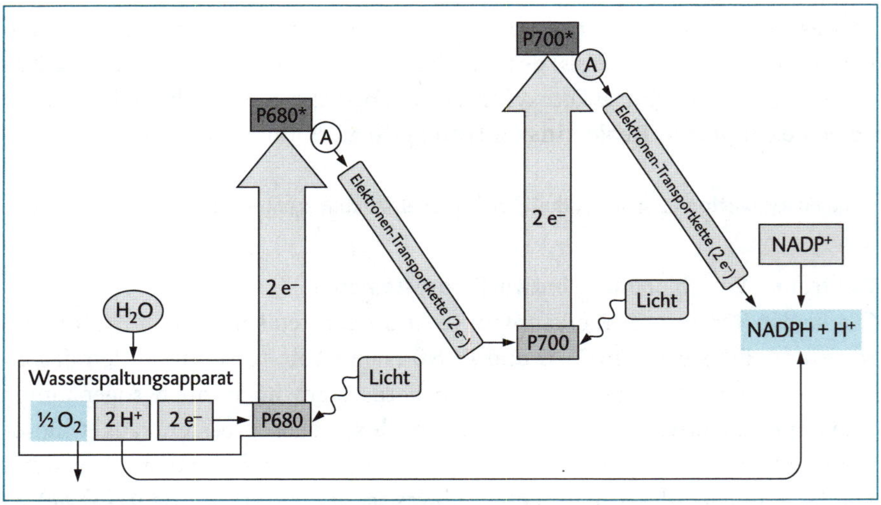

Abb. 105: Schema der lichtabhängigen Reaktion der Fotosynthese. Die Produkte sind farbig hinterlegt.

Der gleiche Vorgang läuft auch im Fotosystem P680 (Fotosystem II) ab. Die aus dessen Reaktionszentrum abgegebenen Elektronen gelangen über die nachgeschaltete Elektronen-Transportkette zum P700 und gleichen dort den Mangel an Elektronen im Reaktionszentrum wieder aus. Die Lichtenergie, die das P680 trifft, löst aber gleichzeitig noch eine zweite Reaktion aus: die **Zerlegung von Wasser (Fotolyse)**. Im Fotosystem P680 ist ein Protein-Mangan-ionen-Komplex vorhanden, der die Fähigkeit besitzt, Wasser in **Sauerstoff, Protonen und Elektronen** aufzuspalten. Die Elektronen werden genutzt, um den durch die Anregung entstandenen Elektronenmangel im Reaktionszentrum von P680 wieder auszugleichen. Der gebildete **Sauerstoff** wird von der Pflanze an die Umwelt abgegeben.

> Die Energie des Sonnenlichts wird in **zwei Fotosystemen** eingefangen, was zur Abgabe von zwei Elektronen aus dem Reaktionszentrum führt.
> Während der lichtabhängigen Reaktion wird Wasser in **Protonen, Elektronen und Sauerstoff** zerlegt **(Wasserspaltung)**.

Aufbau von NADPH + H^+

Die Fotosysteme und alle Bestandteile der beiden Elektronen-Transportketten sind in der Thylakoidmembran lokalisiert. Auch der Wasserspaltungsapparat ist dort angesiedelt und zum Inneren der Thylakoide, dem **Thylakoidlumen**, hin orientiert (Abb. 106). Dies bedeutet, dass die bei der Wasserspaltung freigesetzten H^+-Ionen in das Lumen abgegeben werden.

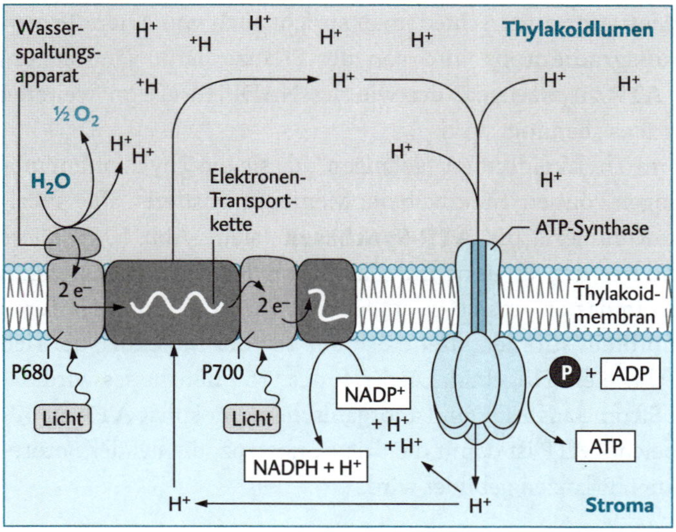

Abb. 106: Aufbau von NADPH + H^+ und ATP in den Chloroplasten

Nach der Elektronen-Transportkette, die auf das P700 folgt, werden die Elektronen schließlich auf $NADP^+$ übertragen. Dies geschieht auf der Seite der Thylakoidmembran, die zum Stroma hin weist. Dort nimmt der Überträgerstoff auch zwei Protonen auf, wodurch aus $NADP^+$ im Stroma $NADPH + H^+$ entsteht. Bei der lichtabhängigen Reaktion der Fotosynthese wird somit neben O_2 als weitere Substanz das Zwischenprodukt **$NADPH + H^+$** gebildet. Dieses wird in der nächsten Phase der Fotosynthese, der Synthesereaktion, benötigt.
Bilanziert man, was beim Aufbau von $NADPH + H^+$ abläuft, so stammen die beiden beteiligten H^+-Ionen aus der Fotolyse des Wassers (siehe Abb. 106).

Die Elektronen durchlaufen zwei **Elektronen-Transportketten** und werden schließlich, wie die **Protonen** aus der Wasserspaltung auch, auf die **Überträgersubstanz $NADP^+$ übertragen**. Es entsteht das **Zwischenprodukt $NADPH+H^+$**.

Aufbau von ATP

An den Elektronentransport zwischen P680 und P700 über die Elektronen-Transportkette ist die Übertragung von H^+-Ionen aus dem Stroma in das Thylakoidlumen gekoppelt. So gelangen – über die H^+-Ionen aus der Wasserspaltung hinaus – noch mehr Protonen in das Thylakoidlumen. Dadurch ergibt sich ein **Überschuss an H^+-Ionen** innerhalb der **Thylakoide** gegenüber dem Stroma. Bei optimalen Fotosynthesebedingungen kann die Konzentration der Protonen im Inneren der Thylakoide 1 000-fach höher sein als im Stroma. Der beträchtliche Konzentrationsunterschied, man spricht auch von einem **Protonen-Konzentrationsgradienten**, wird von der Pflanze dafür genutzt, um den Energieträger **ATP** zu erzeugen, der wie das $NADPH + H^+$ im weiteren Verlauf der Fotosynthese benötigt wird.
Die Protonen sind im Thylakoidlumen „gefangen“, da sie die Thylakoidmembran nicht durchdringen können. Innerhalb der Membran existieren aber spezielle Tunnelprotein-Komplexe, die **ATP-Synthasen** (siehe Abb. 106). Diese Enzyme ermöglichen es den H^+-Ionen, entlang ihres Konzentrationsgefälles durch die Membran in das Stroma zu gelangen. Während die Protonen durch das Transmembranprotein strömen, dreht sich der Teil des Moleküls, der sich im Stroma befindet, wie ein Flügelrad. Die Kraft des Protonenflusses wird dazu genutzt, um im Stroma aus ADP und anorganischem Phosphat **ATP** zu bilden. Der Energiespeicher ATP ist damit die dritte Substanz, die bei der Fotoreaktion von den grünen Pflanzen gebildet wird.

Neben dem linearen existiert auch ein **zyklischer Elektronentransport**, dessen Mechanismen noch nicht in allen Einzelheiten geklärt sind. Hierbei werden die Elektronen nicht auf $NADP^+$ übertragen, sondern gelangen zurück in die Elektronen-Transportkette, die dem P680 nachgeschaltet ist. So kann ihre Energie genutzt werden, weitere H^+-Ionen in das Lumen der Thylakoide zu transportieren. Folglich kommt es durch den zyklischen Elektronentransport nur zur Bildung von ATP und nicht zur Produktion von NADPH + H^+.

Es kommt zum Aufbau eines **Protonen-Konzentrationsgradienten**, der genutzt wird, um das **ATP** als weiteres **Zwischenprodukt** der Fotosynthese durch die membrangebundene **ATP-Synthase** herzustellen.

2.2.4 Die Synthesereaktion – eine lichtunabhängige Substanzumwandlung

Ausgangspunkt für die lichtunabhängige **Substanzumwandlung**, die **Synthesereaktion** der Fotosynthese, sind die beiden Zwischenprodukte der Fotoreaktion **NADPH + H^+** und **ATP**. Hinzu kommt als weitere unabdingbare Substanz das **CO_2**, das die Pflanze in der Regel aus der Umgebungsluft aufnimmt.

Die Aufdeckung dieses Prozesses gelang erst Mitte der 50er-Jahre des letzten Jahrhunderts. Grundsätzlich wurden zwei **Hypothesen** diskutiert, wie die **Assimilation** von Traubenzucker ($C_6H_{12}O_6$) aus CO_2 in der Pflanze ablaufen könnte. Zum einen war es denkbar, dass das aus sechs Kohlenstoffatomen zusammengesetzte Fotosyntheseprodukt durch Verschmelzung von sechs einzelnen CO_2-Molekülen gebildet würde – quasi in einer **linear ablaufenden Additionsreaktion**. Zum anderen gingen die Überlegungen dahin, dass es sich um einen **Kreisprozess** handeln müsse, aus dem einzelne **Glukose-Moleküle ausgeschleust** werden könnten, ohne den Kreisprozess dabei zu unterbrechen. Einem Forscherteam um den amerikanischen Biochemiker Melvin CALVIN gelang es schließlich, die biochemischen Abläufe aufzudecken und damit die **Hypothese** vom **Kreisprozess** zu **verifizieren**.

Die Assimilation des Kohlenstoffdioxids – ein Kreisprozess

Die Experimente, die zur Aufdeckung der Zusammenhänge führten, basierten darauf, dass den Versuchsorganismen, der einzelligen Alge **Chlorella**, für ihre Fotosynthese CO_2-Moleküle zur Verfügung gestellt wurden, die das radioaktive Kohlenstoffisotop ^{14}C enthielten. In qualitativen und quantitativen Untersuchungen verfolgte man die **radioaktive Spur** während des Ablaufs der Synthesereaktion. Dabei wurde die Zeitspanne variiert, in der es dem ^{14}C möglich war, sich in den Syntheseprodukten innerhalb der Chloroplasten anzureichern.

Bereits weniger als zwei Sekunden nach Versuchsbeginn konnte als erste radioaktiv markierte Substanz **Phosphoglycerinsäure** (PGS), ein Molekül mit drei Kohlenstoffatomen (C3-Körper), ermittelt werden (siehe Abb. 107). Damit war diejenige Substanz bekannt, die bei der **Kohlenstoff-Fixierung** entsteht. Als **Akzeptor** des **CO_2** konnte **Ribulosebisphosphat** (RubP), ein C5-Körper, identifiziert werden. Der C6-Körper, der sich aus der Reaktion von RubP mit CO_2 bildet, erwies sich als ein instabiles Zwischenprodukt, das in zwei PGS-Moleküle zerfällt. Weitere Untersuchungen ergaben, dass das PGS unter Freisetzung von Wasser in **Phosphoglycerinaldehyd** (PGA), ebenfalls ein C3-Körper, umgewandelt wird. Dafür ist zum einen **ATP nötig**. Zum anderen finden bei diesem Syntheseschritt die beiden Wasserstoff-Atome aus dem Überträgerstoff **NADPH + H^+** Verwendung. Damit sind die beiden Zwischenprodukte, die neben dem Sauerstoff in der Fotoreaktion erzeugt worden sind, in die lichtunabhängige Reaktion eingegangen. Aus zwei PGA-Molekülen wird letztendlich das **Produkt der Synthesereaktion**, der C6-Körper **Glukose**, gebildet. Das Kohlenhydrat wird aus dem Kreisprozess ausgeschleust. 5 von 6 PGA-Molekülen werden über verschiedene Zwischenstufen wieder zu insgesamt 6 C5-Körpern regeneriert. Am Ende dieser Regenerationsreaktionen steht Ribulosemonophosphat (RuP), das unter Aufwendung von ATP in Ribulosebisphosphat umgewandelt wird, das damit wieder für eine CO_2-Fixierung zur Verfügung steht.

Die nachfolgende Grafik gibt einen Überblick über die wichtigsten Syntheseschritte des **Calvin-Zyklus**.

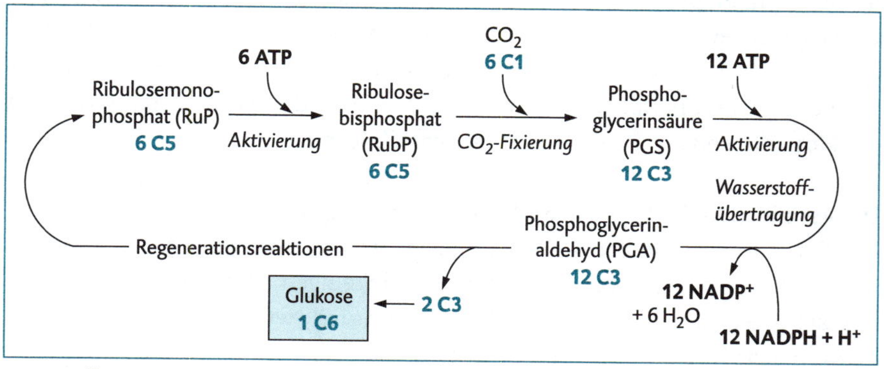

Abb. 107: Überblick über den Calvin-Zyklus

Die **Zwischenprodukte** der Fotoreaktion (**NADPH + H^+** und **ATP**) und das aufgenommene **CO_2** werden in der **Synthesereaktion**, dem zweiten Teilprozess der Fotosynthese, zu einer **Substanzumwandlung** in Form eines **Kreisprozesses** genutzt, um Glukose aufzubauen.

2.2.5 Zusammenfassung und Überblick über Orte, Prozesse und Produkte der Fotosynthese

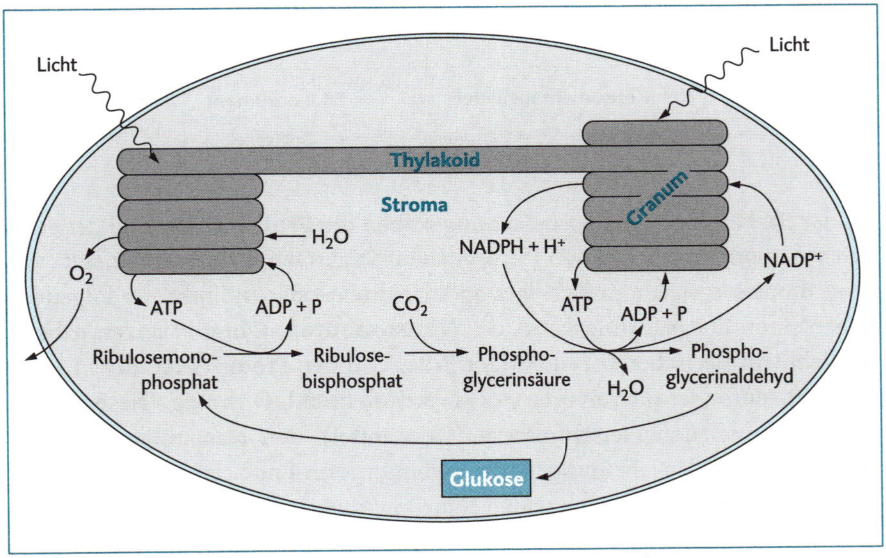

Abb. 108: Zusammenhang zwischen Fotoreaktion und Synthesereaktion im Chloroplasten

2.3 Nahrungsbeziehungen in Ökosystemen

Nahrungsbeziehungen stehen unter dem Motto „Fressen und gefressen werden".

Abb. 109: Unterhaltung zweier Taucher

Dabei verleibt sich der „Fresser" die Biomasse desjenigen, der gefressen wird, ein. Die einfachste vorstellbare Beziehung dieser Art besteht aus einer Nahrungsquelle und einem Konsumenten. Solche „Zweierbeziehungen" sind allerdings sehr selten. Meist sind in Nahrungsbeziehungen mehrere Organismen eingebunden.
Der Einfachheit halber stellt man Nahrungsbeziehungen oft in linearer Form als **Nahrungskette** dar. Dabei werden die einzelnen Glieder der Kette mit Richtungspfeilen der Art x → y versehen. Dabei ist „x" die Nahrungsgrundlage von „y".

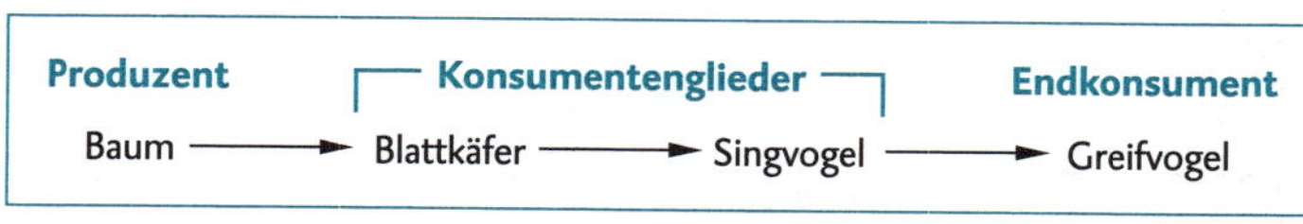

Abb. 110: Beispiel für eine Nahrungskette

An der Basis jeder Nahrungsbeziehung stehen die **Produzenten**, bei denen es sich vor allem um die grünen (fotosynthetisch aktiven) Pflanzen handelt. Von ihrer Biomasse ernähren sich letztendlich direkt oder indirekt alle folgenden Organismen der Nahrungskette, die **Konsumenten**. Ohne Pflanzen gäbe es folglich kein tierisches Leben auf der Erde. Von den Produzenten direkt leben die Pflanzenfresser (Herbivoren), die Konsumenten I. Ordnung. Diese werden wiederum von den Fleischfressern (Carnivoren), den Konsumenten II., III. usw. Ordnung, als Nahrungsgrundlage genutzt. Am Ende einer Nahrungskette steht der Endkonsument. Bei vielen Nahrungsketten ist dies der Mensch.

Beispiel

Abb. 111: Nahrungskette mit Endkonsument Mensch

Das Beispiel „Mensch", der ja nicht nur Fisch isst, zeigt, dass Endkonsumenten in der Regel nicht nur das Endglied *einer einzigen* Nahrungskette sind: Im Normalfall ist ihr Beutespektrum viel breiter. Gleiches gilt auch für die zwischengeschalteten Glieder der Kette, die im Normalfall nicht nur selbst verschiedene Tiere als Beute jagen, sondern ebenso von mehreren Organismen als Beutetiere genutzt werden. Auf diese Weise sind in einem Ökosystem ganze Gefüge von Nahrungsketten untereinander verbunden und bilden komplexe **Nahrungsnetze**. Unter anderem anhand von Untersuchungen mit radioaktivem ^{32}P, das von Pflanzen aufgenommen und dessen Weg durch die Glieder der

Nahrungsketten verfolgt werden kann, ist es möglich, die zugrunde liegenden Nahrungsbeziehungen aufzuklären. Die folgende Darstellung zeigt einen Ausschnitt aus einem solchen biologischen Zusammenhang (Konnex) in einem Waldrandgebüsch:

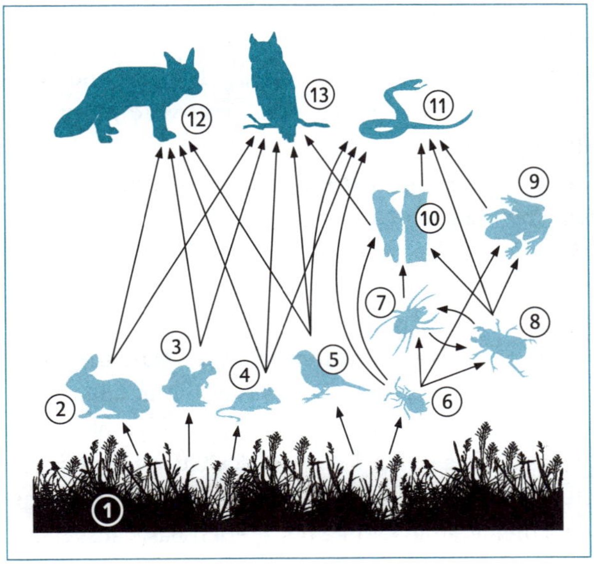

Abb. 112: Nahrungsnetz:
13 Eulen/Greifvögel
12 Fuchs
11 Schlangen
10 insektenfressende Vögel
9 Kröten
8 räuberische Insekten
7 Spinnen
6 pflanzenfressende Insekten
5 körnerfressende Vögel
4 Mäuse
3 Eichhörnchen
2 Kaninchen
1 Pflanzen

Bereits dieser kleine Ausschnitt aus einem komplexen Nahrungskettengefüge verdeutlicht die Art der Verknüpfung verschiedener Nahrungsketten zu einem Nahrungsnetz. Mehrere Ketten führen zu wenigen Endkonsumenten, die an der Spitze der Nahrungsbeziehungen stehen.

Organismen einer Nahrungskette oder eines Nahrungsnetzes können nicht nur von ihren Fressfeinden verzehrt werden, sondern auch (ab)sterben. Den Abbau der toten Biomasse und ihre Zerlegung in anorganische Bestandteile übernehmen spezialisierte Mikroorganismen und Pilze, die **Destruenten**. Sie werden nicht zur Nahrungskette gerechnet. Durch ihre Arbeit liefern sie aber die anorganischen Grundbausteine, aus denen die Pflanzen wieder neue organische Substanz herstellen können.

In einer **Nahrungskette** bilden autotrophe Pflanzen als **Produzenten** das erste Glied. Von ihnen ernähren sich direkt oder indirekt die **Konsumenten**, das heißt die Pflanzenfresser (Konsumenten I. Ordnung) und die Fleischfresser (Konsumenten höherer Ordnung). Viele Nahrungsketten sind zu einem Nahrungskettengefüge, einem **Nahrungsnetz**, zusammengeschlossen.

2.4 Stoff- und Energiefluss

Als autotrophe Produzenten erzeugen die grünen Pflanzen im Prozess der Fotosynthese (siehe S. 189 ff.) die Lebensgrundlage für alle anderen heterotrophen Organismen im Ökosystem; und das in stofflicher wie in energetischer Hinsicht. Sie bilden somit das „Fundament", auf das sich die einzelnen „Etagen" des „Gebäudes" gründen, in dem die verschiedenen Konsumenten leben. Diese Analogie ist auch bei der grafischen Darstellung der Lebens- und Nahrungsbeziehungen herangezogen worden: Als äußere Gestalt wird meist eine mehr oder weniger gestufte Pyramidenform gewählt. Die einzelnen Etagen ökologischer Pyramiden werden als **Trophiestufen** (auch: **trophische Stufen, Trophieebenen**) bezeichnet. Je nach Aussageabsicht versinnbildlicht die Pyramide mit ihren verschiedenen Stufen ganz unterschiedliche Bezüge innerhalb der Nahrungsbeziehungen eines Ökosystems. Im Folgenden werden einige wichtige ökologische Pyramiden vorgestellt.

- In der **Zahlen-**, auch **Produzenten-Konsumenten-** oder **Nahrungs-Pyramide** genannten Darstellung (siehe Abb. 113) werden die in einer Nahrungsbeziehung aufeinanderfolgenden Organismen ihrer Menge nach dargestellt. Jede höhere Trophiestufe ernährt sich von der darunter befindlichen. In der Regel nimmt dabei die Anzahl der Individuen von Stufe zu Stufe nach oben hin ab, sodass die Pyramide von einer breiten Basis ausgehend spitz zuläuft. Biomasse und energetische Verhältnisse der Trophiestufen werden bei der Zahlenpyramide nicht berücksichtigt.

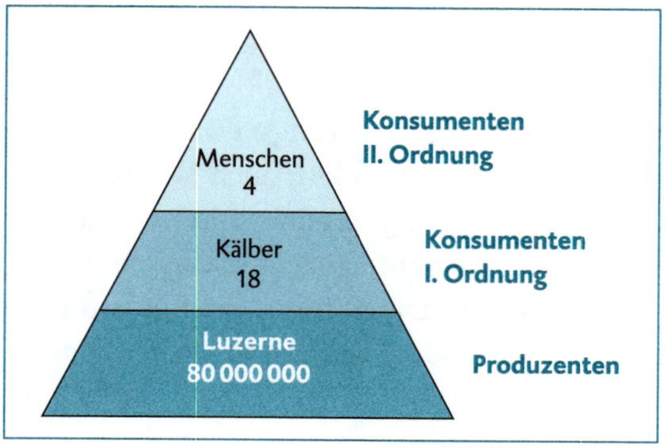

Abb 113: Zahlen-, Produzenten-Konsumenten- bzw. Nahrungspyramide; Angaben in Individuen/ha

- Analysiert man dagegen den Lebensraum, den die Lebewesen der einzelnen trophischen Stufen zum Überleben benötigen, ergibt sich das Bild einer auf ihrer Spitze stehenden Pyramide – eine sogenannte **verkehrte Biotoppyramide** (siehe Abb. 114).

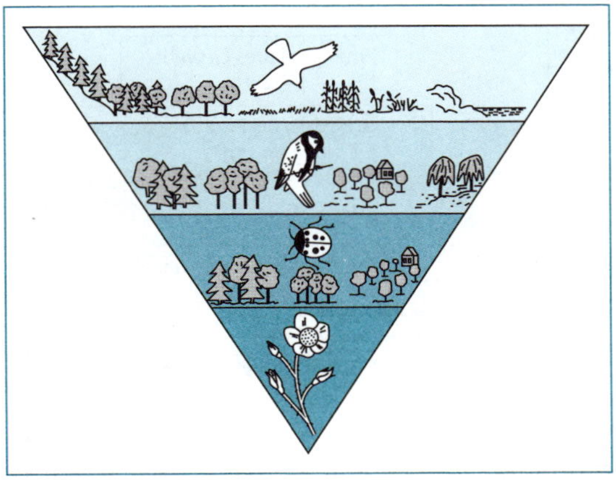

Abb. 114: Verkehrte Biotoppyramide (Lebensraumpyramide)

Je höher die trophische Stufe eines Lebewesens angesiedelt ist, desto größer muss in der Regel der durchstreifte Raum sein, in dem dieses Lebewesen seine Nahrung finden kann. Eine Rose beispielsweise benötigt kaum Platz, um existieren und Fotosynthese betreiben zu können. Der Rosenkäfer *(Epicometis hirta)* kann sich alleine auf der Grasflur aufhalten, um seine Nahrung zu finden. Damit eine Kohlmeise *(Parus major)* überleben kann, muss sie bereits Lichtwälder oder Baumgärten durchstreifen. Der Bussard benötigt ein noch größeres Jagdgebiet.
Ein Grund dafür ist, dass räuberisch lebende Konsumenten für ihre Suche nach Nahrung (Jagd) in der Regel mehr Energie benötigen und entwerten als pflanzenfressende Konsumenten. Ein weiterer Grund wird auf den Seiten 208 ff. beschrieben.

- Anhand der **Biomassenpyramide** (siehe Abb. 115), der grafischen Darstellung der Biomassenmenge einzelner, aufeinander aufbauender Trophiestufen, wird deutlich, dass die Menge an Biomasse von einer trophischen Stufe zur nächsthöheren jeweils deutlich abnimmt. Die Abnahme des Stoffflusses innerhalb der Biomassenpyramide ist ein Sachverhalt, der im Folgenden noch genauer untersucht und in seinen Auswirkungen hinterfragt wird.

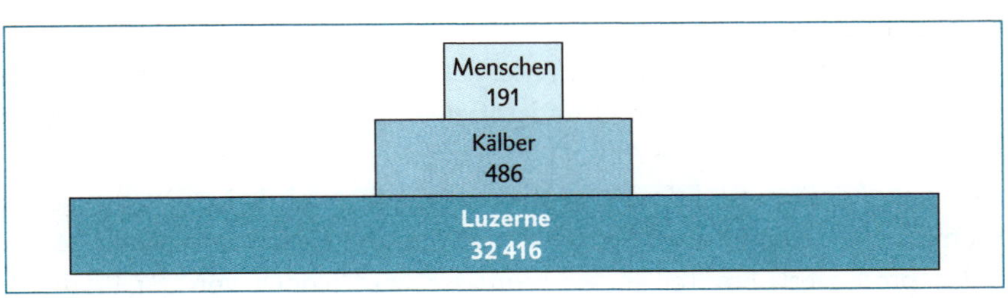

Abb. 115: Biomassenpyramide; Angaben in kg/ha

- Die letzte, oft verwendete Darstellung ist die **Energiepyramide** (siehe Abb. 116). Diese Art der Pyramiden veranschaulicht den Energiegehalt der einzelnen Trophiestufen. Auffallend bei der Betrachtung des Energieflusses von der Basis der Pyramide zu ihrer Spitze ist, dass hier ebenso wie beim Stofffluss der Biomassenpyramide eine deutliche Abnahme der in der nächsten Stufe ankommenden Energiemenge zu beobachten ist.

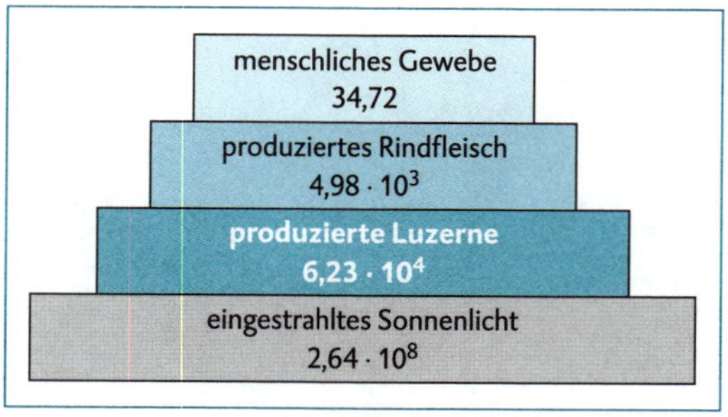

Abb. 116: Energiepyramide; Angaben in kJ (Kilojoule)

Ökologische Nahrungsbeziehungen können grafisch in Form von Pyramide mit mehreren **Trophiestufen** dargestellt werden. Hierbei verwendet man u. a. **Zahlen-, Lebensraum-, Biomassen- und Energiepyramiden**.

Die Biomassen- und die Energiepyramide drücken in ihrem Aufbau eine klare Tendenz aus: Sowohl die Biomasse als auch der Energiegehalt der einzelnen trophischen Stufen nimmt zur Spitze der Pyramide, also zu den Konsumenten höherer Ordnung hin, ab. Biomasse enthält Energie, die ursprünglich aus dem Sonnenlicht stammt und von den Fotosynthese treibenden Pflanzen in organischen Stoffen fixiert wurde. In jedem Ökosystem ist mit der Stoffweitergabe innerhalb der Nahrungsketten und -netze gleichzeitig ein Energiestrom verbunden. Von den Produzenten, über die herbivoren bis zu den carnivoren Konsumenten wird die Biomasse und damit die Energiemenge, welche in der nächsten Trophiestufe ankommt, immer geringer. Dies liegt vor allem daran, dass die Organismen der einzelnen Trophiestufen zur Aufrechterhaltung ihrer Lebensprozesse Energie aus Biomasse benötigen und diese folglich entwerten. Sie kann den jeweiligen Konsumenten höherer Trophiestufen damit nicht mehr zur Verfügung stehen.
Alles, was eine Pflanze über die Fotosynthese mithilfe der Energie des Sonnenlichts aus anorganischen Grundstoffen aufbaut, wird als ihre **Primärproduktion** bezeichnet (siehe Abb. 117). Man unterscheidet dabei die Brutto- von der Nettoprimärproduktion. Die **Bruttoprimärproduktion** ist die gesamte Biomasse, die eine fotosynthetisch aktive Pflanze aus anorganischen Bestandteilen produziert. Ein Teil dieser Biomasse wird jedoch von der Pflanze ge-

nutzt, um daraus im Prozess der biologischen Oxidation Energie für diverse energieaufwendige Lebensprozesse zu gewinnen. Sie „veratmet" also einen Teil ihrer Produktion. Zieht man den durch diese Atmung verloren gegangenen Teil der Biomasse von der Bruttoprimärproduktion ab, so erhält man die **Nettoprimärproduktion**. Sie wird global auf jährlich etwa $180 \cdot 10^9$ t Biomasse in Trockengewicht geschätzt (terrestrisch $120 \cdot 10^9$ t, marin $60 \cdot 10^9$ t). Den Herbivoren steht folglich nur die Nettoprimärproduktion als Nahrungsgrundlage zur Verfügung. Aber nicht alles davon kann sich der Konsument I. Ordnung einverleiben: Abgestorbene und für ihn unverdauliche Teile der Produzenten kann er beispielsweise nicht verwerten. Darüber hinaus müssen die Konsumenten wie die Produzenten auch ihren Stoffwechsel betreiben. Hierfür benötigen sie Energie, für deren Gewinnung sie den überwiegenden Teil der Nahrung, also der Biomasse der Produzenten, verbrauchen (siehe Abb. 117).

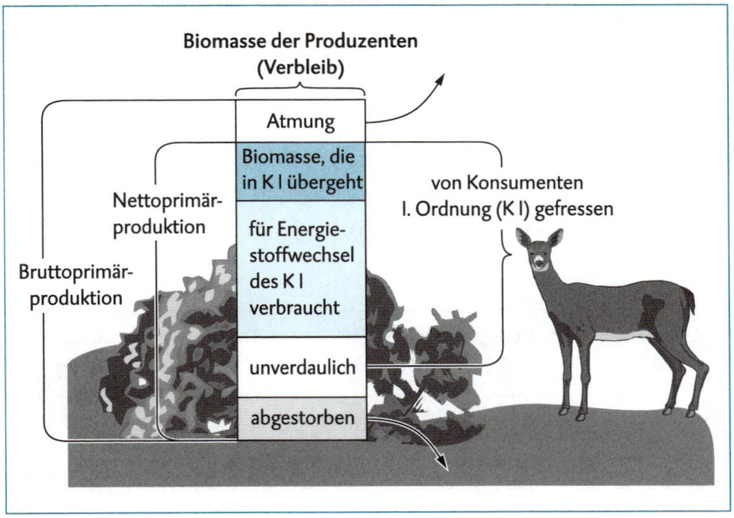

Abb. 117: Verbleib der Biomasse innerhalb der Trophiestufen Produzent und Konsument I. Ordnung (K I)

Von dem, was ein Pflanzenfresser an Biomasse aufgenommen hat, wird also nur ein kleiner Teil, ca. 10–20 %, zum Aufbau eigener Körpersubstanz verwendet. 80–90 % der konsumierten Biomasse werden in Stoffwechselaktivitäten verbraucht oder ausgeschieden. Das bedeutet, dass 80–90 % der mit der pflanzlichen Biomasse aufgenommenen Energie von den Konsumenten I. Ordnung entwertet werden.

Die Abb. 118 verdeutlicht am Beispiel einer Raupe, was mit der über das Pflanzenmaterial aufgenommenen Energie geschieht.

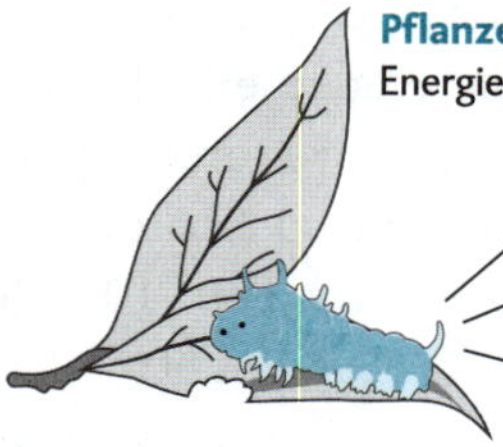

Abb. 118: Verbleib des von einer Raupe vertilgten Pflanzenmaterials

Dieser Zusammenhang, der hier für das Verhältnis der trophischen Stufe der Produzenten und der Konsumenten I. Ordnung beschrieben wird, ergibt sich bei jedem Übergang auf die nächsthöhere Trophieebene. Bei Fleischfressern ist die Ausbeute an Biomasse und Energie allerdings noch geringer als bei den Pflanzenfressern.

Die **Bruttoprimärproduktion** einer Pflanze entspricht der von ihr erzeugten Biomasse. Wird der Atmungsverlust aus diesem Wert herausgerechnet, erhält man die **Nettoprimärproduktion**.

Anhand dieser Erkenntnisse wird klar, dass die **ökologische Effizienz** nicht besonders hoch ist. Der Begriff umschreibt das Resultat der energetischen Bilanz, wenn die Ausnutzung der Nahrung, z. B. in Nahrungsketten, bewertet wird.

Algen →	Zooplankton →	Heringe →	Makrelen →	Thunfisch →	Mensch
10 000 kg	**1 000 kg**	**100 kg**	**10 kg**	**1 kg**	**0,1 kg**

Abb. 119: Biomassenverlust am Beispiel einer marinen Nahrungskette

Dies sollte zu denken geben: Betrachtet man die intensive landwirtschaftliche Tierhaltung und die dabei eingesetzten gewaltigen Energiemengen, so wäre es zumindest unter energetischen Gesichtspunkten wesentlich sinnvoller, sich mehr von pflanzlicher als von tierischer Kost zu ernähren.

Die **ökologische Effizienz** der Biomasseverwertung durch die Konsumenten ist gering. Nur jeweils etwa **10 %** gehen in den Konsumenten der nächsthöheren Trophiestufe über.

Alle Energie, von der die Pflanzen und in ihrem Gefolge auch die Tiere und der Mensch leben, kommt fast ausschließlich von der Sonne. Dies kann in einem vereinfachten Flussschema, das gleichzeitig auch die Rolle des Kohlenstoffs (siehe auch S. 213 f.) beleuchtet, verdeutlicht werden:

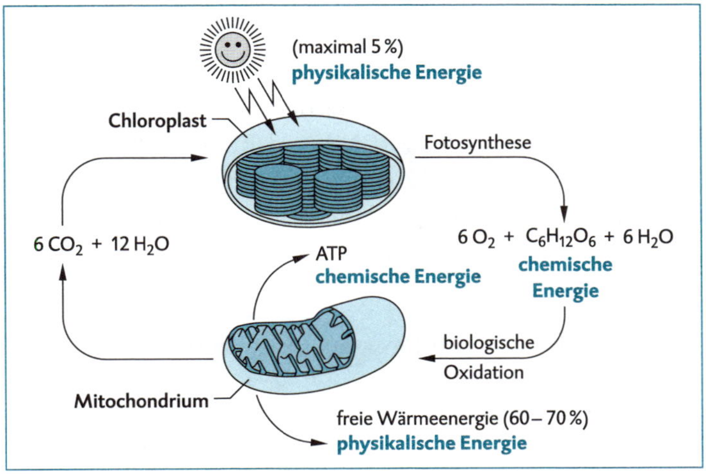

Abb. 120: Schematische Darstellung des Energieflusses

Maximal 5 % der von der Sonne auf die Erde abgestrahlten Energie können die fotosynthetisch aktiven Pflanzen auffangen und für sich im Prozess der Fotosynthese (siehe S. 189 ff.) nutzen. Dabei wandeln sie die Strahlungsenergie der Sonne **(physikalische Energie)** in **chemische Energie** in Form von Glukose ($C_6H_{12}O_6$) um. Dafür benötigt die Pflanze Kohlenstoffdioxid aus der Luft und Wasser. Pflanzen und Tiere gewinnen durch die biologische Oxidation (Zellatmung) in den Mitochondrien die in den Kohlenhydraten gespeicherte Energie wieder zurück. Aus Glukose, Sauerstoff und Wasser entstehen dabei die energiearmen Produkte Kohlenstoffdioxid und Wasser. Diese können von Pflanzen wieder zur Fotosynthese verwendet werden, woraus sich ein Kreislauf dieser Substanzen ergibt. Die im Laufe der biologischen Oxidation freigesetzte Energie wird zum Teil in der **Energiespeichersubstanz ATP** als chemische Energie fixiert. Sie kann so im Stoffwechselgeschehen des Organismus eingesetzt werden. Der größere Teil der chemisch fixierten Energie wird als **freie Wärmeenergie** (physikalische Energie) entwertet. Diese Wärmeenergie geht den meisten Organismen aber nicht „nutzlos" verloren, sondern dient z. B. der Aufrechterhaltung der Körpertemperatur.
Im Gegensatz zu den Produkten der biologischen Oxidation, die wieder zu Edukten der Fotosynthese werden und umgekehrt, ist der Energiefluss kein Kreisprozess. Letztendlich enden alle Wege des Energieflusses in der Entwertung der Energie in Form von freier Wärmeenergie.

Die von den Pflanzen als **chemische Energie** fixierte **physikalische Energie** der Sonne ist die Lebensgrundlage fast aller Organismen. Diese nutzen die chemische Energie für Stoffwechselprozesse. Ein Großteil der Energie wird als freie Wärmeenergie entwertet.

2.5 Stoffkreisläufe

Der Stickstoffkreislauf

Stickstoff spielt im Leben von pflanzlichen und tierischen Organismen eine wichtige Rolle. Nicht nur die Erbsubstanz (DNA und RNA) enthält das Element in ihren organischen Basen, auch Proteine, das heißt pflanzliches und tierisches Eiweiß, sind aus stickstoffhaltigen Aminosäuren aufgebaut.

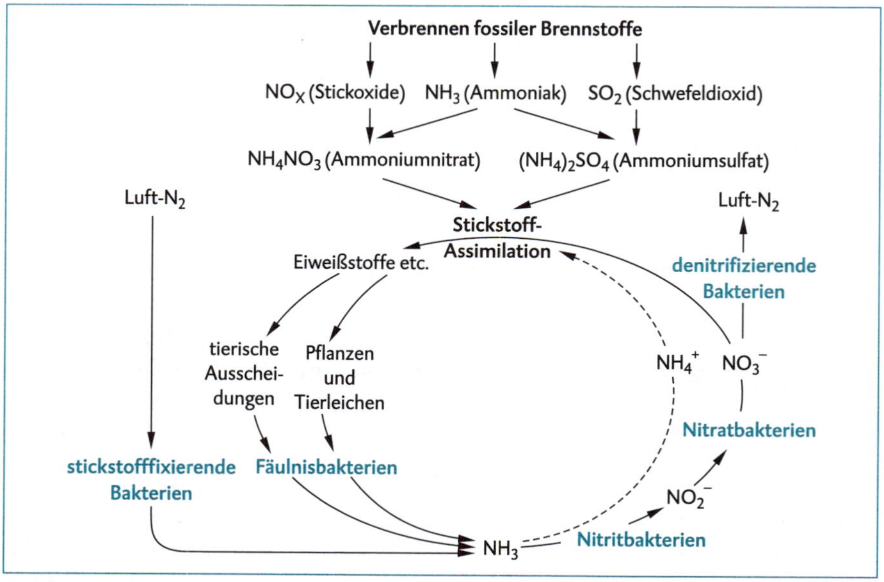

Abb. 121: Vereinfachter Kreislauf des Stickstoffs

Obwohl gasförmiger Stickstoff (N_2) mit fast 80 % den Hauptbestandteil der Erdatmosphäre ausmacht, kann er von den Produzenten nicht direkt zur Stoffproduktion genutzt werden. Grüne Pflanzen benötigen Nitrat- und Ammonium-Verbindungen, die sie in der Regel in gelöstem Zustand zusammen mit dem Wasser über die Wurzeln aus dem Boden aufnehmen. Stickstofffixierende Bakterien, die N_2 als Stickstoffquelle nutzen, stellen den Pflanzen indirekt den Stickstoff aus der Luft zur Verfügung: Sie reduzieren diesen zu Ammoniak (NH_3) und Ammonium (NH_4^+), der protonierten Form des Ammoniaks in wässriger Umgebung. Die geschätzte weltweite Produktivität biologischer Stickstofffixierung liegt bei etwa 200–300 Mio. Tonnen pro Jahr. Zwei Typen nitrifizierender Bakterien oxidieren NH_3 / NH_4^+ zu Nitrit (NO_2^-; Nitritbakterien) und Nitrit zu Nitrat (NO_3^-; Nitratbakterien). Der Boden kann aber auch Stickstoff verlieren, weil denitrifizierende Bakterien Nitrat wieder zum gasförmigen N_2 reduzieren.

Der vornehmlich in den Eiweißen von Pflanzen und Tieren gespeicherte Stickstoff kann dem Stickstoffkreislauf wieder zugeführt werden, indem Tier- und Pflanzenleichen durch Fäulnisbakterien in ihre anorganischen Bestandteile zersetzt werden. Dies bewerkstelligen Fäulnisbakterien (desaminierende Bakterien), die durch Ammonifikation verwesende Biomasse zu Ammoniak mineralisieren. Gleiches geschieht mit den tierischen Ausscheidungsprodukten, dem Harnstoff [$CO(NH_2)_2$] der Säuger, der Harnsäure ($C_5H_4N_4O_3$) der Vögel und dem Ammoniak der Fische.
Da in diesem Stoffkreislauf neben den biotischen Stickstofffixierungen auch rein abiotische Bereiche aus Chemie und Geologie enthalten sind, spricht man vom **biogeochemischen Stickstoffkreislauf**.
Der Stickstoffkreislauf kann durch **anthropogene** (vom Menschen gemachte) Faktoren beeinflusst werden. Dies geschieht vor allem über die Freisetzung chemischer Verbindungen durch die **Verfeuerung fossiler Brennstoffe** in Industrie, Verkehr und Haushalt. Hier sind vor allem Stickoxide (NO_X) und Schwefeldioxid (SO_2), aber auch Ammoniak (NH_3) zu nennen. Diese Stoffe können ihrerseits untereinander weiter zu Salzen reagieren, die dann im Staub der Luft wiederzufinden sind. Dabei handelt es sich um die Verbindungen **Ammoniumnitrat** (NH_4NO_3) und **Ammoniumsulfat** [$(NH_4)2_2O_4$]. Beide Verbindungen sind Düngesalze, die ebenso wie das NH_3 in den Kreislauf der Stickstoffassimilation eingeschleust werden können. Stickoxide reagieren darüber hinaus auch noch mit Sauerstoff und Wasser in der Umgebungsluft weiter und bilden so die Salpetersäure (HNO_3). **Salpetersäure** ist zu über 30 % an dem beteiligt, was man allgemein als „Sauren Regen" bezeichnet, der **Versauerung der Niederschläge**.

Kohlenstoffkreislauf

Der **Kreislauf des Kohlenstoffs** ist, wie bereits in Abb. 120 dargestellt wurde, eng mit dem Energiefluss durch die Organismen und ihren Assimilations- und Dissimilationsprozessen verbunden. In ihm spielt das gasförmige CO_2 eine entscheidende Rolle (siehe Abb. 122). Es ist Edukt bzw. Produkt der elementaren Lebensprozesse der Fotosynthese und der Zellatmung (biologische Oxidation). CO_2 kann in Wasser gelöst vorliegen (H_2CO_3) und in Form von Carbonaten, den Salzen der Kohlensäure, z. B. als $CaCO_3$ (Calciumcarbonat; u. a. in Muschelschalen und Korallenskeletten) und als $NaHCO_3$ (Natriumhydrogencarbonat; u. a. in Mineralien). Über die Fotosynthese in Kohlenhydratverbindungen fixiert, dient der Kohlenstoff Pflanzen wie Tieren als Baustoff und Nahrungsgrundlage. Tier- und Pflanzenleichen werden von Destruenten zersetzt, durch deren Zellatmungstätigkeit der Kohlenstoff in gasförmigem

Zustand wieder als CO_2 in die Atmosphäre gelangt. Die Nutzung fossiler Brennstoffe durch den Menschen **(anthropogener Faktor)** reichert die Atmosphäre mit CO_2 an, das aus Kohle- und Erdölvorkommen stammt, die über die Jahrmillionen aus abgestorbenen Pflanzen und Tieren gebildet wurden. Gegenwärtig wird auf der Erde deutlich mehr Kohlenstoffdioxid in die Erdatmosphäre abgegeben, als in Assimilationsprozessen wieder fixiert werden kann. Dieser Einfluss des Menschen hat fühlbare Auswirkungen auf das Weltklima und ist Mitauslöser des „anthropogenen Treibhauseffekts".

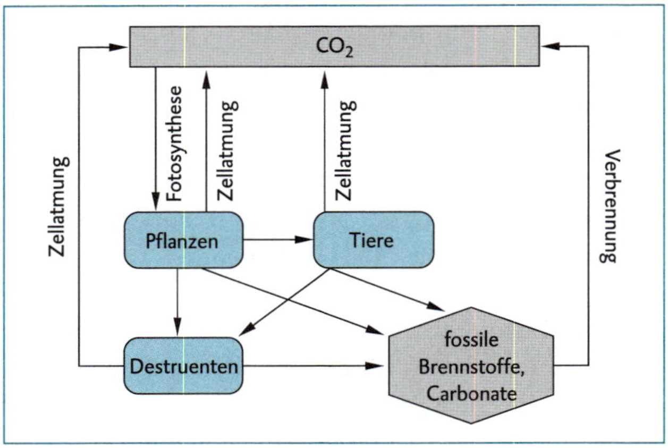

Abb. 122: Vereinfachter Kreislauf des Kohlenstoffs

Wasserkreislauf

Kein Lebewesen kommt ohne **Wasser** aus. Es ist einer der Grundstoffe des Lebens und liegt frei verfügbar in Gewässern, der Atmosphäre und im Boden vor (siehe Abb. 123).

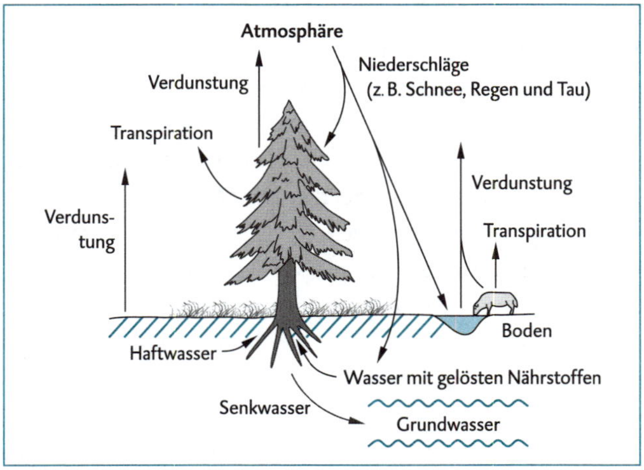

Abb. 123: Vereinfachter Kreislauf des Wassers

Durch Verdunstung, Transpiration und flüssige Ausscheidungen geben Pflanzen und Tiere Wasser an ihre Umgebung ab. Daneben verdunstet es auch aus Flüssen, Seen und Meeren. In der Atmosphäre sammelt sich das Wasser als Nebel und Wolken und durch Niederschläge, z. B. in Form von Regen, Schnee oder Tau, gelangt es wieder auf die Erde. Die Niederschläge können in Gewässer und auf Organismen niedergehen oder im Boden versickern und als Senkwasser ins Grundwasser gelangen. Eine andere Möglichkeit ist, dass der Niederschlag – vom Boden aufgefangen – als Haftwasser (haftet direkt an den Wurzeln der Pflanzen) an der Erdoberfläche bleibt. Hier können die Pflanzen das Wasser (und darin gelöste Nährstoffe) aufnehmen.
Nicht nur die Entnahme von Wasser aus dem Wasserkreislauf und die Entsorgung des mehr oder weniger gereinigten Schmutzwassers, z. B. in die Flusssysteme, zeugen von der Wirkung des Menschen **(anthropogener Faktor)** auf dieses Kreislaufsystem. Der Einfluss des Menschen umfasst auch die Stauung und Umleitung von Gewässern, z. B. zum Zweck der Energiegewinnung, zur Fischzucht oder für die Landwirtschaft, sowie die Nutzung von Flüssen, Seen und Meeren als Erholungsräume. Die Inanspruchnahme von Gewässern kann dabei zu großen Problemen beispielsweise im Hinblick auf die **Gewässergüte** (siehe S. 220 ff.) führen.

Unter **Stoffkreisläufen** versteht man die **Kreisläufe chemischer Elemente oder Verbindungen** wie z. B. Stickstoff, Kohlenstoff und Wasser in Ökosystemen. Die Stickstoff- und Kohlenstoffverbindungen werden aufgebaut, umgebaut und recycelt, wodurch die Ausgangsstoffe in einem Kreisprozess wiederhergestellt werden.

2.6 Aquatische Ökosysteme – stehende Gewässer/Fließgewässer

Zonierung

Wie nahezu alle Ökosysteme sind auch aquatische Ökosysteme durch eine charakteristische **Zonierung** in einzelne Lebensbereiche gekennzeichnet.
Da sich bei einem **Fließgewässer** die ökologischen Faktoren (z. B. Temperatur, Bodenbeschaffenheit, Fließgeschwindigkeit, Nähr- und Sauerstoffgehalt) zwischen Quell- und Mündungsbereich ständig verändern, kann das Ökosystem in unterschiedliche Bereiche eingeteilt werden. Vier verschiedene Regionen sind dabei zu unterscheiden: der **Oberlauf** mit der Quelle oder – bei mehreren Zuflüssen – der Quellregion, der **Mittellauf**, der **Unterlauf** und der **Mündungsbereich**. Fächert sich ein Fluss bei der Einmündung ins Meer auf (wie z. B. der Nil), spricht man von einer **Ästuar**.

Auch andere Unterteilungen, die sich beispielsweise am Vorkommen von Organismengruppen, z. B. von **Leitfischen**, orientieren, sind möglich (siehe Abb. 124). Leitfische gehören dem **Nekton** (griech. *nektos* = schwimmend) an, das heißt, sie können sich – im Gegensatz zum **Plankton** – aktiv auch gegen Strömungen fortbewegen. Ihr Lebensraum ist meist das Pelagial, die Freiwasserzone des Fließgewässers. Die Ausbildung von Regionen, in denen die einzelnen Leitfische leben, ist deshalb so charakteristisch, weil die Tiere nur dort ihre jeweils geeigneten Lebensbedingungen finden. Ein Fisch wie die Forelle beispielsweise, der auf kaltes und sauerstoffreiches Wasser angewiesen ist, könnte niemals im Mündungsbereich eines Flusses überleben. Er ist deshalb nur im Oberlauf von Flüssen anzutreffen.

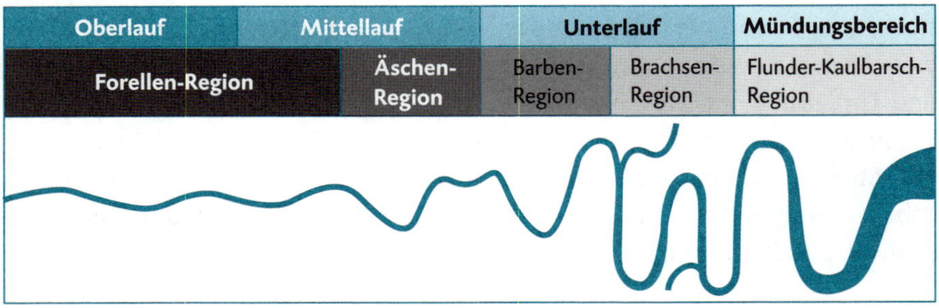

Abb. 124: Zonierung eines Fließgewässers

Stehende Gewässer werden ebenfalls in charakteristische Bereiche eingeteilt. Die hier vorherrschenden Zonen sind das **Pelagial (Freiwasserzone)**, das **Litoral (Uferzone)** und das **Profundal (Tiefenzone)**. Litoral und Profundal können zum **Benthal (Bodenzone)** zusammengefasst werden. Innerhalb des Litorals kann noch weiter untergliedert werden, wobei als Orientierungspunkt der unterschiedliche Pflanzenbewuchs herangezogen wird: Auf die Uferzone, die **Erlen-Weiden-Zone**, mit z. B. Sumpfdotterblume und Segge als charakteristischen Pflanzen folgt die **Schilfzone**. In ihr findet man Froschlöffel und Rohrkolben. An diesen Bereich schließt sich die **Schwimmblattzone** mit dem Schwimmenden Laichkraut und der Teichrose als typische Pflanzen an. Die **Unterwasserpflanzenzone** kann nochmals unterteilt werden in den Tauchblattpflanzengürtel mit Wasserpest und Durchgewachsenem Laichkraut und den Tiefalgengürtel. Dort findet man vornehmlich Armleuchteralgen und Quellmoos. Sobald kein Pflanzenbewuchs mehr festzustellen ist, beginnt das **Profundal**.

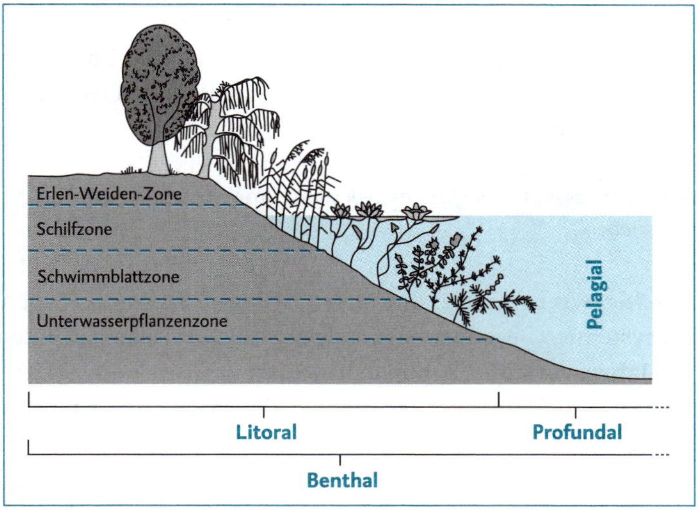

Abb. 125: Zonierung eines stehenden Gewässers

Die **Zonierung** von Gewässern ermöglicht es, z. B. aufgrund charakteristischer tierischer oder pflanzlicher Leitorganismen, Lebensbereiche zu unterscheiden.

Einflüsse von Umweltfaktoren auf See und Fließgewässer

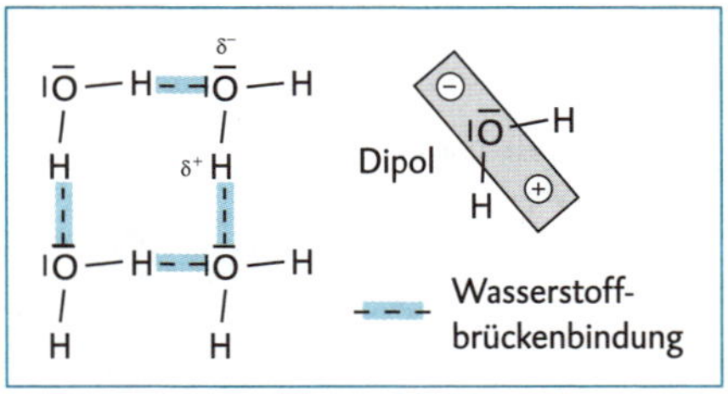

Abb. 126: Wassermolekül als Dipol – Ausbildung von Wasserstoffbrückenbindungen

Die Gemeinsamkeit aller aquatischen Systeme ist das **Wasser**. Jedes Wassermolekül (H_2O) ist gewinkelt (104,4 °) und besitzt ein erhebliches **Dipolmoment**, was dazu führt, dass Wassermoleküle die ausgeprägte Neigung zur Bildung von **Wasserstoffbrückenbindungen** aufweisen (siehe Abb. 126). Obwohl die Wasserstoffbrückenbindung eine relativ schwache chemische Bindung darstellt, ist sie doch stark genug, um beispielsweise auch die Erbsubstanz DNA zusammenzuhalten (siehe S. 14 ff.).

Auf der Eigenschaft, Wasserstoffbrückenbindungen auszubilden, beruht auch ein ökologisch besonders wichtiges Merkmal des Wassers: seine **Dichteanomalie**. Bei ca. 4 °C sind die Wasserstoffbrückenbindungen zwischen den Wassermolekülen am stärksten. Daher ist an diesem Punkt die Dichte des Wassers am größten und das Wasservolumen am geringsten. Sowohl oberhalb als auch unterhalb von etwa 4 °C dehnt sich das Wasser wieder aus. Somit ist ca. 4 °C warmes Wasser schwerer als Wasser mit einer niedrigeren oder einer höheren

Temperatur. Folglich sinkt es auf den Boden des Gewässers. Dies ist der Grund, warum ein Gewässer immer von der Wasseroberfläche zum Boden hin zufriert. Dadurch wird den Tieren auch bei niedrigen Temperaturen ein Überleben am Gewässergrund ermöglicht.

Die **Dichteanomalie des Wassers** ermöglicht es Lebewesen, im Winter am Gewässergrund zu überleben.

Die mit den Jahreszeiten wechselnden Umweltbedingungen prägen das Leben in aquatischen Ökosystemen. Besonders deutlich wird dies am Beispiel eines typischen **Sees im Jahresverlauf**. Ermittelt man über das Jahr hinweg verschiedene Parameter (wie z. B. die Temperatur und den Sauerstoffgehalt) in unterschiedlichen Wassertiefen, so ergibt sich folgendes Bild:

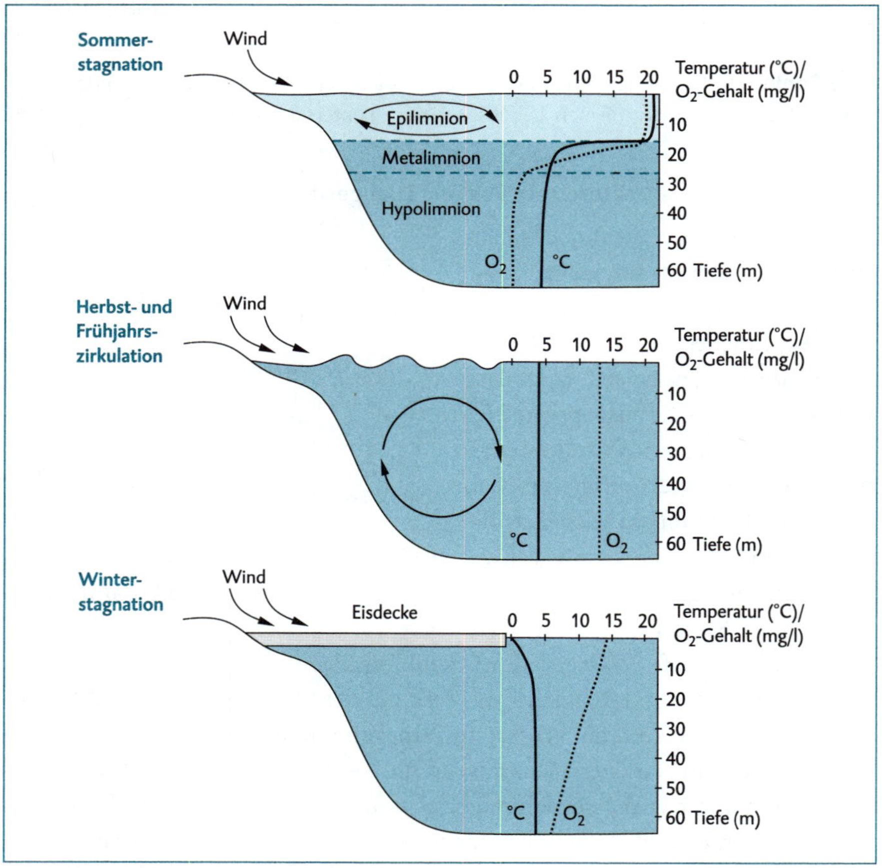

Abb. 127: Der See im Jahresverlauf – Stagnation und Zirkulation

- **Frühjahr** und **Herbst:** Nach dem Schmelzen des Eises im Frühjahr kommt es zum Absinken der schwerer werdenden oberen Wasserschichten. Auch die Abkühlung der oberen Wasserschichten im Herbst führt dazu, dass das Oberflächenwasser absinkt. In Verbindung mit den zu diesen Jahreszeiten vorherrschenden starken Winden kommt es dadurch zu einer vollständigen Durchmischung des Wasserkörpers. Dass eine starke Zirkulation, die **Vollzirkulation**, vorherrscht, ist daran zu erkennen, dass der Sauerstoffgehalt in allen Bereichen des Sees gleich hoch ist und die Wassertemperatur einheitlich bei etwa 4 °C liegt.
- **Sommer** und **Winter:** In diesen Jahreszeiten wird das Seewasser kaum durchmischt. Dieser Zustand wird mit dem Fachbegriff **Stagnation** bezeichnet.
  Während der Sommerstagnation erwärmt die Sonne nur die obere Wasserschicht, das Epilimnion. Aufgrund der Wärmebewegung der Wassermoleküle kommt es innerhalb dieser Schicht zu einer Teilzirkulation. Wegen der geringen Dichte des erwärmten Oberflächenwassers schwimmt die Deckschicht aber quasi auf dem restlichen, nicht erwärmten Wasserkörper und vermischt sich nicht mit diesem. In den mittleren (Metalimnion, Sprungschicht) und tiefen (Hypolimnion, Tiefenschicht) Seeschichten stagniert das Wasser daher, was zur Folge hat, dass im Metalimnion sowohl in Bezug auf die Temperatur als auch auf den O_2-Gehalt des Wassers ein Sprung zu beobachten ist. In dieser Sprungschicht fällt die Temperatur innerhalb weniger Meter um 15 °C ab und der Sauerstoffgehalt sinkt deutlich. Die Temperatur in der Tiefe des Sees liegt bei etwa 4 °C. Der Sauerstoffgehalt kann bis auf 0 % abfallen, da wie beschrieben kein nennenswerter Wasseraustausch zwischen den Schichten des Sees mehr abläuft, die Organismen aber weiterhin Sauerstoff für ihre Lebensprozesse benötigen.
  Im Winter, wenn eine Eisschicht den See bedeckt, ist ebenfalls keine Zirkulation möglich. Die Wassertemperatur steigt hier mit zunehmender Wassertiefe bis auf maximal 4 °C an. Der Sauerstoffgehalt nimmt zum Boden hin drastisch ab, erreicht aber nicht die niedrigen Werte des Sommers. Dies liegt unter anderem darin begründet, dass sich Sauerstoff besser in kaltem als in warmem Wasser löst und dass im Winter weniger sauerstoffverbrauchende Prozesse ablaufen.

Bei **fließenden Gewässern** ist in der Regel auf der Strecke des Flussverlaufs – unabhängig von der jeweiligen Jahreszeit – eine Erwärmung des Wassers zu beobachten. Der Grund für die Erwärmung von der Quellregion bis zum Unterlauf liegt darin, dass der sich bewegende Wasserkörper immer länger der

Bestrahlung durch die Sonne ausgesetzt ist. Hinzu kommt, dass auch die gezielte Einleitung von Wasser durch den Menschen (Kläranlagen, Kühlwasser etc.) zu einer Erwärmung beitragen. Umgekehrt verhält es sich mit der Konzentration des im Wasser gelösten Sauerstoffs: Sie ist in der Quellregion am höchsten und nimmt kontinuierlich bis zum Unterlauf hin ab, da sich Sauerstoff besser in kälterem als in wärmerem Wasser löst.

> **Sommer- und Winterstagnation** sowie **Frühjahrs- und Herbstzirkulation** sind kennzeichnend für den **See** im Jahresverlauf. **Fließende Gewässer erwärmen sich** auf ihrer Wegstrecke und der **Sauerstoffgehalt nimmt ab**.

Neben den Umweltfaktoren Temperatur und Sauerstoffgehalt ist auch das einstrahlende Sonnenlicht für die Lebensgemeinschaften in aquatischen Ökosystemen von wesentlicher Bedeutung. In einem See kann die Tiefe, bis in die das Sonnenlicht noch vordringen kann, mithilfe einer normierten Sichttiefenscheibe ermittelt werden. Sobald die 25 cm durchmessende weiße Scheibe nicht mehr zu erkennen ist, ist die maximale Sichttiefe erreicht. Der Bereich zwischen der Seeoberfläche und dieser Tiefe wird als **Nährschicht** (trophogene Schicht) bezeichnet, da das Phytoplankton und die anderen Produzenten in dieser Zone Biomasse produzieren können. Unterhalb dieses Bereichs ist keine Fotosynthese mehr möglich. Die Zone unterhalb der Nährschicht wird als **Zehrschicht** (tropholytische Schicht) bezeichnet. Dort können folglich auf Dauer nur Konsumenten und keine Produzenten existieren. Je nach herrschenden Bedingungen (z. B. Verschmutzung des Seewassers) kann die Nährschicht mehr oder weniger tief reichen.

> Der Bereich eines Sees, in dem die Produzenten Biomasse produzieren können, heißt **Nährschicht**. Unterhalb dieser Zone, in der **Zehrschicht**, ist aufgrund von Lichtmangel keine Fotosynthese mehr möglich.

Die Gewässergüte – ihre Ermittlung und ihre Beeinflussung

Um die **Gewässergüte**, das heißt den qualitativen Zustand eines Gewässers, beurteilen zu können, bedarf es konkreter Kriterien, an denen man sich bei biologischen Untersuchungen orientieren kann. Hierfür wird der **Saprobienindex** herangezogen. Der ermittelte Wert ist ein Maß für die Sauerstoffzehrung, das heißt die organische Belastung eines Gewässers. Zur Ermittlung bedient man sich **Zeige-/Leitorganismen** (Saprobier bzw. Saprobionten), die für spezifische Umweltparameter eine unterschiedliche Empfindlichkeit aufweisen. Hierzu gehören z. B. Algen, Protozoen und Bakterien, aber auch Insektenlarven und Muscheln. Der genaue Saprobienindex wird nach einer komplizierten mathematischen Formel entwickelt. Je nach Wert des Saprobiontenindex (1 bis 4) werden die Gewässer in 4 verschiedene Gewässergüteklassen eingeteilt. In sauberem, (nahezu) unbelastetem Wasser der Güteklasse I sind z. B. bestimmte Kieselalgenarten und Flussperlmuscheln vorzufinden. Die Skala verläuft weiter über die Güteklasse II mit mäßig verschmutztem Wasser (Leitorganismen z. B. spezifische Insektenlarven und Protozoen) und die Güteklasse III mit stark verunreinigtem Wasser (Leitorganismen z. B. Cyanobakterien) bis zur Güteklasse IV, in der das Wasser übermäßig belastet und sehr stark verschmutzt ist. Kokken und Schwefelbakterien sind hier ebenso anzutreffen wie Bachröhrenwürmer und Zuckmückenlarven. Zwischen diesen Güteklassen gibt es Übergangsbereiche (Güteklassen I–II, II–III, III–IV).

Die Sauerstoffzehrung in einem aquatischen Ökosystem wird über den **Saprobienindex** unter Verwendung spezifischer **Leitorganismen** ausgedrückt.

Unbeeinflusst sind die meisten Gewässer relativ nährstoffarm. Bei dieser **Oligotrophie** sind die das pflanzliche Wachstum limitierende Faktoren (z. B. Phosphate und Nitrate) hauptsächlich in der Biomasse der Lebewesen fixiert und kommen kaum frei vor. Inzwischen ist aber die **Eutrophierung** von aquatischen Ökosystemen, seien es fließende oder stehende Gewässer, in vielen Regionen der Welt zu einem drängenden ökologischen Problem geworden. Mit dem Begriff ist die Anreicherung von Nährstoffen in den jeweiligen Gewässern gemeint. Dabei spielt es keine Rolle, ob diesem Phänomen natürliche Prozesse zugrunde liegen (die unter Umständen Jahrtausende dauern können) oder ob es von anthropogenen Einflüssen herrührt (meist innerhalb relativ kurzer Zeiträume).
Verantwortlich für die Überdüngung der Gewässer sind vor allem Nitrate und Phosphate. Die **Nitrate** stammen in der Regel überwiegend aus der Landwirtschaft. Sie können nach einer Düngung aus dem Boden ausgewaschen und in das jeweilige Gewässer eingetragen werden. Die **Phosphate** gelangen hauptsächlich aus nicht oder nur unzureichend geklärtem Abwasser der Haushalte in die aquatischen Ökosysteme. Der übermäßige Nährstoffeintrag führt zu einer Massenvermehrung des fotosynthetisch aktiven Planktons (Phytoplankton; z. B. Grünalgen und Cyanobakterien). Auf diese **„Algenblüte“** folgt eine massenhafte Vermehrung des tierischen Planktons (Zooplankton), dem das Phytoplankton als Nahrung dient. Sterben die tierischen Konsumenten und

die Algen ab, sinken sie zu Boden und werden dort unter enormem Sauerstoffverbrauch von aeroben Destruenten zersetzt. Dadurch nimmt der Gehalt an gelöstem O_2 im Gewässer sehr schnell ab. Infolgedessen sind nur noch anaerobe Destruenten in der Lage, unter Bildung von giftigem Schwefelwasserstoff (H_2S), Methan (CH_4) und Ammonium (NH_4^+), die übrig gebliebene Biomasse abzubauen. Eine Anhäufung von Faulschlamm (Sapropel) am Grund des Gewässers ist die Folge, weil der Abbau ohne Sauerstoff wesentlich langsamer vonstattengeht als derjenige mit O_2. Ist sämtlicher Sauerstoff verbraucht, sterben alle Gewässerbewohner ab, die auf das Gas angewiesen sind, das Ökosystem **„kippt um"**. In diesem Endstadium der Eutrophierung ist das Gewässer quasi biologisch tot.

Die **Eutrophierung** durch Überdüngung eines Gewässers mit Nitraten und Phosphaten führt zur **Algenblüte**, durch die sich verstärkt anaerobe Abbauprozesse ergeben, die das Gewässer **„umkippen"** lassen.

Bevor ein Gewässer den „biologischen Tod" erleidet, kann es aber zu Prozessen der Selbstreinigung kommen. Hierzu tragen vor allem biologische, zu einem Teil aber auch physikalische (Wasserdurchmischung durch Zu- und Abfluss) und chemische Prozesse (Redox-Vorgänge) bei. Die biologischen Prozesse, die auf eine natürliche **Selbstreinigung** hinauslaufen, werden von den **Saprobiern (Saprobionten)** bewerkstelligt. Der Übergang von den Saprobiern zu den Destruenten ist dabei fließend.
Eine erfolgreiche Selbstreinigung kann aber nur dann gelingen, wenn im Gewässer noch genügend Sauerstoff vorhanden ist, um aerobe Abbauprozesse in Gang zu setzen. Daher sind fließende Gewässer im Allgemeinen eher zu einer schnellen Selbstreinigung in der Lage als stehende, weil durch die Wasserbewegungen an der Oberfläche vermehrt Sauerstoff in das Gewässer eingetragen werden kann. Für den Sauerstoffgehalt ist außerdem entscheidend, dass die Gewässertemperatur nicht zu hoch ist, weil sonst die Löslichkeit von Sauerstoff im Wasser herabgesetzt wird.

Saprobier bewerkstelligen die natürliche **Selbstreinigung** eines Gewässers und können so dem Prozess der Eutrophierung entgegenwirken.

2.7 Terrestrische Ökoysteme – Wald / naturnaher Park

Waldgesellschaften – Schichtung, Zusammensetzung und Charakterisierung

Zwei typische Waldformen sind prägend für Mitteleuropa: der Laubwald und der Nadelwald. In beiden existieren typische **Stockwerke** (siehe Abb. 128) und beide weisen charakteristische **Pflanzengesellschaften** auf. Darunter versteht man miteinander konkurrierende Pflanzenarten, die an einem Standort eine stabile Kombination verschiedener Spezies bilden. Wälder sind als Waldgesellschaften spezielle Pflanzengesellschaften, die geschichtete Ökosysteme darstellen.

Abb. 128: Schichten in einem mitteleuropäischen Wald

Der Laubwald besteht, wenn auch nicht ausschließlich, so doch hauptsächlich aus Laubbäumen, wohingegen im Nadelwald vorwiegend Nadelbäume vorkommen. Während die Bäume des Nadelwalds folglich zum größten Teil immergrün sind, werfen die meisten Bäume des Laubwalds ihre Blätter im Winter ab. Das unterste Stockwerk beider Waldformen bildet die den Boden bedeckende **Moosschicht**. Hier herrschen neben Moosen auch Flechten vor. In der **Krautschicht** findet man Farne und Schachtelhalme, sowie Gräser (z. B. Wolliges Reitgras, Wald-Knäuelgras) und zweikeimblättrige Pflanzen wie das Heidekraut und das Gemeine Habichtskraut. Über die Krautschicht erhebt sich eine **Strauchschicht**. Selbstständig aufrecht wachsende Pflanzen wie Schwarzer Holunder und Echte Brombeere sind hier ebenso zu finden wie Kletterpflanzen, die sich an anderen Gewächsen emporwinden (z. B. Hopfen, Efeu und Gemeine Waldrebe). Das oberste Stockwerk bildet die **Baumschicht**. Typische Vertreter der Laubbäume sind die Rotbuche, die Schwarz-Erle und die Sommer-Linde. Für einen Nadelwald sind Fichte, Gemeine Lärche und Wald-

Kiefer charakteristisch. Die unterschiedlichen Baumarten sind in Deutschland wie folgt verteilt:

Laubbäume		Nadelbäume	
Buche	15,8 %	Fichte	26,0 %
Eiche	10,6 %	Kiefer	22,8 %
andere Laubbäume	18,0 %	Tanne	1,7 %
		andere Nadelbäume	4,9 %

Tab. 5: Verteilung ausgewählter Baumarten in Deutschland; Daten nach 3. Bundeswaldinventur 2012

Die in einer Waldgesellschaft vorkommenden Arten sind charakteristisch:

- **Auwälder** gehören zu den stark von den Bodenverhältnissen geprägten Waldgesellschaften. Sie sind entlang von Flüssen und Bächen – meist an deren Unterlauf – zu finden. Zum charakteristischen Baumbestand gehören Ulmen und Eschen sowie Pappeln und Weiden. Als Anpassung an das Wasser ertragen die auf dem meist nährstoffreichen Boden wachsenden Pflanzen der Krautschicht eine hohe Feuchtigkeit.
- In **Rotbuchenwäldern** kommen außer der Rotbuche kaum andere Baumarten vor. Dies liegt daran, dass diese Bäume mit ihrem mächtigen Blätterdach den Waldboden stark beschatten und so kaum andere größere Pflanzen „hochkommen" lassen. Diese Waldform ist in Deutschland weit verbreitet. Ihre Moos- und Krautschicht ist je nach Standort unterschiedlich gut ausgeprägt. Zu finden sind hier unter anderem Waldmeister und Nestwurz. Oft werden alle Wälder, die Rotbuchen enthalten (ob Laub- oder Laubmischwälder), als Rotbuchenwälder zusammengefasst. Das macht eine einheitliche Charakterisierung schwierig, da unterschiedliche Standortbedingungen für die einzelnen Pflanzengesellschaften vorherrschen können.
- **Eichen-Hainbuchen-Wälder** sind, wie ihre Name schon sagt, durch das Vorkommen der wärmeliebenden Eichen und Hainbuchen charakterisiert. Ein feuchter Untergrund sowie eine schlechte Durchlüftung des Bodens sind für diese Waldgesellschaft ebenso kennzeichnend wie eine gut entwickelte Krautschicht.
- Im Gegensatz zu den Eichen-Hainbuchen-Wäldern kommen die wärmebedürftigen **Eichenmischwälder** nur noch an speziellen Standorten (heiß und trocken, meist kalkhaltig) vor. Sie wurden größtenteils durch Schattbaumarten wie Buche, Tanne und Buchsbaum verdrängt.
- Auch die lichten **Birken-Eichen-Wälder** sind nicht mehr weit verbreitet. In Deutschland kommen sie hauptsächlich im Nordwesten (Niederrheini-

sches Tiefland, Westfälische Bucht) auf nährstoffarmen Sandböden (z. B. Quarzsand und Sandstein) vor. Ihre Krautschicht ist nicht besonders ausgeprägt.

- Eschen-, Ulmen- und Ahornarten sind charakteristische Bäume für feuchtschattige **Schluchtwälder**. Diese Art von mesophytischen (eine mittlere Feuchtigkeit liebenden) Laubmischwäldern ist artenreich und sehr produktiv. Auf Böden, die von Steinen und Geröll durchsetzt sind, existiert in diesem Hangwald eine Krautschicht, die durch schnell wachsende und großblättrige Schattenpflanzen gekennzeichnet ist.

Laubwälder und **Nadelwälder** weisen eine charakteristische **Schichtung** auf. In der Bundesrepublik überwiegt in Laubwäldern die **Buche**, in Nadelwäldern die **Fichte**. Die **Waldgesellschaften** sind in ihrer Zusammensetzung spezifisch.

Physikalisch und chemisch relevante Faktoren in terrestrischen Systemen

Bei einem Vergleich der Pflanzengesellschaft eines Birken-Eichen-Waldes mit derjenigen eines Rotbuchenwaldes zeigt bereits der Blick hoch zu den Baumkronen einen deutlichen Unterschied: Das Blätterdach in einem Birken-Eichen-Wald ist licht, daher erscheint der Wald im Ganzen gesehen eher hell. Anders dagegen bei einem Rotbuchenwald. Hier schließen die Baumkronen dicht. Das hat deutliche Auswirkungen für die unter diesem Blätterdach existierenden Pflanzen: Je dichter die Baumkronen sind, desto weniger Licht kann durch sie hindurch bis zum Erdboden dringen. Sogenannte Frühblüher (Frühlingsgeophyten) haben sich an diese Bedingungen angepasst: Diese Pflanzen der Moos- und Krautschicht blühen und bilden ihre Blätter sehr früh im Jahr. Dadurch können sie die Zeit vor dem Laubaustrieb der Bäume nutzen, um sich fortzupflanzen und die Reservestoffe für den frühen Austrieb im nächsten Jahr zu produzieren und in ihren Speicherorganen zu deponieren. Zur Gruppe der Frühblüher zählen beispielsweise das Buschwindröschen und das Scharbockskraut. Später im Jahr können unter dem dichten Blätterdach nur noch Schattenpflanzen gedeihen, die mit einem geringen **Lichtgenuss** auskommen. Die Lichtmenge, die eine Pflanze benötigt, wird in einer Messzahl, dem relativen Lichtgenuss, angegeben. Sie errechnet sich aus dem Quotienten der Lichtintensität am betrachteten Wuchsort und dem entsprechenden Wert für diese Pflanze an einem unbeschatteten Standort. Bei Birken, Weiden und Pappeln, also typischen Lichthölzern, beträgt der gerade noch tolerierte relative Lichtgenuss zwischen 10 und 20 %. Charakteristische Schattenhölzer kommen mit einer deutlich niedrigeren relativen Beleuchtungsstärke aus. Tannen benötigen z. B. einen Wert von lediglich 1,6 %, der Buchsbaum sogar nur 0,9 %.

Eng verbunden mit der Lichteinstrahlung ist auch die in einem Wald herrschende **Temperatur:** Je dichter ein Kronendach ist, desto mehr Wärmestrahlung wird bereits im Baumkronenbereich absorbiert oder reflektiert. In freiem Gelände geschieht dies erst im Bereich des Bodens. Im Wald vermindert jedes „Stockwerk" die Strahlungsmenge. Sowohl die Baum- als auch die Strauchschicht beeinflusst damit die unteren Schichten des Waldes. Das in der Kraut- und Moosschicht vorherrschende Mikroklima ist im Regelfall gekennzeichnet durch geringe Luftbewegungen, eine hohe Luftfeuchtigkeit, relativ wenig schwankende Temperaturen und eine deutlich herabgesetzte Lichtmenge.
Ob in einer Pflanzengesellschaft viele Arten existieren können, hängt neben den Faktoren Licht und Temperatur auch entscheidend vom pH-Wert, das heißt von der Acidität des Bodens, ab. Großer Artenreichtum ist in der Regel nur an Standorten möglich, an denen ein pH-Wert vorliegt, der sich im neutralen bis leicht basischen Bereich bewegt. Durch Destruenten wie Bakterien, Asseln und Regenwürmer kann dort die Laubstreu komplett abgebaut und vollständig zersetzt werden, sodass die günstigste Humusform Mull entsteht. Da bei niedrigem pH-Wert die Aktivität vieler zersetzender Organismen herabgesetzt ist, findet hier kein so weitreichender Abbau statt und es bleibt Rohhumus zurück.

Licht, Temperatur und **pH-Wert** bestimmen als wichtigste ökologische Faktoren im Zusammenspiel die Artenzusammensetzung einer Pflanzengesellschaft.

Standortbeurteilung mit Zeigerpflanzen und Zeigerwerten

Während Tiere in der Regel zumindest in gewissen Grenzen die Möglichkeit zu einem Ortswechsel haben, sind pflanzliche Organismen meist an den Ort gebunden, an dem sie verwurzelt sind. Ihr jeweiliger **Standort** bestimmt die Möglichkeiten, sich entfalten zu können. Mit dem botanischen Fachbegriff Standort wird dabei zum einen der geografische Raum beschrieben, in dem ein Lebewesen existiert. Zum anderen beinhaltet er auch die unterschiedlichen ökologischen Umweltfaktoren, welche auf den Organismus einwirken. Der Begriff findet nicht nur bei Einzelorganismen, sondern auch bei Pflanzengesellschaften Verwendung. Verschiedene Standorte weisen dabei unterschiedliche Standortbedingungen auf, die zum Teil sehr charakteristisch sind. Sogenannte **Zeigerpflanzen** (**Indikatorpflanzen**; siehe auch S. 174 und 176) liefern Hinweise auf derartige kennzeichnende Standortbedingungen.

Beispiel

Auf stickstoffarmen Böden gedeihen beispielsweise Zittergras, Arnika und Preiselbeere. Ein Überschuss an Stickstoff kann z. B. durch das Vorkommen von Wiesenkerbel, Brennnessel und Bärenklau angezeigt werden. Letzterer gedeiht darüber hinaus generell bei Überdüngung, wohingegen die Brennnessel auch auf ein Überangebot an Phosphat hinweist. Auf kalkarmen Böden wachsen beispielsweise Besenginster und Heidekraut, auf solchen mit einem Kalküberschuss die Wiesen-Küchenschelle und der Frauenschuh. Nässezeiger sind z. B. Sumpfdotterblume, Sumpfhahnenfuß und Wollgras. Auf feuchten Böden, die darüber hinaus auch eine hohe Acidität aufweisen, gedeihen Seggen-Arten und für sandige, saure Böden ist der Adlerfarn eine charakteristische Zeigerpflanze.

Mithilfe dieser und anderer Zeigerpflanzen ist es möglich, eine konkrete, an qualitative Bedingungen orientierte **Standortbeurteilung** vorzunehmen.

Ein ausgefeiltes System von verschiedenen **Zeigerwerten** hat der deutsche Botaniker und Ökologe Heinz ELLENBERG in den 70er-Jahren des letzten Jahrhunderts aufgestellt. Sieben wesentliche Parameter charakterisieren hier das Einteilungssystem für mitteleuropäische Pflanzen nach den Ansprüchen, die sie an einen Standort stellen. Die Zeigerwerte können in zwei Gruppen eingeteilt werden:

Klimafaktoren	Bodenfaktoren
• Feuchtigkeit • Reaktion auf pH-Wert • Stickstoffgehalt • Salzgehalt	• Licht • Temperatur • Kontinentalität (hauptsächliches Verbreitungsgebiet)

Tab. 6: Parameter des Einteilungssystems nach ELLENBERG

Jeder Parameter ist in neun Werte unterteilt. Eine Ausnahme bildet die Feuchtigkeit, bei der die Pflanzen zwölf Kategorien („extremer Trockenheitszeiger" bis „Unterwasserpflanze") zugeordnet werden können. Pflanzen lassen sich anhand dieser Einteilungskriterien charakterisieren und ihre Umweltbedürfnisse können genau bestimmt werden. Damit ist es auch möglich, Vorhersagen zu treffen, ob ein Gewächs an einem bestimmten Standort angepflanzt werden sollte oder nicht. Umgekehrt erlaubt eine Bestimmung der generellen Bedürfnisse einer Pflanze auch, auf die an ihrem Wuchsort herrschenden Umweltbedingungen rückzuschließen.

Zeigerpflanzen und **Zeigerwerte** erlauben für die **Standortbeurteilung** eines Biotops Aussagen über Klima- und Bodenfaktoren.

Einfluss von Standortfaktoren auf die Bewirtschaftung

Diverse Faktoren eines Standorts, die auf den Pflanzenbewuchs und die dort lebenden Tiere einwirken, sind in einer vom Menschen genutzten Natur von entscheidender Bedeutung. Von den jeweiligen **Standortfaktoren**, zu denen primär die ökologischen Faktoren zählen, hängt es ab, ob sich die **Bewirtschaftung** eines Areals lohnt oder unrentabel bleiben wird.

Für die Land- und Forstwirtschaft sind vor allem drei Standortfaktoren von Bedeutung:

- **Bodenbeschaffenheit:** Bei der Bodenbeschaffenheit kommen prinzipiell alle Umweltfaktoren zum Tragen, die den Boden beeinflussen und seine Qualität ausmachen können. Neben den Mineralstoffen sind Wasser- und Grundwassergehalt, Humusart und Humusmenge sowie die Art des Bodens und viele weitere Faktoren von Bedeutung.
- **Bodenrelief:** In welcher Lage sich der Boden befindet, beschreibt das Bodenrelief. Hanglagen beispielsweise bieten ganz andere Ausgangsbedingungen für eine Anpflanzung als Tallagen, wobei auch noch die geografische Ausrichtung und Neigung des Hanges von Belang sind.
- **Klima:** In Bezug auf das Klima sind zunächst Temperatur und Luftfeuchtigkeit von Bedeutung. Je nach geografischer Lage kommen weitere entscheidende Klimafaktoren hinzu (z. B. Schnee, Frost, Wind).

Bei der Bewirtschaftung von Arealen in der Landwirtschaft spielt der Begriff der **Landwirtschaftlichen Nutzfläche (LNF)** eine zentrale Rolle. Damit sind diejenigen Areale eines landwirtschaftlichen Betriebs gemeint, die auch tatsächlich beispielsweise für den Ackerbau oder als Weiden und Wiesen genutzt werden (Wälder zur Holzgewinnung sind nicht mit eingeschlossen). Die hier herrschenden Standortfaktoren können zum Teil künstlich beeinflusst werden. So ist eine Ertragssteigerung auf dem Ackerland z. B. durch zusätzliche Bewässerung und durch den Einsatz von organischem (z. B. Gülle) und mineralischem Dünger möglich. Ein Blick auf die Anbaubedingungen dreier Getreidearten soll dies verdeutlichen: So gedeiht Gerste auf gut durchfeuchteten Böden, im Gegensatz zu Roggen, der besser im trockenen und kühlen Klima wächst. Besondere Ansprüche stellt der Weizen. Er bevorzugt ein gemäßigtes Klima, wobei der Ernteertrag durch mehrmalige Stickstoffdüngung deutlich zu steigern ist.

Die **Bewirtschaftung** landwirtschaftlich genutzter Flächen wird durch **Standortfaktoren** bestimmt. Maßnahmen wie Düngung und Bewässerung können dabei zur Ertragssteigerung führen.

Zusammenfassung

- Die Biomasse ist die Gesamtheit der in einem Biotop vorkommenden Frisch- oder Trockenmasse der Lebewesen, in Bezug auf den Flächen- oder Rauminhalt.
- Die Fotosynthese der grünen Pflanzen ist ein mehrstufiger Umwandlungs- und Syntheseprozess.
- In der lichtabhängigen Fotoreaktion wird Wasser gespalten. Mithilfe der dabei freigesetzten Protonen und Elektronen werden die Zwischenprodukte ATP und NADPH + H^+ für die Synthesereaktion gebildet.
- Im Verlauf der lichtunabhängigen Synthesereaktion wird unter Verwendung der Zwischenprodukte der Fotoreaktion aus Kohlenstoffdioxid Glukose gebildet. Dies geschieht in einem Kreisprozess.
- Die membrandurchzogenen Bereiche der Chloroplasten sind für die Fotoreaktion verantwortlich, die Synthesereaktionen laufen im Stroma ab.
- Der CO_2-Gehalt der Luft, die Umgebungstemperatur und die Beleuchtungsstärke beeinflussen die Fotosyntheserate.
- In Nahrungsketten und Nahrungsnetzen erfolgt die Stoff- und Energieweiterleitung innerhalb von Ökosystemen. Produzenten erzeugen als autotrophe Organismen die Grundlage, auf der alle heterotrophen Konsumenten existieren.
- Ökologische Pyramiden verdeutlichen mit ihren unterschiedlichen trophischen Stufen die Anzahl der Individuen, ihre Biomasse, ihren Lebensraumbedarf oder den Energiegehalt der Biomasse.
- Die ökologische Effizienz der Biomassenutzung liegt bei lediglich etwa 10 %, das heißt, dass sich nur ca. 1/10 der aufgenommenen Biomasse in den Konsumenten der nächsthöheren Trophiestufe wiederfindet.
- Die Strahlungsenergie der Sonne (physikalische Energie) ist die Grundlage für das Leben aller Organismen. Von grünen Pflanzen fixiert (chemische Energie), wird diese Energie über die Nahrung an die Konsumenten weitergegeben und von diesen genutzt. Letztendlich wird alle Energie der Organismen in Form von freier Wärmeenergie entwertet.
- Chemische Elemente und Verbindungen durchlaufen charakteristische Stoffkreisläufe. Durch Auf- und anschließende Abbau- und Recyclingprozesse wandern die Substanzen durch ein Ökosystem.
- Fließgewässer und stehende Gewässer lassen sich in charakteristische Zonen unterteilen. Grundlage hierfür sind zum einen Leitorganismen (Tiere, pflanzlicher Bewuchs). Zum anderen lassen sich fließende Gewässer auch anhand der Beschaffenheit und der Lage der Regionen untergliedern, durch die sie fließen.
- Wassermoleküle sind Dipole. Zwischen Ihnen können sich daher Wasserstoffbrücken ausbilden. Daraus ergibt sich die Dichteanomalie des Wassers, die im Winter ein Überleben von Tieren am Gewässerboden ermöglicht.

- In einem See ist im Winter und im Sommer eine Stagnation und im Frühjahr und Herbst eine deutliche Zirkulation des Seewassers zu beobachten.
  Fließende Gewässer sind (im Jahresverlauf gleichbleibend) in der Regel dadurch gekennzeichnet, dass sich auf ihrer Wegstrecke die Wassertemperatur erhöht und der Sauerstoffgehalt des Wassers folglich verringert.
- Je weiter das Sonnenlicht in die oberen Wasserschichten eines Sees eindringen kann, desto tiefer reicht die Nährschicht. Der Bereich unterhalb dieser Schicht, in der keine fotosynthetische Biomassenproduktion mehr stattfindet, heißt Zehrschicht.
- Die Beurteilung der Wasserqualität eines aquatischen Ökosystems kann mithilfe des Saprobienindex erfolgen.
- In nährstoffarmen (oligotrophen) Gewässern kann es durch Mineralstoffeintrag zur Eutrophierung mit der Folge einer „Algenblüte“ kommen. Wenn die Selbstreinigungskräfte nicht ausreichen, kann das Gewässer durch zunehmenden anaeroben Abbau der Biomasse „umkippen“ und biologisch absterben.
- Waldgesellschaften weisen einen typischen Stockwerkbau auf: Baum-, Strauch-, Kraut- und Moosschicht. Laubwälder werden in Deutschland in der Regel von Buchen, Nadelwälder von Fichten dominiert.
- Die Zusammensetzung und Artenvielfalt der Pflanzen einer Waldgesellschaft wird entscheidend vom Zusammenspiel verschiedener biologischer Faktoren bestimmt. Die wichtigsten sind Licht, Temperatur und pH-Wert.
- Angaben zum Klima und zur Bodenbeschaffenheit an einem bestimmten Standort sind mithilfe von Zeigerpflanzen und konkreten Zeigerwerten möglich. Sie erlauben damit eine relativ verlässliche und genaue Standortbeurteilung.
- Die unterschiedliche Ausprägung von Standortfaktoren wirkt sich auf die Bewirtschaftung landwirtschaftlicher Nutzflächen derart aus, dass an bestimmten Standorten nur bestimmte Pflanzen gewinnbringend angepflanzt werden können. Standortnachteile können jedoch zum Teil ausgeglichen werden, beispielsweise durch Düngung.

Aufgaben

157 Erläutern Sie, warum der Versuch 4 in Abb. 97 (S. 192) eigentlich nicht ganz korrekt in seiner Durchführung ist.

158 Erklären Sie, wie ein Landwirt in einem Gewächshaus eine Ertragssteigerung erreichen kann, wenn er sich die Abhängigkeiten der Fotosynthese-Leistung von bestimmten Umgebungsparametern zunutze macht.

159 In zwei parallelen Versuchen wurden grüne Pflanzen in abgeschlossenen Gefäßen unterschiedlichen Versuchsbedingungen ausgesetzt.

- Versuch 1: Die Pflanze wurde mit normalem Wasser gegossen. Die Atmosphäre enthielt CO_2, welches das radioaktive Isotop ^{18}O enthielt.

- Versuch 2: Die Pflanzen wurden mit Wasser gegossen, welches das radioaktive Isotop ^{18}O enthielt. Die Atmosphäre enthielt normales CO_2.

Beschreiben Sie die Versuchsergebnisse, die Sie bei den beiden Experimenten in Bezug auf die radioaktive Markierung des Sauerstoffs, der von der Pflanzen bei der Fotosynthese produziert wurde, erwarten.
Erläutern Sie Ihre Aussagen.

160 Erläutern Sie, warum man bei der lichtabhängigen Reaktion der Fotosynthese davon sprechen kann, dass die Elektronen, die für die Bildung von $NADPH + H^+$ aus $NADP^+$ benötigt werden, aus dem Wasser stammen.

161 Formulieren Sie eine Hypothese, die erklären kann, warum es für die Pflanze günstiger ist, aus einem Kreisprozess einen C6-Körper auszuschleusen, als in einer linearen Additionsreaktion sechs Kohlenstoffdioxid-Moleküle miteinander zu verbinden.

162 Erläutern Sie, warum die folgende Fotosynthesegleichung, obwohl sie stöchiometrisch richtig ist, die tatsächlichen Verhältnisse nicht korrekt wiedergibt:

$$6\,CO_2 + 6\,H_2O + \text{Lichtenergie} \longrightarrow C_6H_{12}O_6 + 6\,O_2 + 6\,O$$

163 In den 1950er-Jahren machte der amerikanische Biologe Daniel ARNON die folgenden Versuche: Er brach Chloroplasten auf, trennte die unterschiedlichen Fraktionen und experimentierte mit den Einzelbestandteilen weiter. In Reagenzgläsern mit unterschiedlichen Inhaltsstoffen und unterschiedlichen Lichtbedingungen untersuchte er, ob in den jeweiligen Versuchsansätzen Glukose gebildet wurde oder nicht (siehe folgende Abb.). Alle Reagenzgläser wurden mit ausreichend CO_2 belüftet.
Stellen Sie Hypothesen dazu auf, in welchen Reagenzgläsern die Bildung von Glukose beobachtet werden kann. Begründen Sie Ihre Antworten.

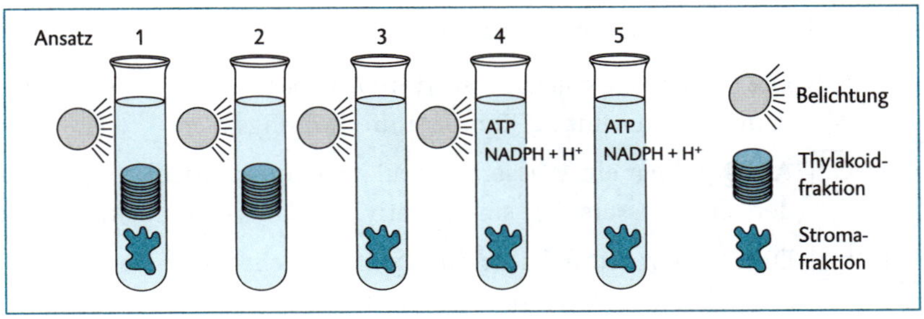

164 Recherchieren Sie, ob es Lebensräume gibt, in denen die Sonne nicht der ursprüngliche „Lieferant" der von den Lebewesen benötigten Energie ist.

165 Argumentieren Sie, ob in Ihren Augen die Abb. 109 (S. 203) nur komisch ist oder ob sie einen realen Sachverhalt thematisiert.

166 Die Destruenten werden im Normalfall nicht zu den Gliedern der Nahrungskette gerechnet.
Verdeutlichen Sie in der Nahrungskette in Abb. 110 (S. 204) die Beziehung der Produzenten und der Konsumentenglieder zu den Destruenten, indem Sie die Abbildung um diesen Aspekt erweitern.

167 Begründen Sie, warum die Betrachtung einzelner Nahrungsketten die Verhältnisse in einem Ökosystem nicht korrekt widerspiegeln kann.

168 Erklären Sie, warum es energetisch gesehen günstiger wäre, wenn sich der Mensch vermehrt von pflanzlicher und weniger von tierischer Kost ernähren würde.

169 Erläutern Sie den Unterschied zwischen Bruttoprimärproduktion und Nettoprimärproduktion.
Verdeutlichen Sie anschließend die Beziehung der beiden Begriffe zueinander durch eine einfache mathematische Gleichung.

170 Erläutern Sie, welche Funktion beim Menschen das „Kältezittern" von Teilen der Muskulatur hat.

171 Erläutern und begründen Sie, warum die Abb. 120 (S. 211) auch für eine vereinfachte Darstellung des Kohlenstoffkreislaufs genutzt werden kann.

172 Überlegen Sie, welche Funktion der Boden in Bezug auf den Wasserkreislauf generell haben kann.

173 Welche der folgenden Aussagen sind falsch? Kreuzen Sie an:

- ☐ Eis besitzt als festes Wasser eine höhere Dichte als flüssiges Wasser.
- ☐ Wasser ist ein gutes Lösungsmittel für viele Gase.
- ☐ Die Löslichkeit von Sauerstoff in Wasser ist von der Temperatur abhängig. Sie nimmt bei Temperaturerhöhung ab.
- ☐ Als Dipol hat ein Wassermolekül zwei unterschiedlich geladene Enden. Die Wasserstoffe sind negativ, der Sauerstoff positiv geladen.
- ☐ Die meisten Stoffe haben ihre größte Dichte im festen Aggregatzustand. Wasser bildet hier eine Ausnahme.

174 Erläutern Sie, welche Bedeutung die Frühjahrs- und die Herbstzirkulation für das Ökosystem See haben.

175 Beschreiben und begründen Sie Möglichkeiten, wie einer anthropogenen Eutrophierung entgegengewirkt werden kann.

176 Welche der folgenden Aussagen sind richtig? Kreuzen Sie an.

- ☐ Die Laub- und die Nadelwälder Mitteleuropas zeigen eine unterschiedliche Schichtung.
- ☐ Die Artenzusammensetzung ist für eine Waldgesellschaft in der Regel charakteristisch.
- ☐ Vom Erdboden beginnend unterscheidet man die Moosschicht, die Krautschicht und die Baumschicht.
- ☐ Im heimischen Laubwald ist in der Regel die Buche, im heimischen Nadelwald die Fichte die vorherrschende Baumart.

177 Zeigerpflanzen und Zeigerwerte geben Auskunft über die Umweltverhältnisse an einem Standort.
Nennen Sie die Vorteile, die für das jeweilige „Beurteilungssystem“ sprechen.

3 Populationen und deren Dynamik

3.1 Tiergeographische Regeln

Bereits im 19. Jahrhundert war Biologen aufgefallen, dass sich Vertreter verwandter Säugetierarten in unterschiedlichen Klimaten in ihren Proportionen, ihrer Körpergröße, ihrer Behaarung und ihrer Färbung voneinander unterscheiden. Das Klima in den einzelnen Lebensräumen kann das Erscheinungsbild der in ihnen vorkommenden Lebewesen also nachhaltig beeinflussen. Untersucht wurde dies vor allem an Säugern und Vögeln. Aus den Untersuchungsergebnissen lassen sich mehrere **Klimaregeln** ableiten:

- **Größenregel** (BERGMANN'sche Regel): Vertreter gleichwarmer Tierarten, die in kälteren Klimazonen vorkommen, sind großwüchsiger als Individuen nahe verwandter Arten, die in wärmeren Klimaten beheimatet sind.

Beispiel

Die größten Pinguinarten leben am Südpol, die kleinsten auf den Galapagosinseln (siehe Abb. 129 A).

Die Größenregel wird verständlich, wenn man sich das zugrunde liegende physikalische Phänomen vergegenwärtigt: Vergrößert man einen Körper, so steigt seine Oberfläche (gemessen z. B. in cm^2) mit der zweiten Potenz an, während gleichzeitig sein Volumen (gemessen z. B. in cm^3) mit der dritten Potenz zunimmt. Dies bedeutet, dass sich bei großen Tieren das Verhältnis von Körperoberfläche zu Körpervolumen (Oberfläche/Volumen-Verhältnis) verringert und so die relative Wärmeabstrahlung geringer wird.

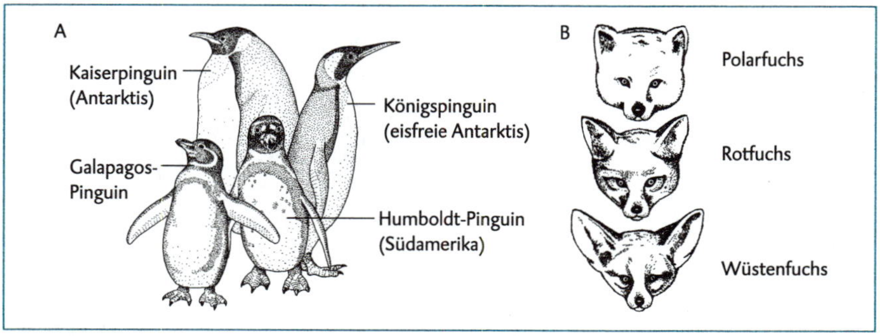

Abb. 129: Beispiele für Klimaregeln; Größenregel (A), Proportionsregel (B)

- **Proportionsregel** (ALLEN'sche Regel): Vertreter gleichwarmer Tierarten, die in kälteren Klimazonen vorkommen, haben kürzere Körperanhänge (z. B. Nase, Ohren, Schwanz) als Individuen nahe verwandter Arten, die in wärmeren Klimaten beheimatet sind.

Dadurch wird in kalten Regionen der Wärmeverlust an exponierten Körperstellen vermindert und in wärmeren Klimaten eine vermehrte Wärmeabgabe ermöglicht.

Beispiel Die Ausprägung der Ohrmuschel bei Füchsen nimmt von Norden nach Süden hin zu, wobei der Polarfuchs die kleinsten und der Wüstenfuchs die größten Ohrmuscheln besitzt (siehe Abb. 129 B).

- **Herz-Gewichts-Regel** (HESSE'sche Regel): Bei Vertretern gleichwarmer Tierarten, die in kälteren Klimazonen vorkommen, ist das Herzvolumen und das relative Herzgewicht größer als bei Artgenossen oder bei Individuen nahe verwandter Arten, die in wärmeren Klimaten beheimatet sind.
  Eine Vergrößerung des Volumens und des Gewichts des Organs hat eine schnellere Pumpleistung zur Folge, aus der eine Erhöhung der Stoffwechselintensität resultiert.

Beispiel Das relative Herzgewicht von Haussperlingen *(Passer domesticus)* aus Hamburg und aus Tübingen ist 10,8 % bzw. 16,7 % geringer als das von Vertretern aus Sankt Petersburg.

- **Behaarungsregel** (RENSCH'sche Haarregel): Bei Vertretern von Säugetierarten, die in kälteren Klimazonen vorkommen, sind die Oberhaare deutlich länger und die Wollhaare deutlich zahlreicher als bei Individuen nahe verwandter Arten, die in wärmeren Klimaten beheimatet sind.
  Dadurch wird die Isolationswirkung der Behaarung in kalten Klimazonen verbessert.

- **Eierzahlregel** (RENSCH'sche Eiregel): In gemäßigten Klimazonen legen Singvögel unter dem Einfluss von längeren Tagen mehr Eier pro Gelege als in den Tropen unter Kurztagsbedingungen.
  Als Ursache hierfür nimmt man unter anderem an, dass den Elterntieren in den gemäßigten Zonen pro Tag ein längerer Zeitraum für die Nahrungssuche zur Verfügung steht.

- **Färbungsregel** (GLOGER'sche Regel): Vertreter gleichwarmer Tierarten, die in kühl-trockenen Klimazonen vorkommen, sind heller gefärbt als Individuen nahe verwandter Arten, die in feucht-warmen Klimaten beheimatet sind.
  Der Grund für die unterschiedliche Färbung liegt darin, dass in feucht-warmer Umgebung eine größere Menge des Pigments Melanin gebildet wird als in kühl-trockener.

Die hier dargestellten Zusammenhänge stellen **biologische Regeln** dar. Sie beschreiben das unter den gegebenen Bedingungen jeweils **Übliche** oder **übli-**

cherweise Geltende. Dabei gilt der Satz: „Keine Regel ohne Ausnahme.“ Manche sehr allgemein formulierte Regel müsste, streng wissenschaftlich gesehen, eigentlich deutlich enger gefasst werden.

Damit zeigt sich das Problem beim Aufstellen biologischer Regeln im Vergleich zu anderen naturwissenschaftlichen Gesetzmäßigkeiten: Die Biologie beschäftigt sich mit **lebenden Organismen und Systemen**, die ständigen **Veränderungen** unterliegen. Folglich können die Erkenntnisse, die aus Beobachtungen, Experimenten und Erfahrungen für den Einzelfall gewonnen werden, häufig nur bedingt in allgemeingültige Regeln umgesetzt werden. Die getroffenen Übereinkünfte sind daher meist weniger „genau“ als in den anderen Naturwissenschaften, wie z. B. der Mathematik. Daher wird gelegentlich angeführt, dass die Biologie keine exakte Naturwissenschaft sei; und diese Äußerung ist nicht ganz von der Hand zu weisen. Ein **naturwissenschaftliches Gesetz**, wie z. B. dasjenige für den Zerfall eines radioaktiven Elements, **gilt exakt so überall** auf der Erde – in der Arktis ebenso wie in den afrikanischen Wüstengebieten. Die dort herrschenden unterschiedlichen Temperaturen beeinträchtigen die radioaktiven Zerfallsprozesse nicht. Lebende Organismen werden dagegen stark vom Faktor Temperatur beeinflusst, wie unter anderem die RGT-Regel verdeutlicht (siehe S. 179). Individuen der gleichen Art bzw. nahe verwandter Arten werden daher, wenn sie in unterschiedlichen Klimazonen vorkommen, mit hoher Wahrscheinlichkeit nicht das gleiche Aussehen haben, wie z. B. die Proportionsregel ja verdeutlicht. Biologische Regeln berücksichtigen folglich den Wandel, dem lebende Organismen bei unterschiedlichen Lebensbedingungen unterliegen.

> **Klimaregeln** versuchen das Phänomen zu erklären, warum morphologische und physiologische Eigenschaften von Individuen einer Art bzw. verwandter Arten in unterschiedlichen Klimazonen oft deutliche Unterschiede aufweisen. Sie führen die veränderten Merkmale auf ökologisch-geografische Gegebenheiten zurück.

3.2 Temperaturbeziehungen – gleich- und wechselwarme Lebewesen

Wie die Klimaregeln zeigen, spielt die Temperatur in einem Biotop für die darin existierenden Lebewesen eine entscheidende Rolle. Nur dann, wenn sich die Umgebungstemperatur in einem bestimmten Toleranzbereich bewegt, ist ein aktives Leben ohne Einschränkungen möglich. Oberhalb bzw. unterhalb bestimmter artspezifischer Temperaturpunkte verfallen Organismen in eine **Wärmestarre/Wärmelähmung** bzw. eine **Kältestarre/Verklammung**.

Steigt bzw. fällt die Temperatur noch weiter, tritt der Kälte- bzw. der Hitzetod ein. Betrachtet man die Beziehung zwischen Stoffwechselrate und Körpertemperatur genauer, so ergibt eine grafische Umsetzung der Beziehung eine Optimumkurve (siehe auch S. 175 ff.):

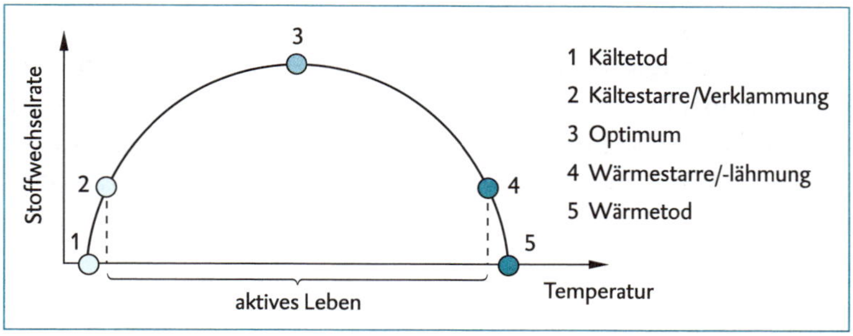

Abb. 130: Optimumkurve der Temperatur

Prinzipiell gibt es im Tierreich in Bezug auf den Umgang mit der eigenen Körpertemperatur und der daraus resultierenden Intensität der Lebensvorgänge zwei Grundtypen von Lebewesen. Zum einen diejenigen, die ihre Körpertemperatur weitgehend unabhängig von der jeweiligen Außentemperatur selbstständig nach einem individuellen Wert regulieren können, und zum anderen diejenigen, die dazu nur sehr begrenzt oder gar nicht in der Lage sind.
Die meisten tierischen Organismen gehören zur letzten Gruppe, also zu den **poikilothermen (wechselwarmen) Tieren**. Sie halten sich, wenn möglich, an Orten auf, an denen ihre Wärmeabstrahlung gering ist. Um ihren Körper beispielsweise nach einer kühlen Nacht auf die notwendige „Betriebstemperatur“ zu bringen, suchen Wechselwarme sonnige Plätze auf. Das ist aber nicht die einzige Möglichkeit, ihre Körpertemperatur zu erhöhen. Dies gelingt beispielsweise auch durch Muskelaktivität, z. B. bei Bewegungen von Ort zu Ort oder über Muskelzittern, die ja immer mit Wärmeabgabe verbunden ist.
Homoiotherme (gleichwarme) Tiere, können ihre Körpertemperatur unabhängig von der jeweils herrschenden Umgebungstemperatur weitgehend konstant halten. Zu dieser Gruppe gehören nur die Vögel und die Säugetiere. Die konstant gehaltene Temperatur ist artspezifisch und schwankt bei den Vögeln zwischen 37 °C beim Strauß und 42 °C beim Zaunkönig. Bei Säugetieren liegt die Bandbreite zwischen 35 °C beim Koala und annähernd 40 °C beim Kaninchen.
Abb. 131 verdeutlicht die entscheidenden Unterschiede zwischen der Intensität der Lebensvorgänge (Stoffwechselaktivität) bei gleichwarmen und wechselwarmen Tieren in Relation zur Außentemperatur. Der Kurvenverlauf bei poi-

kilothermen Organismen ist der einer klassischen Optimumkurve mit einem relativ schmalen optimalen Bereich. Homoiotherme Tiere können ihre Körpertemperatur dagegen, sofern die Bedingungen nicht sehr ungünstig sind, auf einen für sie optimalen Wert regeln und diesen unabhängig von der Außentemperatur konstant halten. Damit ist der Temperaturbereich, in dem sie aktiv und auf hohem Leistungsniveau des Stoffwechsels leben können, bedeutend größer als derjenige der Wechselwarmen. Dieser Vorteil hat aber seinen Preis: Um ihre Körpertemperatur auf einem konstanten Wert zu halten, müssen gleichwarme Tiere sehr viel **Energie entwerten** – entweder, um ihren Körper zu erwärmen oder um ihn zu kühlen. Dies erklärt, warum nicht alle Lebewesen gleichwarm sind.

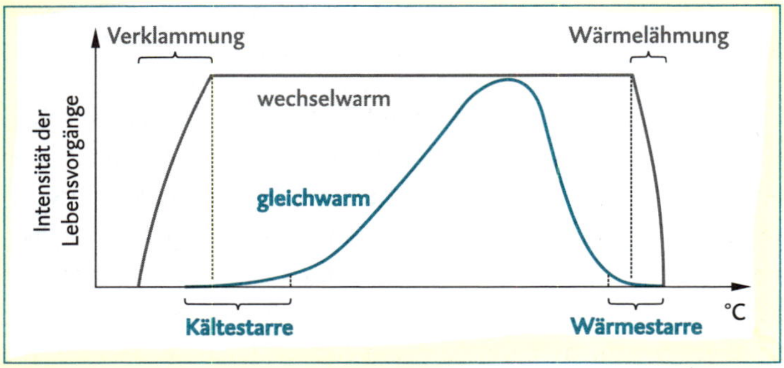

Abb. 131: Vergleich der Intensität der Lebensvorgänge bei gleichwarmen und wechselwarmen Tieren

Vögel und Säugetiere können als **homoiotherme Tiere** ihre Körpertemperatur relativ unabhängig von der Außentemperatur auf einem artspezifischen Wert konstant halten. Alle übrigen Tiere können dies nicht. Als **poikilotherme Lebewesen** entspricht ihre Körpertemperatur weitgehend der Temperatur ihrer Umgebung.

3.3 Verflechtungen in Lebensgemeinschaften – Beziehungen der Lebewesen zueinander

Die **Biozönose** ist die Gesamtheit der in einer Lebensgemeinschaft existierenden Organismen. Die Lebewesen üben innerhalb der Gemeinschaft zum Teil sehr komplexe Wechselwirkungen aufeinander aus: So kann beispielsweise eine Koexistenz, eine Konkurrenz sowie eine symbiotische oder parasitische Wechselbeziehung bestehen. Darüber hinaus können sich Organismen in einer Räuber-Beute-Beziehung zueinander befinden.

Räuber-Beute-Beziehungen (LOTKA-VOLTERRA-Regel)

Zu Beginn des 20. Jahrhunderts arbeiteten Alfred J. LOTKA und Vito VOLTERRA Gesetzmäßigkeiten heraus, die sich bei der Populationsdynamik von Räuber-Beute-Beziehungen ergeben. Diese **LOTKA-VOLTERRA-Regeln** sind grundlegende Beschreibungen zweier Populationen, die im selben Biotop leben, und gehen von konstant bleibenden äußeren Bedingungen aus. Ihre Gültigkeit ist zunächst davon abhängig, dass sich in der Räuber-Beute-Beziehung der betrachtete Räuber nur von diesem einen Beutetier ernährt. Umgekehrt muss der Räuber den einzigen Fressfeind der betrachteten Beuteart darstellen. Weitere Grundannahmen sind, dass die Beutetiere in geschützten Bereichen ihrer heterogenen (nicht gleichförmigen) Umwelt überleben können, sodass ihre Räuber nicht in der Lage sind, sie vollständig zu dezimieren.

- **1. LOTKA-VOLTERRA-Regel:** Die erste der Regeln wird auch **Gesetz des periodischen Zyklus** genannt. Sie besagt, dass immer dann, wenn sich eine Art (Räuber) von einer anderen Art (Beute) ernährt, sich für beide Populationen phasisch gegeneinander verschobene Häufigkeitskurven ergeben. Das Maximum des Räubers folgt auf das seiner Beute (siehe Abb. 132).
- **2. LOTKA-VOLTERRA-Regel:** Die zweite Regel **(Gesetz von der Erhaltung der Mittelwerte)** beschreibt die Tatsache, dass die Häufigkeit sowohl des Räubers als auch seiner Beute jeweils um einen konstanten Mittelwert schwankt.
- **3. LOTKA-VOLTERRA-Regel:** Die dritte Regel **(Gesetz von der Störung der Mittelwerte)** behandelt den Fall, dass sowohl die Räuber- als auch die Beutepopulation gleich stark (durch äußere Einflüsse) dezimiert werden. In dieser Situation wächst die Population der Beutetiere schneller wieder an als diejenige der Räuber.

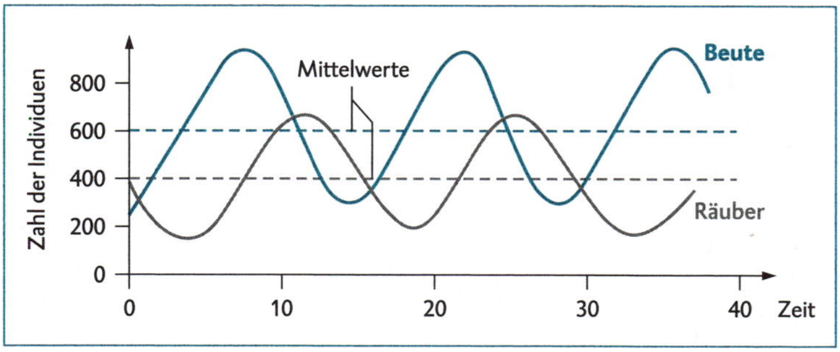

Abb. 132: Räuber-Beute-Beziehung nach LOTKA-VOLTERRA

Die Abhängigkeit der Häufigkeitskurven voneinander ist damit zu erklären, dass ein erhöhtes Angebot an Beutetieren zu einem größeren Jagderfolg der

Räuber führt. Infolgedessen wächst die Räuberpopulation, während die der Beute abnimmt. Aufgrund des dadurch entstehenden Nahrungsmangels schrumpft die Räuberpopulation wieder. Da die Beutetiere nun von weniger Räubern gejagt werden, kann ihre Populationsgröße erneut ansteigen usw.

Die durchschnittliche Anzahl der Tiere, sowohl in der Räuberpopulation als auch in derjenigen der Beutetiere, bleibt deswegen gleich, weil sich die zyklischen Abläufe ausgleichen und auf eine „Sterbephase" immer wieder eine Phase des Populationswachstums folgt.

Bei einer zahlenmäßig gleich starken Dezimierung der Räuber- und der Beutepopulation kann sich Letztere schneller erholen, weil die Population der Räuber doppelt betroffen ist: Zum einen ist ihre Zahl dezimiert und zum anderen stehen den überlebenden Individuen weniger Beutetiere als Nahrung zur Verfügung.

Betrachtet man die Grundbedingungen, auf denen die LOTKA-VOLTERRA-Regeln beruhen (siehe S. 239), so erkennt man schnell, dass diese Voraussetzungen in einer natürlichen Umgebung kaum zu finden sind. Dennoch konnten die Gesetzmäßigkeiten experimentell verifiziert werden.

Auch **Freilanduntersuchungen** konnten die von LOTKA und VOLTERRA postulierten Gesetzmäßigkeiten zumindest in den Grundzügen bestätigen. Die bekannteste Studie hierzu geht auf die Auswertung der Fellstatistik der *Hudson's Bay Company* in Kanada zurück. Ihr Handel mit Schneehasen- und Luchsfellen wurde genauestens dokumentiert. In der folgenden Grafik sind die in den Jahren zwischen 1845 und 1936 angelieferten Felle wiedergegeben:

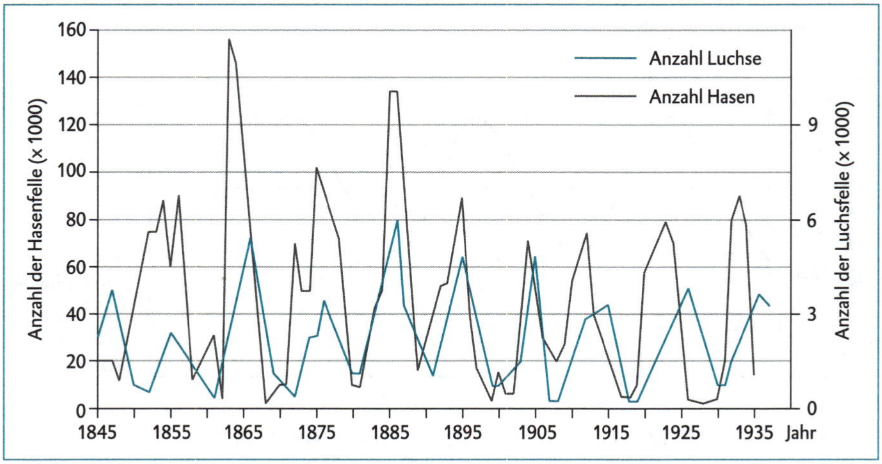

Abb. 133: Anzahl der bei der *Hudson's Bay Company* angelieferten Felle

Die in den Regeln angenommene monokausale Beziehung „ein Räuber/eine Beute“ kommt in einem natürlichen Ökosystem so gut wie nie vor. Untersuchungen zu Räuber-Beute-Beziehungen, bei denen ein Beuteorganismus das Jagdziel mehrerer Räuberarten ist, zeigen dennoch eine teilweise Übereinstimmung mit den Aussagen der LOTKA-VOLTERRA-Regeln: Blattläuse haben zahlreiche Fressfeinde. Von Marienkäfern über Schlupfwespen und Florfliegen bis hin zu Gallmücken und Ohrwürmern machen diverse Insekten Jagd auf die Pflanzenparasiten. Mitte der 1980er-Jahre wurde die Populationsdichte von Blattläusen und ihrer Fressfeinde in einem Garten in Kiel dokumentiert:

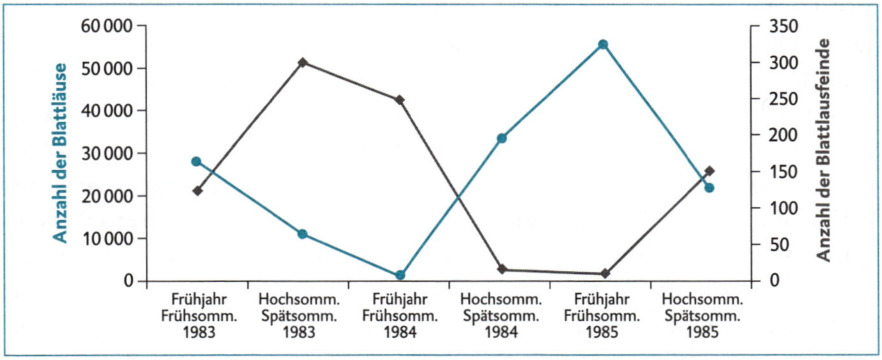

Abb. 134: Populationsdichte von Blattläusen und Blattlausfeinden, ermittelt in einem Garten in Kiel

Auch hier lassen sich die von LOTKA und VOLTERRA ermittelten Gesetzmäßigkeiten gut ablesen. Problematisch ist aber, dass die einzelnen Fressfeinde nicht einzeln nach Art und Individuenzahl berücksichtigt wurden. Zudem ist nicht bekannt, welche anderen potenziellen Beuteorganismen für die Räuber in diesem Garten noch zur Verfügung standen. Bei anderen Untersuchungen zu Räuber-Beute-Beziehungen war die Datenerhebung genauer: Von 1932 bis 1952 wurde im europäischen Teil der damaligen UdSSR die Dynamik der Individuenzahl von Hasen und ihren Fressfeinden untersucht. Auch

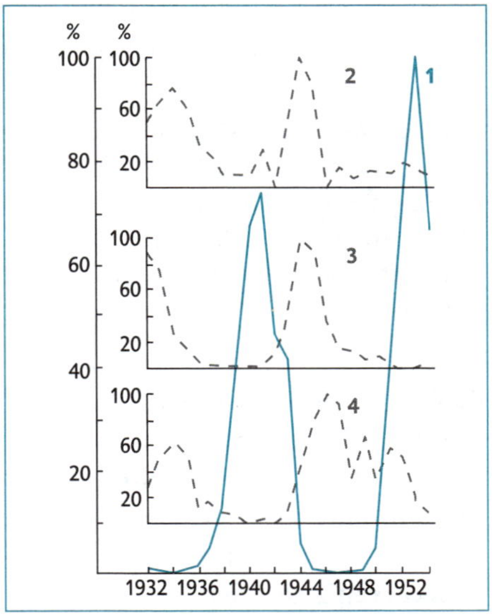

Abb. 135: Dynamik der Individuenzahl der Hasen und ihrer Fressfeinde; 1 Hase, 2 Luchs, 3 Rotfuchs, 4 Wolf

hier konnten Populationswellen beobachtet werden, die den Vorhersagen nach den Lotka-Volterra-Regeln sehr nahe kamen. Ein Problem ist jedoch auch bei diesem Beispiel, dass keine klaren Aussagen über weitere Beuteorganismen der drei Raubtiere gemacht wurden. Dass auch noch andere Beutetiere vorhanden waren, zeigen die Daten indirekt: Anders ist die – wenn auch geringe – Zunahme der Individuenzahlen von Luchs und Wolf bei einem annähernden Fehlen des Beuteorganismus Hase im Jahr 1948 nicht zu erklären.

Komplexere **Wechselbeziehungen zwischen** den **Arten und innerhalb** der **einzelnen Arten** mussten LOTKA und VOLTERRA bei ihren Überlegungen aber **ausblenden**, da nur so eine allgemeingültige Formulierung der von ihnen aufgestellten Regeln möglich war. Das Modell der beiden Wissenschaftler stößt daher in der Regel immer dann an seine Grenzen, wenn das Verhalten von Organismen in der kontrollierten Umgebung eines **Laborexperiments** als konkrete Vorhersage für Verhältnisse in der **Natur** dienen soll. Insgesamt sind die Regeln von LOTKA und VOLTERRA aber wichtig für das **Verständnis von biologischen Wechselwirkungen** und des **Gleichgewichts innerhalb von Biozönosen**. Dies gilt vor allem für die Störung der Mittelwerte (3. Regel), die immer dann eintritt, wenn der Mensch von außen in bestehende, meist gut eingespielte Gleichgewichtsvorgänge, eingreift. Es gibt diverse Beispiele für Fälle, bei denen ein Pflanzenschädling von einem Räuber „in Schach gehalten“ wird. Greift der Mensch aus ökonomischen Überlegungen der Ertragsmaximierung trotzdem zu Giften, um den Schädling zu dezimieren, so kommt es zu den in der Regel beschriebenen Auswirkungen.

Die **LOTKA-VOLTERRA-Regeln** veranschaulichen die Populationsdynamik in einem Räuber-Beute-System. Sie verdeutlichen die periodischen Schwankungen der einzelnen Populationen um einen Mittelwert und beschreiben das schnellere Anwachsen der Anzahl der Beutetiere gegenüber den Räubern nach gleichzeitiger Dezimierung beider Populationen. Das theoretische Modell kann einer Überprüfung in der Natur jedoch nur bedingt standhalten.

Konkurrenz und Koexistenz

Neben der Räuber-Beute-Beziehung existieren in einer Biozönose noch weitere Korrelationen. Bei der **Konkurrenz**, dem Wettstreit um spezifische Ressourcen, unterscheidet man die **intraspezifische Konkurrenz**, bei der die Lebewesen einer Art miteinander konkurrieren, von der **interspezifischen Konkurrenz**, also der Konkurrenz unterschiedlicher Arten miteinander. Die begrenzte Ressource kann z. B. Nahrung sein, aber auch der Lebensraum oder die jeweiligen Sexualpartner. Der so erfolgende Wettbewerb ist ein entscheidender Selektionsfaktor (siehe Band 2).

Die Konkurrenz kann so weit reichen, dass Individuen unterschiedlicher Arten, die die gleichen oder sehr ähnliche ökologische Bedürfnisse haben, nicht nebeneinander existieren können. Das **Konkurrenzausschlussprinzip** beruht auf der Annahme, dass eine der konkurrierenden Arten überlegen ist, und besagt, dass Arten, die ähnliche ökologische Nischen besiedeln, nicht über einen längeren Zeitraum hinweg in ein und demselben Ökosystem koexistieren können. Die konkurrenzschwächere Art wird verdrängt werden, da sie die Angebote der ökologischen Nische nicht optimal nutzen kann. Als Folgerung hieraus ergibt sich, dass jede ökologische Nische in einem Ökosystem nur einmal besetzt werden kann.

Der russische Wissenschaftler Georgi F. GAUSE konnte dies experimentell nachweisen, indem er zwei Pantoffeltierchen-Arten (*Paramecium caudatum* und *Paramecium aurelia*) in einer Mischkultur ansetzte. Innerhalb weniger Tage hatte *Paramecium aurelia* den Konkurrenten durch seine schnellere Vermehrung und seine erfolgreichere Nahrungsaufnahme verdrängt. In einem weiteren Experiment setzte GAUSE die Paramecium-Arten *aurelia* und *bursaria* zusammen in einen Versuchsansatz. Hier zeigte sich, dass beide Arten nebeneinander koexistieren konnten, da sie unterschiedliche ökologische Nischen nutzten: *Paramecium aurelia* fraß Bakterien an der Oberfläche des Versuchsgefäßes, während *Paramecium bursaria* sich von Bakterien am Boden des Versuchsgefäßes ernährte. Es kam zu einer **Konkurrenzvermeidung**, da beide Arten aufgrund ihrer unterschiedlichen Aufenthaltsbereiche nicht in direktem (Nahrungs-)Wettstreit um ein und dieselbe ökologische Nische stehen. Die Vermeidung von Konkurrenz ist die Grundlage allen Zusammenlebens in einem Ökosystem, da sie die **Koexistenz** ermöglicht, das heißt das gleichzeitige Vorkommen verschiedener Arten im gleichen Biotop.

Wandert eine neue Art in ein Ökosystem ein, so kann es zu ihrer **Einnischung**, das heißt zu ihrer Spezialisierung auf eine freie ökologische Nische kommen. Eine weitere Möglichkeit besteht darin, eine ökologische Nische zu „erobern“, falls sich die neue Art als besser angepasst erweist als die ursprüngliche Art, welche dann aus der Nische gedrängt wird.

Arten, die die gleiche ökologische Nische beanspruchen, können nicht nebeneinander existieren. Dies bezeichnet man als **Konkurrenzausschluss**.
Eine **Konkurrenzvermeidung** liegt vor, wenn unterschiedliche Arten in einem Ökosystem zusammenleben können, weil sie unterschiedliche ökologische Anforderungen haben. Die Konkurrenzvermeidung führt zur **Koexistenz** im gleichen Biotop.

Korrelationen und Rückkopplungen in Lebensgemeinschaften

Die Beeinflussungen der Lebewesen innerhalb einer Lebensgemeinschaft können auch als **Korrelationen**, das heißt als Wechselwirkungen und Rückkopplungen, dargestellt werden. Zur Veranschaulichung nutzt man Pfeilschemata.

Beispiel

Modellorganismus A sei die Beute, Modellorganismus B ihr Räuber. Je nach ihrer Stellung in der Korrelation können die Plus- und Minus-Pfeile unterschiedliche Bedeutungen haben.

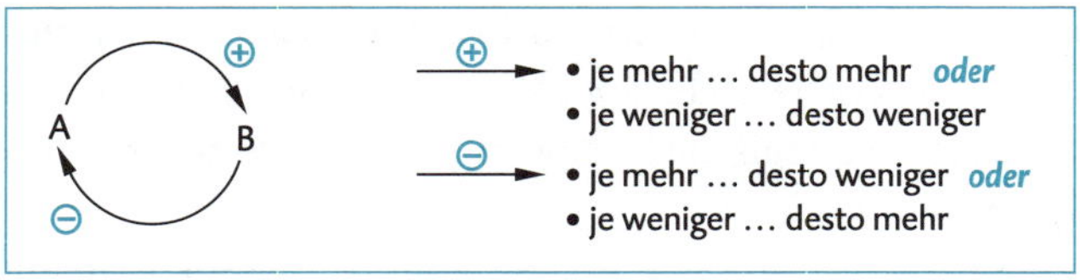

Abb. 136: Räuber-Beute-Korrelation I

Für das angenommene Beispiel bedeutet dies:

1.	A —⊕→ B:	viel Beute (A)	⇒	viele Räuber (B)
2.	B —⊖→ A:	viele Räuber	⇒	wenig Beute
3.	A —⊕→ B:	wenig Beute	⇒	wenige Räuber
4.	B —⊖→ A:	wenige Räuber	⇒	viel Beute
5. (=1.)	A —⊕→ B:	viel Beute	⇒	viele Räuber

Abb. 137: Räuber-Beute-Korrelation II

Es liegt eine **Rückkopplung** des Systems „A/B" vor, bei der die Wirkung rückläufig die Ursache beeinflusst. Nach zwei Umläufen ist hier der Ausgangszustand mit den ursprünglichen Bedingungen wieder erreicht. Damit handelt es sich um eine **negative Rückkopplung**. Bei einer **positiven Rückkopplung** schaukelt sich ein System dagegen fortlaufend auf, da alle Beeinflussungen und Rückwirkungen in die gleiche Richtung zielen.

In Lebensgemeinschaften existieren gegenseitige Beeinflussungen und Rückwirkungen auf das Zusammenleben, die in **Korrelationen** dargestellt werden können.

Einfluss dichteabhängiger und -unabhängiger Faktoren auf die Populationsgröße

Eine Population von Lebewesen weist nicht immer die gleiche Größe bzw. Dichte auf. Sie unterliegt Schwankungen, welche durch abiotische und biotische Faktoren hervorgerufen werden. Dabei wirken selbstverständlich auch die Mitglieder einer Population auf die Ausprägung der ökologischen Faktoren ein. Das folgende Diagramm gibt einen Einblick in wesentliche Zusammenhänge.

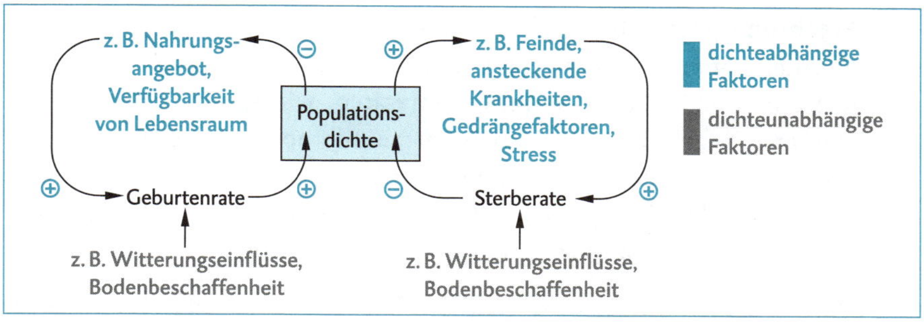

Abb. 138: Wesentliche Zusammenhänge zwischen Populationsdichte und ökologischen Faktoren

Neben den genannten gibt es noch viele weitere Faktoren, die auf die Populationsgröße bzw. -dichte einwirken. Aber auch die Fitness (siehe Band 2) einzelner Tiere, ihr Körpergewicht, ihre Körpergröße und ihr Verhalten gegenüber anderen Mitgliedern der Population kann beeinflusst werden.
Prinzipiell wird zwischen dichteabhängigen und dichteunabhängigen Faktoren unterschieden. Zu den **dichteabhängigen Faktoren** zählen Parameter wie z. B. Dichtestress und innerartliche Konkurrenz, die direkt mit der Individuendichte in einem Gebiet zusammenhängen. Bei den **dichteunabhängigen Faktoren** sind z. B. Witterungseinflüsse (Temperatur, Niederschlagsmenge, Luftfeuchtigkeit), Strahlung und Chemikalien in der Umwelt, die Beschaffenheit des Bodens und der Nahrung sowie Naturkatastrophen wie Überschwemmungen oder Erdbeben (siehe auch siehe Band 2) zu nennen. Dichteabhängige Faktoren ändern sich folglich mit der Individuendichte, dichteunabhängige Faktoren nicht.

Dichteabhängige und dichteunabhängige Faktoren beeinflussen und regulieren die Größe der Population.

Symbiose, Parabiose und Parasitismus

Betrachtet man das Zusammenleben von artfremden Individuen im gleichen Ökosystem, so kann man neben der Räuber-Beute-Beziehung noch weitere Formen erkennen:

- **Symbiose:** Bei dieser Form der Vergesellschaftung zweier Arten ziehen beide Partner einen Nutzen aus der Verbindung.
  - Ist die Symbiose obligatorisch (zwingend), das heißt erfolgt sie regelmäßig und beide Partner sind nicht mehr isoliert anzutreffen, da ein Überleben nur in dieser reziproken (wechselseitigen) Beziehung möglich ist, so spricht man auch von einer **Eusymbiose**.

Beispiel

Flechten stellen Lebensgemeinschaften aus (Blau-)Algen und Pilzen dar. Flechten können aufgrund ihres Aufbaus Lebensräume besiedeln, die Algen oder Pilzen alleine verschlossen wären, wie extrem kalte Gebiete, trockene Regionen oder nährstoffarme Biotope (z. B. felsiger Untergrund). Neben einer schützenden Umgebung liefert die Pilzkomponente der Flechte den Algen CO_2. Die Algen ihrerseits stellen dem Pilz Fotosyntheseprodukte zur Verfügung.

- Wirken die Partner zu beiderseitigem Nutzen zusammen, ohne dass die Beziehung lebensnotwendig wäre, spricht man auch von **Mutualismus**. Bei mutualistischem Zusammenleben sind z. B. die Überlebensrate, das Wachstum oder die Reproduktionshäufigkeit der Organismen höher, als wenn die beteiligten Arten alleine leben würden.

Beispiel

Einsiedlerkrebse und **Seeanemonen** können mutualistisch zusammenleben. Zum Schutz vor Fressfeinden setzen sich Einsiedlerkrebse dabei Seeanemonen auf die leeren Schneckenhäuser, die sie bewohnen. Für die Seeanemonen ist dieser Platz ein attraktiver Standort, da sie zu neuen Futterstellen transportiert werden und ihnen zusätzlich die Nahrungsreste des Krebses zur Verfügung stehen.
Weitere Beispiele für diese Art des Zusammenlebens sind die Blütenbestäubung durch nektarsammelnde Insekten und die Samenverbreitung durch landlebende Tiere und Vögel.

Lebt wie im Beispiel der Flechte der Symbiont innerhalb des größeren, als Wirt bezeichneten Organismus, handelt es sich um eine **Endosymbiose**. Eine **Ektosymbiose** liegt z. B. bei Nilpferden und den sie begleitenden Putzerfischen vor: Die Fische befreien die Dickhäuter von lästigen Oberflächen-Parasiten, nutzen diese als Nahrung und genießen gleichzeitig den Schutz der Nilpferde, in deren unmittelbarem Umfeld sie sich aufhalten (Putzersymbiose).

- **Parabiose (Karpose):** Hierbei handelt es sich um ein Zusammenleben, das nur für einen der beiden Partner vorteilhaft, für den anderen aber zumindest nicht schädlich ist.

Beispiel

Schiffshalterfische heften sich z. B. an Rochen und Haie und lassen sich von diesen über weite Strecken transportieren.

- **Parasitismus:** Von Parasitismus spricht man, wenn beim Zusammenleben artfremder Organismen einer der Partner auf Kosten des anderen existiert. Parasiten sind im Allgemeinen kleiner als ihre Wirte und stehen zumindest

zeitweise in direktem, engem Kontakt mit diesen. Dabei entziehen sie ihren Wirten, bei denen es sich je nach Parasitenart um Menschen, Tiere oder Pflanzen handelt, Nährstoffe. In der Regel wird der Wirtsorganismus jedoch nicht so weit geschädigt, dass er abstirbt.
Beim Parasitismus gibt es wie bei der Symbiose innere und äußere Formen. Beispiele für **Ektoparasiten** des Menschen findet man vor allem bei den Gliederfüßern: Läuse und Flöhe (Insekten) sowie Zecken und Milben (Spinnentiere) leben auf der Körperoberfläche, saugen dort Blut – und übertragen dabei unter Umständen gefährliche Krankheiten – oder ernähren sich von Talgausscheidungen (Haarbalgmilben). Der **Endoparasitismus** ist oftmals mit einem sehr komplizierten Entwicklungszyklus der Parasiten verbunden.

Beispiel

Als Beispiel für einen Endoparasiten ist der **Kleine Leberegel** (*Dicrocoelium dendriticum*), ein zwittriges Lebewesen, das zu den Plattwürmern gehört.

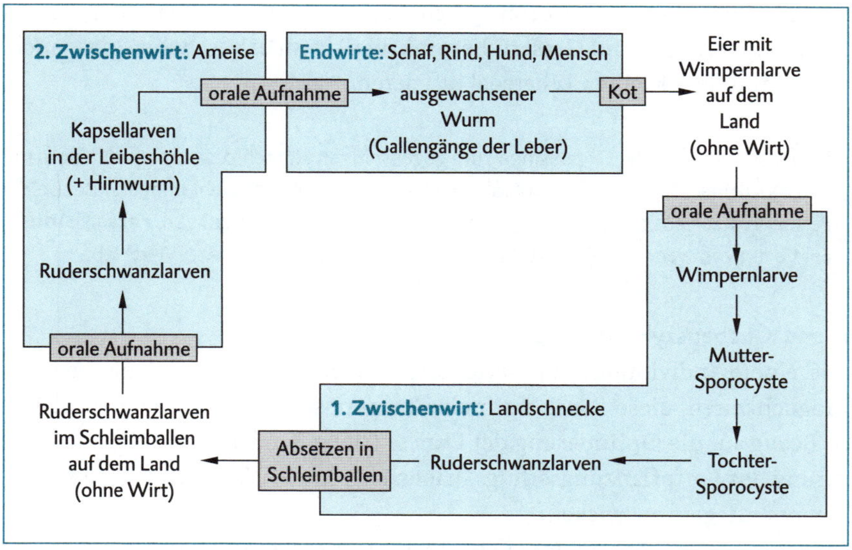

Abb. 139: Entwicklungszyklus des Kleinen Leberegels (*Dicrocoelium dendriticum*)

Der erwachsene Leberegel legt Eier, die mit dem Kot des Endwirts ins Freie gelangen (siehe Abb. 139). Dort fressen Landschnecken die Eier, welche Miracidien (Wimpernlarven) enthalten. In der Landschnecke, die den ersten Zwischenwirt darstellt, erfolgt eine Umstrukturierung des Miracidiums zur Mutter-Sporocyste. Dieser sackartige Keimschlauch differenziert sich zu

Tochter-Sporocysten, innerhalb derer Ruderschwanzlarven gebildet werden. Die Ruderschwanzlarven verlassen die Schnecke in Schleimballen eingehüllt über die Atemhöhle des Weichtiers. Ameisen fressen die Schleimballen und nehmen damit die Larven des Leberegels auf. In der Leibeshöhle des zweiten Zwischenwirts entwickeln sich alle aufgenommenen Ruderschwanzlarven bis auf eine zu Kapsellarven weiter. Die eine nicht herangereifte Ruderschwanzlarve (der Hirnwurm) wandert zum Gehirn der Ameise und verursacht dort eine auffällige Verhaltensänderung des Tieres: Eine derart befallene Ameise zieht sich in den Abendstunden nicht wie ihre Artgenossen in das Nest zurück, sondern verbeißt sich die Nacht über an der Spitze eines Grashalms. In den frühen Morgenstunden weiden dann Schafe und Rinder die vom Tau benetzten Grashalme ab und können dabei diese Ameisen mit verschlucken. Nach der oralen Aufnahme durchbrechen die Kapsellarven die Darmwand des Endwirts und gelangen mit dem Blutstrom in die Gallengänge. Dort reifen sie zu erwachsenen Leberegeln heran und legen Eier, die mit der Gallenflüssigkeit wieder in den Darm abgegeben und schließlich mit dem Kot ausgeschieden werden. Da Menschen mitunter zum Zeitvertreib auf Gräsern herumkauen, kann es geschehen, dass auch sie sich mit dem Kleinen Leberegel infizieren.

Leben artverschiedene Organismen zum gegenseitigen Nutzen zusammen, spricht man von **Symbiose** (Eusymbiose, Mutualismus). Bei der **Parabiose** zieht nur einer der beiden Partner Nutzen aus der Beziehung, ohne aber den anderen zu schädigen. **Parasitismus** liegt dann vor, wenn die eine Art (Parasit) auf Kosten der anderen Art (Wirt) lebt.

r- und K-Lebenszyklusstrategien

Die einem Individuum zur Verfügung stehenden Mittel und die gegebenen Möglichkeiten, diese Ressourcen einzusetzen, sind im Allgemeinen begrenzt. In Bezug auf die Optimierung der Fitness (siehe Band 2), das heißt die Verbesserung des Fortpflanzungserfolgs, haben sich in der Natur zwei gegensätzliche Hauptstrategien entwickelt.

Eine Strategie liegt darin, möglichst viele Nachkommen hervorzubringen. Dies wird als **r-Strategie** bezeichnet. Sie zeichnet sich dadurch aus, dass bei günstigen Umweltbedingungen sehr viele Nachkommen produziert werden, eine Absicherung gegen ungünstige Umwelteinflüsse aber meistens unterbleibt. Die r-Strategie verfolgen in der Regel kurzlebige Individuen, die oftmals auch ein geringes Körpergewicht aufweisen. Als Beispiele wären Mikroorganismen, Muscheln, Blattläuse und andere Parasiten, aber auch Mäuse und Sperlinge zu nennen.

Die andere Strategie besteht darin, möglichst viel in eine kleine Nachkommenschaft und deren Aufzucht zu investieren, ein Vorgehen, welches man als **K-Strategie** bezeichnet. Vor allem langlebige Arten mit einem großen Körpergewicht wie Elefanten, Wale und große Greifvögel sind hier zu verorten. K-Strategen nutzen dabei alle gegebenen Ressourcen optimal aus. Der Mensch wird allgemein als ausgeprägter K-Stratege angesehen.
Die Zusammenstellung in Tab. 7 verdeutlicht die Merkmalsausprägungen für jeweils idealisierte r- und K-Typen. Da die Übergänge zwischen den beiden Strategien fließend sind, ist eine eindeutige Zuordnung bei den meisten Arten schwierig.

Merkmal	r-Strategen	K-Strategen
Konkurrenzfähigkeit	gering	größer
Fähigkeiten zur Selbstregulation	begrenzt	ausgeprägt
Lebensdauer	kurz	lang
Mortalitätsrate	hoch	gering
Zeit bis zur Geschlechtsreife	kurz	lang
Anzahl der Reproduktionen pro Lebensdauer	eine	häufig mehrere
Zeitpunkt der ersten Reproduktion	früh	spät
Nachkommenzahl pro Reproduktionsereignis	viele	wenige
Größe der Nachkommen oder Eier	klein	groß
elterliche Fürsorge	keine	sehr ausgeprägt

Tabelle 7: Vergleich zwischen idealisierten r- und K-Strategen

Während die **r-Strategie** darauf beruht, möglichst schnell möglichst viele Nachkommen hervorzubringen, steht bei der **K-Strategie** eine optimale Förderung weniger Nachkommen im Vordergrund.

3.4 Veränderung von Ökosystemen durch invasive Arten

Als **Neobiota** werden Arten bezeichnet, die durch menschlichen Einfluss aus ihrem angestammten Lebensbereich verschleppt wurden und sich in neuen Ökosystemen etabliert haben. Handelt es sich um Pflanzen, so spricht man von **Neophyten**. Eingeschleppte Tiere werden **Neozoen** genannt. Unter den Neobiota gibt es **invasive Arten**. So bezeichnet man gebietsfremde Spezies, deren Anwesenheit in ihrem neuen Lebensraum sich auf die dort bereits existierenden Lebensgemeinschaften negativ auswirkt. Invasive Arten können die betroffenen **Ökosysteme nachhaltig verändern**.

Beispiel

Zu Beginn des letzten Jahrhunderts wurden in Europa Larven der **Chinesischen Wollhandkrabbe** *(Eriocheir sinensis)* mit dem Ballastwasser von Schiffen eingeschleppt. Da die ökologischen Faktoren den Bedürfnissen der Neuankömmlinge hervorragend entsprachen, konnten die Krabben in deutschen Flüssen heimisch werden. 1912 erstmals in der Aller – einem Nebenfluss der Weser – nachgewiesen, findet man diese Neozoen inzwischen unter anderem auch in Rhein und Weser sowie ihren Nebenflüssen. Die Omnivoren stehen mit den einheimischen Flusskrebsarten in direkter interspezifischer Konkurrenz. Dabei erweist sich *Eriocheir sinensis* in der Regel als überlegen, was zur Verdrängung der heimischen Flusskrebsarten führt. Darüber hinaus stören die Tiere den Reusenfischfang (Zerstörung des Fanggeräts, Verstopfen der Reuseneingänge, Fressen der Fische) und das Angeln (Abfressen der Köder vom Haken, Zerschneiden der Angelschnüre).

Neben den vorliegenden biotischen und abiotischen Umweltfaktoren und der Toleranzbreite der Neuankömmlinge spielen bei der Besiedlung der neuen Lebensräume noch weitere Bedingungen eine Rolle: Werden beispielsweise die natürlichen Fressfeinde der Neobiota, ihre Parasiten oder mögliche artspezifische Krankheitserreger nicht mit „importiert", erleichtert dies den Eindringlingen ihre Ausbreitung zusätzlich, da die anwesenden Fressfeinde, Parasiten und Krankheitserreger häufig nicht auf die Neuankömmlinge eingestellt sind. Sind die Neobiota darüber hinaus mit einer Fortpflanzungsstrategie ausgestattet, die ihnen eine hohe Reproduktionsrate ermöglicht, haben sie im Kampf um Lebensräume und Ressourcen oft einen entscheidenden Vorteil. Für eine Faunen- und Florenverfälschung durch invasive Arten gibt es auch zahlreiche historische Beispiele: Immer wenn der Mensch neue Lebensräume besiedelt, bringt er seine Nutzpflanzen, Haustiere und seine Kulturfolger mit sich.

Beispiele

- Durch die europäischen Siedler ausgesetzte Kaninchen haben bis heute einen zerstörerischen Einfluss auf die australische Pflanzenwelt.
- Ratten, auf pazifischen Inseln mit Erkundungs- und Siedlerschiffen angekommen, rotteten dort viele, vor allem bodenbrütende Vogelarten aus.
- In Nordamerika und Australien überwuchert das europäische Johanniskraut *(Hypericum perforatum)* große Weidegebiete.

Manche Neobiota sind nicht nur für andere Pflanzen oder Tiere, sondern auch direkt für den Menschen gefährlich.

Beispiel

Der **Riesen-Bärenklau** *(Heracleum mantegazzianum)*, ursprünglich beheimatet im Kaukasus, breitet sich die Pflanze in Europa immer weiter aus und ist dabei, heimische Pflanzen zu verdrängen. Sein hoher Wuchs und seine dichten Bestände „verändern in auffälliger Weise das Landschaftsbild" (Bundesamt für Naturschutz). Hinzu kommt seine Toxizität: Der Riesen-Bärenklau enthält Stoffe, die schon bei einfachem Hautkontakt mit seinen Blättern und anschließendem Aufenthalt im Sonnenlicht zu Hautirritationen bis hin zur entzündlichen Blasenbildung und Kreislaufschocks führen können.

Auch exotische Haustiere, die ihren Besitzern im wörtlichen wie übertragenen Sinne (Pflegeaufwand, Futterkosten) über den Kopf wachsen, können zu einer Verfälschung unserer heimischen Ökosysteme beitragen.

Beispiel

So üben beispielsweise nordamerikanische **Schmuckschildkröten** in den Gewässern, in denen sie ausgesetzt werden, einen verheerenden Einfluss aus. Sie bedingen einen fortwährenden Rückgang der Zahl an Wasserinsekten und Amphibien (Fressen des Laichs).

Der weltweite Handel und der Ferntourismus verschärfen die Lage noch zusätzlich. In Gepäckstücken und in Frachtcontainern können Neobiota innerhalb kürzester Zeit von nahezu jedem Ort der Erde an jeden beliebigen anderen Ort gelangen. Die Veränderung von Ökosystemen durch invasive Arten ist damit auch ein Problem der **Globalisierung**.

Neobiota können als **invasive Arten einheimische Arten verdrängen** und bestehende **Ökosysteme** auf Dauer **verändern**.

Zusammenfassung

- Die Klimaregeln verdeutlichen die Anpassungen der Tiere an ihren Lebensraum. Die Körperproportion (verkleinerte Körperanhänge in kaltem Klima) und die Größe (massigere Tiere in kaltem Klima) der Lebewesen sind davon ebenso betroffen wie ihre physiologische Leistungsfähigkeit (größere Herzen mit besserer Pumpleistung in kalten Gebieten), ihre Behaarung (stärkere Behaarung in kälteren Regionen) und ihre Färbung (dunklere Färbung in kalten Regionen).
- Die meisten Tiere sind wechselwarm (poikilotherm), das heißt, ihre Körpertemperatur entspricht weitgehend der Umgebungstemperatur. Vögel und Säugetiere sind als gleichwarme (homoiotherme) Lebewesen in der Lage, auch bei schwankenden Umgebungstemperaturen eine artspezifische konstante Körpertemperatur aufrechtzuerhalten.

- Für Räuber-Beute-Beziehungen sagen die LOTKA-VOLTERRA-Regeln phasisch verschobene, um einen konstanten Mittelwert schwankende Häufigkeitskurven voraus. Bei einer gleich starken Dezimierung beider Populationen erholt sich die der Beute deutlich schneller.
- Arten mit gleichen ökologischen Ansprüchen können nicht in derselben ökologischen Nische überleben (Konkurrenzausschluss). Konkurrenzvermeidung kann eine Koexistenz möglich machen.
- Die Größe/Dichte einer Population hängt zum einen von dichteabhängigen Faktoren ab. Ihre Rückwirkungen und Beeinflussungen können durch Korrelationen grafisch dargestellt werden. Zum anderen haben auch dichteunabhängige Faktoren Einfluss auf die Populationsgröße.
- Symbiose und Parasitismus stellen Formen eines spezifischen Zusammenlebens dar. Im Fall der Symbiose führt die Beziehung zu gegenseitigem Nutzen. Beim Parasitismus schädigt der Parasit seinen Wirt, ohne ihn im Normalfall zu töten.
- Bei der K- und der r-Strategie handelt es sich um Fortpflanzungsstrategien, die entweder auf die optimale Betreuung weniger Nachkommen (K) oder auf möglichst viele Nachkommen (r) setzen.
- Als invasive Arten können Neophyten und Neozoen einheimische Pflanzen- und Tierarten verdrängen.

Aufgaben

178 Erläutern Sie, warum ein Galapagos-Pinguin am Südpol – im Gegensatz zum dort heimischen Kaiserpinguin – nicht dauerhaft überleben könnte.

179 Beschreiben Sie kurz, wie nach der BERGMANN'schen und der ALLEN'schen Regel sowie nach der RENSCH'en Haarregel bei einem Säuger in einem kalten Klimabereich allgemein die äußere Gestalt beeinflusst sein kann.

180 In einem Terrarium befinden sich eine hungrige Schlange und eine Maus. Die Maus läuft in diesem Behälter hin und her und bewegt sich auch über die Schlange hinweg, die ihrerseits teilnahmslos verharrt.
Stellen Sie eine Vermutung darüber auf, wo sich das Terrarium befinden könnte, und begründen Sie Ihre Antwort.

181 In einem Experiment werden Pantoffeltierchen und Hefezellen zusammen kultiviert. An jedem Versuchstag werden Proben entnommen und die Zahl der darin enthaltenen Individuen ermittelt.

Versuchstage	Pantoffeltierchen	Hefezellen
0	90	158
1	178	40
2	120	18
3	58	8
4	8	30
5	18	59
6	12	119
7	53	109

Zeichnen Sie die Populationsentwicklung für Pantoffeltierchen und Hefezellen in ein Liniendiagramm ein und erläutern Sie (mit Begründung) den Kurvenverlauf für beide Arten.

8	133	50
9	68	18
10	30	8
11	11	20
12	10	48
13	17	70
14	20	105
15	30	129
16	74	130
17	168	50
18	90	16
19	30	19

182 In den frühen 30er-Jahren des letzten Jahrhunderts konnte der russische Biologe G. F. GAUSE in Laborversuchen mit Einzellern die Gegebenheiten der LOTKA-VOLTERRA-Regeln bestätigen (siehe folgende Abb.).

a Beschreiben Sie die Räuber-Beute-Verhältnisse und ihre Entwicklung in den nachfolgenden Abbildungen b und c.
Erläutern und begründen Sie, wie es zum jeweiligen Versuchsergebnis kommen kann.

b Erläutern und begründen Sie, warum GAUSE in dem in Abbildung a dargestellten Versuch alle drei Tage gleich viele Beutetiere wie Räuberorganismen in das Versuchsgefäß setzte.

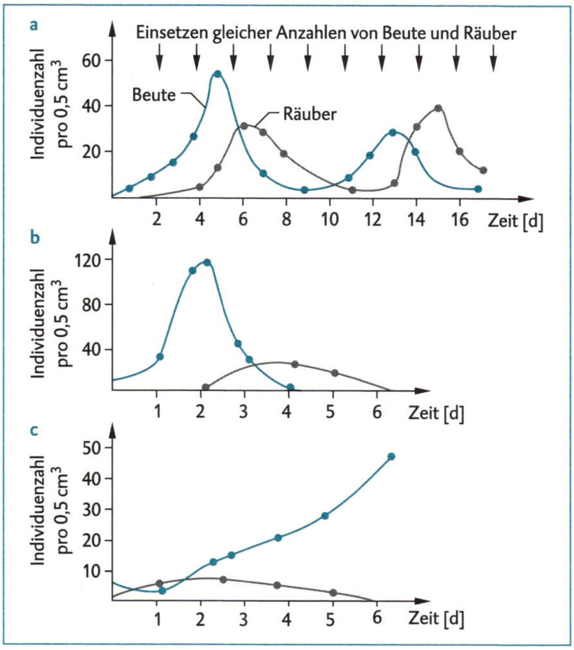

Laborexperimente zu Räuber-Beute-Systemen
a) Einsetzen gleicher Anzahlen von Beute und Räuber
b) homogene, begrenzte Umwelt
c) begrenzte Umwelt mit Versteckmöglichkeiten für die Beute

183 Erläutern Sie anhand des Beispiels eines räuberischen Insekts und dessen pflanzenfressender Beute (ebenfalls ein Insekt), wie sich ein Insektizideinsatz auf die Räuber-Beute-Beziehung auswirken wird.

184 Erläutern Sie die Bedeutung von Konkurrenzausschluss und Konkurrenzvermeidung.

185 In den Rocky Mountains leben die beiden Hummelarten *Bombus flavifrons* und *Bombus appositus*. Beide ernähren sich vom Nektar der gleichen Pflanzenart. *B. appositus* besitzt einen langen Rüssel und kann so den Nektar aus Rittersspornpflanzen saugen, die eine lange Kronröhre aufweisen, wohingegen *B. flavifrons* sich vom Nektar von Rittersspornen ernährt, die eine kürzere Kronröhre ausbilden.
Deuten und erläutern Sie den hier zugrunde liegenden Sachverhalt.

186 Bei einer Musikveranstaltung kommt der Sänger aus Versehen einem der auf das Publikum gerichteten Lautsprecher zu nahe. Dabei entsteht ein unangenehmes und sehr schnell anschwellendes, pfeifendes Geräusch.
Erläutern Sie, um was für eine Art der Rückkopplung es sich hier handelt. Gibt es solch eine Rückkopplung auch in der Natur?

187 Ergänzen Sie die Korrelationen im nebenstehenden Pfeilschema und erläutern Sie kurz Ihre Vorgehensweise.

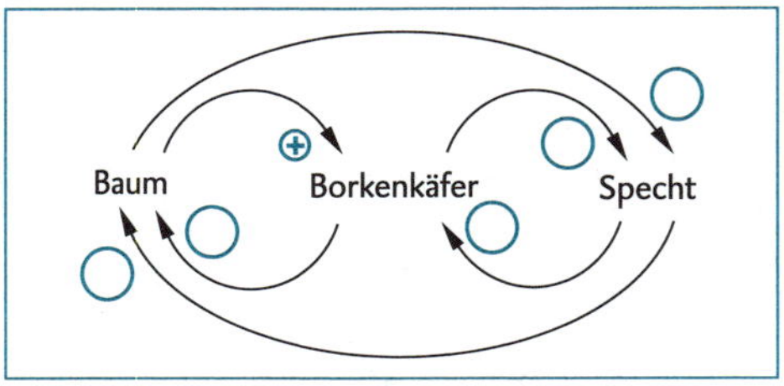

188 Nehmen Sie Stellung zu folgender Frage: Welche Gefahr besteht für einen Menschen, wenn er zufällig Eier des Kleinen Leberegels verschluckt?

189 *„Beim Parasitismus schädigt der Parasit seinen Wirt, ohne ihn im Normalfall zu töten."*
Erläutern Sie, wie dieser Satz aus der Zusammenfassung zu verstehen ist.

190 Kreuzen Sie an, welche der folgenden Aussagen richtig sind.

☐ Als Begründung für die RENSCH'sche Eiregel wird angenommen, dass die Elterntiere an kürzeren Tagen intensiver nach Futter suchen als an längeren.

☐ Klimaregeln führen das veränderte Aussehen verwandter Tierarten auf ökologisch-geografische Gegebenheiten zurück.

- [ ] Kälte- und Wärmestarre bzw. Verklammung und Wärmelähmung markieren bei der Optimumkurve die Eckpunkte des „aktiven Lebens“.
- [ ] Bei homoiothermen Tieren entspricht die Körpertemperatur in der Regel der Außentemperatur.
- [ ] Die Optimumkurve gleichwarmer Tiere hat die Form einer typischen Glockenkurve.
- [ ] Das Gesetz von der Störung der Mittelwerte besagt, dass die Zahl der Räuber nach einer gleichmäßigen Dezimierung beider Populationen durch äußere Einflüsse schneller wieder ansteigt als die der Beute.
- [ ] Die Voraussetzungen für die uneingeschränkte Anwendbarkeit der LOTKA-VOLTERRA-Regeln sind in einer natürlichen Umgebung in den meisten Fällen nicht zu finden.
- [ ] Beim Konkurrenzausschluss können zwei Arten, die die gleiche ökologische Nische beanspruchen, nebeneinander existieren.
- [ ] Konkurrenzvermeidung kann zur Koexistenz führen.
- [ ] Die Größe einer Population wird unter anderem durch dichteabhängige Faktoren beeinflusst.
- [ ] Bei einer Symbiose ziehen beide Partner Nutzen aus der Verbindung.
- [ ] Bei einer Parabiose handelt es sich um ein Zusammenleben, das keinem der beiden Partner Vorteile bringt.
- [ ] Beim Entwicklungskreislauf des Kleinen Leberegels ist der Hirnwurm im ersten Zwischenwirt das entscheidende Larvenstadium bei der Besiedelung des 2. Zwischenwirts.

191 In der Auswertung der Fellstatistik der Hudson’s Bay Company (Abb. 133, S. 240) sind beträchtliche Schwankungen erkennbar. Erklären Sie diesen Sachverhalt.

4 Menschliche Eingriffe in die Natur – Nachhaltige Nutzung und Erhaltung von Ökosystemen

4.1 Nachhaltige Nutzung und Bewirtschaftung

Seit der Mensch die Erde bevölkert, versucht er, die Umwelt in seinem Sinne zu verändern. Zunächst beschränkte er sich dabei in der Regel auf Eingriffe, die zum Überleben notwendig waren, wie z. B. die Rodung kleinerer Waldgebiete, um Flächen für den Anbau von Nahrungsmitteln zu erlangen. Seit jedoch eine immer weitergehende Verbesserung der Lebensqualität im Vordergrund steht, wurde und wird die Natur mehr und mehr ausgebeutet und geschädigt. Daher wird inzwischen Überlegungen, wie der Mensch seine Umwelt nachhaltig nutzen und dabei die vorhandenen Ökosysteme erhalten kann, immer mehr Bedeutung beigemessen.

In früheren Jahrhunderten stand in den allermeisten Fällen der maximale Ertrag im Vordergrund. Es wurde keine Rücksicht auf die Endlichkeit der gegebenen Ressourcen und die Natur genommen. Heute hat sich die Sichtweise in der Land-, Forst- und Fischereiwirtschaft zumindest teilweise dahingehend gewandelt, dass vor dem Hintergrund einer **nachhaltigen Bewirtschaftung** Methoden zum Einsatz kommen, die einen ressourcenschonenden Umgang mit der Umwelt gewährleisten. Rohstoffquellen sollen genutzt, die Produktivität der jeweiligen Ökosysteme dabei aber nicht erschöpft werden. Dies bedeutet, dass vorhandene Ressourcen, wie die Ergiebigkeit der Ackerböden, die Holzbestände der Kontinente und die Fischbestände der Weltmeere nur soweit genutzt werden, dass eine Regeneration immer gewährleistet ist. Obwohl sich der Mensch der ökologischen Zusammenhänge inzwischen durchaus bewusst ist, wird aber auch heute noch in vielen Fällen die kurzfristige Gewinnmaximierung höher bewertet als ein nachhaltiges Wirtschaften.

Die verstärkte Nutzung **nachwachsender** statt endlicher **Rohstoffe** spielt gerade in den technisierten Gesellschaften eine immer größere Rolle. Sie werden in der Regel aus Pflanzen terrestrischer Ökosysteme gewonnen, die sich durch schnelles Wachstum und hohe Produktivität an Biomasse auszeichnen. Die Pflanzen bzw. Pflanzenstoffe können dabei ganz unterschiedlich Verwendung finden, wie die nachfolgende Aufstellung exemplarisch verdeutlichen soll:

Beispiele

- Holz (z. B. Buche, Eiche)
- Lignocellulose (aus Holz gewonnene Cellulose)
- Zucker und Stärke (z. B. Zuckerrübe)
- Fette und Öle (z. B. Sonnenblume)

- Proteine (z. B. Sojabohne)
- Naturkautschuk (Kautschukbaum)
- Fasern (z. B. Hanf)
- Heilpflanzen (z. B. Tollkirsche, Fingerhut)
- Biopestizide (z. B. Nimbaum)
- Farbstoffe (z. B. der Waid als Lieferant des Farbstoffs Indigoblau)

Die Pflanzen verwenden für ihre Stoffproduktion nur die Substanzen, die ihnen als Ressourcen direkt zur Verfügung stehen. Nutzt der Mensch die Pflanzenprodukte z. B. als Ersatz für fossile Rohstoffe, so hat dies den Vorteil, dass die endlichen fossilen Energieträger geschont werden. Dadurch muss beispielsweise keine Umweltzerstörung für deren Abbau betrieben werden und in der Regel werden auch weniger Schadstoffe freigesetzt.

In unserer „auto-mobilen" Gesellschaft rücken **Biokraftstoffe** als Antriebsmittel für Lkws und Pkws sowie in der Industrie in der letzten Zeit immer mehr in den Vordergrund. Dazu zählen z. B.:

- **Pflanzliche Öle:** Nach einer Umrüstung der Motoren ist es möglich, pflanzliche Öle z. B. aus der Rapspflanze direkt als Kraftstoff zu nutzen.
  Als Öllieferant wird in der letzten Zeit verstärkt auf die **Ölpalme** gesetzt. Palmfrüchte liefern mit 4 – 6 t Öl einen hohen Ertrag pro Hektar und Jahr – im Vergleich zu nur 1,5 – 2,5 t beim Raps. Die Ölpalme wird aber fast ausschließlich auf Flächen angebaut, die ursprünglich Regenwald waren. So ist die Palmölindustrie entscheidend an der immer weiter fortschreitenden Abholzung des Regenwaldes beteiligt. Hinzu kommt, dass in den betreffenden Regionen kaum noch Raum für den Anbau von Nahrungspflanzen bleibt.
- **Biodiesel:** Den größten Anteil am Biodiesel macht in Europa der aus Raps gewonnene Rapsölmethylester aus, welcher bei minimalen Modifikationen an den Dieselmotoren als Kraftstoff eingesetzt werden kann.
  Biodiesel ist umstritten, da für die Verarbeitung der Rapspflanze viel Energie aufgewendet werden muss.
- **Bioethanol:** Für die Produktion von Bioethanol werden Rohstoffe wie Zuckerrüben, Zuckerrohr und Getreide vergoren. Anschließend erfolgt eine Destillation. In Europa wird dem Benzin ein gewisser Anteil Bioethanol beigemischt. Der Kraftstoff **E10** enthält beispielsweise 10 % Ethanol.
  Die für die Produktion zum Einsatz kommenden energieaufwendigen Destillationsverfahren stellen jedoch eine Belastung für die Energiebilanz dar. Auch ist höchst umstritten, ob, vor dem Hintergrund des Nahrungsmangels in vielen Regionen der Welt, Nahrungspflanzen für die Kraftstoffproduktion genutzt werden sollten.

Eine **nachhaltige Nutzung** und **Bewirtschaftung** von Ökosystemen bedeutet einen ressourcenschonenden Umgang mit der Umwelt unter Verwendung **nachwachsender Rohstoffe**.

Am Beispiel der Veränderung der konventionellen Landwirtschaft hin zu einer „biologischen“ und den sich daraus ergebenden **Konsequenzen** für die Produktion sollen die Auswirkungen einer gezielten, **nachhaltigen Nutzung** erläutert werden.

Beispiel

Ausgangspunkt muss in diesem Fall sein, dass von Anfang an auf eine Gewinnoptimierung (maximale Erträge) durch maximale Ausbeutung der Ressourcen verzichtet wird. Im Gegensatz zur konventionellen legt man in der biologischen Landwirtschaft unter anderem Wert auf eine deutlich schonendere Behandlung des Bodens, die der langfristigen Fruchtbarkeit und letztlich dem nachhaltigen Ertrag förderlich ist. Künstlicher, mineralischer Dünger, der sehr leicht wieder aus dem Boden ausgewaschen wird, wird durch organischen Dünger ersetzt. Eine entsprechende Methode ist die „Gründüngung“, bei der z. B. Leguminosen (in Symbiose mit stickstoffbindenden Knöllchenbakterien lebende Schmetterlingsblütler) angepflanzt und anschließend untergepflügt werden. Diese Art der Düngung führt zu einer deutlichen Verringerung der Eutrophierung im Einsatzgebiet.
Eine biologische Landwirtschaft setzt außerdem auf Ökosysteme, in denen eine Vielfalt an Arten ihren Platz hat, während man in der konventionellen Landwirtschaft häufig große Monokulturen vorfindet. Die höhere Artenvielfalt in der Kultur macht die Anbauflächen widerstandsfähiger gegen Stress und Störungen. Auf chemische Pflanzenschutzmittel zur Schädlingsbekämpfung, kann in einem solchen Fall weitgehend verzichtet werden. Dies liegt daran, dass sich aufgrund des Artenreichtums eine Lebensgemeinschaft ausbildet, in der sich ein biologisches Gleichgewicht in Bezug auf die Regulation potenzieller Ernteschädlinge einstellt.
Hohe Ernteerträge erreicht eine biologisch ausgerichtete Landwirtschaft vor allem dadurch, dass zum einen nur solche Pflanzensorten angebaut werden, die für den jeweiligen Standort geeignet sind. Zum anderen ist entscheidend, dass bei der Bodenbewirtschaftung nicht immer nur eine Fruchtsorte gepflanzt wird, sondern durch Fruchtwechsel oder den Anbau von Zwischenfrüchten (z. B. zur Gründüngung) zusätzlich eine Verbesserung des Bodens erfolgt.
Kulturen, die nach biologischen Prinzipien angebaut werden, benötigen im Vergleich zur konventionellen Landwirtschaft außerdem weniger fossile

Energie bei gleichem Ertrag, was vor allem auf dem geringeren Pflegeaufwand beruht. Dadurch können Investitionen eingespart werden.
Trotz der vielen Vorteile einer biologischen Landwirtschaft machen die entsprechenden Anbauflächen in Deutschland bisher noch unter 10 % der landwirtschaftlich genutzten Gesamtfläche aus.

4.2 Chemische Schädlingsbekämpfung und biologischer Pflanzenschutz

Ernteerträge müssen in der Regel vor **Schädlingen** geschützt werden. Dies ist sowohl in der konventionellen als auch in der biologischen Landwirtschaft ein wichtiger Aspekt, um die Produktivität einer Agrarfläche zu steigern bzw. zu erhalten.

Chemische Schädlingsbekämpfung

Die Bekämpfung von Ernteschädlingen mit **chemischen Substanzen** hat in der Landwirtschaft eine lange Tradition. Etwa seit dem Ende der 1940er-Jahre werden Pflanzenschutzmittel großflächig eingesetzt. Die chemische Schädlingsbekämpfung durch **Insektizide** (gegen Insekten), **Herbizide** (gegen „Unkräuter“, meist andere höhere Pflanzen) und **Fungizide** (gegen Pilze) ist vor allem dann notwendig, wenn nur eine Pflanzenart auf einem großen Areal, also in Monokultur, angebaut wird. Bei dieser Anbauform können zwar große Ernteerträge erzielt werden, es besteht jedoch immer die Gefahr, dass sich spezifische Schädlinge auf den Anbauflächen explosionsartig vermehren. Die angesprochenen chemischen Pflanzenschutzmittel werden auch unter dem veralteten Sammelbegriff „Pestizide“ zusammengefasst.
Abgesehen davon, dass sich Rückstände dieser Mittel in der Biomasse der angebauten Pflanzen wiederfinden und damit unter Umständen auch den Konsumenten Mensch schädigen können, ist ihr Einsatz meist nur begrenzt erfolgreich: Viele Ernteschädlinge entwickeln im Lauf der Zeit eine Resistenz (siehe Band 2) gegen die eingesetzten Substanzen. Chemische Schädlingsbekämpfungsmittel können darüber hinaus auch für andere Organismen in der Biozönose erhebliche, negative Auswirkungen haben.

Beispiel

Das in diesem Zusammenhang bekannteste und zunächst als „Wunderwaffe gegen Insekten“ gepriesene Fraß- und Berührungsgift ist das **DDT**. Über die einzelnen Konsumentenglieder in den terrestrischen und aquatischen Nahrungsnetzen (siehe S. 204) reichert sich der Giftstoff Schritt für Schritt mehr und mehr an. Noch heute, mehrere Jahrzehnte nach dem Stopp seines

Einsatzes in der westlichen Welt (in einigen Entwicklungsländern wird DDT teilweise heute noch eingesetzt), kann dieses Biozid selbst im Fettgewebe arktischer und antarktischer Meeressäuger nachgewiesen werden.

Biologischer und integrierter Pflanzenschutz

Der **biologische Pflanzenschutz** setzt auf andere Strategien, wie den Einsatz von Fressfeinden oder von konkurrierenden Arten, um Ernteschädlinge in Schach zu halten. Damit ein biologischer Planzenschutz wirksam betrieben werden kann, ist es notwendig, die entsprechenden Voraussetzungen zu schaffen: So sollten am Rand der Anbauflächen Hecken als Rückzugsmöglichkeiten für „Nutzinsekten" und Nisträume für Vögel angelegt werden. Brachflächen erfüllen den gleichen Zweck. Schwebfliegen und Schlupfwespen, die ihre Eier in Schildläusen ablegen, können sich hier ebenso ansiedeln wie räuberische Käfer und insektenfressende Spitzmäuse. Jeder Einzelne kann hier in seiner direkten Umgebung einen Beitrag leisten, indem er z. B. in seinem Garten ein **Insektenhaus/Insektenhotel** einrichtet. Solche Nisthilfen und Unterschlupfe ermöglichen Bestäubern und nützlichen Schädlingsbekämpfern wie solitären Bienen, Ohrwürmern, Florfliegen und Marienkäfern ein Überleben in unserer Kulturlandschaft. Eine besondere Rolle beim biologischen Pflanzenschutz können Parasiten spielen, die spezifisch gegen Schadinsekten ausgebracht werden. Da sehr viele Parasiten nur einen Wirt bevorzugen, ist kaum mit Komplikationen wie dem Befall anderer Spezies zu rechnen. Bei der ebenfalls infrage kommenden Schädlingsbekämpfung durch wirtsspezifische Viren muss jedoch immer mit möglichen Resistenz-Mutationen gerechnet werden.

Obwohl durch solche Maßnahmen der Bestand vieler Ernteschädlinge reduziert werden kann, reicht ein rein biologischer Pflanzenschutz nicht immer aus, um einen zufriedenstellenden Ernteertrag zu erzielen. Als Kompromiss zwischen konventioneller und biologischer Landwirtschaft gilt in diesem Fall der **integrierte Pflanzenschutz**. Diesem Verfahren, einer Kombination aus biologischen, technisch-mechanischen und wirtschaftlich orientierten Methoden (wie z. B. Pestizideinsatz), liegt die Überlegung zugrunde, dass biologisch ausgerichteten Verfahren und Maßnahmen immer der Vorrang eingeräumt werden sollte. Um dies zu gewährleisten, muss Klarheit darüber herrschen, welche methodische Vorgehensweise zum einen Ernteschädlinge dezimiert und zum anderen Nützlinge auf der Anbaufläche fördert. Ist ein Pestizideinsatz unerlässlich, so wird dieser so geplant, dass er, sowohl was die Dosis als auch den Zeitpunkt und die Dauer angeht, mit anderen, meist biologischen Schädlingsbekämpfungsmaßnahmen abgestimmt wird. Zielsetzung ist es, den Ernteertrag zu optimieren, aber nicht zu maximieren, die „Produktionskraft" der

Böden zu fördern, sie aber nicht auszulaugen. Hierbei kommen auch viele der oben bereits angesprochenen Maßnahmen für eine nachhaltige Nutzung und Bewirtschaftung der Anbauflächen zum Tragen.

Bei der Bekämpfung von Ernteschädlingen konkurrieren **chemische Schädlingsbekämpfung** und **biologischer Pflanzenschutz** miteinander. Einen Kompromiss bietet das Konzept des **integrierten Pflanzenschutzes**.

4.3 Lösungsstrategien im Konflikt zwischen Nutzungs- und Schutzansprüchen

Integrierter Pflanzenschutz ist ein Lösungsansatz, um Ökologie und Ökonomie gewinnbringend miteinander zu verbinden und so Ernteerträge im Einklang mit den genutzten und benachbarten Ökosystemen zu optimieren. Auf anderen Gebieten ist der **Konflikt zwischen Nutzungs- und Schutzansprüchen** nicht so leicht zu lösen. Hierzu gehört z. B. der Schutz von Naturlandschaften, also von Gebieten, die vom Menschen noch weitgehend unbeeinflusst sind. Diesem stehen oft Nutzungsansprüche von Industrie und Wirtschaft (Siedlungsbau, Verkehrswegebau, Schaffung neuer Anbauflächen etc.) gegenüber.

Allerdings ist das, was heute allgemein als „Naturlandschaft" angesehen wird, in der Regel bereits zum Großteil eine vom Menschen beeinflusste und (meist landwirtschaftlich) veränderte Kulturlandschaft. Weltweit findet man Naturlandschaften eigentlich nur noch in schwer zugänglichen oder unwirtlichen Gegenden, in denen nur sehr wenige Menschen leben: in den Polargebieten, Wüsten, Urwäldern sowie in Hochgebirgslagen.

Die Absicht, bestimmte Areale für industrielle Zwecke oder als Wohnraum zu nutzen, gerät immer wieder in Konflikt mit dem Schutzanspruch für die Umwelt. Im Extremfall können Bewirtschaftungsvorhaben an rechtlich einklagbaren Schutzbestimmungen scheitern, falls z. B. eine in ihrem Bestand bedrohte Pflanzen- oder Tierart in dem zur Disposition stehenden Areal beheimatet ist. Ökonomische Interessen müssen aber nicht zwangsläufig mit Umweltschutzüberlegungen unvereinbar sein: Projekte, die auf den Erhalt naturnaher Lebensräume abzielen, können z. B. so umgesetzt werden, dass auch Erholung suchende Menschen davon profitieren. Nicht nur, dass Besuchern dadurch der direkte Kontakt mit der Flora und Fauna einer Naturlandschaft vermittelt werden kann; gleichzeitig kann auch die Natur und ihr Erholungswert als ein schützenswertes und allzu vergängliches Gut dargestellt und im Bewusstsein der Besucher verankert werden. Die notwendigen organisatorischen und logistischen Maßnahmen – beispielsweise das Anlegen und Betreiben von Wandermöglichkeiten inklusive gastronomischer Angebote – kommen auch ökonomischen Interessen nach und schaffen damit Raum für eine Koexistenz zwischen ökologischen Schutzbestrebungen und ökonomischen Nutzungsmöglichkeiten.

Ein Konflikt zwischen **Nutzungs- und Schutzansprüchen** ist beim Biotop- und Umweltschutz nicht zwangsläufig vorprogrammiert, da in vielen Fällen beide **Interessen verbunden werden** können.

Zusammenfassung

- Die nachhaltige Bewirtschaftung von Ökosystemen ist der konventionellen Landwirtschaft im Hinblick auf den langfristigen Ertrag, die Erhaltung der biologischen Vielfalt und die Schonung ökologischer Ressourcen überlegen.
- Ein integrierter Pflanzenschutz verknüpft die Maßnahmen und Möglichkeiten der konventionellen und der biologisch ausgerichteten Landwirtschaft. Biologischer Pflanzenschutz wird dabei unter anderem mit einem sparsamen Einsatz chemischer Schädlingsbekämpfungsmittel kombiniert.
- Umweltschutzprojekte können in vielen Fällen so umgesetzt werden, dass sie den Besuchern konkrete Naturerfahrungen ermöglichen. Entsprechende Projekte helfen dabei, die Bevölkerung für Umweltschutzmaßnahmen zu sensibilisieren.

Aufgaben

192 Erläutern Sie den heute gebräuchlichen Begriff der „nachhaltigen Bewirtschaftung“.

193 Nennen Sie mindestens fünf Beispiele für die Verwendung nachwachsender Rohstoffe.

194 Erläutern Sie, warum die Erzeugung und die Nutzung von Bioethanol als problematisch angesehen werden kann.

195 Erklären und begründen Sie, warum selbst bei arktischen und antarktischen Meeressäugern DDT im Fettgewebe nachgewiesen werden kann, obwohl das Insektizid in ihren Lebensräumen niemals eingesetzt wurde.

196 Legen Sie dar, was man unter „biologischem Pflanzenschutz“ versteht und welche Bedingungen für seinen Einsatz gegeben sein müssen.

197 Welche der folgenden Aussagen sind falsch? Kreuzen Sie an.

- ☐ Bei der nachhaltigen Bewirtschaftung hat die ständige und anhaltende Ergiebigkeit der jeweiligen Produktionsfläche Vorrang.
- ☐ Nachwachsende Rohstoffe werden in der Regel aus Pflanzen mit schnellem Wachstum und hoher Produktivität an Biomasse gewonnen.
- ☐ Bei der Gründüngung werden Pflanzen auf einer zukünftigen Anbaufläche angepflanzt und anschließend untergepflügt.
- ☐ Biozide können in den Pflanzen, zu deren Schutz sie ausgebracht worden sind, in der Regel schnell abgebaut werden.
- ☐ Der integrierte Pflanzenschutz ist ein Verfahren, bei dem biologische und konventionelle Verfahren gleichberechtigt angewendet werden.
- ☐ Unter Naturlandschaft wird heute vor allem die vom Menschen nicht veränderte Kulturlandschaft verstanden.

198 Inzwischen ist es üblich, als Naturlandschaft auch solche naturnahen Kulturlandschaften zu bezeichnen, deren Ökosysteme nicht vom Menschen dominiert oder allzu sehr beeinflusst werden.
Erläutern Sie, warum eine derartige Begriffsbestimmung sinnvoll ist.

Lösungen

1 Da alle bekannten Lebewesen aus Zellen aufgebaut sind und die Zelle der kleinste Baustein eines Organismus ist, müssen Zellen ihren Ursprung ebenfalls in Zellen haben.

2 a **Doppelmembran:** Zellkern, Mitochondrien, Chloroplasten
b **einfache Membran:** Dictyosomen (Golgi-Apparat), Endoplasmatisches Retikulum, Lysosomen, Microbodies, Vakuolen
c **ohne Membran:** Ribosomen, Centriolen, Zytoskelett

3 Einer Kerze fehlen wesentliche Kennzeichen des Lebendigen, wie zelluläre Organisation, Reproduktionsfähigkeit, Individualentwicklung und Selbststeuerung.

4 Ein Virus besteht aus einem Capsid, welches die Erbinformation enthält. Das Capsid kann von einem Envelope umschlossen sein. Außerdem kann das Virus Anhänge aufweisen, die der Anheftung an die Wirtszelle dienen.

5 Diese Bezeichnung ist gerechtfertigt, da Viren keinen eigenen Stoffwechsel besitzen und auf die Reproduktionsmechanismen der Wirtszelle angewiesen sind.

6 Die Begriff „mitotischer Zellzyklus" ist deswegen sinnvoll, weil er unterstreicht, was der Hauptgrund für dieses Zellgeschehen ist: die Durchführung der Kern- und Zellteilung. Während der Interphase wird das für diesen Prozess benötigte Material zur Verfügung gestellt.

7
- **DNA:** b, e, f, g, h, i, k, l, n, p, q, s, t
- **RNA:** d, h, i, k, m, p, q, s, t

8

RNA	DNA
Nukleotide enthalten Ribose (Fünffachzucker, Pentose).	Nukleotide enthalten Desoxyribose (Fünffachzucker, Pentose).
An ihrem Bau sind vier verschiedene Nukleotide mit je einer der Basen Cytosin, Guanin, Adenin oder Uracil beteiligt.	An ihrem Bau sind vier verschiedene Nukleotide mit je einer der Basen Cytosin, Guanin, Adenin oder Thymin beteiligt.
Sie besteht aus einem einfachen Polynukleotidstrang (RNA-Einzelstrang).	Sie besteht aus zwei, miteinander über Wasserstoffbrücken verbundenen Polynukleotidsträngen (DNA-Doppelstrang).

9 DNA besteht im Regelfall aus zwei Polynukleotidsträngen mit komplementären Basen. Jedes Adeninnukleotid (A) hat als komplementären Partner auf dem anderen Strang ein Thyminnukleotid (T). Daher ist die Menge an A und T im Normalfall immer gleich. Ebenso verhält es sich mit den Basen Guanin (G) und Cytosin (C).
Jede Organismenart trägt die für sie typischen genetischen Informationen. Diese sind in der Basensequenz ihrer DNA verschlüsselt. Infolgedessen liegen die vier Basen A, T, G und C bei verschiedenen Organismenarten in unterschiedlichen Mengen vor. Beispielsweise kann die Art 1 einen höheren Anteil an A haben (und damit auch an T) als die Art 2. G und C hätten in einem solchen Fall bei der Art 1 einen geringeren Anteil an der Gesamtmenge der Basen als bei der Art 2.

10 ☒ A = T
☐ G = T
☒ A + G = C + T
☐ A + T = G + C
☐ C = A

Zwischen A und T besteht jeweils eine spezifische Basenpaarung. A und T sind daher normalerweise immer in der gleichen Menge vorhanden; genauso verhält es sich mit den Basen C und G. Wenn A = T und G = C ist, dann muss auch A + G = C + T sein.

11 Ein Gen besteht aus einer Abfolge von Nukleotiden eines Abschnitts eines der beiden Polynukleotidstränge der DNA, aus der sich eine spezifische Basensequenz (Basenfolge) ergibt.
Hinweis: Bei einigen Viren liegt das Erbgut in Form von RNA vor.

12 Der ermittelte Befund spricht zum einen dafür, dass jeweils eine Pentose, eine organische Base und ein Phosphorsäurerest zu einer Gruppe (Nukleotid) zusammengefasst sind. Zum anderen kann daraus geschlossen werden, dass die Erbsubstanz bei Pflanze, Tier und Mensch gleich aufgebaut ist.

13
- Entspiralisierung der DNA und Öffnung der H-Brücken zwischen den gepaarten Basen der beiden Polynukleotidstränge.
- Setzen von RNA-Primern an den Leit- und den Folgestrang.
- Anlagerung freier Nukleotide mit jeweils komplementären Basen an die nicht gepaarten Basen des Leitstrangs → kontinuierliche Neusynthese.

- Diskontinuierliche Neusynthese des Folgestrangs (Okazaki-Fragmente).
- Ersetzen der RNA-Primer durch DNA und Verbindung der Okazaki-Fragmente.
- Zur Entspiralisierung und Öffnung des Doppelstrangs, zur Synthese der komplementären Einzelstränge, zur Entfernung der Primer und zur Verbindung der Okazaki-Fragmente sind ATP und spezifische Enzyme erforderlich.

14 Die beiden durch den Replikationsvorgang gebildeten DNA-Moleküle (DNA-Doppelstränge) bestehen jeweils zur Hälfte aus einem Polynukleotidstrang, der auch Bestandteil des ehemaligen, ursprünglichen DNA-Moleküls war. Die Hälfte (*semi-* = „halb“) des alten Strangs bleibt also in jedem der neuen DNA-Moleküle erhalten, wird „konserviert“.

15 Nach der ersten Mitose ist in jedem DNA-Molekül noch einer der beiden Polynukleotidstränge radioaktiv markiert. Nach der zweiten Mitose treten zum ersten Mal auch DNA-Moleküle ohne radioaktive Markierung auf.

16 Thymin kommt nur in der DNA vor, nicht aber in der RNA. Dort ist an seiner Stelle Uracil vorhanden. Wenn man für die Versuche radioaktives Thymin verwendet, kann man also sicher sein, dass die Untersuchungsergebnisse die DNA betreffen und nicht die RNA.

17 Die DNA liegt bei *E. coli* als Doppelstrang vor. Da im Text die Molekülmasse **eines** Nukleotids angegeben ist, muss zunächst die Molekülmasse eines komplementären Nukleotidpaares (einer „Sprosse“ des Doppelstrangs) ermittelt werden. Die Molekülmasse eines Nukleotids beträgt 300 u, das heißt, jedes Nukleotidpaar hat eine Masse von 600 u. So erfolgt die Ermittlung der Anzahl der Nukleotidpaare:
2 783 532 600 : 600 = 4 639 221 Nukleotidpaare

Die Länge kann wie folgt ermittelt werden:
4 639 221 · 0,34 nm = 1 577 335,14 nm, das heißt ca. 1,57 mm.

18 Die genetische Information einer bestimmten Person …

- [x] ist trotz der Verschiedenheit der Zellen in allen Zellen dieses Menschen gleich.
- [ ] muss wegen der Verschiedenheit der Zellen unterschiedlich sein.
- [ ] ist nur in den Gehirnzellen und den Keimzellen gespeichert.

- [ ] ist nur während der Zellteilung (Mitose) ablesbar.
- [x] ist nur in der Zeit zwischen den Zellteilungen ablesbar.
- [ ] wird durch das Blut zu allen Zellen des Körpers transportiert.
- [x] ist in Chromosomen verpackt.
- [x] wird durch die Mitose identisch an neu entstehende Zellen weitergegeben.

19 Die **Transportform** der Chromosomen beschreiben: b, c, e, h, k
Die **Arbeitsform** der Chromosomen beschreiben: a, d, f, g, i

20 **a** $2 \cdot 23 \cdot 2 = 92$ → vor Beginn der Mitose fand Replikation statt
b $2 \cdot 23 \cdot 1 = 46$ → Replikation läuft erst kurz vor Beginn der Mitose ab
c $8 \cdot 23 \cdot 1 = 184$ → Achtfacher Chromosomensatz; Replikation läuft erst kurz vor Beginn der Mitose ab

Hinweise zu den linken Termen:
1. Zahl: Zahl der Chromosomensätze. Die Körperzellen des Menschen enthalten in der Regel zwei Chromosomensätze (2n).
2. Zahl: Zahl der Chromosomen pro Satz. Beim Menschen umfasst ein Satz 23 Chromosomen (n = 23).
3. Zahl: Zahl der Chromatiden pro Chromosom. Während der Mitose besteht ein Chromosom aus zwei Chromatiden, direkt nach der Mitose nur aus einem einzigen Chromatid.

21
- **Prophase:** Die Chromosomen kondensieren (Transportform). Sie bestehen aus je zwei Chromatiden. Die Kernmembran und der Nukleolus lösen sich auf. Der Spindelfaserapparat baut sich auf.
- **Metaphase:** Die maximal kondensierten Chromosomen werden mithilfe des Spindelapparats in der Äquatorialebene der Zelle angeordnet.
- **Anaphase:** Die Chromatiden werden getrennt und mithilfe des Spindelfaserapparats zu den Zellpolen gezogen.
- **Telophase:** Die Chromatiden entspiralisieren sich wieder (Arbeitsform). Der Spindelfaserapparat wird zurückgebildet. Bei beiden entstehenden Tochterzellen bilden sich die Kernmembran und das Kernkörperchen aus. Die restlichen Zellorganellen der Mutterzelle und das Zytoplasma werden auf die Tochterzellen aufgeteilt.

22 Der genetische Code ist ein kommafreier Triplettcode, der keine Überlappungen aufweist. Darüber hinaus ist er degeneriert, universell, kolinear und eindeutig.

23 Ursache ist die Degeneration des genetischen Codes (Redundanz). Eine Aminosäure kann in der Regel von mehr als nur einem Basentriplett codiert werden. Man kann daher vom Basentriplett der DNA eindeutig auf die codierte Aminosäure schließen, aber gewöhnlich nicht von der Aminosäure auf ein bestimmtes Basentriplett.
Hinweis: Ausnahmen bilden die Aminosäuren Methionin und Tryptophan, die jeweils eindeutig einem Triplett zugeordnet werden können.

24 **a** Es wird ein Polynukleotid-Einzelstrang mit den drei alternierenden Basen CGA hergestellt. Je nachdem, wo bei der Proteinbiosynthese das Ablesen beginnt, wird jeweils eine andere, immer gleiche Basen-Dreiergruppe abgelesen. Für diesen Ansatz werden damit drei unterschiedliche Polypeptide erzeugt.
b CGA: Glutamin; GAC: Alanin; ACG: Threonin
Hinweis: Beginnt das Ablesen der Basensequenz mit der Base Cytosin, so entsteht ein Polypeptid, das ausschließlich die Aminosäure Glutamin enthält. Entsprechendes gilt für Guanin (mit Alanin) und Adenin (mit Threonin) als erste abgelesene Basen eines Tripletts.

25 **a** In der Regel codieren mehrere verschiedene Basentripletts für die gleiche Aminosäure, sodass die Information eines Tripletts trotz Änderung einer Base gleich bleiben kann (Degeneration des genetischen Codes).
b Der genetische Code wird fortlaufend und ohne Überlappungen gelesen. Eine geänderte Base gehört immer nur zu einem Triplett.

26 Bei der Transkription …
- ☐ lagert sich die mRNA an einen Abschnitt der DNA an.
- ☒ lagern sich RNA-Nukleotide an einen Abschnitt der DNA an.
- ☐ lagern sich tRNA-Moleküle an einen Abschnitt der DNA an.
- ☒ entsteht mRNA.
- ☒ öffnet sich der Doppelstrang der DNA in einem Abschnitt.
- ☐ bilden sich Proteine.
- ☒ wird Stoffwechselenergie benötigt.

27 Der Mechanismus der Transkription ähnelt dem der Replikation. Bei der Transkription bildet sich allerdings anders als bei der Replikation nur an einem der beiden DNA-Einzelstränge ein komplementärer Strang. Außerdem wird der DNA-Doppelstrang bei der Transkription nicht auf ganzer

Länge geöffnet, sondern nur in dem Bereich, in dem ein Gen liegt, sodass sich nur dort komplementäre Nukleotide anlagern können. Bei diesen Nukleotiden handelt es sich im Fall der Transkription nicht wie bei der Replikation um DNA-, sondern um RNA-Nukleotide, also um Nukleotide mit dem Zuckerbaustein Ribose statt Desoxyribose und mit der Base Uracil statt Thymin.

28
- Die DNA müsste den geschützten Raum im Zellkern verlassen. Dabei könnte sie Schaden nehmen.
- Ein mehrfaches Kopieren der genetischen Informationen, wie es bei der Bildung der mRNA stattfinden kann, wäre nicht möglich. Daher könnten die Informationen nur von einer einzigen Vorlage abgelesen werden, was zu einer Verringerung der Proteinsyntheserate führen würde.

Hinweis: Denkbar wäre theoretisch die Proteinsynthese im Zellkern statt im Zytoplasma. Dann müssten die Ribosomen dort vorliegen. In einem solchen Fall könnten die Proteine jedoch nicht mehr in der Nähe der Orte produziert werden, an denen sie gebraucht werden. Der gezielte Transport der teilweise sehr „sperrigen" Proteinmoleküle aus dem Zellkern in die verschiedenen Bereiche des Zytoplasmas würde Schwierigkeiten bereiten.

29
- ☐ Translationsprozesse laufen sowohl im Zellkern als auch im Zytoplasma ab.
- ☒ An der Translation sind drei verschiedene Arten von RNA beteiligt.
- ☒ Zur Translation ist Stoffwechselenergie (ATP) erforderlich.
- ☐ Die Translation läuft nur kurz vor Beginn der Mitose ab.
- ☒ Durch die Translation entstehen Proteine.
- ☒ Die Translation kann an Polysomen ablaufen.
- ☐ Bei der Translation entsteht mRNA.

30
- Das tRNA-Molekül, das aus dem Bereich des Ribosoms herausrückt, löst seine Paarung mit der mRNA.
- Das tRNA-Molekül, das vorher an zweiter Stelle im Ribosom gelegen hat, rückt an die erste Stelle.
- Über eine Peptidbindung wird die bereits gewachsene Peptidkette von dem herausgerückten tRNA-Molekül auf das nun in der ersten Stelle befindliche tRNA-Molekül übertragen und dabei um eine Aminosäure verlängert.

- Im Bereich der frei gewordenen zweiten Stelle des Ribosoms lagert sich ein komplementäres tRNA-Molekül an die mRNA an.
- Die Translation bricht ab, wenn ein Stopp-Codon in das Ribosom gelangt.
- Das aus dem Ribosom herausgerückte, frei gewordene tRNA-Molekül kann erneut eine Aminosäure binden.

31 Die große Zahl an verschiedenen tRNA-Molekülen ist aufgrund der Degeneration des genetischen Codes erforderlich.
Bei der Translation binden tRNA-Moleküle an die mRNA. Bei dieser gibt es (genau wie bei der DNA) 61 verschiedene mögliche Basentripletts, die jeweils die Information für eine Aminosäure tragen. Entsprechend diesen 61 Codons der mRNA müssen 61 verschiedene tRNA-Moleküle vorhanden sein, die die jeweils komplementären Anticodons tragen. Bei weniger tRNA-Molekülen könnte die Information einiger Tripletts der mRNA im Zuge der Translation nicht verwirklicht werden.

32 In den Zellen des Knochenmarks wird das Gen für die Hämoglobin-Bildung wahrscheinlich andauernd abgelesen, da ständig neue rote Blutkörperchen benötigt werden. Folglich enthalten die Zellen mit hoher Wahrscheinlichkeit mRNA mit der Information für die Produktion des menschlichen Hämoglobins.
Wird die reife mRNA nun in die Zellen des Krallenfroschs injiziert, läuft dort die Translation ab. Da der genetische Code universell ist, kann sich an den mRNA-Molekülen des Menschen im Zytoplasma des Krallenfroschs menschliches Hämoglobin bilden. Dabei werden Ribosomen, tRNA, Aminosäuren, Enzyme und ATP der Froschzellen genutzt.

33 **a** Leberzellen einer Ratte werden homogenisiert und anschließend filtriert. Das Filtrat wird in den anschließenden Teilversuchen zentrifugiert.

- **Teilversuch 1:** Dem Filtrat aus Zellkernen, rauem Endoplasmatischen Retikulum (rER) und Mitochondrien werden radioaktiv markierte Aminosäuren zugegeben. Infolgedessen kommt es zur Bildung radioaktiv markierter Proteine.
- **Teilversuch 2:** Das Filtrat aus Teilversuch 1 wird mit 600 g zentrifugiert. Dem Überstand aus rER und Mitochondrien werden radioaktiv markierte Aminosäuren zugegeben. Daraufhin kommt es zur Bildung radioaktiv markierter Proteine.

- **Teilversuch 3:** Der Überstand aus Teilversuch 2 (rER und Mitochondrien) wird mit 15 000 g zentrifugiert. Dem Überstand dieses Zentrifugationsvorgangs, der rER enthält, werden radioaktiv markierte Aminosäuren zugegeben. In diesem Fall kommt es nicht zur Bildung radioaktiv markierter Proteine. Wird dem Ansatz aber ATP zugefügt, können radioaktiv markierte Proteine nachgewiesen werden.
- **Teilversuch 4:** Der Überstand aus Teilversuch 3 (rER) wird mit mehr als 100 000 g zentrifugiert. Dem sich ergebenden Überstand, der Ribosomen und lösliche Bestandteile enthält, werden radioaktiv markierte Aminosäuren und ATP zugegeben. Infolgedessen kommt es zur Bildung radioaktiv markierter Proteine.

Die Aminosäuren wurden markiert, damit die gebildeten Proteine anhand der radioaktiven Strahlung identifiziert werden konnten.

b
- **Teilversuch 1:** Die experimentellen Eingriffe (Homogenisieren und Filtrieren) haben die Funktionsweise der Zellorganellen nicht beeinträchtigt (Kontrollversuch).
- **Teilversuch 2:** Zellkerne sind für die Bildung von Proteinen nicht unbedingt erforderlich.
- **Teilversuch 3:** Das rER alleine kann die Bildung von Proteinen nicht bewirken. Hierfür sind zusätzlich ATP-Moleküle als Energielieferanten erforderlich – nicht aber die Mitochondrien selbst, die Produktionsstätten der Energieträger.
- **Teilversuch 4:** Ribosomen und lösliche Bestandteile (u. a. mRNA und Enzyme) alleine können die Bildung von Proteinen nicht bewirken. Hierfür ist zusätzlich noch Energie in Form von ATP erforderlich.

Zusammenfassend lässt sich aus den Teilversuchen schlussfolgern, dass für die Bildung von Proteinen Ribosomen, lösliche Zellbestandteile wie mRNA und Enzyme sowie Energie in Form von ATP benötigt werden.
Prinzipiell ist der Zellkern für die Produktion der mRNA natürlich unerlässlich. Da in lebenden Zellen aber ständig Proteinbiosynthese betrieben wird, ist auch ständig mRNA in der löslichen Fraktion (im Zytoplasma) enthalten. Somit ist verständlich, warum im zweiten und den folgenden Teilversuchen radioaktiv markierte Proteine gebildet werden konnten.

34 a

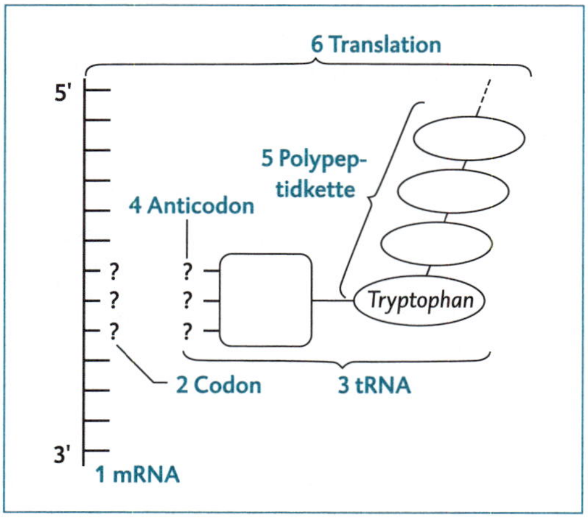

b 2: 5'-UGG-3'
4: 5'-CCA-3'

35 a DNA: 3'-CGG CGC TCA AAA TCG-5'
mRNA: 5'-GCC GCG AGU UUU AGC-3'
Aminosäuresequenz des Proteinabschnitts: Ala – Ala – Ser – Phe – Ser

b Bei einer Änderung von C in T an der 4. Position wird anstelle der Aminosäure Alanin die Aminosäure Threonin in die Polypeptidkette eingebaut: Ala – **Thr** – Ser – Phe – Ser.

c Wird die an der 4. Stelle stehende Base aus der mRNA entfernt, verschiebt sich das Raster, in dem die mRNA abgelesen wird. Ab der Stelle, an der ein Basenverlust stattgefunden hat, werden andere als die ursprünglichen Aminosäuren in die Polypeptidkette eingebaut:
Ala – **Arg** – **Val** – **Leu** – **...**

36 Als Erste werden die tRNA-Moleküle radioaktiv, weil sich die zugegebenen Aminosäuren an die jeweils passenden tRNA-Moleküle binden. Danach lässt sich die Radioaktivität an den Ribosomen nachweisen, da sich die tRNA-Moleküle mit den daran gebundenen, radioaktiven Aminosäuren unter Vermittlung der Ribosomen an die mRNA anlagern. Zuletzt treten radioaktive Proteine auf, da sich die radioaktiven Aminosäuren zu Peptidketten verbunden haben.

37 Durch die limitierte Lebensdauer der mRNA kann die Synthese eines Proteins zeitlich begrenzt werden. Wenn die mRNA unbegrenzt funktionsfähig bliebe, würde eine einmal begonnene Proteinbiosynthese ständig weiterlaufen. Die Möglichkeit, die Synthese eines Proteins zu beenden, ist ein unverzichtbares Element der Steuerung des Stoffwechsels.

38 Eine hohe Proteinsyntheserate ist durch mehrfache Transkription desselben Gens, also die Bildung mehrerer mRNA-Moleküle am selben Gen möglich. Außerdem kann durch die Bildung von Polysomen eine gleichzeitige Translation derselben mRNA an mehreren Ribosomen stattfinden.

39 Bakterienzellen können kein Spleißen durchführen. Da in der menschlichen DNA aber Introns vorhanden sind und diese bei der Translation durch ein Bakterium ebenso als Aminosäuren abgelesen würden wie die Exons, wäre das aus dem menschlichen Insulingen entstehende Protein unbrauchbar.

40 a Proteine bestehen aus Ketten von **Aminosäuren**.

b Proteinähnliche Verbindungen mit weniger als 100 Einzelbausteinen bezeichnet man als **Peptide**.

c Die Zahl der verschiedenen Einzelbausteine, die für den Bau von Proteinen fast aller lebenden Organismen zur Verfügung stehen, beträgt **20**.

d Die Einzelbausteine der Proteine, die der menschliche Organismus nicht selbst herstellen kann, nennt man **essenzielle Aminosäuren**.

e Bei der Verkettung der Einzelbausteine von Proteinen bindet sich jeweils **die Aminogruppe (NH_2-Gruppe) einer Aminosäure an die Carboxylgruppe (COOH-Gruppe) der benachbarten Aminosäure unter Austritt von Wasser (Kondensation).**

41 Beispiel:

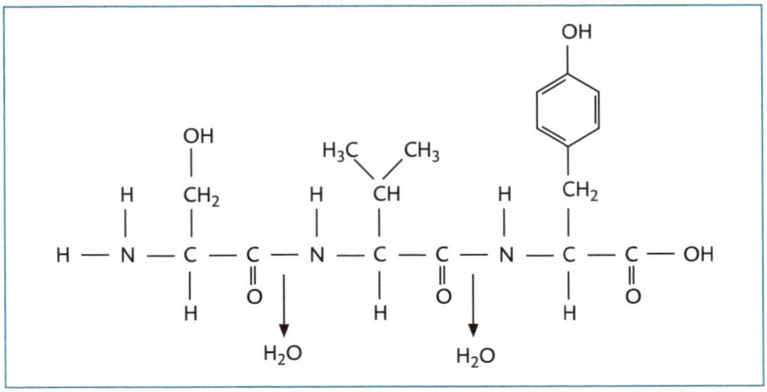

Hinweis: Selbstverständlich sind auch andere Kombinationsvarianten möglich.

42 **a**
- AS mit unpolarem Rest: Leu
- AS mit polarem Rest: Ser
- saure AS: Asp
- basische AS: Lys

b
1 Aminogruppe
2 Carboxylgruppe
3 Rest

43 **a** Zwischen Aminosäuren der Peptidkette (Peptidbindungen) und in Disulfid-Brücken (Bindungen zwischen Aminosäuren, die in verschiedenen Kettenbereichen liegen; stabilisieren die Tertiärstruktur)

b Wasserstoffbrücken, Ionenbindungen und Van-der-Waals-Kräfte zwischen den Resten der Aminosäuren.

44
- [x] Ein Enzym kann aus einer Aminosäurekette bestehen, die teilweise als Helix (Sekundärstruktur) vorliegt.
- [x] Die Primärstruktur eines Enzyms bedingt die Sekundär- und die Tertiärstruktur.
- [x] Die Festlegung der Tertiärstruktur eines Enzyms geschieht unter anderem durch Wechselwirkungen zwischen den Resten der Aminosäuren.
- [ ] Bei der Denaturierung von Enzymen verändert sich deren Primärstruktur.
- [ ] Bei der Denaturierung von Enzymen wird die Tertiärstruktur durch Disulfidbrücken stabilisiert.
- [ ] In der Primärstruktur eines Enzyms sind die Aminosäuren untereinander durch Disulfidbrücken verbunden.
- [x] Disulfidbrücken stabilisieren nur die Tertiärstruktur eines Enzyms.

45 Enzyme sind …

- [ ] Lipide,
- [x] Proteine,

die durch eine Bindung an …

- [x] das Substrat
- [ ] das Coenzym

die Aktivierungsenergie, die für die Umsetzung des Substratmoleküls benötigt wird, so weit verringern, dass die Umsetzung unter physiologischen Bedingungen ausreichend schnell erfolgen kann.
Sie beschleunigen …

- [ ] physikalische und chemische
- [x] chemische

Reaktionen, indem die umzusetzenden Moleküle mit dem aktiven Zentrum …

☐ einen Enzym-Produkt-Komplex ☒ einen Enzym-Substrat-Komplex bilden.

46 Die Substanzen **A** und **C** passen aufgrund der Substratspezifität des Enzyms (Schlüssel-Schloss-Prinzip) nicht in dessen aktives Zentrum.
Bei den beiden Substanzen **D** handelt es sich um die Produkte der durch das Enzym katalysierten Reaktion. Da die Wirkungsspezifität des Enzyms in der Zerlegung des Substrats B liegt, kann die Umsetzung von D nicht erfolgen.

47
- **Genommutation:** Änderung der Chromosomenzahl um ganze Chromosomensätze (Polyploidie) oder einzelne Chromosomen (Aneuploidie); im Lichtmikroskop sichtbar.
- **Chromosomenmutation:** Veränderung der Chromosomenstruktur; im Lichtmikroskop sichtbar.
- **Genmutation:** Veränderung der Basensequenz eines Gens (Punkt- oder Rastermutation); im Lichtmikroskop nicht sichtbar.

48 a **Genommutation:**
- Polyploidie: v. a. bei Pflanzen auftretend. Viele Kulturpflanzen erhalten durch Polyploidie eine erhöhte Leistungsfähigkeit, z. B. mehr und größere Samen, Früchte, Blüten usw.
- Trisomie 21: Down-Syndrom durch überzähliges Chromosom 21

b **Genmutation:** z. B. Sichelzellenanämie, Phenylketonurie, Alkaptonurie, Albinismus

c **Punktmutation:** z. B. Sichelzellenanämie

49 Beim Verlust einer Base kommt es zu einer Verschiebung des Leserasters, also zu einer Rastermutation. Von der fehlenden Base an ändern sich alle folgenden Tripletts und damit höchstwahrscheinlich auch die Aminosäuresequenz des Proteins, dessen Information das Gen enthält. Durch diese Änderung der Primärstruktur nimmt das Protein mit hoher Wahrscheinlichkeit auch eine andere Tertiärstruktur an, wodurch es mit hoher Wahrscheinlichkeit funktionsunfähig wird.
Beim Verlust von drei aufeinanderfolgenden Basen kommt es ebenfalls zu einer Rasterverschiebung. Wenn aber zufällig alle ausfallenden Basen zum gleichen Triplett gehören, fehlt genau eine Aminosäure im Protein. Das Le-

seraster bleibt in diesem Fall allerdings erhalten, sodass sich die nachfolgende Aminosäuresequenz nicht ändert. Die Primärstruktur des Proteins bleibt bis auf die ausgefallene Aminosäure gleich, weshalb die Tertiärstruktur wahrscheinlich keine tiefgreifende Veränderung erfährt. Die Chance, dass sich die Mutation nur wenig auswirkt, ist daher hier größer als im ersten Fall.

50 Häufig bricht nach Mutationen der Stoffwechsel zusammen, sodass die Zelle stirbt. Überlebt sie, kann die Mutation folgende Wirkungen haben:

a **Körperzelle:** Die Merkmale der betroffenen Zelle können sich ändern. Eventuell bildet sich die Zelle zu einer Krebszelle um.

b **Keimzelle:** Die Mutation kann an einen Nachkommen weitergegeben werden, wenn die betroffene Keimzelle zur Befruchtung kommt. Alle Zellen des Körpers dieses Nachkommen tragen dann die Mutation. In den Zellen, in denen das mutierte Gen realisiert wird, kann es zu einer Veränderung von Merkmalen kommen.

c **Zelle der Keimdrüse, aus der die Keimzellen entstehen:** Alle Keimzellen tragen die Mutation. Folglich weisen alle Nachkommen in jeder der Zellen ihres Körpers die Mutation und evtl. veränderte Merkmale auf.

51 Mutationen in Körperzellen werden durch Mitosen an alle aus ihnen entstehenden Zellen weitergegeben. In einem frühen Embryonalstadium gehen aus einer Zelle sehr viel mehr neue Zellen hervor als bei älteren Embryonen. Je früher also eine Mutation in der Embryonalentwicklung auftritt, desto mehr Zellen sind später im erwachsenen Körper davon betroffen.

52 Da das Y-Chromosom nahezu genleer ist und im Fall von Y0 sämtliche Informationen, die auf dem X-Chromosom lokalisiert wären, fehlen (X- und Y-Chromosom sind ja nicht homolog), ist eine Zygote vom Typ Y0 nicht entwicklungsfähig.

53 a Die Ozonschicht fängt einen Teil der UV-Strahlung der Sonne ab. Bei einer Verringerung der Dicke der Ozonschicht erreicht daher mehr UV-Strahlung die Erdoberfläche. Die Strahlung kann Mutationen auslösen. In Körperzellen führen Mutationen häufig zur Entstehung von Krebszellen. Da die Haut der UV-Strahlung besonders stark ausgesetzt ist, bilden sich aus ihren Zellen besonders häufig Tumore.

b Von den Hautkrebs-Tumoren können sich kleine Zellansammlungen lösen und mit dem Blut oder der Lymphflüssigkeit in andere Körperbereiche gelangen. Dort können sie sich festsetzen und zu neuen Tumoren (Metastasen) heranwachsen.

54
- Die Zunahme der Mutationsrate lässt sich durch die in großen Höhen intensivere kosmische Strahlung (Höhenstrahlung) erklären, die während der langen Flugdauer einwirkt.
- Flugzeugabgase tragen außerdem zur Zerstörung der Ozonschicht bei, sodass die mutationsauslösende UV-Strahlung weniger gut abgefangen wird und in höherem Maße auf die Erdoberfläche gelangt.

55
- Teerstoffe im Tabak (Rauchen, Passivrauchen)
- ultraviolette Strahlung (Sonnenlicht)
- Aflatoxine (Schimmelpilze)
- Nitrosamine (gepökeltes Fleisch)
- Röntgenstrahlung (medizinische Untersuchungen)
- Höhenstrahlung (Flugreisen, Aufenthalt im Hochgebirge)

weitere Mutagene:
- salpetrige Säure
- radioaktive Strahlung
- Viren
- Temperaturschocks
- Schwermetallsalze

56 Punktmutationen können Veränderungen in der Aminosäuresequenz der codierten Proteine hervorrufen, müssen es aber nicht unbedingt.
- Handelt es sich um eine **stumme Mutation**, so ist zwar eine Base gegenüber der ursprünglichen Nukleotidsequenz ausgetauscht, dies führt aber aufgrund der Degeneration des genetischen Codes nicht zum Einbau einer anderen Aminosäure.
- Wird eine Base durch eine Punktmutation ausgetauscht und im Verlauf der Proteinbiosynthese kommt es infolgedessen zum Einbau einer anderen Aminosäure, so spricht man von einer **Missense-Mutation**.
- Eine **Nonsense-Mutation** liegt dann vor, wenn aufgrund der Substitution einer Base ein Stopp-Triplett generiert wird, das dann zu einem vorzeitigen Abbruch der Proteinbiosynthese an dieser Stelle führt.

57 Die **Inversion** lässt sich sinnvoller bei den qualitativen als bei den quantitativen Mutationen einordnen, da hier nach der Mutation weder mehr noch weniger genetisches Material vorliegt.

Bei der **Translokation** ist die Zuordnung nicht definitiv zu entscheiden. Einerseits bleibt in der vom Mutationsereignis betroffenen Zelle die Gesamtmenge des genetischen Materials konstant, was für eine qualitative Mutation sprechen würde. Andererseits ändert sich die Anzahl (Menge) der Gene bei den betroffenen Chromosomen. Dies wäre ein Hinweis auf eine quantitative Mutation.

58
- ☐ Der genetische Code ist degeneriert.
- ☐ Bei den Mutanten liegen zwar Veränderungen der genetischen Information vor, diese führen aber nicht zu Enzymdefekten.
- ☒ Die Mutante B hat ein defektes Enzym für die Reaktion I.
- ☒ Bei der Mutante C ist das Enzym, das die Reaktion II katalysiert, defekt.
- ☒ Bei Mutante A ist das Enzym defekt, das die Reaktion III katalysiert.
- ☐ Der Code der DNA ist ein Triplett-Code.
- ☒ Für die Bildung eines Endprodukts kann mehr als ein Gen verantwortlich sein.
- ☐ Ein einziges Gen steuert die gesamte Synthesekette, die zum Tryptophan führt.
- ☐ Jede Mutation hat die Veränderung einer spezifischen Aminosäure zur Folge.

59 Eine dunkle Färbung von Haaren und Haut kommt durch Melanin zustande. Ausgangsstoff für die Synthese dieses Pigments ist die Aminosäure Tyrosin. Der Körper erhält Tyrosin aus den Proteinen, die er mit der Nahrung aufnimmt, sowie durch Umbau aus Phenylalanin, einer ebenfalls mit der Nahrung aufgenommenen Aminosäure. An Phenylketonurie erkrankte Personen leiden unter Tyrosinmangel, da sie nicht in der Lage sind, Phenylalanin zu Tyrosin umzubauen. Ihnen fehlt also die zweite Tyrosinquelle. Daher können sie nur geringe Mengen an Melanin bilden und haben folglich eine blasse Haut und helle Haare.

60 Phenylalanin ist zum Aufbau körpereigener Eiweiße erforderlich. Der Körper kann diese essenzielle Aminosäure jedoch nicht selbst synthetisieren, sondern muss sie mit der Nahrung aufnehmen. Würden die Betroffenen ganz auf die Zufuhr von Phenylalanin verzichten, könnten z. B. wichtige Enzyme ausfallen und somit schwerwiegende Stoffwechselstörungen auftreten.

61 Da der Süßstoff Aspartam eine Phenylalaninquelle darstellt, sollte ein Getränk, das diesen Süßstoff enthält, von einem an Phenylketonurie Leidenden nicht getrunken werden.

62 Die Darstellung PLATEs war nicht „auf der Höhe der Zeit". 1913 waren bereits die „stoffliche Grundlage" sowie die „morphologische Beschaffenheit" der „Erbeinheiten" bekannt. BOVERI und SUTTON konnten bereits 1903 die Chromosomen als Träger der Erbinformation identifizieren. 1911 hatte Morgan schon die Gentheorie der linearen Anordnung von Genen auf den Chromosomen entwickelt.

63 Während anfangs noch von einem Gen als Teil der Erbinformation, der die Synthese eines Enzyms steuert, gesprochen wurde, wurde die Definition in den Folgejahren immer weiter gefasst. Die Rede war nicht mehr von Enzymen, sondern von Proteinen und schließlich von Polypeptiden. Diese Entwicklung des Genbegriffs ist mit dem zunehmenden Erkenntniszuwachs zu erklären: Je klarer wurde, dass die Vielfalt der im Stoffwechsel wirkenden aus Aminosäuren zusammengesetzten Moleküle enorm groß war, desto umfassender musste sich dies in der Begriffsdefinition niederschlagen.

64 Funktioniert ein Gen normal, so ist sein Beitrag zum Phänotyp eines Organismus in der Regel nicht oder nur schwer auszumachen. Erst durch den Ausfall der Genfunktion und die damit verbundene Veränderung des Phänotyps wird deutlich, für welches Merkmal/welche Merkmale das betroffene Gen normalerweise codiert.

65 Die Gen-Definition muss deswegen so „unkonkret" bleiben, weil genetische Information auf verschiedene Arten und unter unterschiedlichen Bedingungen gespeichert werden kann. Da ist zum einen der Unterschied zwischen der DNA und der RNA als Informationsspeicher. Zum anderen ist ein Gen keine einheitliche Struktur: Es kann bei Eukaryoten in Exons und Introns unterteilt sein, die – ganz unterschiedlich zusammengesetzt – variabel und situationsgerecht transkribiert werden können.

66 **a** Während der Zeit, in der nur Glucose als Nährstoff zur Verfügung steht, ist in den Bakterienzellen ein Repressor aktiv, der die Transkription derjenigen Strukturgene verhindert, die die Informationen für die am Lactoseabbau beteiligten Enzyme enthalten. Werden die Bakterien umgesetzt, inaktiviert die aus dem neuen Nährmedium aufgenommene Lactose diesen Repressor. Die Zellen können folglich die entsprechenden Enzyme bilden und mit dem Lactoseabbau beginnen. Lactose ist hier gleichzeitig Auslöser (Induktor) für die Transkription und Substrat für die entsprechenden Enzyme.

b Auslösung der Transkription durch Substrat-Induktion.

67 Der Mechanismus, der die Transkription des Strukturgens auslöst, kann defekt sein. Denkbar sind mehrere Möglichkeiten, z. B.:

- Das Gen, das den Repressor bildet, kann so mutiert sein, dass der Repressor eine Form hat, in der er sich nicht inaktivieren lässt.
- Durch die Mutation eines anderen Gens kann ein Stoff entstehen, der den Repressor aktiviert oder seinerseits die Schaltsequenz (Operator) besetzt und die Transkription des Strukturgens blockiert.

68 a Ausgelöst oder blockiert wird die Transkription.

b **Induktion:** Der Repressor ist aktiv und wird durch die Steuersubstanz inaktiviert. Die Steuersubstanz verändert hierfür die Tertiärstruktur des Repressors. Dadurch kann dieser nicht mehr am Operator binden und eine Blockade des Strukturgens bzw. der Strukturgene ist nicht mehr möglich. Die Steuersubstanz löst auf diese Weise die Transkription des Gens bzw. der Gene aus, sodass das entsprechende Genprodukt bzw. die entsprechenden Genprodukte entstehen können.

Repression: Der Repressor ist inaktiv und wird durch die Steuersubstanz aktiviert. Diese Steuersubstanz, z. B. das Produkt einer Synthese oder Synthesekette, verändert die Tertiärstruktur des Repressormoleküls. Der so veränderte Repressor kann nun am Operator des Strukturgens bzw. der Strukturgene binden und damit die Transkription verhindern. Die Steuersubstanz führt auf diese Weise zur Beendigung der Transkription, sodass das Produkt des Strukturgens bzw. die Produkte der Strukturgene nicht mehr gebildet werden können.

	Substrat-Induktion	Endprodukt-Repression
Regulatorgen	produziert aktiven Repressor	produziert inaktiven Repressor
Repressor	aktiv	inaktiv
Effektor	inaktiviert den Repressor	aktiviert den Repressor

c **Vorteil der Genregulation durch Induktion:** Die Zelle bildet nur dann Genprodukte, wenn sie sie auch wirklich benötigt. Dies führt zu Einsparungen von Material und Energie.

Vorteil der Genregulation durch Repression: Die Zelle bildet nur so lange die Produkte eines Gens, wie sie auch Bedarf an ihnen hat. Eine unnötige oder eventuell sogar schädliche Anhäufung von Genprodukten wird dadurch vermieden, Material und Energie werden eingespart.

69 Phytase spaltet Phytinsäure in Inosit und anorganisches Phosphat. Da nach der Zugabe von anorganischem Phosphat der zyklische Alkohol Inosit nicht mehr nachgewiesen werden kann, ist es wahrscheinlich, dass das Phosphat die Bildung von Phytase unterbunden hat. Das anorganische Phosphat ist hier also der Effektor, der einen Repressor aktiviert. Dieser bindet an den Operator, der dem Strukturgen für Phytase vorgelagert ist. Die Transkription des Strukturgens wird dadurch verhindert. Somit liegt in diesem Beispiel eine Genregulation durch **Repression** vor.

70 Diese Art der Regulation des Stoffwechsels ist deswegen so effizient, weil Enzyme, deren katalytische Leistung momentan nicht benötigt wird, erst gar nicht „in Produktion gehen“. Dadurch spart die Bakterienzelle Energie und Material ein, die somit an anderen Stellen im Stoffwechsel eingesetzt werden können. Sobald ein Bedarf an den speziellen Enzymen besteht, können sie relativ schnell (Latenzphase) neu gebildet werden.

71 Wenn dem Merkmal eine Genwirkkette zugrunde liegt, kann die Mutation jedes Gens dieser Kette Auswirkungen auf das Merkmal haben.

72 Wäre die Möglichkeit einer gezielten Aktivierung oder Deaktivierung von Genen nicht gegeben, würden in allen Zellen laufend sämtliche Gene realisiert werden. Da die Zelle somit keine Möglichkeit hätte, sich zu differenzieren, könnte sie keine speziellen Merkmale ausbilden. Außerdem würden zeitgleich Genprodukte entstehen, die sich gegenseitig in ihrer Wirkung aufheben, z. B. solche Enzyme, die die Synthese einer bestimmten Substanz katalysieren, und solche, die ihren Abbau vermitteln. Ein geordneter Stoffwechsel wäre folglich nicht möglich und die Zelle mit hoher Wahrscheinlichkeit nicht lebensfähig.

73 Der Einsatz der RNA-Interferenz für therapeutische Zwecke ist insofern möglich, als auf diesem Wege die Translation bereits transkribierter Gene verhindert werden kann. Dies kann z. B. relevant sein, wenn die Produkte eines Gens für den betroffenen Organismus schädlich wären. Voraussetzung für den Einsatz ist, dass die Nukleotidsequenz des Gens bzw. seiner mRNA bekannt ist.

74 Bei der **Klassischen Genetik** dient der Phänotyp als Ausgangspunkt, um Rückschlüsse auf den zugrunde liegenden Genotyp zu ziehen. Bei der **RNA-Interferenz** ist es möglich, gezielt Genprodukte – und damit die dazugehörigen Gene – auszuschalten, um davon ausgehend Informationen zum Phänotyp zu erlangen.

75 Die Entfernung der Methylierung der Cytosinbasen der Barr-Körperchen bei der Reifung der Eizellen ist deshalb unbedingt erforderlich, weil sonst in 50 % der Eizellen inaktivierte X-Chromosomen vorlägen. Würden diese Eizellen von Spermien befruchtet, die ein Y-Chromosom beinhalten, so wäre der Keim nicht lebensfähig, da sich in der befruchteten Eizelle kein funktionstüchtiges X-Chromosom befände.

76 Die Teilung der Zellen erfolgt im Verlauf des Zellzyklus. Dieser zyklische Rhythmus ist bei Krebszellen gestört, sodass es zu einer „Fehlsteuerung" der Zellteilung und dadurch zu wucherndem Zellwachstum kommt.

77

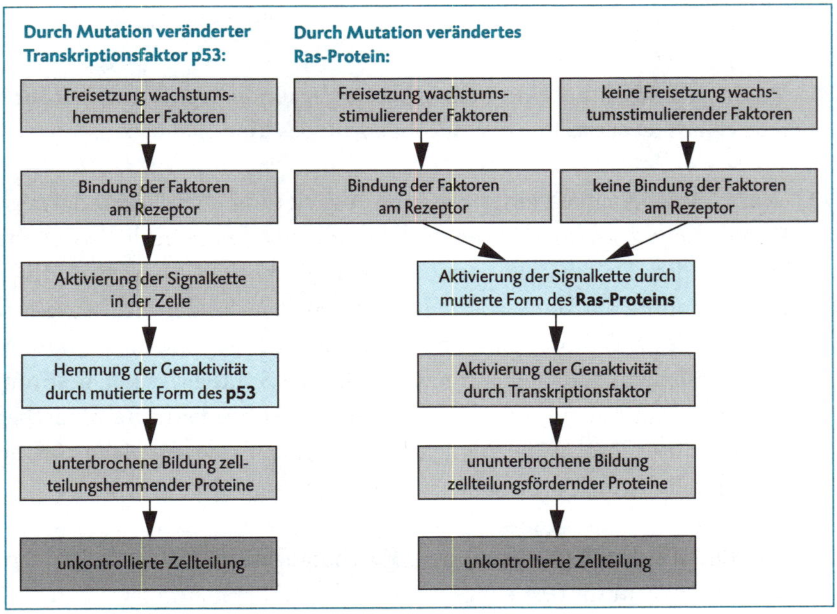

78 Eine typische Nervenzelle ist aufgebaut aus dem Zellkörper, der unter anderem den Zellkern enthält, Dendriten (stark verzweigte, kurze Fortsätze) und einem **Axon** (langer, am Ende wenig verzweigter Fortsatz, endet in synaptischen Endknöpfchen). Das Axon wird umhüllt von der Markscheide (spiralig gewundene Membranstapel der Schwann'schen Zellen; auch Schwann'sche Scheide oder Myelinscheide genannt). Diese ist in regelmäßigen Abständen von den Ranvier'schen Schnürringen unterbrochen. Axon und Markscheide bilden zusammen die **Nervenfaser**.

79 Ein Nerv aus diesem Teil des Nervensystems besteht aus:

- **Bindegewebe:** Strukturmaterial des Nervs, verbindet Bestandteile des Nervs untereinander.
- **Nervenzellen:** leiten Informationen vom oder zum ZNS.
- **Blutgefäßen:** versorgen die Nervenzellen mit Nährstoffen und Sauerstoff, entfernen Kohlenstoffdioxid und Abfallstoffe.

80 Über die Dendriten wird die Information zum Zellkörper geleitet, über den Zellkörper zum Axon und über das Axon in Richtung synaptische Endknöpfchen.

81 Auf dem EM-Bild der **markhaltigen Nervenfaser** wird die Markscheide (Schwann'sche Scheide) als dunkle, um das Axon konzentrisch angeordnete Kreise sichtbar. **Marklose Nervenfasern** können zwar auch von Schwann'schen Zellen umhüllt sein, eine Markscheide fehlt aber immer. Daher sind hier keine konzentrisch angeordneten Kreise zu erkennen.

82 Bei großem Eiweißmangel hat der Körper Schwierigkeiten, Membranen zu bilden. Das kann beim Kind unter anderem zum verminderten Aufbau von Markscheiden führen und zu einer verringerten Bildung von Dendriten. Dadurch kann die Funktion des Nervensystems beeinträchtigt werden.

83 Die Zellmembran besteht aus einer Doppelschicht von Lipiden (Fetten), die immer wieder von Eiweißmolekülen (integrale Proteine) durchbrochen ist. Eiweiße liegen auch der Innen- und der Außenseite der Lipidschicht auf (periphere Proteine). Da die Proteine sich „wie Eisberge im Meer" in der Lipiddoppelschicht bewegen können, kann sich ihre Lage innerhalb der Membran ständig verändern. Glykoproteine und Glykolipide kommen bei Tierzellen als Rezeptormoleküle an der Außenseite der Membran vor.

84 Im Außenraum ist die Konzentration von Na^+- und Cl^--Ionen höher als im Innenraum. Im Innenraum ist die Konzentration von organischen Anionen und von K^+-Ionen höher als im Außenraum.

85 Der Diffusion bis zum Konzentrationsausgleich steht das Bestreben nach Ladungsausgleich entgegen. Im Innen- wie im Außenraum liegen sowohl positiv als auch negativ geladene Ionen vor. Diese entgegengesetzt geladenen Ionen ziehen sich gegenseitig an. Es können daher nur so viele Ionen durch die Membran diffundieren, wie es die Anziehungskraft der jeweils entgegengesetzt geladenen Ionen zulässt. Beispielsweise können nur so viele K^+-Ionen nach außen diffundieren, wie es die negative Ladung der organischen Anionen gestattet. Außerdem trägt die Na^+-K^+-Pumpe, die K^+-Ionen ins Zellinnere und Na^+-Ionen ins Außenmedium zurückbefördert, zur Aufrechterhaltung der Ladungs- und Konzentrationsunterschiede bei.

86 a Membranen sind nur für bestimmte Ionen und kleinere Moleküle ohne Weiteres durchlässig. Dies wird als selektive Permeabilität bezeichnet. Beispielsweise können K^+-Ionen und Wassermoleküle die Membran sehr gut passieren, während sie für Na^+-Ionen im Normalfall kaum durchlässig ist.

b Verantwortlich für die selektive Permeabilität sind neben der Tatsache, dass nur unpolare und kleine polare Teilchen die Lipiddoppelschicht ungehindert passieren können, die integralen Proteine der Membran. Als Tunnelproteine (Kanäle), Carrier-Proteine und Pumpen können sie Durchgänge durch die Membran bilden und auf diese Weise die hydrophoben Bereiche der Lipidschicht im Inneren der Membran auch für größere geladene Teilchen (z. B. hydratisierte Ionen) passierbar machen. Die Transportproteine lassen je nach ihrer Gestalt (Tertiärstruktur) und nach ihrer Ladung nur ganz bestimmte Arten von Teilchen passieren.

87 Das ATP wird hauptsächlich für den Betrieb der Na^+-K^+-Pumpen benötigt. Die Nervenzellmembran ist nicht ganz undurchlässig für Na^+-Ionen (Leckstrom). Die somit ständig eindringenden Na^+-Ionen müssen gegen das Konzentrationsgefälle zurück in den Außenraum transportiert werden. Das kann nur unter Verrichtung von Arbeit geschehen, also unter Energieaufwand.

88 [x] Organische Anionen verhindern, dass die K^+-Ionen so lange diffundieren, bis der Konzentrationsausgleich erreicht ist.

[ ] Die Konzentration von Na^+-Ionen ist im Innenraum der Zelle höher als im Außenraum.

[ ] Die Na^+-K^+-Pumpe arbeitet während des Ruhepotenzials nicht.

[x] Die Diffusion organischer Anionen durch die Membran eines Axons ist im Normalfall nicht möglich.

[x] Die unterschiedliche Permeabilität der Membran für die verschiedenen Ionen ist eine wesentliche Bedingung für die Entstehung eines Ruhepotenzials.

[ ] Während des Ruhepotenzials lässt sich kein Ladungsunterschied zwischen dem Innen- und dem Außenraum eines Axons messen.

89 Zur Messung des Ruhepotenzials benötigt man Elektroden, die die Spannung ableiten. In der Regel verwendet man eine äußerst dünne Glaskapillare, die mit Salzlösung (KCl-Lösung) gefüllt und in die Zelle eingestochen wird. Als Bezugselektrode wird im Außenraum eine Metallelektrode an die Membran der Zelle angelegt. Zur Messung der Spannungsstärke dient ein Voltmeter. Da die fließenden Messströme sehr schwach sind, muss ein Verstärker vorgeschaltet werden. Gemessen wird im Normalfall eine Spannung von ca. –50 bis –100 mV. Der Innenraum der Nervenzelle ist gegenüber dem Außenraum also elektrisch negativer.

90 a Während der ersten Phase des Aufstrichs verändert sich die Permeabilität der Membran nicht. Die Depolarisation bis zum Schwellenwert ist auf die Einflüsse des elektrischen Feldes der benachbarten Axon-Region zurückzuführen (bzw. bei künstlicher Reizung auf den Reizstrom der Elektroden). Erst bei Erreichen des Schwellenwerts öffnen sich die Na^+-Ionenkanäle.

b Die Spannungsdifferenz wird während des Aufstrichs zunächst geringer und kehrt sich schließlich sogar um.

91 Aktionspotenziale lassen sich in folgende Abschnitte gliedern:

- **Depolarisation bis zum Schwellenwert:** Das Membranpotenzial wird durch Einflüsse aus Nachbarregionen positiver.
- **Depolarisation und Potenzialumkehr:** Der Innenbereich der Membran wird gegenüber dem Außenbereich elektropositiver.

- **Repolarisation:** Der Innenbereich wird gegenüber dem Außenbereich wieder elektronegativer.
- **Hyperpolarisation:** Der Innenbereich der Membran wird gegenüber dem Außenbereich für kurze Zeit stärker elektronegativ, als es während des Ruhepotenzials der Fall ist.

92 Nach Erreichen des Schwellenwerts öffnen sich die spannungsabhängigen Na^+-Kanäle. Dadurch können verstärkt Na^+-Ionen in den Zellinnenraum diffundieren und infolgedessen wird die Spannungsdifferenz (Potenzialdifferenz) geringer (Depolarisation). Die Depolarisation reicht bis zur Potenzialumkehr (Ladung des Innenraums gegenüber dem Außenraum positiver) und findet ihr Ende, wenn sich die Na^+-Poren wieder schließen, während sich gleichzeitig spannungsabhängige K^+-Kanäle öffnen und K^+-Ionen durch diese verstärkt nach außen diffundieren. In der Folge wird die Spannungsdifferenz zwischen Innen- und Außenraum der Membran wieder größer (Repolarisation). Die Öffnung der K^+-Kanäle dauert länger, als zur Wiederherstellung des Ruhepotenzials erforderlich wäre. Daher wird das Membranpotenzial kurzzeitig negativer als das Ruhepotenzial (Hyperpolarisation). Nach Schließung der spannungsabhängigen K^+-Kanäle werden die während des Aktionspotenzials diffundierten Ionen durch die Na^+-K^+-Pumpe wieder zurücktransportiert.

93 Der Begriff „Alles-oder-Nichts"-Ereignis bezieht sich darauf, dass für die Auslösung eines Aktionspotenzials nur die Überschreitung des Schwellenwerts entscheidend ist. Wenn die Membran bis über den Schwellenwert depolarisiert wird, ist die Folge immer dieselbe: Ein stets gleich verlaufendes Aktionspotenzial baut sich auf. Das Aktionspotenzial läuft daher entweder vollständig ab, oder es entsteht gar nicht.

94 Erforderlich zur Auslösung und Messung eines Aktionspotenzials sind:
- Ein Gerät, mit dem Spannung erzeugt werden kann (Reizstromgenerator).
- Elektroden, die die Spannung auf das Axon übertragen: eine Glaselektrode, die mit einer Salzlösung gefüllt ist und in das Axon eingestochen wird (Messelektrode), sowie eine Metallelektrode, die außen an das Axon angelegt wird (Bezugselektrode).
- Ein Gerät, das die schwachen Ströme, die sich aus dem Membranpotenzial ergeben und von den Elektroden aufgenommen und geleitet werden, verstärkt (Verstärker).

- Ein Oszilloskop, das die Veränderungen der Ladungsdifferenzen an der Membran sichtbar macht.

95 Nach Überschreiten des Schwellenwertes kommt es zu einer positiven Rückkoppelung: Wenn sich die ersten spannungsabhängigen Na^+-Kanäle öffnen, wird die Depolarisation stärker. Dadurch öffnen sich weitere dieser Na^+-Kanäle. Infolgedessen wird die Depolarisation noch stärker, sodass sich noch mehr Na^+-Kanäle öffnen usw.

96 In der Zeit nach der Potenzialumkehr werden die spannungsabhängigen Na^+-Kanäle geschlossen, während sich gleichzeitig die spannungsabhängigen K^+-Kanäle öffnen. In dieser Zeit lassen sich die Na^+-Kanäle nicht öffnen, daher kann die entsprechende Stelle der Membran kein AP aufbauen.

97 Bei einer Blockade der Na^+-Kanäle hat eine Depolarisation über den Schwellenwert hinaus keine Wirkung auf die Membran. Es können keine größeren Mengen an Na^+-Ionen einströmen, weshalb sich das Ruhepotenzial nicht ändern kann. Da das Aktionspotenzial das Signal der Informationsübertragung an Axonen ist, kann das Nervensystem nach der Vergiftung seine Aufgabe nicht mehr erfüllen. Das Gehirn erhält so z. B. keine Meldungen aus den Sinnesorganen mehr und die Muskulatur kann nicht mehr zur Kontraktion angeregt werden.

98 Während des Ruhepotenzials transportieren die Na^+-K^+-Pumpen nur die wenigen Na^+-Ionen in den Zellaußenraum zurück, die durch die Membran eingesickert sind. Während eines Aktionspotenzials dagegen diffundieren durch die kurzfristige Öffnung der spannungsabhängigen Na^+-Kanäle verstärkt Na^+-Ionen in den Zellinnenraum. Die Na^+-K^+-Pumpen arbeiten daher nach einem Aktionspotenzial stärker als während des Ruhepotenzials und daher ist auch ihr Bedarf an Energie in Form von ATP höher.

99 Direkt nach dem Tod ist die Verteilung der Ionen an der Membran zunächst unverändert. Solange der Konzentrationsunterschied der Na^+-Ionen noch genügend hoch ist, kann eine Depolarisation bis über den Schwellenwert den Einstrom von Na^+-Ionen und damit den Aufbau eines Aktionspotenzials auslösen. Die für die Aufrechterhaltung bzw. die Wiederherstellung des Ruhepotenzials unverzichtbare Na^+-K^+-Pumpe arbeitet jedoch nur so lange weiter, wie der Vorrat an ATP in der Zelle für ihren Betrieb ausreicht. Eine Neubildung von ATP ist nicht mehr möglich, da der

Stoffwechsel in der toten Zelle erlischt und folglich auch die Zellatmung ausfällt. Mit nachlassender Tätigkeit der Pumpe können die Konzentrationsunterschiede an der Membran immer schlechter aufrechterhalten bzw. wiederhergestellt werden, sodass ab einem bestimmten Punkt keine neuen APs mehr ausgelöst werden können.

100 Teile des Nervensystems einiger wirbelloser Tiere enthalten Riesenaxone. Ihr Durchmesser ist beträchtlich größer als der der Axone von Wirbeltieren. Daher lassen sie sich mit wesentlich weniger Aufwand untersuchen, z. B. ist das Einstechen von Elektroden sehr viel einfacher.

101 **a** Die besonders dicken Axone, die Riesenaxone, leiten die Erregung schneller als die normalen Axone des Regenwurms. Diesem Nutzen für das Tier stehen erhebliche Kosten gegenüber: Der Aufwand an Zellmaterial und Energie für die Riesenaxone ist enorm. Ihre große Membranfläche enthält viele Ionenkanäle und entsprechend hoch ist die Menge der bei einem Aktionspotenzial diffundierenden Ionen. Daher ist auch eine große Zahl an Na^+-K^+-Pumpen erforderlich, was einen Großteil des sehr hohen Energiebedarfs bedingt.
Ebenso ist für die Unterhaltung der größeren Menge an Zytoplasma ein höherer Aufwand an Stoffwechselenergie erforderlich.
Beim Menschen besteht der größte Teil des Nervensystems aus myelinisierten Nervenzellen. Die Myelinscheide ermöglicht die saltatorische Erregungsleitung und damit eine sehr viel höhere Geschwindigkeit der AP-Fortleitung als an den Riesenaxonen des Regenwurms. Gleichzeitig ist der Material- und Energieaufwand bei markhaltigen Nervenfasern wesentlich geringer als bei den Riesenaxonen.

b Die Kosten für den Einsatz von Riesenaxonen sind so hoch, dass der Nutzen, die schnellere Erregungsleitung, nur in Bereichen des Nervensystems überwiegt, in denen die schnellere Erregungsleitung wichtige Vorteile bietet. Das ist z. B. in Nerven der Fall, die Muskeln versorgen, die für Fluchtbewegungen benötigt werden.

102 Verantwortlich für die Festlegung der Richtung ist die Refraktärzeit. Ein Aktionspotenzial kann nur den vor ihm liegenden Bereich zur Bildung eines weiteren Aktionspotenzials anregen. Die hinter ihm liegende Stelle befindet sich noch in der Refraktärphase und ist daher nicht erregbar.

103 Ohne Refraktärzeit könnte ein Aktionspotenzial an jeder seiner Nachbarstellen ein neues Aktionspotenzial auslösen. Dadurch würde die Membran des Axons auf ganzer Länge andauernd depolarisiert. Folglich hätten Aktionspotenziale keinen Signalcharakter mehr, da die Axonmembran auf ganzer Länge den Zustand des Aktionspotenzials aufweisen würde.

104 a Ohne oder mit nur teilweise vorhandener Myelinscheide ist keine saltatorische Erregungsleitung mehr möglich. Die geschädigten Nervenzellen würden folglich wahrscheinlich wesentlich langsamer leiten.

b Die geringere Leitungsgeschwindigkeit hat wahrscheinlich folgende Auswirkungen: Bei geringer Geschwindigkeit der Erregungsleitung kommen an den Muskelzellen pro Zeiteinheit weniger Aktionspotenziale an. Die Muskeln werden weniger stark erregt und kontrahieren daher schwächer. Bei einer Zerstörung der Myelinscheiden sind daher vermutlich nur noch schwache, kraftlose Bewegungen möglich.

105 Der Energiebedarf in den synaptischen Endknöpfchen ist hoch. Ein großer Teil der Stoffwechselenergie wird für die Resynthese des Acetylcholins aus den Spaltprodukten Cholin und Essigsäure benötigt, die in den Endknöpfchen abläuft. Das erforderliche ATP wird in den Mitochondrien gebildet.

106 Der Transmitter wird durch ein Enzym gespalten, im Fall des Acetylcholins durch die Cholinesterase. Die Spaltung macht den Transmitter unwirksam.

107 Bei hohen Impulsfrequenzen muss das synaptische Endknöpfchen große Mengen an Transmitter in den synaptischen Spalt ausschleusen. Wenn ein entsprechender Vorrat vorhanden ist, kann das sehr schnell geschehen. Wenn kein Transmitter gespeichert wäre, müsste erst die Synthese ablaufen, bevor die Ausschleusung möglich wäre. Dadurch würde sich die Erregungsübertragung verzögern.

108 Eine **erregende Synapse** ruft eine Depolarisation der postsynaptischen Zelle hervor. Das Membranpotenzial wird positiver. Wenn die Depolarisation stark genug ist, kann sie am Axonhügel der postsynaptischen Nervenzelle die Bildung eines Aktionspotenzials auslösen.

Eine **hemmende Synapse** ruft eine Hyperpolarisation hervor. Das Membranpotenzial der postsynaptischen Zelle wird negativer, die Potenzialdifferenz größer. Dadurch wird die Auslösung eines Aktionspotenzials an der postsynaptischen Zelle erschwert.

109 Die Erregung kann an den Synapsen nur in eine Richtung übertragen werden, weil nur in der postsynaptischen Membran Rezeptoren für den Transmitter liegen und nur das synaptische Endknöpfchen der präsynaptischen Zelle Transmitter ausschleusen kann.

110 **a** Die irreversible Hemmung der Cholinesterase durch Tabun und Sarin verhindert die Spaltung von Acetylcholin. Einmal in den synaptischen Spalt ausgeschleuste Transmitter wirken dadurch anhaltend. Mit jedem einlaufenden Aktionspotenzial wird die Transmittermenge noch erhöht. Die Rezeptoren in den postsynaptischen Membranen der betroffenen Synapsen sind daher ständig und in großer Zahl besetzt. Die Folge ist eine starke Dauererregung der postsynaptischen Zellen, die bei hohen Giftdosen große Teile des Nervensystems berührt. Betroffen sind auch die motorischen Endplatten, sodass die Skelettmuskulatur dauerhaft und stark kontrahiert (starre Lähmung). Gefährlich ist das besonders im Fall der Atemmuskulatur. Ihre krampfartige Lähmung führt zum Ersticken.

b Die irreversible Blockade der Rezeptoren der postsynaptischen Membran durch Schierlingsgift hat zur Folge, dass den Acetylcholinmolekülen weniger Rezeptoren zur Verfügung stehen. Daher können weniger Na^{+}-Kanäle geöffnet werden, sodass das EPSP geringer ausfällt. Die Weiterleitung der Erregung ist folglich erschwert. An den motorischen Endplatten führt das geringere EPSP zu einer schwächeren Kontraktion.

Bei hohen Giftdosen können die Muskeln auch bei sehr hoher Impulsfrequenz auf den Axonen nicht mehr zur Kontraktion gebracht werden (schlaffe Lähmung), weil zu viele Rezeptoren durch das Gift besetzt sind. Die Atemmuskulatur fällt aus, dadurch tritt der Tod durch Ersticken ein.

c Die Nikotinmoleküle ähneln in ihrer Wirkung dem Acetylcholin. Durch den kombinierten Effekt von Acetylcholin und Nikotin fällt das EPSP höher aus als „vorgesehen“. An den motorischen Endplatten hat das eine zu starke Kontraktion der Muskeln zur Folge (starre Lähmung). Da das Gift durch die Cholinesterase nicht abgebaut werden kann, kommt es zu einer Dauererregung, sodass ein gewisser Kontraktionszustand der Muskeln ständig bestehen bleibt. In schweren Vergiftungsfällen kann durch die Lähmung der Atemmuskulatur der Tod eintreten.

111 Die hohe Impulsfrequenz hat zur Folge, dass viele synaptische Bläschen ihren Inhalt in den synaptischen Spalt freisetzen. Hält die starke Erregung der Axone an, kann es vorkommen, dass der Vorrat in den Endknöpfchen nicht mehr ausreicht, um so viel Transmitter abzugeben, wie es der Impulsfrequenz auf dem Axon entspräche. Das EPSP an der postsynaptischen Zelle fällt dadurch immer geringer aus, was zur Folge hat, dass auch die Kontraktion der Muskelzellen immer schwächer wird.

112 a Über das Axon übertragbar ist nur die Information über die Stärke des Reizes. Sie wird als Frequenz der Aktionspotenziale codiert.

b Axone sind nicht in der Lage, Informationen über die Qualität von Reizen zu übertragen.

c Das ZNS entnimmt die Informationen, um welche Reizqualitäten es sich handelt, allein aus der Lage der Axone, über die die Meldungen einlaufen. Aktionspotenziale der Axone, die im Sehzentrum enden, werden immer als Licht gedeutet, solche von Axonen, die ins Hörzentrum einlaufen, empfindet der Mensch immer als Geräusch usw.

113 Bei **frequenzmodulierter** Codierung ist für die exakte Übertragung der Information nur entscheidend, ob ein Signal ankommt oder nicht. Störungen, die die Stärke der Aktionspotenziale beeinflussen, verändern daher die übermittelte Information nicht.

Bei **amplitudenmodulierter** Codierung läge die Information dagegen in der Höhe des Aktionspotenzials verschlüsselt. Veränderungen der Ausschlagshöhe von Aktionspotenzialen kommen aber im Organismus nicht selten vor, sodass die Gefahr der Veränderung von Informationen nicht gering wäre.

Die frequenzmodulierte Codierung bietet folglich eine höhere Sicherheit als die Amplitudenmodulation.

114
- ☐ Die Qualität eines Reizes wird an den Axonen durch Amplitudenmodulation codiert.
- ☐ Durch die Frequenzmodulation ist die maximale Zahl der synaptischen Bläschen festgelegt.

- [x] Wie stark eine Muskelfaser kontrahieren soll, ergibt sich aus der Impulsfrequenz auf dem Axon, das an ihrer motorischen Endplatte endet.
- [x] Die Art der Codierung der Information ist auf einem motorischen, einen Muskel versorgenden Axon identisch mit dem auf einem Axon, das von einer Sinneszelle zum ZNS zieht.
- [ ] Die Frequenzmodulation gilt nur für die saltatorische Erregungsleitung. An marklosen Fasern mit ihrer kontinuierlichen Erregungsleitung wird die Information in einer anderen Weise codiert.

115 Durch die allein frequenzmodulierte Codierung hat das Axon keine Möglichkeit, Informationen über die Qualität der Erregung zu übermitteln, also darüber, ob z. B. ein Licht-, ein Druck- oder ein Schallreiz vorliegt. Zur Unterscheidung müssen verschiedene Reizqualitäten auf getrennten Axonen übermittelt werden. Der Körper benötigt daher eine große Zahl von Nervenzellen. Damit ist ein hoher Aufwand an Material und Energie verbunden. Der Stoffwechsel im Zytoplasma der vielen Nervenzellen muss unterhalten werden, und auch für das Betreiben der Na^+-K^+-Pumpe am Axon und die Transmittersynthese an den Synapsen sind große Mengen von Stoffwechselenergie (ATP) nötig. Der Körper muss daher einen großen Teil der aufgenommenen Nährstoffe dazu verwenden, Energie für die Funktionen der Nervenzellen zu liefern.

116 Informationen, die im Nervensystem weitergeleitet werden, können von sehr unterschiedlicher Art sein. Es kann sich z. B. um Informationen über Licht-, Schall- und Druckreize handeln oder um Botschaften über die Stärke, mit der Muskeln kontrahieren sollen. Alle diese verschiedenen Informationsarten müssen über „Leitungen" übertragen werden, die aus Zellen bestehen. Reize wie Licht, Schall oder Druck lassen sich in Zellen nicht oder zumindest nicht sinnvoll übertragen. Sie müssen daher in Signale umgesetzt werden, die ohne Weiteres leitbar sind. Solche Signale sind an Axonen die Aktionspotenziale.

117 a Die Heftigkeit des Reizes wird dem Gehirn anhand der hohen Frequenz vermittelt, mit der die Aktionspotenziale auf den Axonen in das Organ einlaufen.

b Die Information darüber, um welche Art von Reiz es sich handelt, entnimmt das Gehirn der Lage der Gehirnbereiche, in die die Aktionspotenziale einlaufen. Alle mit sehr hoher Frequenz im Hörzentrum eintreffenden Aktionspotenziale deutet das Gehirn des Tieres beispielsweise als lautes Geräusch, wenn das Tastzentrum sehr stark erregt wird, entsteht die Empfindung eines Schlages und starke Erregung des Sehzentrums löst den Eindruck von Blendung aus.

118 Eine mögliche Erklärung für Phantomschmerzen ist die Reizung von Axonen, die früher das amputierte Bein versorgten und deren Reste im nicht amputierten Teil des Körpers erhalten sind. Wenn z. B. auf Axonen, die vor der Amputation Erregungen von Schmerzsinneszellen des Beines ins Gehirn geleitet haben, Aktionspotenziale laufen, entsteht im Gehirn der Eindruck, das Bein schmerze, obwohl die Extremität gar nicht mehr vorhanden ist. Das Gehirn erzeugt diese Empfindung allein daraus, dass im Hirnbereich, der für die Schmerzempfindung des Beines zuständig ist, Aktionspotenziale ankommen.
Hinweis: Durch neuere Forschungen wird die hier dargestellte Erklärung allerdings teilweise in Zweifel gezogen.

119 Wenn es gelänge, die Axone zu transplantieren, wären sie als Ersatz für menschliche Nervenzellen verwendbar. Die Codierung der Information verläuft auf den Axonen aller Tiere in gleicher Weise wie beim Menschen.

120 Am Axon der ersten Zelle wird die Information durch Frequenzmodulation codiert. An der Synapse wechselt die Informationsleitung in einen chemischen Konzentrationscode. An den Dendriten sowie am Zellkörper wird schließlich durch Amplitudenmodulation codiert, bevor am Axonhügel der zweiten Zelle mit dem Aufbau von Aktionspotenzialen wieder auf den frequenzmodulierten Code umgestellt wird.

121 Die Dauer der Refraktärzeit bestimmt den zeitlichen Abstand zwischen zwei Aktionspotenzialen. Wenn eine zeitliche Summation möglich sein soll, müssen sich zwei nacheinander aufgebaute EPSPs oder IPSPs überlagern. Das erste EPSP oder IPSP darf noch nicht abgeklungen sein, wenn das zweite aufgebaut wird. Das zweite EPSP oder IPSP kann aber erst aufgebaut werden, wenn ein zweites Aktionspotenzial im Endknöpfchen eintrifft, und das ist erst nach Ablauf der Refraktärzeit möglich. Daher muss für eine zeitliche Summation die Dauer der Refraktärzeit des Aktionspotenzials kürzer sein als die Dauer eines EPSPs oder IPSPs.

122 Von Bedeutung für die Fähigkeit, am postsynaptischen Axon Aktionspotenziale auszulösen, sind …

- die Impulsfrequenz im präsynaptischen Axon – bei hoher Impulsfrequenz ist die Fähigkeit zur zeitlichen Summation größer.
- die Lage der erregten Synapsen – EPSPs, die nahe am Axonhügel entstehen, werden weniger abgeschwächt; IPSPs verlieren bei einem langen Leitungsweg einen Teil ihrer hemmenden Wirkung.
- die räumliche Summation – EPSPs können durch gleichzeitig an verschiedenen Synapsen einlaufende Aktionspotenziale verstärkt werden. Besonders leicht ist das bei verzweigten Axonen möglich.
- die räumliche Summation – je nach Zahl und Lage der aktiven hemmenden Synapsen kann sich das EPSP unterschiedlich stark vermindern.
- die Höhe des Ruhepotenzials – durch ein Ruhepotenzial, das vom normalen Wert abweicht, fällt das EPSP stärker oder schwächer aus.

123 Das „A" in den Abbildungen steht für den Axonhügel. Der Oszillograph zeigt, welche Potenziale am Axonhügel ankommen und welche Reaktionen sie am Axon auslösen.

a: An der Synapse werden zwei EPSPs nacheinander ausgelöst, die sich wegen des großen zeitlichen Abstands nicht überlagern können. Eine zeitliche Summation findet also nicht statt. Beide EPSPs sind nach ihrer Leitung über den Zellkörper so schwach, dass sie die Membran des Axonhügels nicht bis zum Schwellenwert depolarisieren können. Daher kann kein Aktionspotenzial (AP) entstehen.

b: An der Synapse entstehen kurz nacheinander zwei EPSPs, die durch zeitliche Summation auch nach ihrer Leitung über den Zellkörper noch ausreichend stark sind, um den Axonhügel bis zum Schwellenwert zu depolarisieren und damit den Aufbau eines APs auszulösen.

c: Auf den beiden Axonen 1 und 2 laufen gleichzeitig APs an den Synapsen ein. Die entstehenden EPSPs werden durch räumliche Summation zu einem EPSP, das nach seiner Leitung über den Zellkörper noch stark genug ist, um die Membran des Axonhügels bis zum Schwellenwert zu depolarisieren und dadurch ein AP auszulösen.

d: Über das Axon 3 laufen APs in die Synapse ein. An der Synapse wird das Ruhepotenzial der postsynaptischen Zelle dadurch negativer, die Zelle wird hyperpolarisiert. Die Synapse des Axons 3 muss demnach hemmend wirken. Das IPSP dieser Synapse ergibt durch räumliche Summation zusammen mit dem EPSP, das durch die APs auf Axon 1 entsteht, ein sehr geringes EPSP, das nach seiner Leitung über den Zellkörper weit unter dem Schwellenwert der Membran des Axonhügels bleibt.

124 Unser Gehirn muss ständig arbeiten, um die Abläufe im Körper zu steuern. Daher laufen an den Nervenzellen zu jeder Zeit Vorgänge ab, die Stoffwechselenergie benötigen. Das sind zum einen Prozesse an den außerordentlich zahlreichen Synapsen. Hier ist vor allem die Synthese und die Speicherung der Transmitter energieaufwendig. Zum anderen sind auch die an den Axonen ablaufenden Vorgänge mit einem hohen Energieverbrauch verbunden. So besteht beispielsweise laufend ein hoher Bedarf an Stoffwechselenergie für den Betrieb der Na^+-K^+-Pumpen, mit denen das Ruhepotenzial aufrechterhalten bzw. wiederhergestellt wird.

125 Im inneren Bereich des Querschnitts durch das Rückenmark liegt die graue Substanz. Ihr Umriss ähnelt dem eines Schmetterlings. Im äußeren Bereich liegt die weiße Substanz. Von dort gehen auf jeder Seite die Spinalnerven ab. Zunächst sind sie noch in eine vordere und eine hintere Wurzel getrennt, vereinigen sich aber bald zum einheitlich geführten, großen Spinalnerv. In der hinteren Wurzel des Spinalnervs liegt das Spinalganglion.
Für die helle Farbe der weißen Substanz sind die zahlreichen Myelinscheiden verantwortlich. Die dunklere Färbung der grauen Substanz wird vor allem durch die vielen Zellkörper und Dendriten der Nervenzellen hervorgerufen.

126 In der grauen Substanz des Rückenmarks liegen Zellkörper und Dendriten von Nervenzellen. An ihren Synapsen laufen **Schaltprozesse** ab; z. B. die, durch die Reflexe möglich werden.
Die weiße Substanz wird von zahlreichen Nervenfasern gebildet, die vom Gehirn ausgehen oder die zum Gehirn führen. Diese haben eine **Leitungsfunktion**. Sie übermitteln Informationen aus dem Körper ins Gehirn (z. B. von den Sinnesorganen) oder leiten Erregungen vom Gehirn aus in den Körper (z. B., um nach Umschaltung in der grauen Substanz Muskeln zur Kontraktion anzuregen). Außerdem enthält die weiße Substanz die Nervenfasern, die aus den Spinalnerven kommen oder in sie eintreten.

127 Durch Reflexbögen werden Schaltwege kurz gehalten. Könnten Informationen ausschließlich im Gehirn verrechnet werden, müssten alle Erregungen durch die weiße Substanz des Rückenmarks zunächst in das Gehirn einlaufen und nach der Verschaltung wieder zurück. Die Leitung über diesen langen Weg würde mehr Zeit kosten als die über die kurze Strecke bis zu den Zellen des Reflexbogens in der grauen Substanz des Rückenmarks. Vor allem bei lebenserhaltenden Maßnahmen, bei denen ein sehr schnelles Handeln erforderlich ist (z. B. Lidschluss-, Schluck- oder Kniesehnenreflex), ist es sinnvoll, das Gehirn zu „umgehen".
Außerdem befreien die Reflexbögen des Rückenmarks das Gehirn von der Aufgabe, alle reflektorischen Bewegungen zu steuern.

128 a Durch die Dehnung des Beugermuskels werden seine Muskelspindeln erregt. Sie leiten auf ihren Axonen daraufhin Aktionspotenziale zu den Zellkörpern der motorischen Vorderhornzellen des Beugers in der grauen Substanz des Rückenmarks. Diese Nervenzellen würden durch die von den Muskelspindeln einlaufenden Aktionspotenziale eigentlich dazu gebracht, ihrerseits Aktionspotenziale an den Beugermuskel zu leiten und ihn dadurch zur Kontraktion anzuregen. Die vorangegangene Kontraktion des Streckermuskels hat allerdings Zwischennervenzellen erregt, die mit ihren hemmenden Synapsen die motorischen Vorderhornzellen des Beugermuskels unerregbar gemacht haben. Daher unterbleibt die Kontraktion des Beugermuskels, obwohl seine Muskelspindeln gedehnt wurden.

b Der Beugermuskel lässt sich durch einen kurzen Zug an seiner Sehne ebenfalls reflektorisch zur Kontraktion bringen. Auch er ist Teil eines Reflexbogens, der die gleichen Elemente aufweist wie der des Streckermuskels. Allerdings ist seine Sehne nicht so gut erreichbar wie die des Streckermuskels, weshalb der Reflex durch einen Eingriff von außen (z. B. einen Schlag) weniger leicht auslösbar ist.

129 In den Spinalganglien liegen die Zellkörper der Axone, die die Erregung von den Muskelspindeln des Streckers zu den motorischen Vorderhornzellen leiten. Wenn diese Nervenzellen ausfallen, kann die Dehnung der Muskelspindeln des Streckers nicht mehr zu einer Erregung der entsprechenden motorischen Vorderhornzellen führen. Dadurch laufen keine Aktionspotenziale mehr in die motorischen Endplatten des Streckermuskels, sodass keine reflektorische Kontraktion ausgelöst werden kann.

130 a Im Rückenmark sind durch den Unfall alle längs verlaufenden Axone durchtrennt. Daher können keine Aktionspotenziale mehr vom Gehirn in den Bereich unterhalb der verletzten Stelle laufen. Vom Gehirn gesteuerte Bewegungen wie z. B. das Gehen werden dadurch unmöglich.

b Auch die Informationsübertragung in der Gegenrichtung ist unterbrochen. Daher kann der Patient keine Meldungen aus Sinneszellen unterhalb des durchtrennten Rückenmarksbereichs ins Gehirn leiten. Empfindungen sind in dieser Region somit nicht mehr möglich.

131 Durch die Zerstörung der motorischen Vorderhornzellen können keine Aktionspotenziale mehr zu den motorischen Endplatten der Muskeln geleitet werden. Im betroffenen Bereich können die Muskeln daher nicht mehr kontrahieren. Somit fallen alle **reflektorischen Bewegungen** aus. Aber auch **willkürliche Bewegungen** sind nicht mehr möglich: Die Axone, die Erregung aus dem Gehirn leiten, ziehen nämlich zunächst an die motorischen Vorderhornzellen. Von dort aus werden die Muskeln auf den gleichen Axonen wie im Reflexbogen erregt.
Schmerzempfindungen und **Empfindungen von Druck, Temperatur** u. Ä. sind dagegen weiterhin möglich. Die Polioviren zerstören die sensorischen Nervenzellen nicht, sodass sie weiterhin arbeiten und Aktionspotenziale aus den Schmerz-, Druck- oder Temperatursinneszellen zum Gehirn leiten.

132 Die Axone der Schmerz- und Temperatursinneszellen ziehen durch den Spinalnerv in das Rückenmark und erregen dort die motorischen Vorderhornzellen. Auf den Axonen dieser Zellen laufen Erregungen zu den Muskeln, die die Hand zurückziehen. Diese Erregungsleitung verläuft wegen des kurzen Weges sehr schnell. Die APs auf den Axonen der Schmerzsinneszellen laufen aber auch über das Rückenmark bis ins Gehirn. Wegen des längeren Weges kann die Schmerzempfindung später einsetzen als die reflektorische Bewegung, die die Hand zurückzieht.

133 Die **sensorischen Felder** verarbeiten die Erregung, die aus den Sinnesorganen ins Gehirn einlaufen. Die **motorischen Felder** sind maßgeblich an der Steuerung von Bewegungen beteiligt.

134 Der Sympathikus tritt immer dann in Aktion, wenn sich der Körper in einer Gefahren- oder Stresssituation befindet. Über seine je nach Organ fördernde oder hemmende Wirkung steigert er die Leistungsbereitschaft des Organismus. Dadurch wird der Körper entweder auf einen Kampf *(fight)* vorbereitet oder darauf, sich schnell aus der Gefahrensituation zurückzuziehen *(flight)*.

135 Bei der fMRT (funktionelle Magnet-Resonanz-Tomographie) werden durch das spezifische Verhalten von Wasserstoffatomkernen Stoffwechselprozesse in den Gehirnzellen sichtbar gemacht. Eine fMRT-Aufnahme lässt diejenigen Gehirnareale erkennen, die verstärkt mit sauerstoffreichem Blut versorgt werden. Die gute Durchblutung einer Gehirnpartie ist aber nicht gleichbedeutend oder gleichzusetzen mit dort ablaufenden Denkprozessen. Sie können folglich durch die Technik nicht direkt erfasst bzw. sichtbar gemacht werden.

136 adäquater Reiz → Sinneszelle → peripheres NS → ZNS → spezifischer Hirnbereich → Sinneseindruck

137 Als Therapieansätze werden alleine oder in Kombination verwendet:

- **Gabe von Medikamenten:** Zur Verhaltensstabilisierung und Förderung der Hirnleistung.
- **Validationstherapie:** Akzeptanz des Verhaltens durch die Außenstehenden. Versuch, die Lebensumstände des Betroffenen zu verstehen und dies dem Erkrankten auch zu signalisieren.
- **Erinnerungstherapie:** Durch die Rekonstruktion der Biografie des Erkrankten soll dessen Gedächtnis trainiert werden.

138 Von „vielen Gedächtnissen“ zu sprechen ist sinnvoll, da das Gedächtnis aus vielen unterschiedlichen Systemen besteht. So kann man z. B. das Kurzzeit-, das Arbeits- und das Langzeitgedächtnis unterscheiden. Das Langzeitgedächtnis lässt sich weiter untergliedern in das prozedurale Gedächtnis, in dem vor allem Fähigkeiten und Fertigkeiten abgelegt werden, und das Wissensgedächtnis, in dem eigene Erlebnisse (episodisches Gedächtnis) und allgemeine Fakten (semantisches Gedächtnis) gespeichert werden.

139
- [x] Das menschliche Auge ist ein inverses Auge.
- [ ] Das Wirbeltierauge erzeugt ein vergrößertes, reelles und spiegelverkehrtes Bild der betrachteten Umwelt.
- [x] Die Öffnungsweite der Pupille wird von der Iris bestimmt.

- [ ] Die Reihenfolge der Schichten im Wirbeltierauge lautet von innen nach außen Aderhaut, Netzhaut, Lederhaut.
- [ ] Die Lederhaut ist für die Versorgung des Auges mit Nährstoffen verantwortlich.
- [x] Aufgabe der Linsenbänder ist die Akkommodation der Augenlinse.
- [ ] Die zentrale Sehgrube bezeichnet man auch als Blinden Fleck.
- [x] Der Gelbe Fleck ist die Stelle des schärfsten Sehens.

140 Ein **adäquater Reiz** ist derjenige Reiz, für den ein Sinnesrezeptor die größtmögliche Sensibilität besitzt. Folglich wird hier schon bei geringer Reizintensität eine Erregung ausgelöst.
Ein Beispiel für einen adäquaten Reiz ist die Lichteinwirkung auf eine Sehzelle.

Ein **inadäquater Reiz** ist jeder Reiz, der bei einem Sinnesrezeptor keine Reaktion auslöst oder dies nur bei großer Stärke tut.
Ein Beispiel für einen inadäquaten Reiz ist die Schalleinwirkung auf eine Sehzelle.

141 Das Ruhemembranpotenzial von –40 mV („Dunkelstrom") kommt dadurch zustande, dass bei Dunkelheit cGMP-abhängige Natriumkanäle geöffnet sind und so Na^+-Ionen in das Außensegment einströmen können. Bei Belichtung der Stäbchen wird das cGMP in GMP umgewandelt. GMP kann die entsprechenden Natriumkanäle nicht öffnen. Da folglich weniger Na^+-Ionen in das Außensegment gelangen, sinkt das Rezeptorpotenzial der Stäbchen auf einen Wert von –70 mV ab.

142 Der Farbeindruck wird von drei unterschiedlichen Zapfentypen codiert, deren Informationen im Gehirn verrechnet werden. Bereits kleinste – beispielsweise genetisch bedingte – Veränderungen im Zusammenspiel der drei Zapfentypen (z. B. Änderungen der Absorptionsmaxima) können dabei dazu führen, dass es zu einem subjektiv veränderten Farbendruck kommt.

143
- [x] Sekundäre Sinneszellen zeichnen sich dadurch aus, dass sie zwar keine Axone besitzen, dennoch aber Aktionspotenziale bilden können.
- [x] Die Zapfen sind primär für das Dämmerungssehen verantwortlich.
- [x] Es gibt drei verschiedene Zapfentypen und mehrere unterschiedliche Typen von Stäbchen.

- [ ] Der lichtempfindliche Teil von Zapfen und Stäbchen liegt der synaptischen Endigung der Zelle gegenüber.
- [ ] Wird ein 11-cis-Retinal-Molekül von einem Photon getroffen, so ändert sich seine räumliche Anordnung in das all-trans-Retinal.
- [x] Bei Belichtung der Stäbchen steigt der Wert des Rezeptorpotenzials. Es kommt zu einer Depolarisation.
- [x] Die Sehpigmente befinden sich bei den Stäbchen in lamellenförmigen Membraneinfaltungen.

144 Die Biosphäre umfasst alle von Lebewesen besiedelten Lebensräume der Erde, den Lebensraum Luft (Atmosphäre), den Lebensraum Wasser (Hydrosphäre) und den Lebensraum Boden (Pedosphäre).

145 Abgeschlossene oder isolierte Systeme kann man nur dann postulieren, wenn es sich bei den angestellten Betrachtungen um ein gedankliches Experiment handelt. Es müsste sich um Systeme handeln, die mit ihrer Umwelt weder Stoffe noch Energie austauschen. Dies ist aber praktisch nicht möglich, da ein Energiefluss bzw. eine Energieentwertung immer stattfindet.

146

- [x] Synökologische Untersuchungen haben immer einen größeren Bereich des Ökosystems im Blick als autökologische.
- [x] Abiotische können von biotischen Umweltfaktoren nicht sauber abgegrenzt werden.
- [ ] Der Toleranzbereich umfasst den Bereich einer Optimumkurve, der zwischen den beiden Pessima liegt.
- [ ] Das physiologische Optimum entspricht meist dem ökologischen Optimum.
- [x] Die RGT-Regel gilt für alle biochemischen Reaktionen nur in physiologischen Temperaturbereichen.
- [ ] Limitierende Faktoren setzen für die von ihnen betroffenen Lebewesen immer sehr enge Grenzen.
- [x] Die Lage des optimalen Milieus einer Art ergibt sich aus der Schnittmenge der Werte der relevanten Umweltfaktoren.
- [ ] Das physiologische Optimum wird auch als realisierte Nische bezeichnet.

147 Abiotische und biotische Faktoren üben gegenseitig Wirkungen aufeinander aus. Abiotische Faktoren (z. B. Sonneneinstrahlung) werden von biotischen Faktoren (z. B. Baumbewuchs) verändert und umgekehrt. Dieser Wechselwirkung wird die begriffliche Trennung nicht gerecht.

148 Das **physiologische Optimum** einer Art kann erreicht werden, wenn die betrachteten Faktoren in ihrer Umwelt im optimalen Bereich liegen. Steht die Art jedoch im Wettbewerb mit einer oder mehreren anderen Arten, die gleiche oder ähnliche Bedürfnisse aufweisen, so kann sie nur das unter diesen Bedingungen mögliche **ökologische Optimum** zeigen.

149 Bachforellen können nur eine geringe Schwankung der Wassertemperatur ertragen, wohingegen Karpfen eine größere Temperatur-Bandbreite tolerieren. In Bezug auf die Temperatur sind Bachforellen somit **stenök**. Im Gegensatz dazu stellen Karpfen eine hinsichtlich dieses Umweltfaktors **euryöke** Art dar.

150 Physikalische Reaktionen wie beispielsweise radioaktive Zerfallsprozesse sind nicht temperaturabhängig, weshalb in diesen Fällen die Q_{10}- oder RGT-Regel keine Anwendung finden kann.

151 Die Q_{10}- oder RGT-Regel hat nur in einer physiologischen Temperatur-Bandbreite um 20 °C Gültigkeit, da bei höheren Temperaturen die an physiologischen Prozessen beteiligten Enzyme denaturieren. Bei sehr tiefen Temperaturen „frieren die Stoffwechselprozesse ein“.

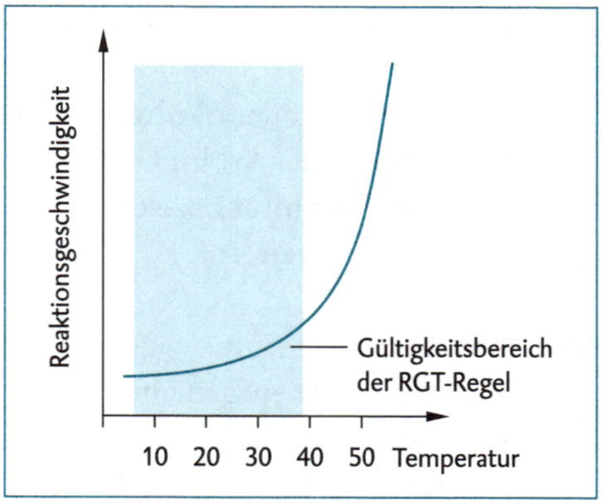

152 Wie die Darstellung verdeutlicht, ist das optimale Milieu der betrachteten Art in Bezug auf die drei berücksichtigten Umweltfaktoren relativ klein. Sollten sich die Verhältnisse, z. B. bezogen auf die Temperatur in der Darstellung, dahingehend ändern, dass sich beispielsweise der Bereich der akzeptablen Werte im rechten Teil der Darstellung nach links zusammenzieht und dadurch dort kleiner wird, so hätte dies auf die Lage des optimalen Milieus keine Auswirkungen. Erst für den Fall, dass der Temperaturbereich im unteren oder linken Teil kleiner würde, wäre eine Veränderung der Lage des optimalen Milieus gegeben.

153 Das dargestellte Fass besteht neben einem Boden aus Seitenbrettern (Dauben), die von Metallringen außen zusammengehalten werden. Jede Daube symbolisiert einen Umweltfaktor, der für das Wachstum der betrachteten Pflanzenart unerlässlich ist. Die Höhe jeder Daube ist dabei gleichbedeutend mit der Verfügbarkeit der betreffenden Ressource. Die Flüssigkeit im Fass steht für die Stoffproduktion der Pflanzenart. Da nicht alle Dauben gleich hoch sind, kann die Flüssigkeit in einem Fass demnach nur so hoch steigen, wie die kürzeste Daube lang ist. Entsprechend gilt, dass der knappste Umweltfaktor bestimmt, wie hoch die Produktivität der Pflanzenart ausfällt und somit auch, wie hoch ihr Wachstum ist.

154 Das Minimum-Gesetz geht davon aus, dass derjenige essenzielle Umweltfaktor, der am knappsten vorhanden ist, die Produktivität einer Art in einem Ökosystem bestimmt. Er ist der entscheidende Faktor in der Produktionskette. Wenn er nicht ausgeprägt genug ist, das heißt nicht in genügender Menge vorhanden ist, dann kommt mit seinem Aufbrauchen die Produktion zum Stillstand und „die Kette reißt".

155 Mit dem Begriff der **ökologischen Nische** ist die Position, die Fähigkeit, der „Beruf" einer Art im Ökosystem gemeint.
Der Begriff **Habitat** bezeichnet den Standort bzw. den Lebensraum einer Art im Ökosystem.

156 Biotop – Lebensraum
Biozönose – Lebensgemeinschaft
ökologische Potenz – Reaktionsbreite
ökologische Nische – „Beruf"
Abundanz – Individuendichte
Dispersion – Individuenverteilung

157 Streng genommen folgt dieser Versuch nicht den Grundprinzipien einer wissenschaftlich korrekten Versuchsdurchführung. Grundsätzlich gilt, dass bei einer Untersuchungsreihe von Versuch zu Versuch jeweils nur ein Parameter geändert werden darf. Im Versuch 4 werden jedoch zwei

Bedingungen – Verdunkelung *und* CO_2-Anreicherung des Wassers – geändert. Dies ist hier aber insofern nicht von Bedeutung, da bereits nachgewiesen wurde, dass eine Kohlenstoffdioxid-Anreicherung des Wassers für die Sauerstoffproduktion eher förderlich ist.

158 Um den Ernteertrag zu steigern, müsste ein Landwirt zunächst die optimalen Wachstumsbedingungen der anzubauenden Pflanze ermitteln. Diese können dann künstlich hergestellt werden, z. B. durch eine Beheizung und eine Belichtung des Gewächshauses. Vor allem aber sollte der Landwirt eine deutliche Erhöhung des vorherrschenden CO_2-Gehalts der Treibhausluft vornehmen.

159 Der Sauerstoff, der von den Pflanzen in Versuch 1 produziert wurde, war nicht radioaktiv markiert, im Gegensatz zum Sauerstoff, der in Versuch 2 gewonnen werden konnte. Dies ist der Fall, da der von grünen Pflanzen im Verlauf der Fotosynthese produzierte Sauerstoff aus der Fotolyse des Wassers während der Fotoreaktion stammt. Neben dem Sauerstoff werden dabei Protonen und Elektronen freigesetzt.

160 Wie in den Abb. 105 und 106 ersichtlich, werden die Elektronen, die bei der Fotolyse des Wassers freigesetzt werden, an eine Elektronen-Transportkette übergeben. Diese überträgt die Ladungsträger auf das Fotosystem P700. Aus dem P700 gelangen zwei Elektronen zu einer weiteren Elektronen-Transportkette, an deren Ende sie dann auf $NADP^+$ übertragen werden. Damit stammen die beiden Elektronen, die für die Bildung von $NADPH + H^+$ aus $NADP^+$ benötigt werden, letztendlich aus der Fotolyse des Wassers.

161 Bei einem Kreisprozess werden im Verlauf der Prozessschritte immer wieder diejenigen Stoffe regeneriert, die die chemische Reaktion „am Laufen halten“. Aus einem laufenden Kreisprozess einen Teil der Produktion abzuzweigen und den Rest im Kreisprozess zu belassen, ist in der Regel einfacher und auch energetisch günstiger, als ständig einzelne Syntheseschritte nacheinander durchzuführen und am Ende des Prozesses wieder „bei null anzufangen“.

162 Bei dieser – stöchiometrisch korrekten – Fotosynthesegleichung wird nicht berücksichtigt, dass bei der Bildung des PGA während der Synthesereaktion der Fotosynthese Wasser freigesetzt wird.

163 • **Reagenzglas 1:** Es wird Glukose gebildet. Alle für den Ablauf der Fotosynthese erforderlichen Bestandteile der Chloroplasten sind vorhanden und die Versuchsanordnung ist beleuchtet.
- **Reagenzglas 2:** Es wird keine Glukose gebildet. Dies ist damit zu erklären, dass die Bildung von Glukose im Stroma erfolgt und das Reagenzglas diese Fraktion nicht enthält.
- **Reagenzglas 3:** Es wird keine Glukose gebildet. Dies ist damit zu erklären, dass die Zwischenprodukte aus der Fotoreaktion (ATP und NADPH + H^+), deren Bildung an den – hier fehlenden – Thylakoiden abläuft, nicht vorhanden sind.
- **Reagenzglas 4:** Es wird Glukose gebildet. Da die Zwischenprodukte aus der Fotoreaktion zugegeben wurden, ist es unerheblich, dass ihre Produktionsstätte, die Thylakoide, im Ansatz fehlt.
- **Reagenzglas 5:** Es wird Glukose gebildet. Da die Zwischenprodukte aus der Fotoreaktion zugegeben wurden, ist es nicht nur unerheblich, dass ihre Produktionsstätte, die Thylakoide, im Ansatz fehlt. Eine Beleuchtung des Reagenzglases ist ebenfalls unnötig, da die Glukosebildung ohne Lichteinwirkung vonstattengeht.

164 Rund um heiße Tiefseequellen, die sogenannten „Black Smoker", in mehr als 2 500 m Tiefe, liefern die dort austretenden Schwefelverbindungen auf der Basis der Chemosynthese die Lebensgrundlage zahlreicher Tiefseeorganismen.

165 Die Abbildung erscheint auf den ersten Blick unter anderem deswegen komisch, weil die Vorstellung, dass wir einem Konsumenten höherer Ordnung als wir selbst zur Vermehrung seiner Biomasse bzw. zur Energiegewinnung dienen könnten, für den modernen Menschen eher surreal wirkt. Verstärkt wird dieser Eindruck noch durch die Lapidarität der Äußerung des Tauchers.

Dennoch werden hier mögliche reale Sachverhalte angesprochen. Bei einer in der Natur existierenden Nahrungskette kann es zum einen vorkommen, dass ein Jäger, der gerade mit seiner Beute beschäftigt ist, seinerseits von seinem Fressfeind gefressen wird. Zum anderen wird in dieser Darstellung aufgegriffen, dass auch der Mensch nach seinem Tod in organische und anorganische Bestandteile umgewandelt wird. Menschen-, Tier- und Pflanzenleichen dienen Destruenten als Nahrung und werden von ihnen zerlegt, wodurch die Bestandteile der Biomasse wieder dem Nährstoffkreislauf zugeführt werden.

166 *Hinweis: Da Destruenten abgestorbenes Tier- und Pflanzenmaterial verwerten und wieder dem Stoffkreislauf zuführen, können direkt Pfeile von den Produzenten und Konsumenten zu den Destruenten gezogen werden. Zu berücksichtigen ist bei einer Darstellung der Verhältnisse aber, dass sich die Pflanzen nicht „direkt" von den Destruenten ernähren, sondern die von ihnen bereitgestellten Mineralstoffe nutzen, um ihrerseits neues pflanzliches Material aufzubauen.*

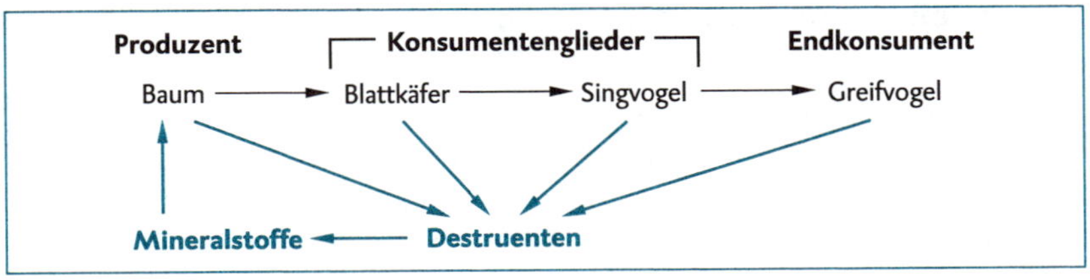

167 Jede einzelne Nahrungskette ist in der Regel Teil eines komplexeren biologischen Konnexes. Der Endkonsument einer Nahrungskette ist – je nach Beutespektrum – meist auch das Endglied mehrerer anderer Ketten. Darüber hinaus sind mit hoher Wahrscheinlichkeit auch die Konsumenten innerhalb der Kette Teil verschiedener Nahrungsketten. Folglich liegt eine starke Vernetzung vor, die bei Betrachtung einzelner Nahrungsketten nicht widergespiegelt wird.

168 Insgesamt kann der Mensch nur 1/10 der Energie und Biomasse seiner Nahrung in Körpersubstanz umsetzen. Ernährt er sich von Fleisch von Konsumenten 1. Ordnung, so konnte auch für den Aufbau dieser Biomasse nur 1/10 des vom jeweiligen Tier aufgenommenen Futters genutzt werden. Noch ungünstiger fällt die Energiebilanz aus, wenn Konsumenten höherer Ordnung als Nahrung verzehrt werden.
Bei einer pflanzlichen Ernährung hingegen werden die Energie- und Biomasseverluste vermieden, die durch den „Umweg" über die Tiere als Nahrungsquelle entstehen.

169 Der Begriff „brutto" bedeutet ohne Abzug, wohingegen der Begriff „netto" den „reinen Wert" verdeutlicht. In der Bruttoprimärproduktion ist der Anteil an der Produktion noch mit eingeschlossen, den der Produzent für seinen eigenen Stoffwechsel im Verlauf der biologischen Oxidation „veratmet". Bei der Nettoprimärproduktion wurde dieser real nicht mehr vorhandene Anteil der Produktion bereits aus der Bilanz herausgenommen.

Hieraus lässt sich eine einfache mathematische Gleichung mit „X“ für Atmung, „BP“ für Bruttoprimärproduktion und „NP“ für Nettoprimärproduktion erstellen: NP = BP – X

170 Da bei der Umsetzung der Nährstoffe im Zuge der biologischen Oxidation ein Großteil der chemischen Energie als Wärmeenergie freigesetzt wird, kann der Organismus durch das Kältezittern seine Körpertemperatur im Bedarfsfall zusätzlich erhöhen.

171 Der Energiefluss von der Nutzung der physikalischen Sonnenenergie bis hin zur physikalischen Wärmeenergie verbindet Fotosynthese und biologische Oxidation miteinander. Zentrale Substanz bei der Assimilation und bei der Dissimilation ist der Kohlenstoff. Der Kohlenstoff des Kohlenstoffdioxids wird während der Fotosynthese in Glukose fixiert. Diese Glukose wird in der biologischen Oxidation wieder zu Kohlenstoffdioxid abgebaut, das dadurch erneut als Edukt der Fotosynthese zur Verfügung steht.

172 Wenn Wasser durch die verschiedenen Bodenschichten sickert, wird es dabei gereinigt, da schädliche Substanzen ausgefiltert werden. Darüber hinaus können Bodenschichten wie Lehm oder Ton Wasser am weiteren Abwandern in den Grundwasserbereich hindern.

173
- [x] Eis besitzt als festes Wasser eine höhere Dichte als flüssiges Wasser.
- [ ] Wasser ist ein gutes Lösungsmittel für viele Gase.
- [ ] Die Löslichkeit von Sauerstoff in Wasser ist von der Temperatur abhängig. Sie nimmt bei Temperaturerhöhung ab.
- [x] Als Dipol hat ein Wassermolekül zwei unterschiedlich geladene Enden. Die Wasserstoffe sind negativ, der Sauerstoff positiv geladen.
- [ ] Die meisten Stoffe haben ihre größte Dichte im festen Aggregatzustand. Wasser bildet hier eine Ausnahme.

174 Angefacht durch starke Winde ist die Frühjahrs- und die Herbstzirkulation für das Ökosystem See von entscheidender Bedeutung. Hierbei erfolgt eine Durchmischung der Wassermassen, was zum einen zur Folge hat, dass der O_2-Gehalt innerhalb des Sees überall gleichmäßig hoch ist. Zum anderen werden dadurch die Nährstoffe innerhalb des Sees gleichmäßig verteilt. Durch den gleichmäßig hohen O_2-Gehalt ist es den Konsumenten möglich, an jedem Punkt innerhalb des Sees zu existieren, da überall

genügend Sauerstoff zur Verfügung steht. Den Produzenten unter der Wasseroberfläche werden durch die Zirkulation Nährstoffe zugeführt.

175 Die Möglichkeiten, die durch den Menschen verursachte Belastung der Gewässer mit Nährstoffen zu reduzieren bzw. zu vermeiden, sind vielfältig:

- In der Landwirtschaft sollte mit Maß, nur zu geeigneten Zeitpunkten und nur auf geeigneten Flächen gedüngt werden, damit die immer erfolgende Auswaschung des Düngers nicht zu viel N- und P-Verbindungen in die Gewässer spült.
- Auch ein ebenfalls sparsamer Umgang mit phosphathaltigen Waschmitteln ist hilfreich, um nährstoffhaltiges Abwasser möglichst zu vermeiden.
- Schließlich sollten Abwässer nur geklärt, das heißt so weit wie möglich von den Minimumfaktoren Stickstoff und Phosphat befreit, in die Gewässer geleitet werden.

176
- ☐ Die Laub- und die Nadelwälder Mitteleuropas zeigen eine unterschiedliche Schichtung.
- ☒ Die Artenzusammensetzung ist für eine Waldgesellschaft in der Regel charakteristisch.
- ☐ Vom Erdboden beginnend unterscheidet man die Moosschicht, die Krautschicht und die Baumschicht.
- ☒ Im heimischen Laubwald ist in der Regel die Buche, im heimischen Nadelwald die Fichte die vorherrschende Baumart.

177 Bei **Zeigerpflanzen** kann direkt am Bewuchs qualitativ abgelesen werden, welche Standortfaktoren mindestens vorhanden sein müssen. Dies ist aus den dort wachsenden Pflanzen, deren Wachstumsbedingungen man kennt, zu schließen.

Zeigerwerte sind demgegenüber durch ein differenziertes Einteilungssystem viel genauer und liefern damit für die jeweiligen Umweltverhältnisse auch quantitative Anhaltspunkte.

178 Der Galapagos-Pinguin weist eine in Relation zu seinem Körpervolumen deutlich größere Körperoberfläche auf als der Kaiserpinguin. Daher würde der Galapagos-Pinguin unter den in der Antarktis herrschenden extrem kalten Bedingungen zu viel Wärme an die Umgebung abstrahlen und könnte somit dort – anders als der Kaiserpinguin mit seinem günstigeren (kleineren) Oberfläche/Volumen-Verhältnis – nicht dauerhaft überleben.

179 Von seinem Körperbau her sollte ein in einem kalten Klimabereich vorkommendes Säugetier eine gedrungene, kompakte Gestalt mit einem günstigen (kleinen) Oberfläche/Volumen-Verhältnis aufweisen (BERGMANN'sche Regel).
Alle Körperanhänge wie z. B. Ohrmuscheln, Nase und Schwanz sollten klein gehalten sein, damit über sie nicht zu viel Körperwärme abgestrahlt wird (ALLEN'sche Regel).
Zusätzlich sollte ein solches Tier ein dichtes Haarkleid mit langen Oberhaaren und vielen Wollhaaren besitzen (RENSCH'e Haarregel).

180 Das Terrarium steht wahrscheinlich in einem sehr kühlen Raum, da die Schlange als wechselwarmes Tier trotz ihres Hungers keine Regungen zeigt. Demgegenüber kann sich die Maus als gleichwarmes Lebewesen auch in dieser Umgebung aktiv verhalten.

181 Die Ergebnisse des Experiments deuten darauf hin, dass die 1. LOTKA-VOLTERRA-Regel gilt. Beide Lebewesen stehen in einer Räuber-Beute-Beziehung zueinander, wie die zu erkennenden phasisch verschobenen Häufigkeitskurven von Räuber (Pantoffeltierchen) und Beute (Hefezellen) zeigen. Sind nur wenige Fressfeinde vorhanden (4. und 11. Tag), steigt die Hefezellen-Population stark an. Auf ein Maximum der Hefezellen am 6. und 16. Tag folgt ein Maximum der Pantoffeltierchen am 8. und 17. Dabei ist eine hohe Zahl an Pantoffeltierchen stets mit einer deutlich geringeren Anzahl an Hefezellen korreliert und umgekehrt.

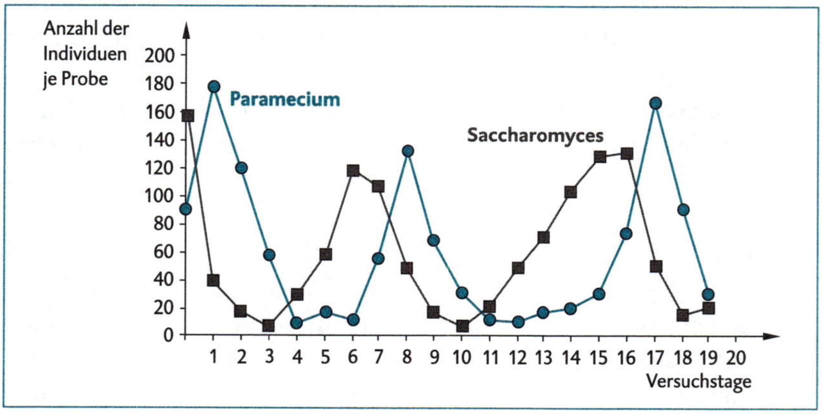

182 **a** Zu Beginn des **Versuchs b** werden ca. 10 Beuteorganismen pro 0,5 cm^3 in die Versuchskultur eingesetzt, die sich im Laufe von etwa zwei Tagen auf ca. 120 Individuen/0,5 cm^3 vermehren. Am zweiten Tag werden unter 5 Räuberorganismen pro 0,5 cm^3 in das Versuchsgefäß eingesetzt, die sich im Laufe eines Tages drastisch auf ca. 20 Individuen/0,5 cm^3 vermehren. Parallel hierzu geht die Anzahl der Beuteorganismen auf ca. 20 pro 0,5 cm^3 am dritten Tag stark zurück. Am vierten Tag existieren keine Beutetiere mehr. Auch die Anzahl der Räuber nimmt daraufhin kontinuierlich ab, bis auch sie nach dem sechsten Versuchstag abgestorben sind.

Die Entwicklung des Räuber-Beute-Verhältnisses verwundert nicht, da bei diesen Versuchbedingungen einer homogenen, begrenzten Umwelt die Beutetiere in der Regel schließlich immer von den Räubern ausgerottet werden. Dies ist natürlich auch für die Räuber tödlich: Da sie nicht auswandern können, gehen sie letztendlich an Nahrungsmangel zugrunde.

Weil die Ausgangsbedingungen im **Versuch c** anders gestaltet sind, das heißt eine heterogene, begrenzte Umwelt mit Versteckmöglichkeiten für die Beuteorganismen vorliegt, kommt es hier zu einem gänzlich anderen Räuber-Beute-Verhältnis.

Einige wenige Räuber- und Beuteorganismen werden gleichzeitig in das Versuchsgefäß eingesetzt – etwas mehr Beutetiere als Räuber. Im Laufe des ersten Tages vermindert sich die Anzahl der Beuteorganismen – verbunden mit einem deutlichen Anstieg der Räuberpopulation auf gut das Doppelte ihrer Ausgangszahl. Dieser Trend hält bis zum zweiten Tag an; danach stagniert die Anzahl der Räuber und fällt dann kontinuierlich ab, bis am sechsten Tag kein Räuberorganismus mehr nachzuweisen ist. Parallel hierzu vermehren sich die Beuteorganismen nach nicht ganz zwei Tagen sehr schnell und erreichen am sechsten Versuchstag ein Vielfaches der ursprünglichen Individuenzahl.

Dadurch dass den Beuteorganismen Versteckmöglichkeiten angeboten werden, können die Räuber ihre Beute offensichtlich nicht mehr in mengenmäßig ausreichender Zahl konsumieren. Letztendlich müssen sie verhungern, da sie auch nicht die Möglichkeit haben, in ein anderes Areal auszuwandern.

b Gause hat in das Gefäß im **Versuch a** alle drei Tage jeweils gleich viele Räuber- wie Beuteorganismen eingesetzt, um eine offene Umwelt mit Zuwanderungsmöglichkeiten für beide Versuchsorganismen zu simulieren.

Hinweis: Interessant ist zu beobachten, dass gerade diese Veränderung der Versuchsanordnung (im Vergleich zu derjenigen in Abbildung b) zu einem Versuchsergebnis führt, das nach der 1. LOTKA-VOLTERRA-Regel zu erwarten wäre.

183 Nach der 3. LOTKA-VOLTERRA-Regel führt eine gleich starke Verminderung der Individuenzahl der Beute und der Räuber durch den Insektizideinsatz dazu, dass sich die Population der Beute schneller wieder erholt als die der Räuber. Dies ist damit zu erklären, dass die räuberischen Insekten doppelt – zum einen durch das Insektizid selbst und zum anderen durch das Fehlen ihrer Beutetiere – geschädigt werden.

184 **Konkurrenzausschluss** ist der Grund dafür, dass in einem Ökosystem eine ökologische Nische nicht von zwei Arten gleichzeitig besetzt werden kann, welche die gleichen Nischenbedingungen erfüllen.
Im Falle der **Konkurrenzvermeidung** können zwei Arten einen Lebensraum gemeinsam nutzen, weil sie nicht im Wettstreit um die gleichen Ressourcen wie z. B. Nahrung oder Wohnraum stehen.

185 Der hier zugrunde liegende Sachverhalt beschreibt eine Konkurrenzvermeidung bzw. die Koexistenz zweier Arten. Beide Hummelarten können nebeneinander existieren, weil sie an die Nektarsuche in unterschiedlichen Modifikationen (Ausprägungen) des Rittersporns, die im gleichen Biotop vorkommen, angepasst sind.

186 Bei diesem technischen Beispiel handelt es sich um eine positive Rückkopplung. Der Gesang aus dem Lautsprecher gelangt wieder ins Mikrofon und wird von dort aus über einen Verstärker erneut zum Lautsprecher geleitet. Dadurch schwillt die Lautstärke immer mehr an, sodass schließlich nur noch ein Pfeifen zu hören ist.
Beispiele für positive Rückkopplungen gibt es auch in der Natur: Wenn beispielsweise Organismen zum gegenseitigen Nutzen miteinander leben, kann die Zunahme der Individuenzahl von Partner A zur Zunahme der Individuenzahl von Partner B führen, was wiederum zur Folge hat, dass sich der Partner A stärker vermehrt usw.

187 Die Korrelationen können wie folgt ergänzt werden:

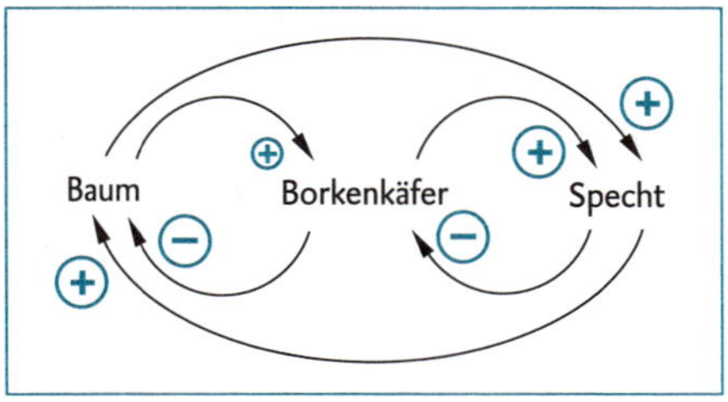

Es liegt eine Räuber-Beute-Beziehung (Borkenkäfer – Specht) und eine Wirt-Schädlings-Beziehung bzw. Wirt-Parasiten-Beziehung (Baum – Borkenkäfer) vor. Neben diesen beiden negativen Rückkopplungen liegt auch eine positive Rückkopplung zwischen den Bäumen und den Spechten vor. Die Bäume bieten den Spechten Nahrung und Wohnraum, was sowohl den Bestand der Spechte als auch den der Bäume anwachsen lässt, da die Spechte Baumschädlinge als Nahrung nutzen.

188 Falls ein Mensch zufällig Eier des Leberegels verschluckt, ist dies für ihn völlig ungefährlich. Die in den Eiern befindlichen Miracidien sind für den Endwirt nicht infektiös, da sich die Wirmpernlarven nur innerhalb von Landschnecken, dem ersten Zwischenwirt, weiterentwickeln können.

189 Das Bestreben eines Parasiten ist es, auf Kosten seines Wirts zu leben und dabei die eigene Vermehrung bzw. Fortpflanzung zu gewährleisten. Diese Lebensweise kann aber für den Parasiten in der Regel nur dann effektiv sein, wenn der von ihm befallene Wirt möglichst wenig geschädigt wird. Tötet der Parasit seinen Wirt, beraubt er sich damit auch seiner eigenen Lebensgrundlage.

190
- ☐ Als Begründung für die RENSCH'sche Eiregel wird angenommen, dass die Elterntiere an kürzeren Tagen intensiver nach Futter suchen als an längeren.
- ☒ Klimaregeln führen das veränderte Aussehen verwandter Tierarten auf ökologisch-geografische Gegebenheiten zurück.
- ☒ Kälte- und Wärmestarre bzw. Verklammung und Wärmelähmung markieren bei der Optimumkurve die Eckpunkte des „aktiven Lebens".
- ☐ Bei homoiothermen Tieren entspricht die Körpertemperatur in der Regel der Außentemperatur.

- [ ] Die Optimumkurve gleichwarmer Tiere hat die Form einer typischen Glockenkurve.
- [ ] Das Gesetz von der Störung der Mittelwerte besagt, dass die Zahl der Räuber nach einer gleichmäßigen Dezimierung beider Populationen durch äußere Einflüsse schneller wieder ansteigt als die der Beute.
- [x] Die Voraussetzungen für die uneingeschränkte Anwendbarkeit der LOTKA-VOLTERRA-Regeln sind in einer natürlichen Umgebung in den meisten Fällen nicht zu finden.
- [ ] Beim Konkurrenzausschluss können zwei Arten, die die gleiche ökologische Nische beanspruchen, nebeneinander existieren.
- [x] Konkurrenzvermeidung kann zur Koexistenz führen.
- [x] Die Größe einer Population wird unter anderem durch dichteabhängige Faktoren beeinflusst.
- [x] Bei einer Symbiose ziehen beide Partner Nutzen aus der Verbindung.
- [ ] Bei einer Parabiose handelt es sich um ein Zusammenleben, das keinem der beiden Partner Vorteile bringt.
- [ ] Beim Entwicklungskreislauf des Kleinen Leberegels ist der Hirnwurm im ersten Zwischenwirt das entscheidende Larvenstadium bei der Besiedelung des 2. Zwischenwirts.

191 Als Erklärung könnte z. B. genannt werden, dass nicht immer alle Felle, die in den einzelnen Jahren erjagt wurden, auch bei dieser Firma abgegeben worden sind. Darüber hinaus könnte ein Teil der erjagten Felle auch erst im jeweils darauffolgenden Jahr angeliefert worden sein.

192 Unter nachhaltiger Bewirtschaftung versteht man heute eine Produktion unter schonendem Umgang mit Ressourcen, welche die Umwelt nicht erschöpft.

193 Holz (z. B. Buche, Eiche), Lignocellulose (aus Holz gewonnene Cellulose), Zucker und Stärke (z. B. Zuckerrübe), Fette und Öle (z. B. Sonnenblume), Proteine (z. B. Sojabohne), Naturkautschuk (Kautschukbaum), Fasern (z. B. Hanf), Heilpflanzen (z. B. Tollkirsche, Fingerhut), Biopestizide (z. B. Nimbaum), Farbstoffe (z. B. Waid)

194 Die Erzeugung von Bioethanol aus Zuckerrohr, Zuckerrübe oder Getreide mittels Destillation ist ein sehr energieaufwendiges Verfahren, das mit einem hohen Ausstoß an CO_2 verbunden ist. Je nach Vorgehensweise ist es dabei durchaus möglich, dass die Energie- und die CO_2-Bilanz des

Bioethanols schlechter ausfällt als die herkömmlicher Kraftstoffe. Darüber hinaus ist die Verwendung von Lebensmitteln für die Kraftstoffproduktion höchst umstritten.

195 Das DDT gelangt in die Nahrungskette und akkumuliert sich in den einzelnen Konsumentenstufen. Je höher der jeweilige Konsument im biologischen Nahrungsgefüge steht, desto höher ist folglich der DDT-Gehalt in seinem Gewebe. Dies gilt nicht nur für terrestrische, sondern auch für aquatische Ökosysteme, in denen die Meeressäuger (z. B. Wale) häufig die Endkonsumenten darstellen. Durch die Wanderung der Meeressäuger oder ihrer Nahrungstiere gelangt das DDT sogar in die entlegenen Lebensräume „Arktis“ und „Antarktis“.

Hinweise: Das Insektizid DDT zeichnet sich durch eine extrem hohe Stabilität der chemischen Verbindung aus.
Eines der bekanntesten Beispiele für die Auswirkungen des DDT-Einsatzes ist die Beeinträchtigung der Schalendicke bei Greifvögeln, die deren Bruterfolg drastisch reduziert, da die dünnen Schalen oft brechen.

196 Beim biologischen Pflanzenschutz sollen die Ernteschädlinge dadurch bekämpft und zurückgedrängt werden, dass natürliche Fressfeinde oder Parasiten eingesetzt werden, die die Schädlingspopulation dezimieren, aber den Ernteertrag nicht schmälern.
Hierfür ist es notwendig, ein Umfeld zu schaffen, in welchem die eingesetzten biologischen „Schädlingsbekämpfer“ auch gedeihen können.

197
- [x] Bei der nachhaltigen Bewirtschaftung hat die ständige und anhaltende Ergiebigkeit der jeweiligen Produktionsfläche Vorrang.
- [ ] Nachwachsende Rohstoffe werden in der Regel aus Pflanzen mit schnellem Wachstum und hoher Produktivität an Biomasse gewonnen.
- [ ] Bei der Gründüngung werden Pflanzen auf einer zukünftigen Anbaufläche angepflanzt und anschließend untergepflügt.
- [x] Biozide können in den Pflanzen, zu deren Schutz sie ausgebracht worden sind, in der Regel schnell abgebaut werden.
- [x] Der integrierte Pflanzenschutz ist ein Verfahren, bei dem biologische und konventionelle Verfahren gleichberechtigt angewendet werden.
- [x] Unter Naturlandschaft wird heute vor allem die vom Menschen nicht veränderte Kulturlandschaft verstanden.

198 Eine derartige Begriffsbestimmung ist deswegen sinnvoll, weil es heute reine „Naturlandschaften“ im Sinne von gänzlich vom Menschen unberührten Lebensräumen kaum noch gibt. Lediglich extreme und schwer zugängliche Regionen, wie Wüsten, Polar- und Gebirgsregionen, Urwälder, aber auch die Tiefsee, sind in vielen Fällen noch vom Menschen unberührt.

Stichwortverzeichnis

Bildnachweis

Umschlagbild: © Smileus – Fotolia.com
Kapitelbild Zellbiologie: Deutsches Museum, München
Kapitelbild Genetik: © Yuri Khristich / iStockphoto.com
Kapitelbild Informationsverarbeitung: Jürgen Berger, Max-Planck-Institut für Entwicklungsbiologie, Tübingen
Kapitelbild Ökologie: Lavigne, D. M. (2003): Marine Mammals and Fisheries: The Role of Science in the Culling Debate; aus: Marine Mammals: Fisheries, Tourism and Management Issues; N. Gales, M. Hindell and R. Kirkwood (Hrsg.); CSIRO Publishing, Collingwood, VIC, Australia. Reprinted with permission from Lavigne (2003)
Kapitelbild Lösungen: © Laura Dominguez / Dreamstime.com
Abb. 7, S. 17: stark verändert nach: Sauermost, R.: Herder Lexikon der Biologie, 1994 © Spektrum Akademischer Verlag, Heidelberg. Spektrum Akademischer Verlag ist ein Imprint von Springer SBM.
Abb. 55, S. 116: Bickel, H.: Natura Oberstufe: Stoffwechsel; Klett Schulbuch, Stuttgart 1995, S. 212
Abb. 69, S. 147: Driemeyer, J., Boyke, J., Gaser, C., Büchel, C., May, A. (2008): Changes in Gray Matter Induced by Learning – Revisited. PLoS ONE 3(7): e2669. doi:10.1371/journal.pone.0002669, Fig. 1,2. © 2008 Driemeyer et al. This is an open-access article distributed under the terms of the Creative Commons Attribution License.
Abb. 86 und 87, S. 177; Abb. 131, S. 238: Hergt, M., Heinrich, D.: dtv Atlas Ökologie; dtv, München 1990
Abb. 89, S. 180: Justus-Liebig Gesellschaft zu Gießen e. V.
Abb. 90, S. 182: Peter Kornherr
Abb. 91, S. 182: Munk, K.: Taschenlehrbuch Biologie – Ökologie, Evolution; Thieme, Stuttgart
Abb. 109, S. 203: D. Starck/K. Fiedler/P. Harth/J. Richter (Hrsg.): Biologie. Eine Vorlesungsreihe für Mediziner und Naturwissenschaftler. Weinheim/Deerfield Beach/Basel: Verlag Chemie. Copyright 1981. Reprinted with permission from John Wiley and Sons.
Abb. 112, S. 205: stark verändert nach: Todt, D.: Funk-Kolleg Biologie; Fischer Taschenbuch, 1976
Abb. 113, S. 206; Abb. 115, S. 207: Nentwig, W., Bacher, S.: Ökologie, 2004 © Spektrum Akademischer Verlag, Heidelberg. Spektrum Akademischer Verlag ist ein Imprint von Springer SBM.
Abb. 114, S. 207; Abb. 123, S. 214: Stugren, B.: Grundlagen der allgemeinen Ökologie; Fischer, Jena, 1986
Abb. 116, S. 208: Odum, E.: Ökologie; Thieme, Stuttgart 1999
Abb. 118, S. 210: Campbell, N. A., Reece, J.: Biologie, 2004 (Übersetzer: Markl, J.) © Spektrum Akademischer Verlag, Heidelberg. Spektrum Akademischer Verlag ist ein Imprint von Springer SBM.
Abb. 135, S. 241: Schulz, W., Dünckmann, M.: Studienbriefe für Biologielehrer – C: Vererbung und Evolution; Band 8: Ursachen der Evolution. Deutsches Institut für Fernstudien an der Universität Tübingen